U0545374

前言

在當今網際網路行業的快速變革和激烈競爭中，企業對開發技術人員的需求越發具有挑戰性和多樣性。開發人員單一專精於後端或前端已不足以滿足職位需求，全端開發成為適應這一變革不可或缺的關鍵能力。企業在尋找多才多藝、全面發展的開發者，以應對專案開發的複雜性和多樣性需求。

全端開發者能夠在專案中扮演更加靈活多變的角色，既能獨立開發強大的後端服務，又能建構精美且高效的前端介面。這種全方位的技術能力使開發人員能夠更進一步地理解整個專案的架構和流程，提高協作效率，降低溝通成本。在追求開發效率和資源使用率的今天，全端開發不僅是一項技術選擇，更是提高團隊靈活性和應對業務挑戰的有效戰略。

在這個全端開發的時代，Spring Boot、Vue.js 和 uni-app 成為備受歡迎的技術堆疊，它們為開發者提供了強大的工具和框架，使建構現代化、高效且強大的應用程式變得更加簡單。本書旨在為讀者提供深入學習和實踐 Spring Boot、Vue.js 和 uni-app 的機會，不僅是簡單的程式參照和本地專案完成，更注重深度學習全端開發技能，致力於幫助讀者超越表面層次，理解背後的原理和實踐，使其在全端開發領域更加遊刃有餘。讀者不應僅停留在本地專案的階段，本書將引導讀者將專案上線，使其能夠隨時與他人分享並展示成果。這不僅提升了個體的自豪感，更激發了學習興趣，讓學習不再是單調的任務，而是一場充滿成就感的冒險。無論是初學者還是有經驗的開發者，本書都將為你提供清晰的指導，幫助你從零開始建構全端應用專案，從而更進一步地理解和應用這些開發技術。

本書主要內容

第 1 章主要介紹專案的規劃、使用開發技術、如何學習本書建議及在專案開發中約定的開發標準等。

第 2 章主要介紹 Spring Boot 的技術選型、為什麼會選擇 Spring Boot 作為專案開發技術、選擇 Spring Boot 開發版本及如何建立 Spring Boot 專案。

第 3 章主要介紹專案開發環境的準備，包括 JDK、IntelliJ IDEA、Maven、MySQL 及 MySQL 視覺化工具的安裝和介紹，這些都是在日常開發中經常使用的工具。

第 4 章主要介紹專案的建構、啟動專案及對專案程式版本的管理。還介紹了 Git 相關的知識和實戰的運用。

第 5 章主要介紹專案子模組的建立和配置，整合專案日誌，並介紹了日誌在專案開發中使用的技巧和重要性。最後整合了 MyBatis-Plus 框架，簡化資料操作的工作量。

第 6 章主要介紹專案資料庫的建立與連接，實現了 MySQL 的監控架設。還設計了專案通用的公共類別及整合了 EasyCode 工具來生成專案基礎程式和程式目錄結構。

第 7 章主要介紹專案介面文件的設計，採用了 Apifox 進行介面管理及參數的設計，功能十分強大。同時還實現了使用者功能的基礎實現和相關測試工作。

第 8 章主要實現專案圖片管理功能，介紹了 Docker 在伺服器中的安裝和使用，並使用 Docker 架設了 MinIo 檔案伺服器，為專案提供檔案儲存功能。還將詳細介紹阿里雲的物件儲存 OSS，然後透過 X Spring File Storage 儲存管理對儲存平臺進行整合，透過設定檔即可修改上傳的服務平臺。

第 9 章主要介紹 Spring Boot 整合 Redis 的實現，並配置 Redis 環境和安裝 Redis 視覺化工具及實現 Redis 工具類別。

第 10 章主要介紹郵件、簡訊發送和驗證碼功能，詳細介紹 Spring Boot 整合阿里雲簡訊服務、申請簡訊簽名和範本及簡訊發送工具。還整合郵件發送功能，實現了多管道訊息的發送。

第 11 章主要介紹 Spring Security 安全管理相關技術，也是本專案的重點功能實現，相對於初學者而言難度比較大，涉及專案的許可權、許可權控制和登入驗證等相關工作。同時實現了使用者登入、註冊等功能。

第 12 章主要介紹 Jenkins 自動化部署專案的功能，這是在企業開發中經常遇到的運行維護操作。還將介紹對 Linux 伺服器專案環境的架設及實現專案透過 Jenkins 自動化部署到伺服器上的操作。

第 13 章主要介紹專案日誌、通知中心和系統審核功能程式的實現，還將通知功能與審核進行對接，實現了公告審核及定時發佈公告的功能。

第 14 章主要介紹專案業務部分的功能實現，包括圖書分類、圖書管理及圖書借閱管理等功能。還使用了 XXL-JOB 任務排程功能，幾乎貼近企業真實的專案技術要求。

第 15 章主要介紹前端專案的技術選型，選擇使用 Vue 3.0 版本，並架設 Vue 專案開發環境及選擇前端 Vue-Vben-Admin 開放原始碼框架進行快速開發。

第 16 章主要介紹專案前端頁面的主要實現、改造原有的相關專案程式，對接後端相關介面，並實現了登入、退出、使用者註冊及忘記密碼等相關功能，最後介紹前端專案的部署，依舊選用 Jenkins 自動化實現前端的部署，真正做到前後端專案自動化。

第 17 章主要介紹對系統管理模組的頁面開發和相關介面的對接，主要包括選單、使用者及角色管理的實現。

第 18 章主要介紹系統工具和監控功能的前端實現，並完成相關功能的測試。

第 19 章主要介紹圖書管理業務功能的前端實現，對接圖書相關的介面，並對系統的前端功能進行了完善，增加了個人資料、修改密碼等功能實現。

第 20 章開始進入小程式的開發階段，主要介紹 uni-app 技術入門，為什麼會選擇 uni-app 開發小程式，並安裝了 HBuilder X 和微信開發者工具作為小程式的開發工具及小程式專案的程式版本管理。

第 21 章主要介紹小程式的特點和功能，如何申請微信小程式帳號和執行小程式服務。

第 22 章主要介紹透過 uni-app 使用 uView UI 框架對小程式實現開發操作，增加了小程式的登入功能、底部導覽列、圖書列表、通知公告及個人中心功能，最後介紹小程式上線操作。

繁體中文出版說明

本書作者為中國大陸人士，書中多個章節使用中國大陸之服務及網站，為簡體中文介面。為求全書實際操作精確，本書部分圖例使用簡體中文介面，特此說明。

致謝

首先，我要感謝我的妻子和我的父母，他們在我寫作的日日夜夜一直給予我無盡的關愛和支援。他們的理解和支援是我堅持下去的最大動力。

同時在書稿完成的過程中，我想向趙佳霓編輯表示最深切的感謝。感謝您在我創作中提供的很多寶貴意見，您的協助不僅是編輯工作，更是對整個專案的一種投入，使這本書得以更進一步地呈現在讀者面前。

其次，感謝對本書的技術提供幫助的專業人士，其中有吳家興、徐斌和趙金寶等，同時，我要感謝所有參與審稿的專業人士，他們的寶貴意見和建議使這本書的內容更加準確、深入、豐富。他們的專業貢獻為這本書的品質提供了保障。

最後，我要感謝所有閱讀者，感謝你們的關注和支援。

筆者的閱歷有限，書中難免存在不妥之處，請讀者見諒，並提出寶貴意見。

夏運虎

目錄

Spring Boot 篇

第 1 章　專案簡介

1.1　專案規劃...1-1
1.2　如何有效學習本書...1-2
1.3　技術整理...1-3
1.4　開發標準...1-4
　　1.4.1　命名標準..1-5
　　1.4.2　註釋..1-5
　　1.4.3　介面標準..1-6
　　1.4.4　資料庫設計標準..1-7
　　1.4.5　字典標準..1-7
本章小結...1-8

第 2 章　探索 Spring Boot

2.1　揭秘 Spring Boot...2-1
　　2.1.1　Spring Boot 簡介...2-1
　　2.1.2　為什麼選擇 Spring Boot.............................2-2
　　2.1.3　Spring Boot 版本介紹.................................2-2
2.2　建立 Spring Boot 專案...2-3
　　2.2.1　線上建立..2-3
　　2.2.2　IDEA 工具建立...2-3
本章小結...2-4

第 3 章　準備專案開發環境

3.1　JDK 的安裝和配置 3-1

　　3.1.1　JDK 的概念 3-1

　　3.1.2　下載 JDK 3-1

　　3.1.3　安裝 JDK 3-3

　　3.1.4　配置環境變數 3-6

　　3.1.5　JDK 和 JRE 有什麼區別 3-9

3.2　IntelliJ IDEA 開發工具的安裝 3-9

　　3.2.1　下載 IntelliJ IDEA 3-10

　　3.2.2　IntelliJ IDEA 的安裝 3-11

3.3　Maven 的安裝與配置 3-13

　　3.3.1　下載 Maven 3-13

　　3.3.2　安裝配置 Maven 3-14

　　3.3.3　Maven 的相關配置 3-16

3.4　MySQL 的安裝與配置 3-18

　　3.4.1　下載 MySQL 3-18

　　3.4.2　配置 MySQL 3-23

　　3.4.3　驗證配置 3-24

3.5　MySQL 視覺化工具安裝 3-24

　　3.5.1　下載 Navicat for MySQL 3-25

　　3.5.2　連接 MySQL 3-25

本章小結 3-27

第 4 章　建構 Spring Boot 專案及專案管理

4.1　使用 Spring Initalizr 建構專案 4-1

　　4.1.1　配置 Maven 倉庫 4-3

　　4.1.2　修改設定檔 4-5

　　4.1.3　啟動專案 4-6

4.2　專案程式管理 4-7

　　4.2.1　為什麼要使用程式管理 4-7

　　4.2.2　建立程式倉庫 4-8

　　4.2.3　倉庫分支管理 4-10

4.3　Git 安裝與配置 4-12

　　4.3.1　下載 Git 4-13

　　4.3.2　安裝 Git 4-13

　　4.3.3　Git 配置資訊 4-15

4.4　遠端倉庫連接 4-16

　　4.4.1　程式提交遠端倉庫 4-17

　　4.4.2　IDEA 使用 Git 4-18

　　4.4.3　IDEA 程式暫存區 4-19

本章小結 4-21

第 5 章　建構父子模組及設定檔

5.1　建構子模組 5-1

　　5.1.1　建立 library-admin 子模組 5-1

　　5.1.2　建立 library-common 子模組 5-7

　　5.1.3　增加專案設定檔 5-10

5.2　整合專案日誌 5-14

　　5.2.1　日誌等級 5-14

　　5.2.2　日誌使用技巧和建議 5-14

　　5.2.3　增加日誌相依 5-15

5.3　Spring Boot 整合 MyBatis-Plus 5-19

　　5.3.1　為什麼選擇 MyBatis-Plus 5-19

　　5.3.2　整合 MyBatis-Plus 5-20

本章小結 5-21

第 6 章　資料庫操作及程式生成器使用

- 6.1 資料庫的建立與連接 6-1
  - 6.1.1 建立 MySQL 資料庫 6-1
  - 6.1.2 Spring Boot 連接 MySQL 6-3
  - 6.1.3 整合 MySQL 監控 6-5
- 6.2 通用類別設計與實現 6-8
  - 6.2.1 統一回應資料格式 6-9
  - 6.2.2 錯誤碼列舉類別 6-11
  - 6.2.3 Lombok 安裝 6-12
  - 6.2.4 異常處理 6-13
  - 6.2.5 分頁功能設計與實現 6-15
- 6.3 整合 EasyCode 程式生成工具 6-18
  - 6.3.1 EasyCode 簡介 6-19
  - 6.3.2 安裝 EasyCode 外掛程式 6-19
  - 6.3.3 配置資料來源 6-20
  - 6.3.4 專案套件結構 6-22
  - 6.3.5 自訂 EasyCode 範本 6-25
- 本章小結 6-31

第 7 章　介面文件設計及使用者功能開發

- 7.1 Apifox 的介紹與應用 7-1
  - 7.1.1 Apifox 簡介 7-1
  - 7.1.2 Apifox 核心功能 7-2
  - 7.1.3 Apifox 的選用 7-2
- 7.2 專案介面文件管理 7-3
- 7.3 使用者功能開發 7-4
  - 7.3.1 建立使用者資料表 7-4
  - 7.3.2 初始化使用者程式 7-5

7.3.3　使用者介面文件設計及測試 7-6

本章小結 7-9

第 8 章　實現圖片上傳功能

8.1　圖片管理實現 8-1

　　8.1.1　建立圖片管理資料表 8-1

　　8.1.2　建立 library-system 子模組 8-2

　　8.1.3　基礎程式實現 8-4

8.2　Docker 快速入門 8-5

　　8.2.1　Docker 簡介 8-5

　　8.2.2　Docker 的設計理念 8-6

　　8.2.3　Docker 的架構 8-7

　　8.2.4　安裝 Docker 8-8

8.3　架設 MinIo 檔案伺服器 8-11

　　8.3.1　MinIo 簡介 8-11

　　8.3.2　部署 MinIo 服務 8-11

　　8.3.3　建立儲存桶 8-14

　　8.3.4　建立金鑰 8-16

8.4　阿里雲物件儲存 8-18

　　8.4.1　什麼是物件儲存 8-18

　　8.4.2　建立 OSS 儲存空間 8-18

　　8.4.3　獲取存取金鑰 8-19

8.5　整合儲存管理平臺 8-20

　　8.5.1　X Spring File Storage 簡介 8-20

　　8.5.2　專案整合 X Spring File Storage 8-21

8.6　圖片管理功能開發 8-24

　　8.6.1　圖片上傳功能實現 8-24

　　8.6.2　下載圖片功能實現 8-31

本章小結 8-34

第 9 章　Spring Boot 整合 Redis

9.1　Redis 入門 9-1

 9.1.1　Redis 簡介 9-1

 9.1.2　Redis 的安裝與執行 9-2

9.2　Redis 的視覺化工具 9-5

 9.2.1　RedisInsight 的安裝 9-5

 9.2.2　建立 Redis 的連接 9-7

9.3　整合 Redis 9-11

 9.3.1　增加 Redis 的相依 9-11

 9.3.2　撰寫設定檔 9-11

 9.3.3　Redis 工具類別 9-13

 9.3.4　測試 Redis 9-15

本章小結 9-16

第 10 章　實現郵件、簡訊發送和驗證碼功能

10.1　整合簡訊服務 10-1

 10.1.1　申請簡訊簽名 10-2

 10.1.2　申請簡訊範本 10-3

 10.1.3　簡訊服務功能實現 10-5

 10.1.4　簡訊發送工具實現 10-7

10.2　整合郵件發送 10-10

 10.2.1　申請授權碼 10-10

 10.2.2　設計郵件配置資料表 10-11

 10.2.3　業務程式功能實現 10-12

 10.2.4　測試郵件發送 10-17

10.3　圖形驗證碼 10-18

	10.3.1	驗證碼操作流程 10-18
	10.3.2	生成圖形驗證碼 10-19
本章小結		 10-24

第 11 章　整合 Spring Security 安全管理

11.1	Spring Security 與 JSON Web Token 入門 11-1
	11.1.1 Spring Security 簡介 11-1
	11.1.2 專案整合 Spring Security 11-2
	11.1.3 JSON Web Token 基本介紹 11-4
11.2	專案許可權功能表設計 11-7
	11.2.1 許可權資料表設計並建立 11-7
	11.2.2 生成許可權基礎程式 11-10
11.3	Spring Security 動態許可權控制 11-17
	11.3.1 無許可權異常處理 11-18
	11.3.2 認證異常處理 11-19
	11.3.3 使用者詳細資訊功能實現 11-19
	11.3.4 自訂授權管理器 11-23
	11.3.5 實現 Token 生成工具 11-27
	11.3.6 JWT 登入授權篩檢程式 11-30
	11.3.7 Spring Security 配置 11-31
11.4	實現登入介面及完善相關功能 11-35
	11.4.1 使用者登入與退出功能實現 11-36
	11.4.2 使用者註冊功能實現 11-40
	11.4.3 使用註解獲取登入使用者資訊 11-49
	11.4.4 修改密碼功能實現 11-56
11.5	功能測試 11-60
	11.5.1 帳號登入相關測試 11-60
	11.5.2 選單與角色測試 11-68

11.5.3　許可權測試..11-74
本章小結..11-78

第 12 章　Jenkins 自動化部署專案

12.1　伺服器基礎環境配置..12-1
　　12.1.1　安裝 JDK...12-1
　　12.1.2　安裝 Maven...12-4
　　12.1.3　安裝 MySQL...12-5
　　12.1.4　安裝 Redis..12-10
12.2　Jenkins 入門..12-12
　　12.2.1　Jenkins 特點..12-12
　　12.2.2　CI/CD 是什麼..12-13
　　12.2.3　Jenkins 版本與安裝介紹..12-13
12.3　Jenkins 的安裝..12-14
　　12.3.1　啟動 Jenkins..12-14
　　12.3.2　進入 Jenkins..12-16
　　12.3.3　基礎配置...12-21
12.4　建構專案..12-24
　　12.4.1　新建倉庫分支...12-25
　　12.4.2　建立任務...12-25
　　12.4.3　增加執行專案命令...12-29
　　12.4.4　WebHooks 管理..12-33
本章小結..12-35

第 13 章　日誌管理與通知中心功能實現

13.1　專案操作日誌功能實現..13-1
　　13.1.1　初始化日誌程式...13-1
　　13.1.2　自訂日誌註解...13-3

  13.1.3 介面測試 13-13
 13.2 系統審核功能實現 13-14
  13.2.1 審核資料表設計並建立 13-15
  13.2.2 審核功能程式實現 13-15
  13.2.3 功能測試 13-22
 13.3 通知公告功能實現 13-24
  13.3.1 公告資料表設計並建立 13-24
  13.3.2 公告功能程式實現 13-24
  13.3.3 定時發佈公告 13-27
  13.3.4 功能測試 13-34
 本章小結 13-38

第 14 章　圖書管理系統功能實現

 14.1 圖書分類功能實現 14-1
  14.1.1 圖書分類資料表設計並建立 14-1
  14.1.2 分類功能程式實現 14-2
  14.1.3 功能測試 14-6
 14.2 圖書管理功能實現 14-9
  14.2.1 圖書資料表設計並建立 14-9
  14.2.2 圖書功能程式實現 14-10
  14.2.3 功能測試 14-16
 14.3 圖書借閱管理功能實現 14-20
  14.3.1 圖書借閱資料表設計並建立 14-20
  14.3.2 圖書借閱功能程式實現 14-21
  14.3.3 功能測試 14-30
 14.4 任務排程功能實現 14-35
  14.4.1 XXL-JOB 簡介 14-35
  14.4.2 快速入門 14-36

14.4.3　管理 XXL-JOB 版本..14-42

　　　14.4.4　借閱到期提醒功能實現..14-43

　　　14.4.5　部署 XXL-JOB 服務..14-53

　本章小結..14-56

Vue.js 篇

第 15 章　探索 Vue.js 的世界，開啟前端之旅

　15.1　Vue.js 快速入門...15-1

　　　15.1.1　Vue.js 簡介..15-1

　　　15.1.2　為什麼選擇 Vue.js..15-2

　　　15.1.3　Ant Design Vue 簡介..15-3

　15.2　Vue.js 專案環境準備...15-6

　　　15.2.1　安裝 Node.js..15-6

　　　15.2.2　安裝 WebStorm...15-7

　15.3　前端專案架設...15-8

　　　15.3.1　Vue-Vben-Admin 專案簡介...15-8

　　　15.3.2　啟動專案..15-10

　本章小結..15-13

第 16 章　前端基礎功能實現

　16.1　修改前端專案相關配置項...16-1

　　　16.1.1　環境變數配置..16-1

　　　16.1.2　修改前端接收資料結構..16-3

　16.2　登入 / 退出功能實現...16-5

　　　16.2.1　使用者登入..16-6

　　　16.2.2　使用者退出..16-13

　16.3　使用者註冊與忘記密碼功能實現...16-14

|　　　16.3.1　使用者註冊前端實現 16-14
|　　　16.3.2　忘記密碼前端實現 16-18
|　16.4　前端專案部署 16-22
|　　　16.4.1　前端專案部署環境配置 16-22
|　　　16.4.2　新建任務 16-24
|　　　16.4.3　測試前端專案建構 16-30
|　　　16.4.4　部署 Nginx 16-30
|　本章小結 16-36

第 17 章　系統管理功能實現

|　17.1　動態選單生成 17-1
|　　　17.1.1　系統左側導覽列實現 17-1
|　　　17.1.2　許可權處理 17-2
|　17.2　使用者管理功能實現 17-4
|　　　17.2.1　增加介面 17-4
|　　　17.2.2　功能實現 17-7
|　　　17.2.3　測試 17-13
|　17.3　角色管理功能實現 17-15
|　17.4　選單管理功能實現 17-17
|　本章小結 17-20

第 18 章　系統工具和監控功能實現

|　18.1　通知公告功能實現 18-1
|　18.2　審核管理功能實現 18-6
|　18.3　檔案管理功能實現 18-9
|　18.4　郵件與監控管理功能實現 18-10
|　本章小結 18-13

第 19 章　圖書管理功能實現

19.1　圖書分類功能實現 19-1

19.2　圖書功能實現 19-3

19.3　圖書借閱管理功能實現 19-8

　　　19.3.1　圖書借閱 19-8

　　　19.3.2　借閱記錄 19-10

19.4　圖書專案功能完善 19-12

　　　19.4.1　修改密碼 19-12

　　　19.4.2　個人資料 19-14

　　　19.4.3　首頁配置 19-16

本章小結 19-17

uni-app 篇

第 20 章　uni-app 快速入門

20.1　uni-app 簡介 20-1

　　　20.1.1　為什麼選擇 uni-app 20-2

　　　20.1.2　功能架構 20-2

　　　20.1.3　開發標準 20-3

20.2　安裝 HBuilderX 開發工具 20-4

20.3　安裝微信開發工具 20-5

20.4　uni-app 專案管理 20-8

　　　20.4.1　建立 uni-app 專案 20-8

　　　20.4.2　Git 管理 uni-app 專案 20-10

本章小結 20-14

第 21 章　小程式初印象

21.1　小程式簡介 21-1

21.2　申請微信小程式帳號 21-3

21.3　執行小程式 21-8

本章小結 21-10

第 22 章　圖書小程式功能實現

22.1　基礎配置 22-1

　　　22.1.1　底部導覽列 22-1

　　　22.1.2　引入 uView UI 框架 22-5

　　　22.1.3　封裝後端介面請求 22-7

　　　22.1.4　登入功能實現 22-11

22.2　首頁功能實現 22-14

22.3　圖書列表功能實現 22-17

22.4　通知功能實現 22-21

22.5　個人中心功能實現 22-23

22.6　小程式發佈 22-24

本章小結 22-26

Spring Boot 篇

第 1 章
專案簡介

本書摒棄了傳統的技術實戰的寫作方式，重點凸顯了基於專案實戰開發流程的撰寫，並在實際操作中引入了專案服務線上部署的流程。此外，本書還深入地介紹了目前備受歡迎且不斷發展壯大的自動化部署技術。透過從零開始引導讀者逐步建構專案，一直到專案成功上線，本書的目標是幫助讀者真正掌握學習實踐的技能。

一個專案的開發工作遠超過一本書所能詳盡描述的範圍，在這個過程中，需要進行大量開發工作等，但本書的價值不僅侷限於專案開發本身，更注重對專案開發流程的深入思考，並提供全面的專案開發流程體驗。

1.1 專案規劃

本書以圖書管理系統作為範例專案貫穿全書，涵蓋了從專案的基礎架設一直到專案服務上線的整個開發流程。在後端開發方面，主要採用 Spring Boot 作為主要開發框架，而在背景管理系統頁面的開發上，採用 Vue 作為開發語言；另外，小程式的開發選用了 uni-app。全書詳細呈現了相對完整的企業開發流程，包括版本管理、程式標準等開發實踐，採用了前後端分離的架構，以滿足當前企業開發的技術要求。

專案基礎架構如圖 1-1 所示。

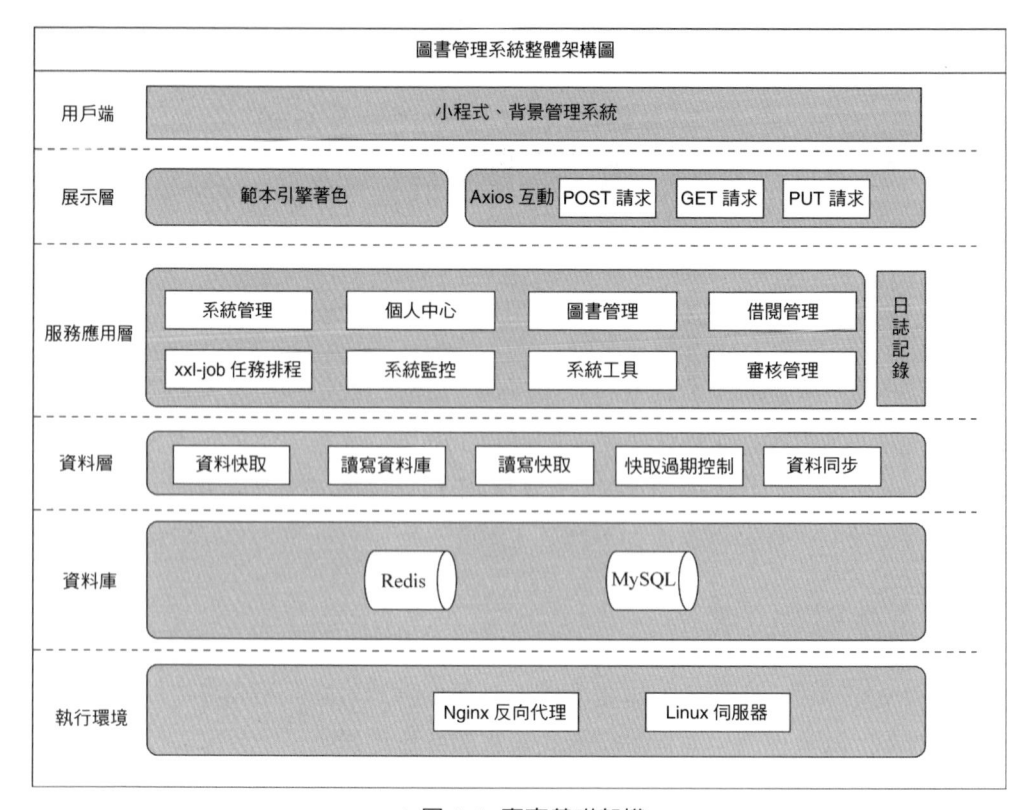

```
┌─────────────────────────────────────────────────────────────┐
│                  圖書管理系統整體架構圖                        │
├──────────┬──────────────────────────────────────────────────┤
│  用戶端   │           小程式、背景管理系統                     │
├──────────┼──────────────────────────────────────────────────┤
│  展示層   │  範本引擎著色   Axios 互動 POST 請求 GET 請求 PUT 請求│
├──────────┼──────────────────────────────────────────────────┤
│          │  系統管理    個人中心    圖書管理    借閱管理    日 │
│ 服務應用層 │                                                誌│
│          │xxl-job 任務排程 系統監控  系統工具   審核管理    記│
│          │                                                錄│
├──────────┼──────────────────────────────────────────────────┤
│  資料層   │ 資料快取  讀寫資料庫  讀寫快取  快取過期控制  資料同步│
├──────────┼──────────────────────────────────────────────────┤
│  資料庫   │            Redis              MySQL              │
├──────────┼──────────────────────────────────────────────────┤
│  執行環境  │       Nginx 反向代理      Linux 伺服器             │
└──────────┴──────────────────────────────────────────────────┘
```

▲ 圖 1-1 專案基礎架構

1.2 如何有效學習本書

本書涵蓋了廣泛的技術知識要點，其中大多數採用了當前企業主流的開發技術。對於具備一定基礎的初級開發者而言，使用本書作為學習專案開發的參考資料將是一個極佳的選擇。書中詳盡地展現了專案開發的全過程，並提供了豐富的範例程式，這些範例程式可作為有力的指導，幫助讀者逐步領悟專案建構過程，並提供解決問題的方法，以及可以結合以下學習方法進行學習。

(1) 在著手開發前，先預覽本書的結構目錄，以深入理解專案的整體架構及基礎概念。掌握專案所需技術的基礎知識，並對專案的目標與功能要點有明晰的認知。

(2) 仔細閱讀所提供的範例程式，並嘗試逐行剖析，學習每個程式區塊的功能和彼此之間的連結。如果對部分程式碼部分存在疑問，則可參考書中的解釋或查閱相關資料，進行深入學習與研究，這也是一種持續學習的過程。

(3) 遵循書中的步驟和指導，逐一實現專案的各個功能模組。每個階段完成後，確保專案在該階段的功能得以正常執行，並進行充分測試與偵錯。

(4) 力求將書中的範例程式與個人實際專案需求有機融合。學習將書中所涵蓋的概念和技術嫁接至實際情境，從而更富深度地理解和掌握所學的技術知識。

(5) 對於沒有專案開發經驗的初學者，建議從本書的第 1 章開始按部就班地跟隨開發流程進行專案開發。書中流程詳盡，當出現問題時，可參照本書提供的解決方法。程式可充當輔助材料，在出現問題時，首先檢查程式與書中提供程式是否一致，以本書作為參考，找出錯誤並解決。

學習專案開發是一個獲取專案經驗的過程，包括學習與累積。切勿畏懼問題或失誤，關鍵在於能夠從錯誤中吸取知識，並找到解決問題的途徑。持續的學習與實踐是關鍵，相信你能夠成功地完成本專案的開發。

1.3 技術整理

本節將專案使用的一些技術知識做了部分總結，供學習和參考，如圖 1-2 所示。

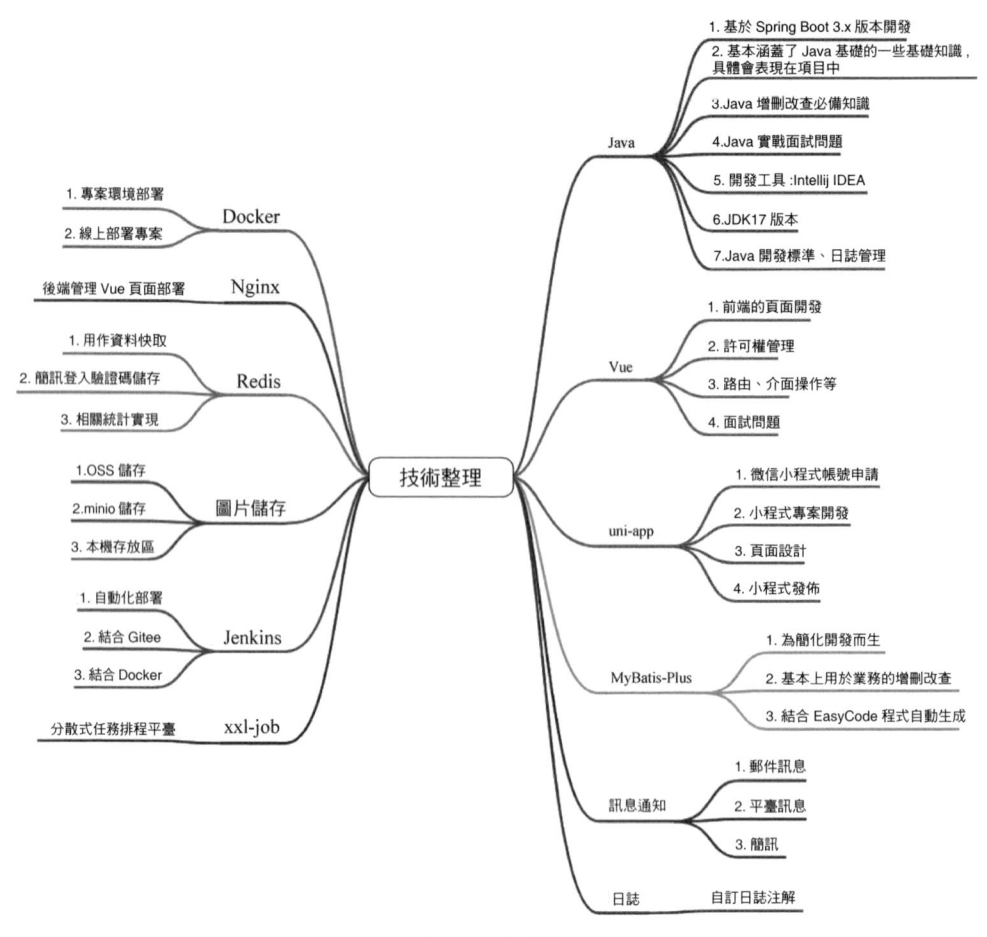

```
                                    ┌ 1. 基於 Spring Boot 3.x 版本開發
                                    ├ 2. 基本涵蓋了 Java 基礎的一些基礎知識，
                                    │   具體會表現在項目中
                                    ├ 3.Java 增刪改查必備知識
                              Java ─┼ 4.Java 實戰面試問題
                                    ├ 5. 開發工具 :Intellij IDEA
                                    ├ 6.JDK17 版本
                                    └ 7.Java 開發標準、日誌管理

        ┌ 1. 專案環境部署
Docker ─┤
        └ 2. 線上部署專案

Nginx ── 後端管理 Vue 頁面部署        ┌ 1. 前端的頁面開發
                                    ├ 2. 許可權管理
        ┌ 1. 用作資料快取        Vue ─┤
Redis ──┼ 2. 簡訊登入驗證碼儲存        ├ 3. 路由、介面操作等
        └ 3. 相關統計實現              └ 4. 面試問題

        ┌ 1.OSS 儲存                  ┌ 1. 微信小程式帳號申請
圖片儲存─┼ 2.minio 儲存        uni-app ┼ 2. 小程式專案開發
        └ 3. 本機存放區               ├ 3. 頁面設計
                          技術整理    └ 4. 小程式發佈
         ┌ 1. 自動化部署
Jenkins ─┼ 2. 結合 Gitee                    ┌ 1. 為簡化開發而生
         └ 3. 結合 Docker     MyBatis-Plus ─┼ 2. 基本上用於業務的增刪改查
                                           └ 3. 結合 EasyCode 程式自動生成
xxl-job ── 分散式任務排程平臺
                                    ┌ 1. 郵件訊息
                              訊息通知┼ 2. 平臺訊息
                                    └ 3. 簡訊

                              日誌 ── 自訂日誌注解
```

▲ 圖 1-2 技術整理

1.4 開發標準

在專案的開發過程中，遵循開發標準尤為重要，特別是在團隊多人協作的情況下。事前明確一些開發標準是必要的，這對於專案程式的可維護性和後續迭代都有著積極影響。本節依據阿里巴巴 Java 開發文件標準，有選擇性地訂製了本專案的開發標準，這些標準僅適用於本專案，並不適用於所有專案開發場景。

1.4.1 命名標準

Java 的命名標準是程式設計中的重要部分，它有助程式的可讀性和可維護性。以下是 Java 類別命名標準的一些基本準則。

(1) 套件名稱統一使用小寫字母，點分隔符號之間有且僅有一個自然語義的英文單字。變數、成員、方法名稱統一使用駝峰命名，例如 userMap。

(2) 類別名稱的每個單字首字母大寫，並使用 UpperCamelCase 風格，但以下情形例外：DO、BO、DTO、VO、AO、PO、UID 等。

(3) 介面實現類別要有 Impl 標識。

(4) 列舉類別要加 Enum 尾綴標識，列舉成員名稱需要全部大寫，單字用底線隔開。

(5) 工具類別一般以 Util 或 Utils 作為尾綴。

(6) 常數命名全部大寫，單字間用底線隔開，力求語義表達完整清楚。

1.4.2 註釋

Java 註釋標準是一種程式設計實踐，用於在程式中增加註釋以提高程式的可讀性、可維護性和可理解性。以下是一些常見的 Java 註釋標準。

(1) 類別、類別屬性、類別方法的註釋使用 Javadoc 標準，使用 /** 內容 */ 格式，不使用行註釋，例如 //xxx，程式如下：

```
/**
 * Java 類別註釋
 *
 * @author test
 * @since 2023-09-19
 */
public class ExampleClass {
    // 類別的程式
}
```

(2) 註釋要簡單明了，並在一些關鍵的業務邏輯上加註釋說明。

(3) 欄位、屬性加註釋，程式如下：

```
/**
 * 使用者帳號
 */
private String username;
```

(4) 所有的列舉類型欄位需要有註釋，說明每個資料專案的用途。

(5) 常用在 Javadoc 註解中的幾個參數如下。

① @author 標明開發該類別模組的作者。

② @version 標明該類別模組的版本。

③ @param 為對方法中某參數的說明。

④ @return 為對方法傳回值的說明。

⑤ @see 為對類別、屬性、方法的說明參考轉向。

1.4.3 介面標準

遵循 Java 介面標準並提供一致性的 API 設計，可以顯著減少前後端對接過程中的溝通問題，甚至在某些情況下，前端開發人員可以根據約定的標準快速上手後端介面，而無須詳細的介面文件。

(1) 介面請求位址要全部為小寫字母，可以使用「_」分開。

(2) 介面、方法的形參數量最多 5 個，如果超出，則可以使用 JavaBean 物件作為形參。

(3) 本專案採用了「/ 業務模組 / 子模組 / 動作」形式的介面位址命名方式，而沒有採用 RESTful 標準的 URL 命名方式。這是因為有時 RESTful 的 URL 結構可能不夠直觀，不容易一眼就理解介面的具體操作。

(4) 在明確介面職責的條件下，儘量做到介面單一，即一個介面只做一件事，而非兩件以上。

(5) 介面基本存取協定：GET(獲取)、POST(新增)、PUT(修改) 和 DELETE(刪除)。

1.4.4 資料庫設計標準

資料庫設計標準是建構一個可靠、高效和可擴充資料庫系統的關鍵部分，有助滿足業務需求並減少維護成本，以下是一些通用的資料庫設計標準。

(1) 資料庫命名採用全小寫字母，透過底線進行分隔，同時推薦在命名中加入版本編號等資訊，以便進行區分。

(2) 資料表名稱、欄位名稱使用小寫字母或數字，避免數字開頭及兩個底線中間只出現數字的情況。結合本專案，所有的資料表名稱都以 lib_ 開頭。例如使用者資料表：lib_user。

(3) 資料表名稱不使用複數名詞。

(4) 資料表設計的欄位加上註釋，說明該欄位的作用。此外，應注意避免使用資料庫保留字作為欄位名稱，以免引發潛在的衝突和錯誤。

(5) 業務上具有唯一特性的欄位，即使是多個欄位的組合，也要建成唯一索引。

1.4.5 字典標準

為了確保屬性定義的一致性，先統一定義部分通用屬性名稱的資料型態，見表 1-1。

▼ 表 1-1 統一屬性名稱

名稱	類型	說明
id	Integer	主鍵
create_time	datetime	建立時間
update_time	datetime	更新時間
size	Long	分頁 (每頁筆數，預設為 10)
total	Long	分頁 (總數)
current	Long	分頁 (當前頁，預設為 1)
userId	Integer	使用者 id

本章小結

本章介紹了專案的規劃和基礎架構,描述了如何透過本書學習專案開發,以及介紹了本書開發專案所使用的技術和一些日常的專案開發標準。

第 2 章

探索 Spring Boot

在 Java 開發領域，當談及開發框架時，必然會提及 Spring Boot。這個框架之所以備受技術從業者的讚譽和關注，其實源自其出色的實力。Spring Boot 是一款旨在簡化 Spring 應用程式開發的框架，然而，使用 Spring Boot 僅因為它的簡化性嗎？帶著這個問題，接下來本章對 Spring Boot 內在的奧秘進行深入學習。

2.1 揭秘 Spring Boot

2.1.1 Spring Boot 簡介

Spring Boot 是一個用於快速建構基於 Spring 框架的 Java 應用程式的開發框架。它的獨特之處在於提供了一套開箱即用的功能和特性，使開發者能夠更輕鬆地建立獨立且可部署的 Java 應用程式。

Spring Boot 的設計理念是「約定優於配置」。這一原則在於透過自動化配置和預設值設定，從而大幅減少了煩瑣的樣板程式和冗長的配置步驟。開發者只需進行少量配置，就能迅速架設基本的 Spring 應用，同時還可以根據實際需求進行個性化訂製。這使開發過程更加高效，讓開發者能夠更專注於核心業務的實現。

文中提到了 Spring 框架，那麼 Spring Boot 和 Spring 有什麼關係？Spring 的誕生是為了簡化 Java 程式的開發，而 Spring Boot 的誕生是為了簡化 Spring 程式的開發。從現實生活中可以這樣理解，汽車的出現是為了人們出行的方便，無人駕駛汽車的出現是為了簡化駕駛汽車的操作。

2.1.2 為什麼選擇 Spring Boot

本專案的後端開發技術選擇了 Spring Boot，主要原因有以下幾點。

(1) Spring Boot 是目前企業中開發專案使用最多的。

(2) 使用 Spring Boot 能夠快速架設和開發應用程式。它簡化了煩瑣的配置過程，不再重複地進行 XML 配置，極大地減少了開發時間和工作量，使開發人員更加注重業務的實現而非繁重的檔案配置工作。

(3) Spring Boot 借助自動配置機制和預設屬性值，極大地減少了應用程式的配置任務。開發者只需對特定需求進行有限配置，無須手動配置各個元件和相依，從而實現更高效的應用程式管理和維護。

(4) Spring Boot 提供了內嵌式的 Servlet 容器支援，使應用程式能夠獨立執行，無須外部伺服器的額外部署。這種設計簡化了應用程式的部署，降低了執行環境架設的難度，進而減少了部署所涉及的複雜性和成本。

(5) Spring Boot 是建立在 Spring 框架之上的，因此繼承了 Spring 框架蓬勃發展的社區和多元的生態系統。這個大型社區提供了豐富的高品質文件和開發資源，可供學習之用，而且，Spring Boot 還提供了廣泛的擴充和第三方函數庫，有助更進一步地滿足專案中具體的需求。

綜合以上所述，選擇採用 Spring Boot 的理由在於其實際應用、快速開發能力、配置的簡化、內嵌式容器支援，以及強大的生態系統和社區支援等獨特特點，因此，借助 Spring Boot 進行程式開發，能夠獲得高效、可靠的開發體驗。

2.1.3 Spring Boot 版本介紹

Spring Boot 發展非常迅速，每個版本都帶來了新的特性、改進和修復，其中 Spring Boot 2.7.x 是最後一個支援 JDK 8 的版本，它已經在 2023 年 11 月 18 日停止維護，目前剩下的免費支援的版本全都是基於 JDK 17 的版本了，JDK 8 版本也會慢慢退出歷史的舞臺，將迎來 JDK 17 的春天。

本專案使用的 Spring Boot 版本是基於目前官方最新穩定的版本 3.1.3(本書寫作時的最新版本)，其 Spring Boot 3.x.x 的版本最低要求是使用 JDK 17，並向上相容支援 JDK 19 及 Spring Framework 6.0.2 或更高的版本。

2.2 建立 Spring Boot 專案

本節介紹兩種建立 Spring Boot 專案的方式。首先是官方提供的線上建立方式；其次是透過開發工具建立專案，這兩種方式都將在專案實際開發階段中使用。

2.2.1 線上建立

Spring 官方提供了一個建立專案的 Web 介面，在這裡可快速建立 Spring Boot 專案。造訪 https://start.spring.io/，選擇專案的 Maven 或 Gradle 配置、開發語言、Spring Boot 版本及所需要的相依項，然後點擊 GENERATE 按鈕，即可下載生成的專案程式。透過這種方式建立的專案已經包含了基本的專案結構和設定檔，可以直接進行開發。建立專案的 Spring Initializr 介面如圖 2-1 所示。

▲ 圖 2-1 建立專案的 Spring Initializr 介面

2.2.2 IDEA 工具建立

IntelliJ IDEA(簡稱 IDEA) 是一款整合式開發環境，可用於建立 Spring Boot 專案。在專案開發中，IDEA 是常用的建立專案的工具之一。本書中，除了使用線上建立專案的方法，還採用了 IDEA 工具建立專案的方式，旨在充分結合理論與實踐，以沉浸式體驗的方式展現實際應用場景中的專案開發。IDEA 建立 Spring Boot 專案介面，如圖 2-2 所示。

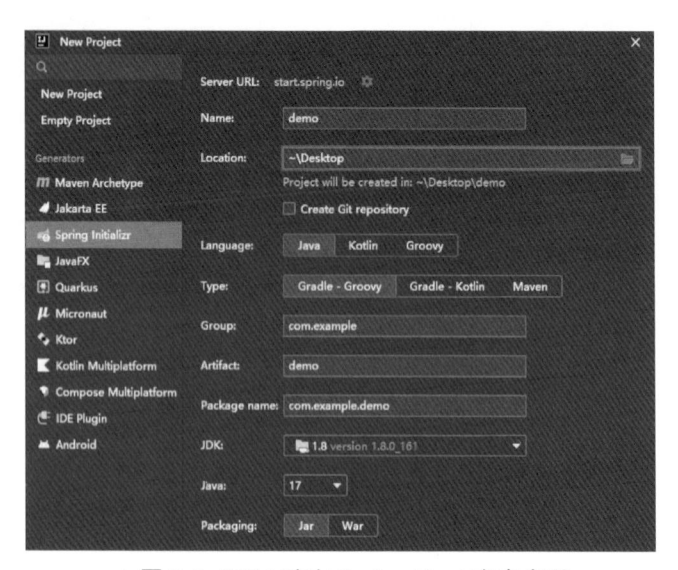

▲ 圖 2-2 IDEA 建立 Spring Boot 專案介面

本章小結

本章學習了 Spring Boot 的基礎知識，為什麼要選擇 Spring Boot 來開發專案，確定了 Spring Boot 開發專案所使用的版本，以及介紹了兩種建立 Spring Boot 專案的基本步驟。

第 3 章

準備專案開發環境

本章將進入正式的專案開發。首先介紹如何架設 Spring Boot 專案的基礎環境，其中主要包括 JDK 的安裝和配置、專案開發工具的安裝與體驗，以及 Maven 的安裝和配置。建議讀者的開發環境與本書安裝的環境等版本保持一致，以避免因版本不相容等問題而導致各種錯誤的發生。這樣能夠確保在開發過程中獲得更加穩定和一致的工作環境。

3.1 JDK 的安裝和配置

在 2.1.3 節中提到了本專案所使用的 Spring Boot 版本為 3.1.3，要求最低使用 JDK 17 的環境，因此，需要選擇安裝和配置 JDK 17 版本。

3.1.1 JDK 的概念

JDK(Java Development Kit) 是 Java 語言的軟體開發套件，提供了 Java 程式的編譯器、虛擬機器、偵錯器及其他輔助工具。它被用於開發和執行 Java 應用程式和 Applet。作為 Java 平臺的核心元件，JDK 在 Java 語言系統中扮演著重要角色。主要版本包括 Java SE(標準版)、Java EE(企業版) 和 Java ME(微型版)，分別針對桌面應用程式、Web 應用程式和行動應用程式的開發。

3.1.2 下載 JDK

首先造訪 Oracle 官方網站 https://www.oracle.com/，然後進行登入。如果沒有帳號，則需要自行註冊一個 Oracle 帳號，登入介面如圖 3-1 所示。

▲ 圖 3-1 Oracle 登入介面

選擇 Resources → Java Downloads 選項，如圖 3-2 所示。

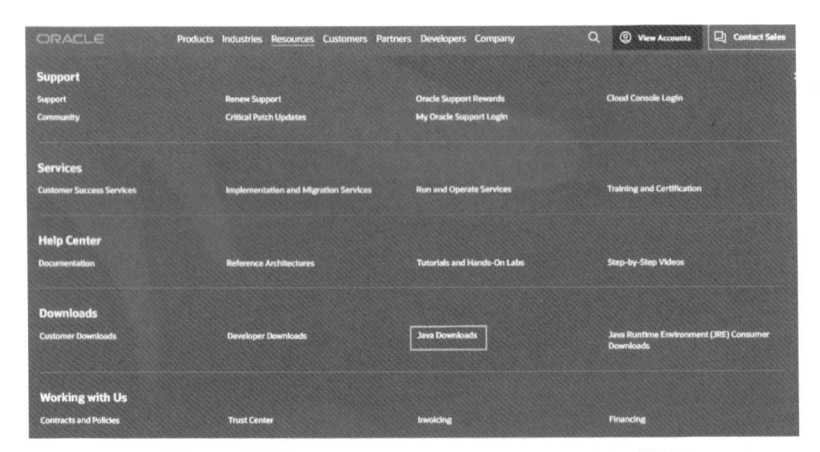

▲ 圖 3-2 選擇 Resources → Java Downloads 選項

跳越網頁面之後，頁面上會出現相關版本的 JDK 安裝套件供下載，選擇 JDK 17 → Windows → x64 Installer 選項，如圖 3-3 所示。根據電腦系統的配置，選擇副檔名為 .exe 的安裝套件下載，如果是 64 位元的系統，則需要下載對應的 x64 Installer 的 JDK 版本；如果是 32 位元的系統，則需要下載對應的 x86 Installer 的 JDK 版本。

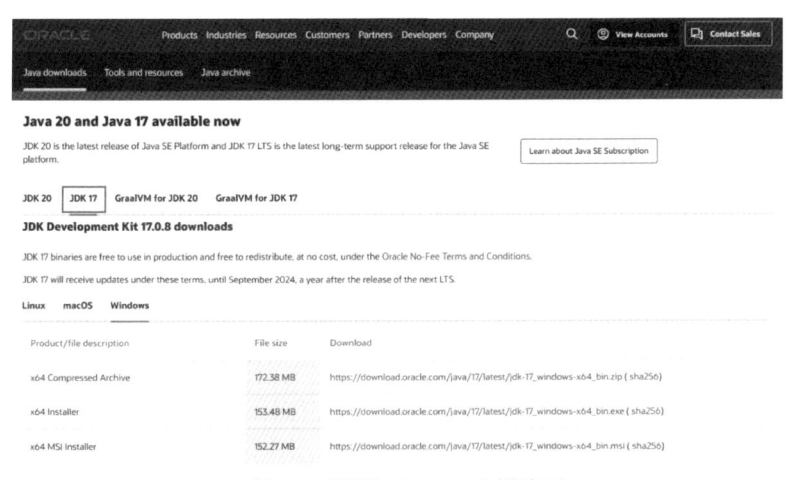

▲ 圖 3-3 選擇 JDK 17 安裝套件

點擊對應版本的 JDK 檔案，直接下載即可 (本書寫作時 JDK 17 版本還在維護，所以可以直接下載到 2024 年 9 月)。如果彈出以下介面，在登入的狀態下，勾選「同意授權合約」之後就可以正常下載了 (這裡筆者使用 JDK 8 作為演示)，如圖 3-4 所示。

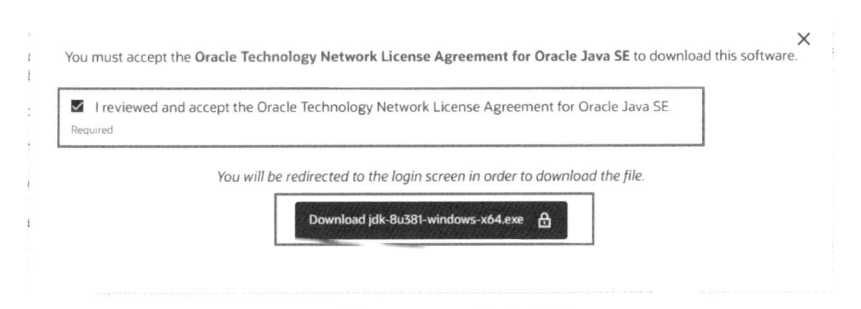

▲ 圖 3-4 JDK 下載介面

3.1.3 安裝 JDK

JDK 下載完成後，雙擊該安裝檔案，然後根據安裝精靈進行安裝。根據頁面精靈的提示，點擊「下一步」按鈕，如圖 3-5 所示。

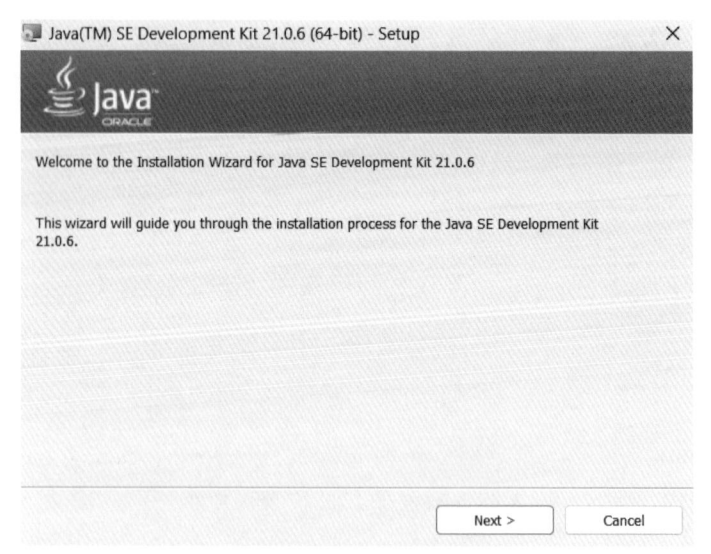

▲ 圖 3-5　JDK 安裝精靈

　　選擇 JDK 安裝的目的檔案夾，安裝的目錄可以進行修改，或保持預設路徑 C:\Program Files\Java\jdk-17，筆者直接將其安裝到預設路徑下。

注意：如果選擇自訂安裝路徑，則安裝路徑的資料夾名稱不要包含文字和空格。

　　然後點擊「下一步」按鈕，等待安裝完成，如圖 3-6 所示。

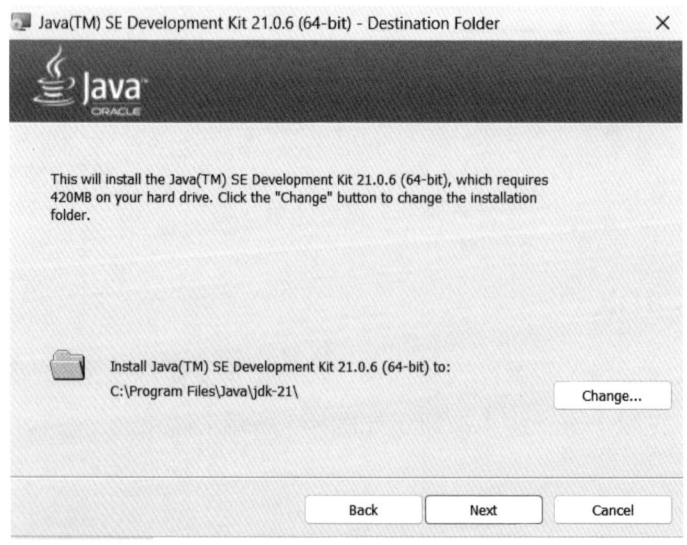

▲ 圖 3-6　選擇 JDK 安裝的目的檔案夾

提示安裝成功後，點擊「關閉」按鈕，這時 JDK 已經安裝完成，如圖 3-7 所示。

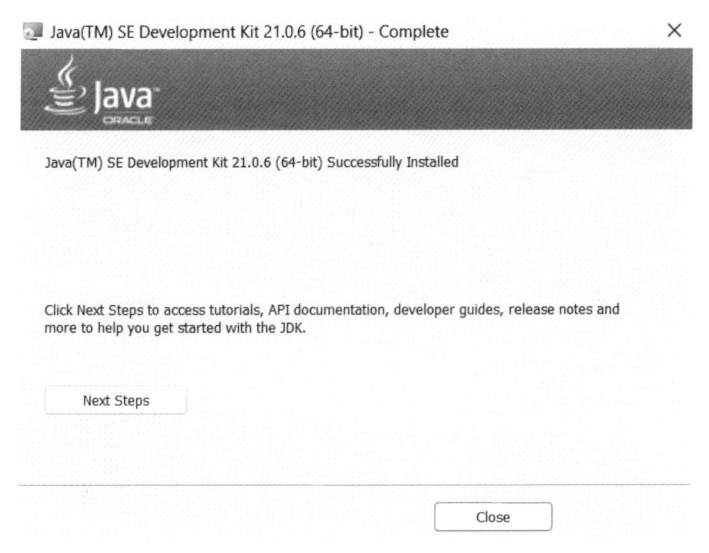

▲ 圖 3-7 JDK 安裝完成

開啟安裝 JDK 的位址目錄，查看是否有安裝資訊相關資料夾。舉例來說，筆者選擇安裝在預設的路徑，所以在 C:\Program Files\Java\jdk-17 目錄下就可以看到 JDK 安裝的相關資料夾了，如圖 3-8 所示。

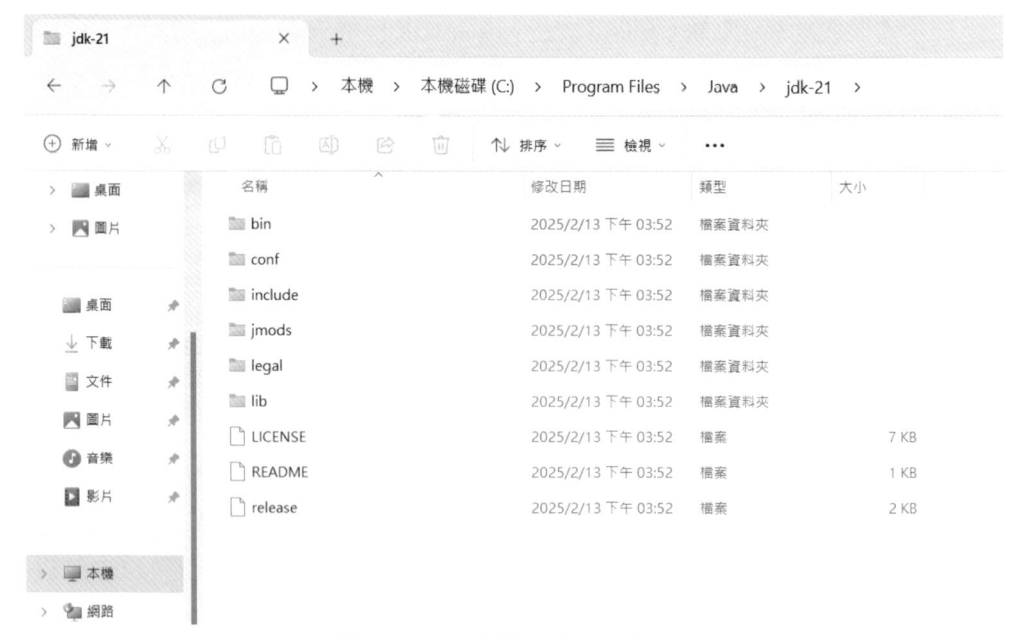

▲圖 3-8　JDK 安裝成功後生成的目錄

3.1.4　配置環境變數

安裝完 JDK 為什麼還要配置環境變數呢？這樣做主要是為了確保系統能夠準確地定位和正確地使用 JDK。當在命令列或其他開發工具中執行與 Java 相關的命令時，系統需要知道 JDK 的安裝路徑，以便找到相應的可執行檔。透過配置環境變數，向系統提供 JDK 的安裝路徑資訊，從而確保系統能夠正確地執行與 Java 相關的命令。

如果找不到，則可以在電腦左下角的工作列中找到「搜索」圖示，並在搜索欄輸入「系統環境變數」就會出現對應的搜索結果，如圖 3-9 所示。

▲ 圖 3-9 搜索「系統環境變數」

開啟「編輯系統環境變數」視窗後，點擊「環境變數」按鈕，如圖 3-10 所示。

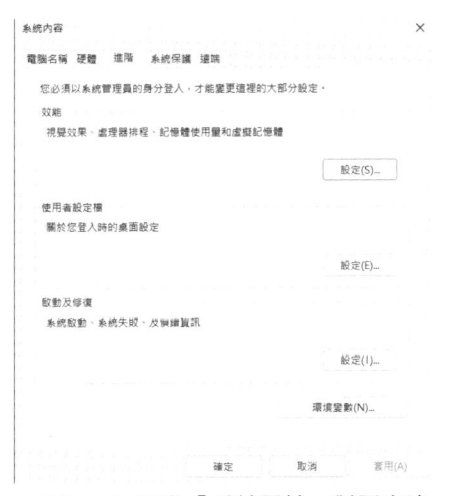

▲ 圖 3-10 開啟「系統屬性」對話方塊

開啟後會看到共有上下兩欄，第一欄是使用者變數；第二欄是系統變數，這裡要做的就是在系統變數的下方新建一個系統變數。變數名稱輸入 JAVA_HOME(這裡名稱全部大寫)。變數值輸入 JDK 安裝的路徑。具體內容如圖 3-11 所示。

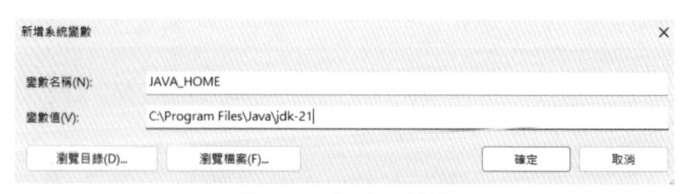

▲ 圖 3-11 新建系統變數

增加完成後,再次新建一個系統變數,變數名稱為 CLASSPATH,變數值為 .;%JAVA_HOME%\lib,然後點擊「確定」按鈕增加完成,具體內容如圖 3-12 所示。

注意:是英文格式下的點 . 分號;百分號 % JAVA_HOME 百分號 % 反斜線 \ lib。

▲ 圖 3-12 編輯系統變數

在系統變數中找到 Path 變數,選中 Path,點擊「編輯」按鈕,然後在視窗的右側點擊「新建」按鈕,輸入 %JAVA_HOME%\bin,最後點擊「確定」按鈕即可增加成功,如圖 3-13 所示。

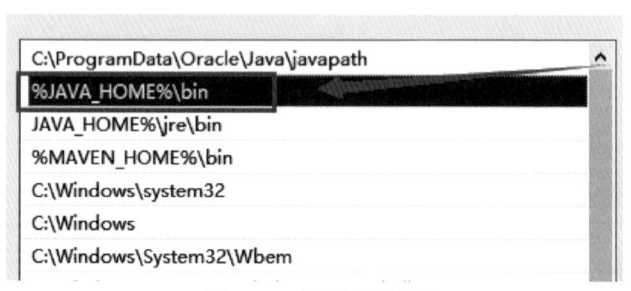

▲ 圖 3-13 編輯環境變數

至此,JDK 環境變數已經配置完成。接下來測試 JDK 環境是否配置成功。按 Win+R 快速鍵輸入 cmd 命令,按 Enter 鍵,此時會彈出命令提示視窗,然後輸入以下命令:

```
java -version
```

如果環境配置正確,則在命令提示視窗中會輸出 JDK 的版本資訊,如圖 3-14

所示；如果執行命令後顯示出錯，則應先檢查一下環境變數配置中的路徑和 Path 中增加的變數是否有問題，然後去分析其他的錯誤原因。

```
C:\Users\Administrator>java -version
java version "17.0.8" 2023-07-18 LTS
Java(TM) SE Runtime Environment (build 17.0.8+9-LTS-211)
Java HotSpot(TM) 64-Bit Server VM (build 17.0.8+9-LTS-211, mixed mode, sharing)
```

▲ 圖 3-14 JDK 版本資訊

3.1.5 JDK 和 JRE 有什麼區別

JDK 和 JRE 兩個有什麼區別？這也是在面試時面試官會經常問到的基礎題目。先來看一下 JDK 和 JRE 的定義。

(1) JDK(Java Development Kit)：JDK 是用於 Java 應用程式開發的工具套件。它包含了 Java 編譯器 (javac)、Java 虛擬機器、偵錯器和其他開發工具，還包括了用於開發 Java 應用所需的各種類別庫、標頭檔和範例程式。JDK 適用於開發者，提供了建立、編譯和偵錯 Java 程式的工具。

(2) JRE(Java Runtime Environment)：JRE 是用於執行 Java 應用程式的環境。它包含了 Java 虛擬機器和 Java 類別庫，用於執行 Java 程式。JRE 適用於用戶端，使用者可以使用 JRE 來執行 Java 應用，而不需要進行開發工作。

簡而言之，JDK 是用於開發 Java 應用程式的工具套件，而 JRE 是用於執行 Java 應用程式的執行環境。

3.2 IntelliJ IDEA 開發工具的安裝

目前，Java 開發者主要使用的主流開發工具是 IntelliJ IDEA。此外，還有兩款 Java 開發工具，分別是 Eclipse 和 MyEclipse，這兩款在大專院校或一些初學者中使用比較多。本專案選擇使用企業主流的開發工具 IDEA，所有涉及的 Java 開發開發均採用 IDEA 開發工具。

IDEA 可以被形容為一款現代智慧化的開發工具，而 Eclipse 則有些過時。IDEA 擁有強大的靜態程式分析功能，能夠檢測程式錯誤、潛在問題和程式標準性問題，並提供相應的修復建議。這一特性旨在提升 Java 開發人員的工作效率和程式品質，因此，它成為許多 Java 開發者首選的 IDE 之一。

3.2.1 下載 IntelliJ IDEA

本書中的專案使用 JDK 17 的版本，則要求 IDEA 最低是 2022.1 及以上的版本，之前的 IDEA 版本不支援使用 JDK 17，所以本書使用的 IDEA 是 Ultimate 2023.1.2 的版本。

官方下載網址 https://www.jetbrains.com/idea/，點擊 Download 按鈕，下載 IntelliJ IDEA，如圖 3-15 所示。

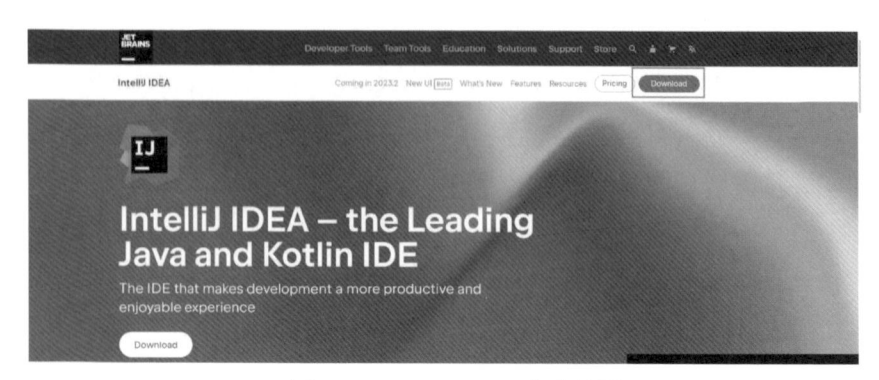

▲ 圖 3-15　IntelliJ IDEA 官方首頁

IDEA 官方提供了兩個下載版本，一個是 IDEA 收費的 Ultimate 版本，但可以免費試用 30 天，如圖 3-16(a) 所示；另一個是免費的社區 Community 版本，如圖 3-16(b) 所示。

(a) Ultimate 版本下載介面　　　(b) Community 版本下載介面

▲ 圖 3-16　不同版本下載介面

那麼這兩個版本有什麼區別？該如何選擇？

（1）IntelliJ IDEA Ultimate 版包含了全部功能，並提供了更多高級的功能和工具，如 Spring、Hibernate、Web 和企業開發等方面的全面支援，而 IntelliJ IDEA Community 版則是免費的開放原始碼版本，功能相對較少，主要關注於核心的 Java 開發功能。

（2）IntelliJ IDEA Ultimate 版支援所有外掛程式，Community 版則只支援一部分外掛程式。

綜上所述，本專案使用 IntelliJ IDEA Ultimate 版本來撰寫專案程式。由於官方提供了 30 天的免費試用期，對於完成本書的專案開發基本上夠用了。

3.2.2 IntelliJ IDEA 的安裝

下載完成後，雙擊執行 .exe 安裝檔案，然後點擊 Next 按鈕，根據提供的安裝導覽開始安裝，如圖 3-17 所示。

▲圖 3-17 IntelliJ IDEA 開始安裝頁面

設置 IDEA 的安裝路徑，預設安裝在 C:\Program Files\JetBrains\IntelliJ IDEA 2023.1.2 的目錄下，筆者將預設安裝位址改為自訂的 D:\Software\IntelliJ IDEA 2023.1.2\ 目錄下，然後點擊 Next 按鈕，如圖 3-18 所示。

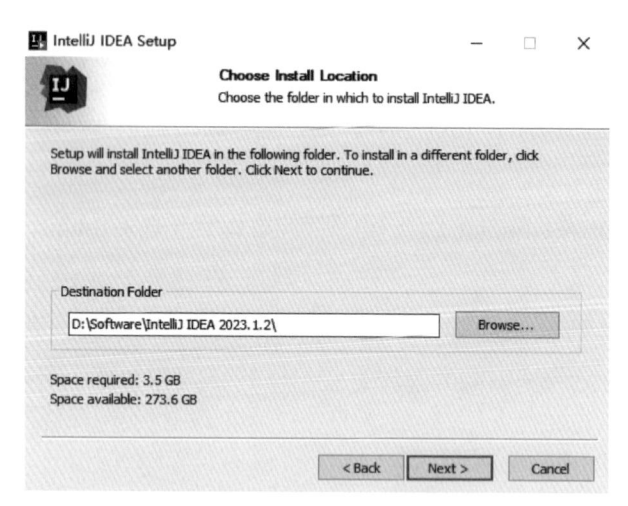

▲ 圖 3-18 設置 IDEA 安裝路徑

勾選 IDEA 需要安裝的配置項，IntelliJ IDEA 選項表示是否增加桌面圖示；Add"bin"folder to the PATH 選項表示是否增加到系統環境變數；Add"Open Folder as Project" 選項表示開啟資料夾作為專案；Create Associations 選項表示預設開啟類型。勾選完點擊 Next 按鈕，如圖 3-19 所示。

▲ 圖 3-19 勾選 IDEA 安裝配置項

最後，點擊 Install 按鈕進行安裝，等待安裝完成即可，如圖 3-20 所示。

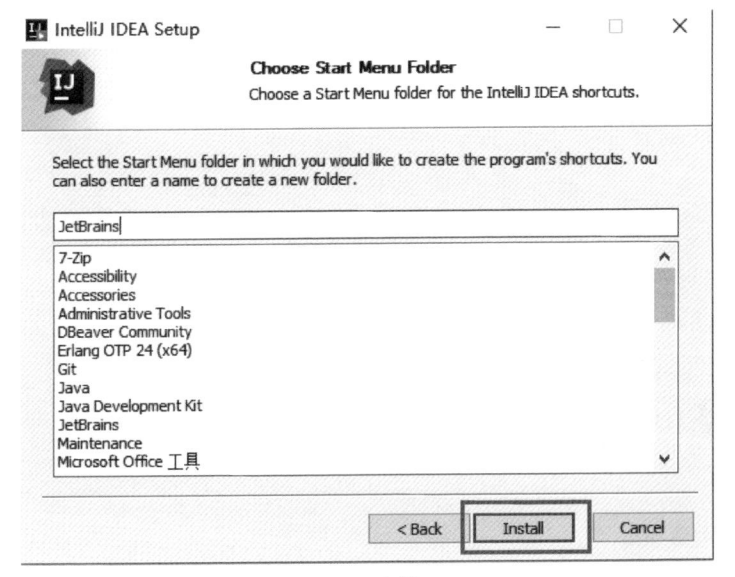

▲圖 3-20 安裝 IDEA

3.3 Maven 的安裝與配置

Apache Maven(簡稱 Maven) 是一個用於軟體專案建構和管理的工具。Maven 透過採用標準的目錄結構，使不同開發工具中的專案結構能夠保持一致。它提供了一系列命令，如清理、編譯、測試、安裝、打包和發佈等，使專案建構變得更加便捷。本書的後端專案也是選擇了 Maven 作為專案相依管理的工具。

選擇 Maven 主要有以下優點。

(1) 自動建構專案，包括清理、編譯、測試、安裝、打包、發佈等。

(2) JAR 套件相依管理會自動下載 JAR 及其相依的 JAR 套件。

(3) 在多種開發工具中也能實現專案結構的統一。

3.3.1 下載 Maven

開啟 Maven 官方網站 https://maven.apache.org/，點擊 Download 按鈕，如圖 3-21 所示。

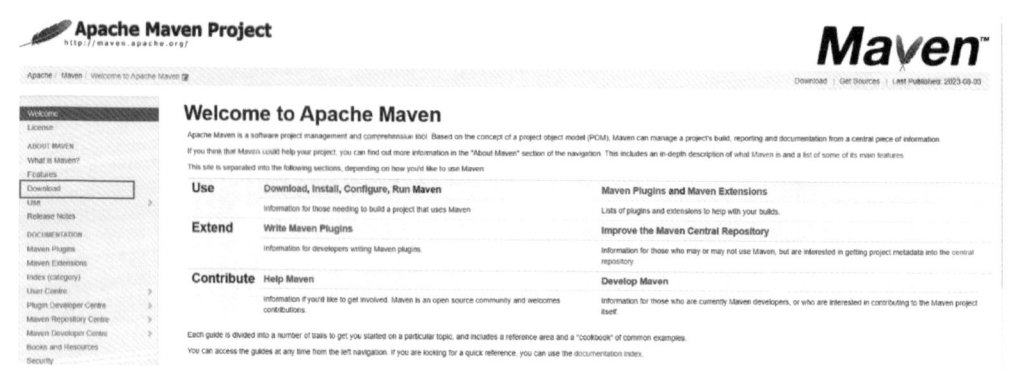

▲ 圖 3-21 Maven 官方首頁

目前 Maven 的最新版本是 3.9.4，因 Spring Boot 使用的版本是 3.0 以上的，所以筆者在本書中使用的 Maven 的版本為 3.6.3，可以選擇歷史的版本下載，如圖 3-22 所示。

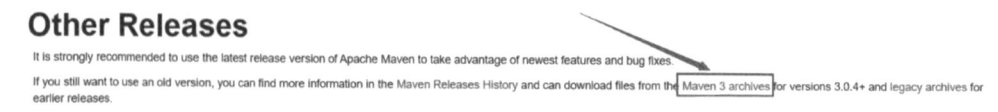

▲ 圖 3-22 選擇下載歷史版本

查詢到該版本，選擇 binaries 目錄下的 apache-maven-3.6.3-bin.zip 下載完成即可，如圖 3-23 所示。

▲ 圖 3-23 選擇 Maven 安裝套件

3.3.2 安裝配置 Maven

下載完成後無須安裝，直接對下載的壓縮檔進行解壓，然後將檔案存放到硬碟中即可，例如筆者放在了 D:\apache-maven-3.6.3 目錄下，如圖 3-24 所示。

```
bin                  2023/9/19 15:10
boot                 2023/9/19 15:10
conf                 2023/9/19 15:10
lib                  2023/9/19 15:10
LICENSE              2019/11/7 12:32
NOTICE               2019/11/7 12:32
README.txt           2019/11/7 12:32
```

▲ 圖 3-24　Maven 檔案目錄

接下來配置 Maven 的環境變數，這裡需要注意的是，配置 Maven 環境變數之前要確保 JDK 環境的配置沒有問題。和之前配置 JDK 環境變數基本一致。先建立一個系統變數，變數名稱為 MAVEN_HOME(這裡的字母全部大寫)，變數值為 Maven 存放的路徑 D:\apache- maven-3.6.3。填寫完成後，點擊「確定」按鈕，儲存系統變數，如圖 3-25 所示。

```
MAVEN_HOME

D:\apache-maven-3.6.3
```

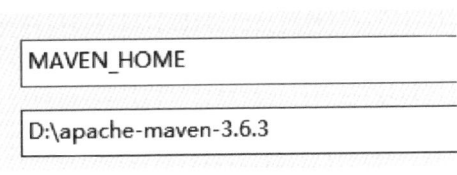

▲ 圖 3-25　Maven 編輯系統變數

在系統變數中選中 Path，然後點擊「編輯」按鈕，新建一個 Maven 的變數，配置 Maven 的 bin 目錄，增加的配置如下：

```
%MAVEN_HOME%\bin
```

配置完成後，開啟命令提示視窗，輸入 mvn -v 命令，查看 Maven 版本資訊。如果配置正確，則會出現版本、安裝位址等資訊；如果沒有顯示圖 3-26 所示的資訊，則首先需要檢查配置的環境變數是否有問題，其次查看下載的 Maven 套件是否完整，如圖 3-26 所示。

```
C:\Users\admin>mvn -v
Apache Maven 3.6.3 (cecedd343002696d0abb50b32b541b8a6ba2883f)
Maven home: D:\xyh\maven\apache-maven-3.6.3\bin\..
Java version: 17.0.8, vendor: Oracle Corporation, runtime: C:\Program Files\Java\jdk-17
Default locale: zh_CN, platform encoding: GBK
OS name: "windows 10", version: "10.0", arch: "amd64", family: "windows"
```

▲ 圖 3-26　Maven 安裝驗證

3.3.3 Maven 的相關配置

在使用 Maven 下載專案相依檔案時，首先它會檢查本地倉庫是否已經存在所需的相依套件，如果沒有，則會嘗試從中央倉庫獲取。然而，中央倉庫通常位於國外伺服器，導致下載速度比較慢，甚至可能導致下載失敗，接下來就解決這個問題。

1. 配置本地倉庫

Maven 預設的倉庫下載網址是在 C 磁碟中，但一般不推薦使用 C 磁碟存放本地倉庫，所以在其他硬碟中建立一個資料夾用來當作 Maven 的本地倉庫檔案。舉例來說，筆者將倉庫的預設位址改為 D:\maven\maven_repository。

本地倉庫其實有著一個快取的作用，它的預設位址是 C:\Users\ 使用者名稱 .m2。現在要修改成自訂的倉庫檔案，進入 Maven 的安裝目錄，在 conf 資料夾中開啟 settings.xml 設定檔，在檔案中找到 localRepository 標籤，localRepository 節點是用於配置本地倉庫，將建立的倉庫位址增加到設定檔中，程式如下：

```
<localRepository>D:\maven\maven_repository</localRepository>
```

2. 配置中央倉庫

為了解決下載相依慢的問題，要對 Maven 配置進行修改，將預設的中央倉庫換成阿里雲的中央倉庫或華為雲的中央倉庫，需要修改 Maven 在設定檔中的 mirrors 標籤來配置鏡像倉庫。

本書以阿里雲鏡像倉庫為例，開啟 Maven 的 settings.xml 設定檔，增加阿里雲倉庫鏡像的配置，需要增加在 <mirrors></mirrors> 標籤中，mirrors 可以配置多個子節點，但是它只會使用其中的節點生效，即在預設情況下，如果配置多個 mirror，則只有第 1 個生效，程式如下：

```
<!-- 阿里雲倉庫 -->
<mirror>
  <id>nexus-aliyun</id>
  <mirrorOf>central</mirrorOf>
  <name>Nexus aliyun</name>
  <url>http://maven.aliyun.com/nexus/content/groups/public</url>
</mirror>
```

3. 配置 JDK 版本

如果要在 Maven 中設置 JDK 環境,則需要在 settings.xml 設定檔中的 profiles 標籤中增加程式配置,程式如下:

```xml
<!-- java 版本 -->
<profile>
    <id>jdk-17</id>
    <activation>
        <activeByDefault>true</activeByDefault>
        <jdk>17</jdk>
    </activation>
    <properties>
        <maven.compiler.source>17</maven.compiler.source>
        <maven.compiler.target>17</maven.compiler.target>
        <maven.compiler.compilerVersion>17</maven.compiler.compilerVersion>
    </properties>
</profile>
```

配置完成後,開啟命令提示視窗,輸入 mvn help: system 命令,如果第 1 次執行該命令,則在執行命令後會從 Maven 倉庫下載一些必要的外掛程式,下載完成後就會顯示有關 Maven 系統的資訊,如圖 3-27 所示。

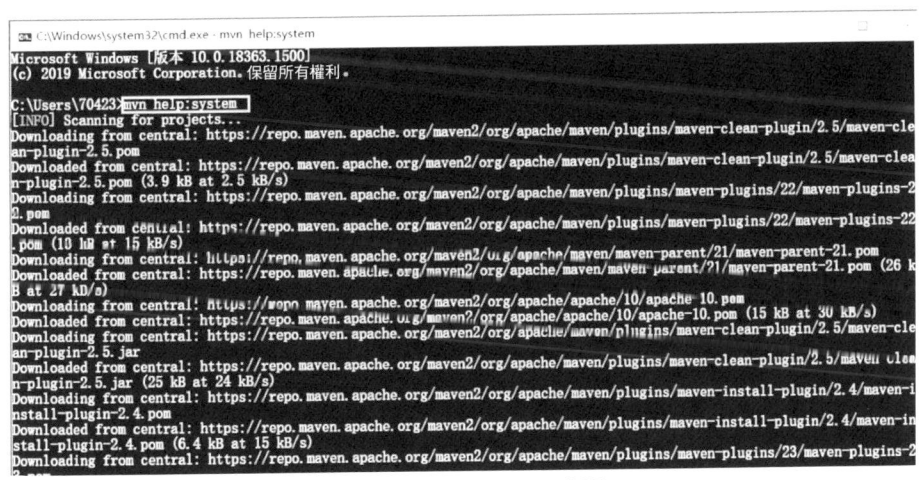

▲ 圖 3-27 Maven 相關資訊

到此,Maven 安裝和配置就結束了,接下來還需要完成 MySQL 資料庫的安裝與配置及 Navicat 工具的安裝。

3.4 MySQL 的安裝與配置

本書中的專案使用的資料庫是 MySQL，MySQL 是目前最流行的關聯式資料庫管理系統，在 Web 應用方面 MySQL 是最好的關聯式資料庫管理系統應用軟體之一。專案使用的是 MySQL 8 以上的版本，本專案使用的是 MySQL 8.0.34 版本。

3.4.1 下載 MySQL

開啟 MySQL 官方網站 https://dev.mysql.com/downloads/mysql/，點擊 General Availability(GA)Releases 按鈕，在 Select Version 中選擇下載 MySQL 的版本；並在 Select Operating System 中選擇下載的作業系統，然後點擊 Go to Download Page 按鈕，跳躍到下載頁面，如圖 3-28 所示。

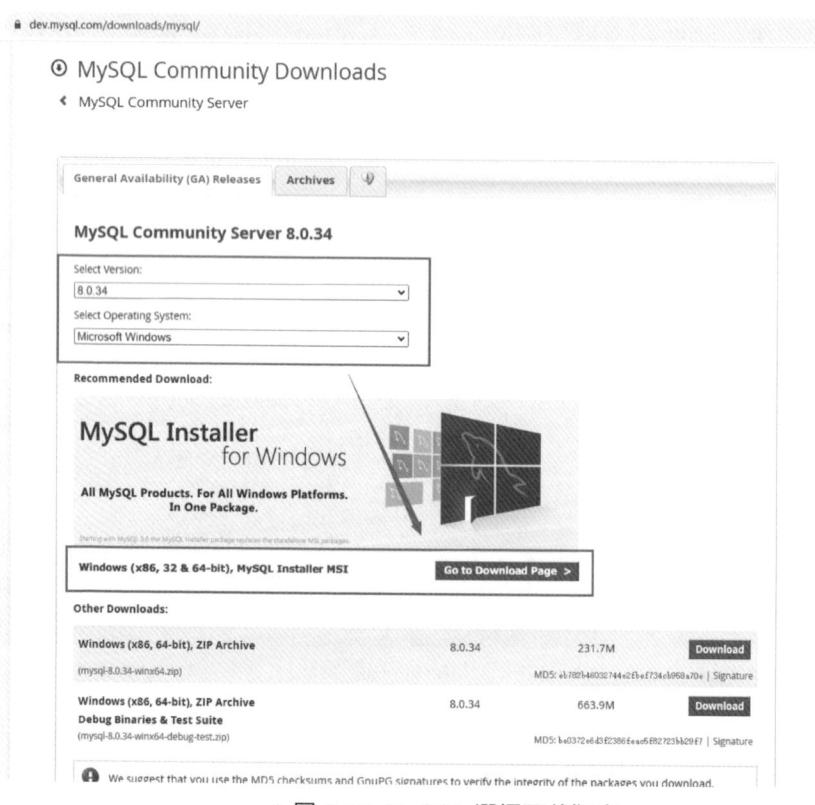

▲ 圖 3-28 MySQL 選擇下載版本

然後選擇 mysql-installer-community-8.0.34.0.msi 安裝套件，點擊 Download 按鈕進行下載，如圖 3-29 所示。

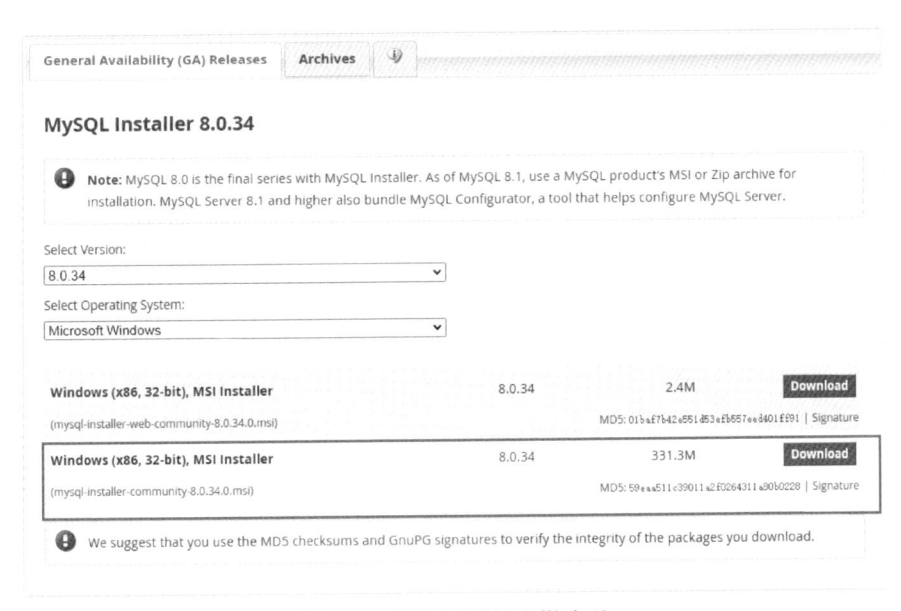

▲ 圖 3-29 選擇下載並安裝套件

點擊 No thanks, just start my download. 協定後，開始下載並安裝套件，如圖 3-30 所示。

下載完成後，雙擊下載的安裝套件，在安裝首頁勾選 Custom 選項，即修改成自訂安裝，然後點擊 Next 按鈕，進行下一步操作，如圖 3-31 所示。

選擇要安裝的產品，將左側選擇框中的樹結構展開，點擊 MySQL Server 8.0.34 -X64，然後點擊中間向右的箭頭，將其增加到右邊待安裝區，選擇完成後，點擊 Next 按鈕，如圖 3-32 所示。

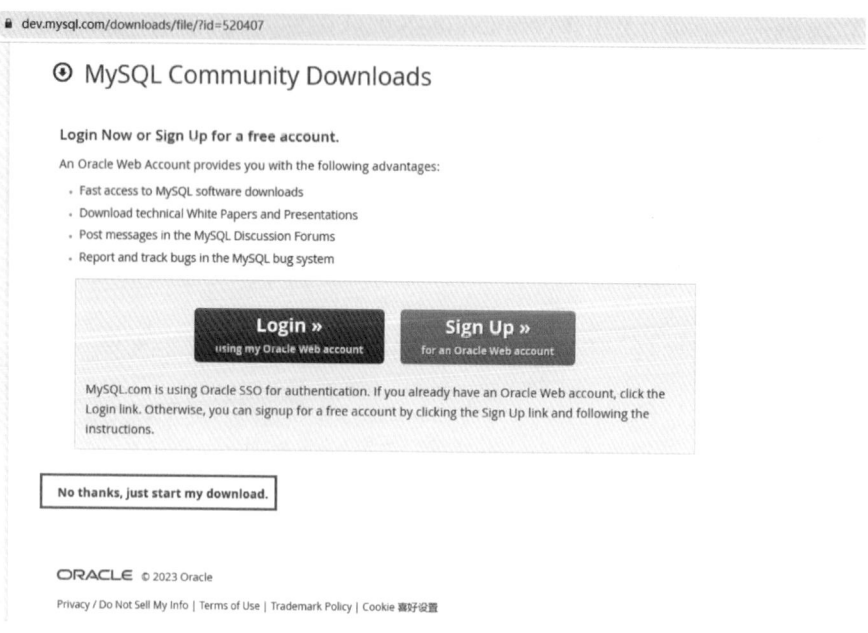

▲ 圖 3-30 下載 MySQL 安裝套件

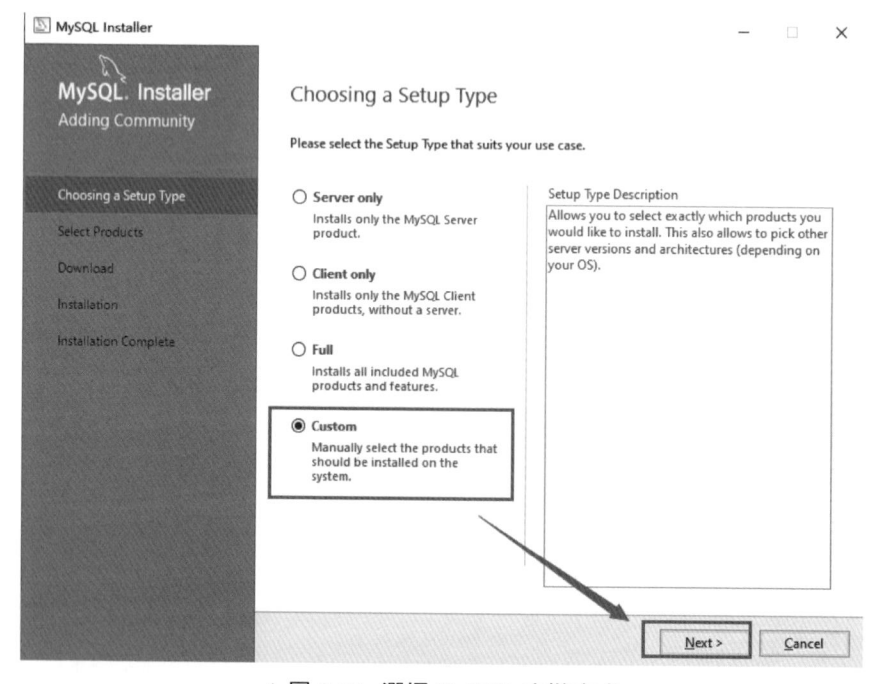

▲ 圖 3-31 選擇 MySQL 安裝方式

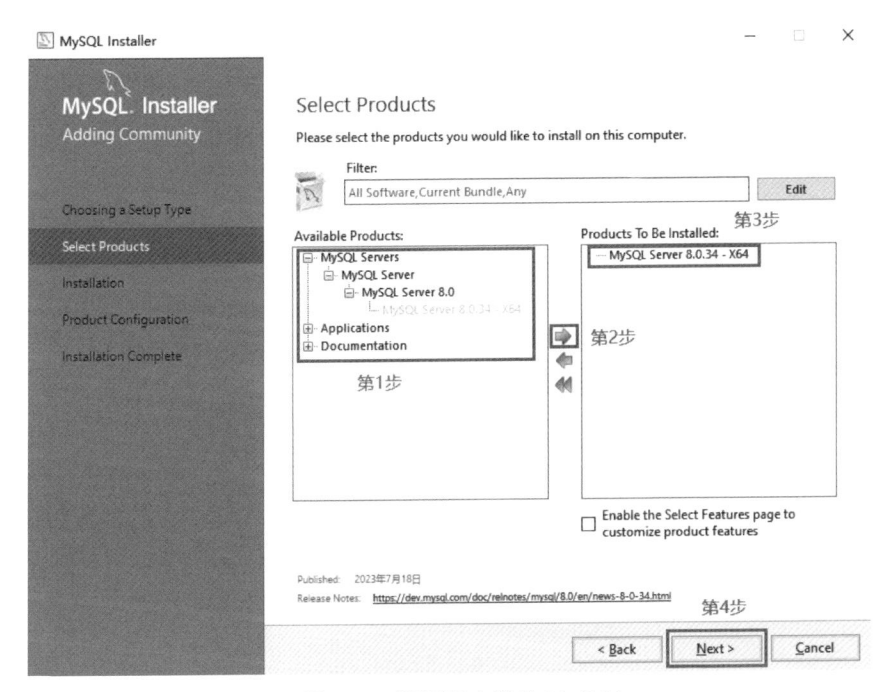

▲ 圖 3-32 選擇要安裝的 MySQL

接下來，選擇 MySQL 安裝目錄，安裝的路徑不要有中文名稱出現。舉例來說，筆者將 MySQL 的安裝路徑修改為 D:\Software\MySQL8.0.34，選擇完成後，點擊 Next 按鈕，如圖 3-33 所示。

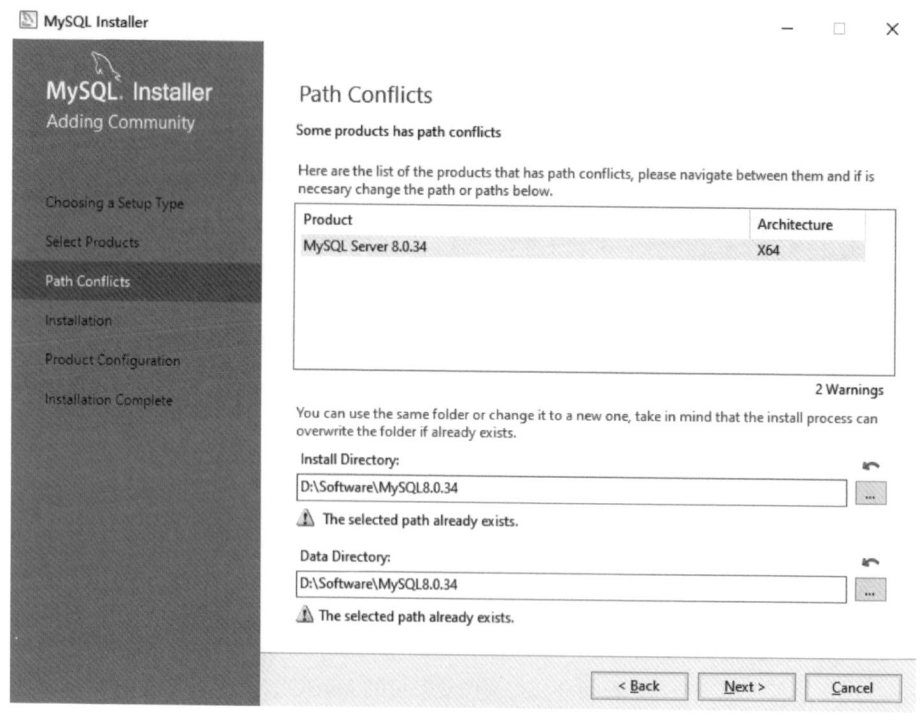

▲圖 3-33 選擇安裝路徑

　　接下來根據 MySQL 安裝精靈，依次點擊 Next 按鈕或 Execute 按鈕安裝相關環境。執行到配置 MySQL 通訊埠的介面時，Port 預設為 3306 通訊埠，其餘的配置預設不變，點擊 Next 按鈕，如圖 3-34 所示。

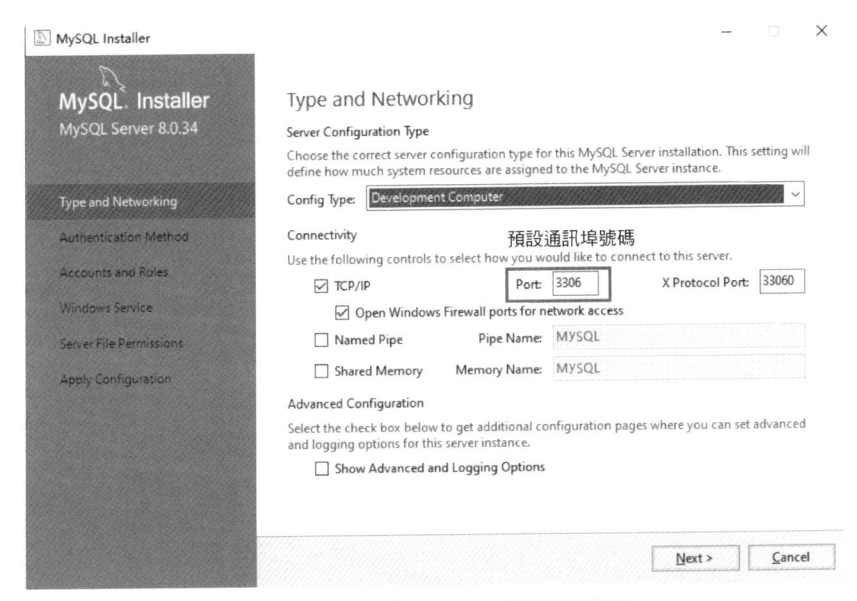

▲圖 3-34 設置 MySQL 通訊埠編號

接下來的步驟依次點擊 Next 按鈕往下執行，直到提示安裝完成即可。

3.4.2 配置 MySQL

安裝完成後，開啟系統環境變數，在系統變數的 Path 中增加安裝 MySQL 的路徑，這個路徑要配置到 MySQL 路徑下的 bin 目錄。如果安裝時選擇的是預設安裝路徑，則目錄為 C:\Program Files\MySQL\MySQL Server 8.0，增加完成後，點擊「確定」按鈕，儲存成功，如圖 3-35 所示。

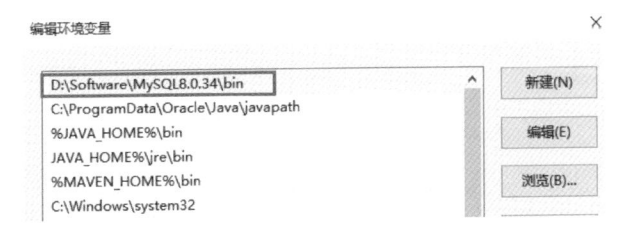

▲圖 3-35 編輯環境變數

3.4.3 驗證配置

開啟命令提示視窗，執行的命令如下：

```
mysql -u root -p
```

執行該命令後，顯示要輸入 MySQL 密碼，該密碼是安裝資料庫時設置的密碼，輸入密碼後按 Enter 鍵執行。如果出現圖中的 Welcome to the MySQL monitor. 及資料庫版本等資訊就說明已經配置成功，如圖 3-36 所示。

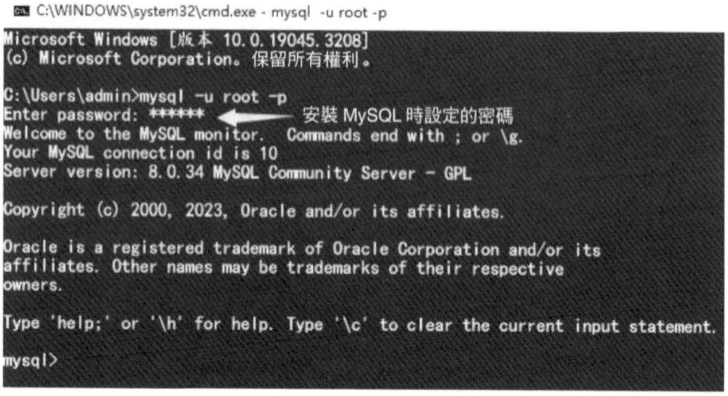

▲圖 3-36 執行命令後進入 MySQL

3.5 MySQL 視覺化工具安裝

MySQL 已成功安裝並執行，但每次操作資料庫都需透過命令列方式進入 MySQL，然後使用命令進行資料操作。對技術人員而言，這種方式過於煩瑣，因此，需要安裝一款連接資料庫的視覺化工具，以便輕鬆進行資料庫操作。

在豐富的視覺化工具中，可供選擇的主要有 DataGrip、DBeaver、Navicat for MySQL(簡稱：Navicat) 及 MySQL 官方的 MySQL Workbench，本專案選擇了流行且廣泛應用的 Navicat。Navicat 介面友善、功能強大，可用於多種資料庫管理任務。它能透過直觀的圖形介面連接資料庫、執行查詢、管理資料，並支援資料庫設計等任務，大幅減少了單調的命令列輸入。

3.5.1 下載 Navicat for MySQL

開啟 Navicat for MySQL 官網 https://www.navicat.com.cn/products，可以直接下載本書使用版本 Navicat Premium 16，它可以從單一應用程式中同時連接 MySQL、Redis、MariaDB、MongoDB、SQL Server、Oracle、PostgreSQL 和 SQLite 等，功能比較全面。本書選擇 Navicat Premium 16 版本來連接資料庫。

因為 Navicat 是收費的工具，所以優先選擇免費試用，然後根據電腦的配置進行選擇性下載並安裝套件。下載完成後直接安裝，如圖 3-37 所示。

▲圖 3-37 Navicat 官網下載介面

3.5.2 連接 MySQL

Navicat 安裝完成後，開啟 Navicat 工具，點擊左上角的「連線」圖示，選擇 MySQL 選項，如圖 3-38 所示。

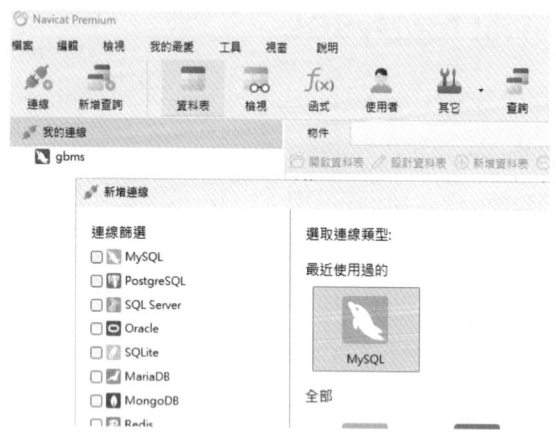

▲ 圖 3-38 新建資料表連線

　　選擇完成後，需要填寫 MySQL 連接資訊，這裡的密碼和通訊埠編號都是安裝 MySQL 時配置的。填寫完資訊後，點擊左下角的「測試連線」按鈕，如果彈出連線成功視窗，則說明填寫的資訊是正確的，然後點擊「確定」按鈕，新建連線成功，如圖 3-39 所示。

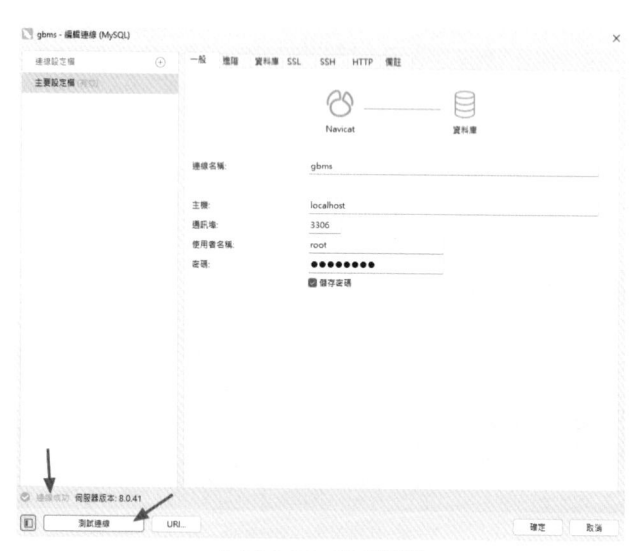

▲ 圖 3-39 新建連接

本章小結

　　本章著重介紹了專案開發前所需的環境配置工作。透過本章的介紹，目前已經掌握了以下內容。

　　(1) JDK 的重要性不言而喻，JDK 作為 Java 開發所必不可少的工具套件，為專案提供了必要的核心函數庫和工具，它確保能夠撰寫、編譯和執行 Java 程式。

　　(2) 本書選擇 IDEA 作為專案的開發工具，IDEA 提供了豐富的功能和整合式開發環境，有助提高開發效率。

　　(3) 了解到如何使用 Maven 來管理專案的相依關係。Maven 能夠自動下載並管理所需的函數庫和框架，使專案的相依管理更加便捷。

　　(4) 目前已經安裝了 MySQL 資料庫並配置成功，同時選擇了 Navicat 等視覺化工具來方便地操作資料庫。

　　接下來，將邁入專案的正式開發階段。在這一階段，將能夠運用所架設的環境，開始撰寫程式、建構應用程式，並逐步實現專案的各項功能和特性。

第 4 章
建構 Spring Boot 專案及專案管理

從本章開始就正式進入開發專案階段，首先需要架設一個基礎專案的 Spring Boot 服務，然後考慮專案基礎技術的選型及專案的管理等工作。

4.1 使用 Spring Initalizr 建構專案

開啟 spring initializr 建立專案的介面，然後選擇專案結構為 Maven 專案；開發語言為 Java；Spring Boot 的版本為 3.1.3(如果頁面沒有該版本，則可以選擇 3.0 以上的其他版本，建立完成後再修改 pom 檔案中的版本編號)；專案小組織為 com.library；專案名為 library；打包方式為 JAR 套件形式；Java 版本選擇 17。填寫完成後，如果點擊的 GENERATE 按鈕，則會自動生成並下載 Spring Boot 專案。本書的專案以 library 命名，如圖 4-1 所示。

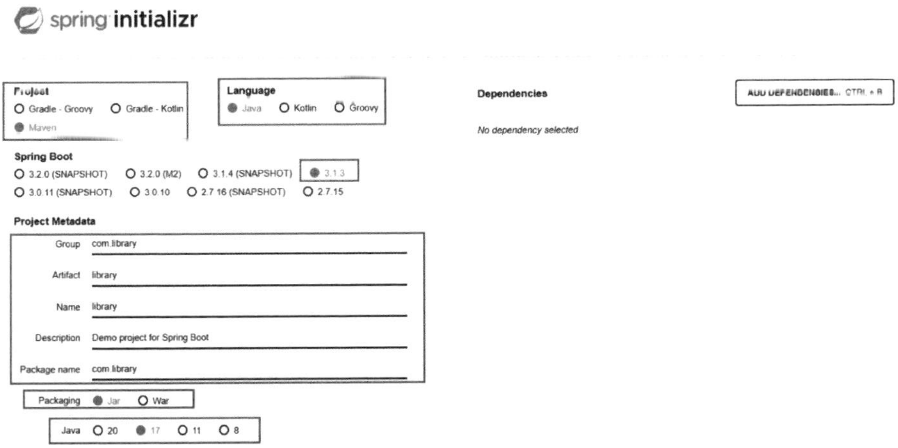

▲ 圖 4-1 線上建立 Spring Boot 專案

4-1

將專案以壓縮檔的形式下載到本地，解壓下載的專案檔案，並使用 IDEA 開發工具開啟專案。在 IDEA 中選擇 File → Open 選項，然後選擇解壓後的專案檔案，點擊 OK 按鈕，這樣就可以成功地將專案匯入 IDEA 中，如圖 4-2 所示。

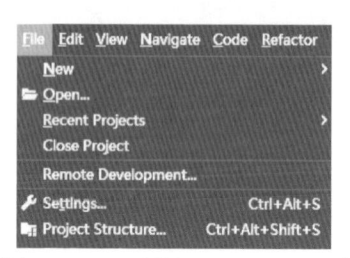

▲ 圖 4-2　IDEA 匯入 Spring Boot 專案

專案匯入成功後，在 IDEA 的左側導覽列中就可以看到生成的 Spring Boot 專案的目錄。展開專案目錄，將一些不用的檔案刪除，保持專案目錄的整潔，下圖中框起來的目錄檔案都可以刪除，如圖 4-3 所示。

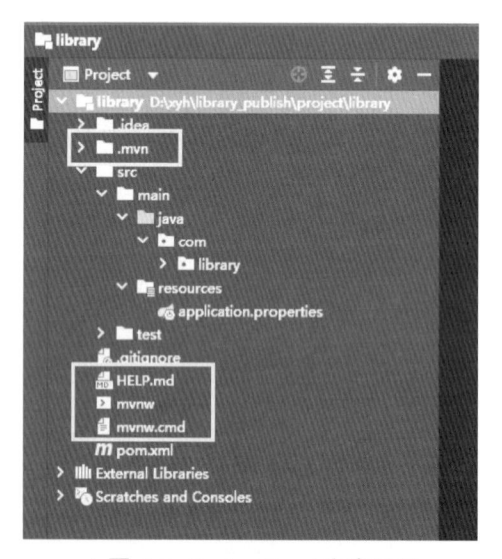

▲ 圖 4-3　Spring Boot 專案目錄

專案目錄結構解釋如下：

(1) .idea 檔案用於存放專案的一些配置資訊，包括資料來源、類別庫、專案字元編碼、版本控制、歷史記錄資訊等。

(2) src 檔案主要用於存放 Java 專案的程式，所有的程式都在這裡撰寫，包含啟動類別、測試類別及專案的設定檔等。

(3) .gitignore 分散式版本控制系統 Git 的設定檔，其作用是忽略提交在 .gitignore 中的檔案，在增加忽略的檔案時要遵循相應的語法標準，即在每行指定一個忽略的規則。例如 .idea、target/ 等。

(4) pom.xml 是 Maven 進行工作的主要設定檔，在該檔案中可以配置 Maven 專案的 groupId、artifactId 和 version 等 Maven 專案的元素。同時可以定義 Maven 專案打包的形式；可以定義 Maven 專案的資源相依關係等。

4.1.1 配置 Maven 倉庫

由於 Maven 原始檔案的預設配置路徑為當前使用者目錄下的 .m2/settings.xml，所以現在需要將專案的預設 Maven 倉庫切換至架設好的本地倉庫。在 3.3 節中，已經在本地架設好了 Maven 倉庫，那如何來修改 Maven 配置呢？在 IDEA 中選擇 File → Settings 選項，如圖 4-4 所示。

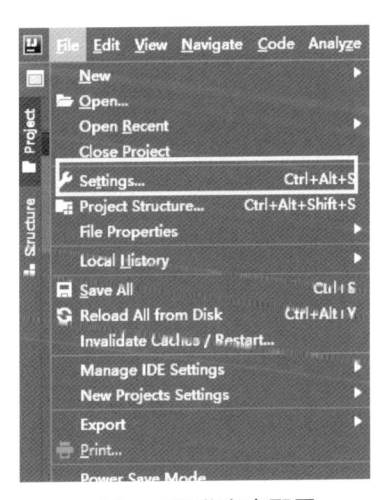

▲ 圖 4-4 開啟專案配置

選擇 Build,Execution,Deployment 選項進行展開，然後展開 Build Tools → Maven 選項進入 IDEA Maven 配置介面，如圖 4-5 所示。

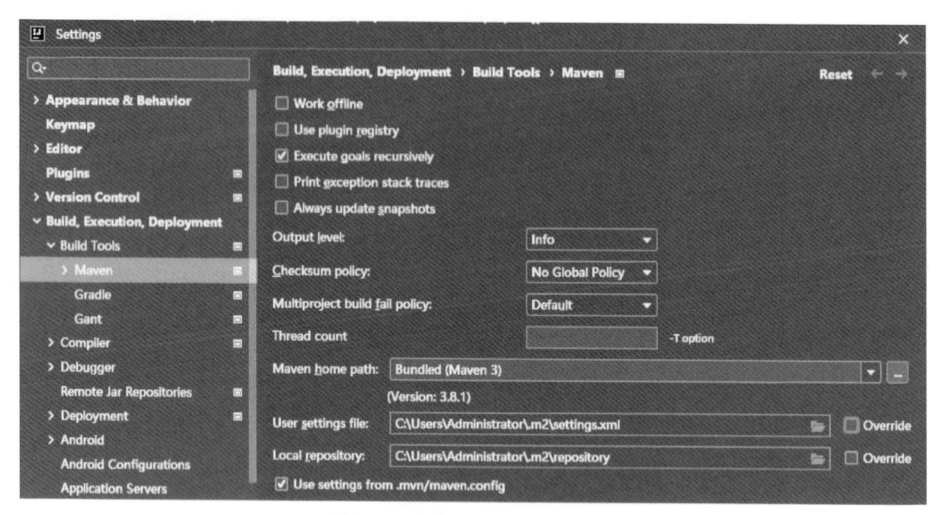

▲ 圖 4-5 專案 Maven 預設配置

將 Maven 預設的路徑修改為自訂的本地倉庫，User settings file 為配置 Maven 原始檔案的配置路徑，Local repository 為配置本地倉庫路徑，修改完成後，先點擊 Apply 按鈕，應用後再點擊 OK 按鈕，配置成功，如圖 4-6 所示。

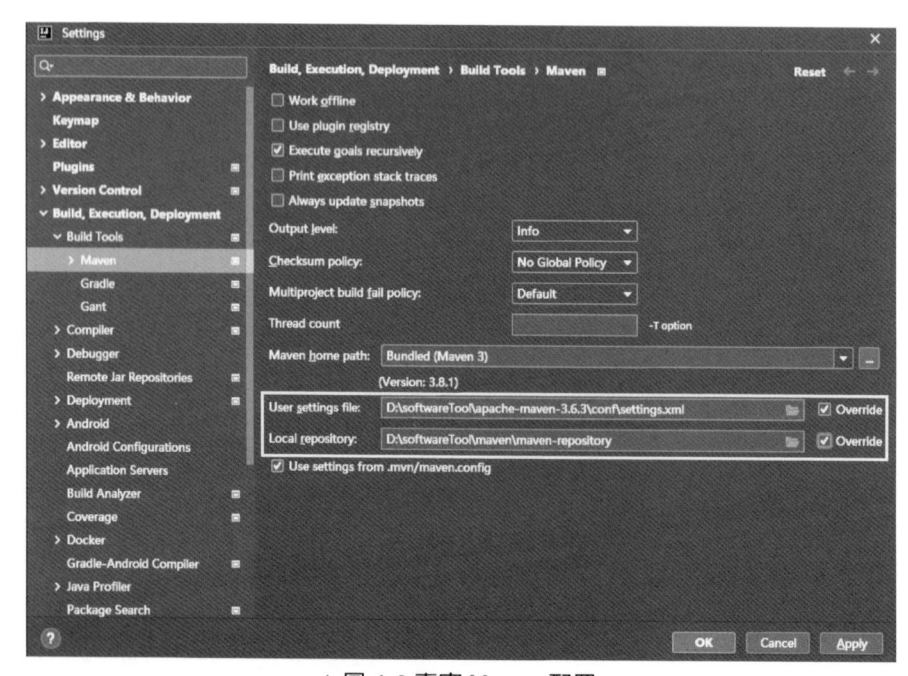

▲ 圖 4-6 專案 Maven 配置

等待專案相依載入完成。在後邊的專案開發中，如果需要修改 pom.xml，則要在修改完成後刷新一下 Maven，IDEA 將下載或更新相應的相依套件，如圖 4-7 所示。

▲圖 4-7　刷新專案 Maven 配置

4.1.2　修改設定檔

在 src/main/resources 目錄下存放專案的設定檔，預設為 application.properties 檔案格式，專案採用的是 YAML 語法來撰寫設定檔，這裡需要將 properties 副檔名換成 yml 的格式。

專案為什麼要改成 yml 格式的設定檔呢？

（1）首先在 Spring Boot 專案中，使用 .properties 和 .yml 配置是等效的，它們都可以被辨識和使用。

（2）yml 可以更進一步地配置多種資料型態，支援多種語言，通用性更好，並且 yml 的基本語法格式是 key: value，properties 的基本語法格式是 key=value。

（3）使用人數多，大多數企業專案使用的是 yml 格式的設定檔。

YAML 的解析相對於 properties 更加嚴格，在設定檔中不要出現錯誤的語法，以及一些不應該出現的字元或空格等，這都會導致解析失敗。如果直接複製、貼上整個設定檔的程式，則會出現亂碼的問題。先來體驗一下該設定檔，在 application.yml 檔案中增加專案的名稱 library 和通訊埠編號 8081，如圖 4-8 所示，增加配置的程式如下：

```
spring:
  application:
```

```
    name: library
server:
  port: 8081
```

▲ 圖 4-8 增加專案通訊埠編號

4.1.3 啟動專案

經過前面章節的專案配置，目前已經做好了專案啟動的準備工作，現在只需引入 spring-boot-starter-web 相依，便可以啟動專案。Spring Boot 透過該相依提供了對 Spring MVC 的自動配置，並在原有的 Spring MVC 的基礎上增加了許多特性，支援靜態資源和 WebJars 等。

在 Spring Boot 專案的 pom.xml 設定檔中引入 spring-boot-starter-web 相依，即使不進行任何配置，也可以直接使用 Spring MVC 進行 Web 開發，程式如下：

```
<dependency>
        <groupId>org.springframework.boot</groupId>
        <artifactId>spring-boot-starter-web</artifactId>
</dependency>
```

增加完成後，刷新專案的 Maven，然後點擊 IDEA 右上角的綠色三角號按鈕或點擊類似於小蟲子的綠色圖示以 Debug 的形式啟動，這個在開發專案進行偵錯程式時經常使用，接著等待專案啟動，如圖 4-9 所示。

▲ 圖 4-9 啟動專案

等待專案啟動完成，檢查主控台的日誌列印資訊，如果出現 Tomcat started on port(s): 8081 (http) with context path 及 Started Library Application in…輸出資訊，則說明專案已經啟動成功，架設開發環境成功，如圖 4-10 所示。

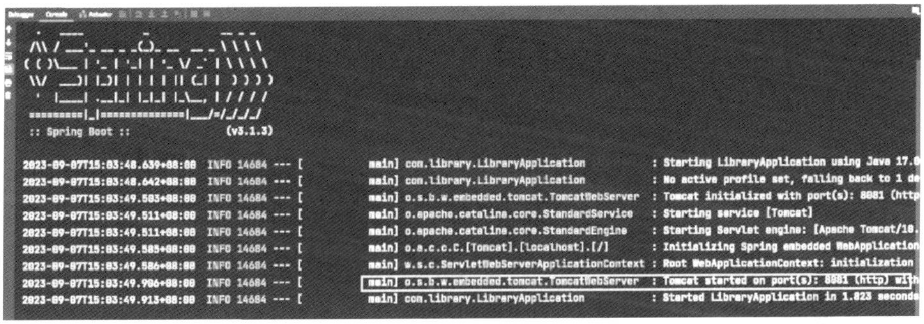

▲圖 4-10 專案啟動成功日誌

4.2 專案程式管理

程式倉庫在整個專案的開發過程中具有不可或缺的重要性，它承擔著儲存和管理專案原始程式碼及版本控制的關鍵任務。特別是在團隊協作開發中，程式倉庫能夠詳細地記錄每個程式版本的變更歷史和開發者的提交記錄。

目前，企業常用的程式倉庫主要包括 GitLab、Gitee 企業版和 GitHub。雖然 GitLab 作為一個自託管的 Git 專案倉庫在企業中廣泛使用，但其需要架設自己的倉庫環境，可能涉及資源和配置等問題，因此本書暫不以 GitLab 為例。考慮到 GitHub 伺服器網路存取速度可能較慢，因此在本專案中也不考慮使用 GitHub。

綜合考慮各方面因素，本專案選擇了的 Gitee 作為程式託管倉庫。Gitee 不僅提供免費的程式託管服務，而且存取速度較快，基本可以滿足本專案的開發需求。這個選擇能夠更進一步地支援專案開發和團隊協作。

4.2.1 為什麼要使用程式管理

之所以選擇程式倉庫管理主要從以下幾方面考慮。

(1) 版本管理：程式倉庫允許儲存專案的各個版本。如果程式有問題，則可以輕鬆地回退到之前的版本，進行錯誤處理。

(2) 協作開發：多人團隊可以同時在同一個程式倉庫中工作，每個開發者都可以建立分支進行獨立開發，然後合併到主分支。

(3) 備份和恢復：程式倉庫作為一個中央儲存庫，能夠幫助開發者備份專案程式，以防止資料遺失。

(4) 變更歷史：每次程式提交都會被記錄下來，包括誰做了什麼修改。這種變更歷史對於問題追蹤、程式審查及理解專案演變過程非常重要。

(5) 分支管理：程式倉庫支援建立分支，可以在分支上開發新功能，而不會影響主分支的穩定性。

4.2.2 建立程式倉庫

開啟 Gitee 官網 https://gitee.com，進入 Gitee 首頁，如圖 4-11 所示。

▲圖 4-11　Gitee 官網首頁

在登入的狀態下，點擊右上角的加號按鈕，點擊「新建倉庫」選項，如圖 4-12 所示。

▲ 圖 4-12 新建倉庫

在建立新建倉庫的頁面中填寫生成倉庫的資訊，例如倉庫名稱、倉庫路徑、是否開放原始碼等資訊。資訊增加完成後，點擊「建立」按鈕，新建倉庫成功，如圖 4-13 所示。

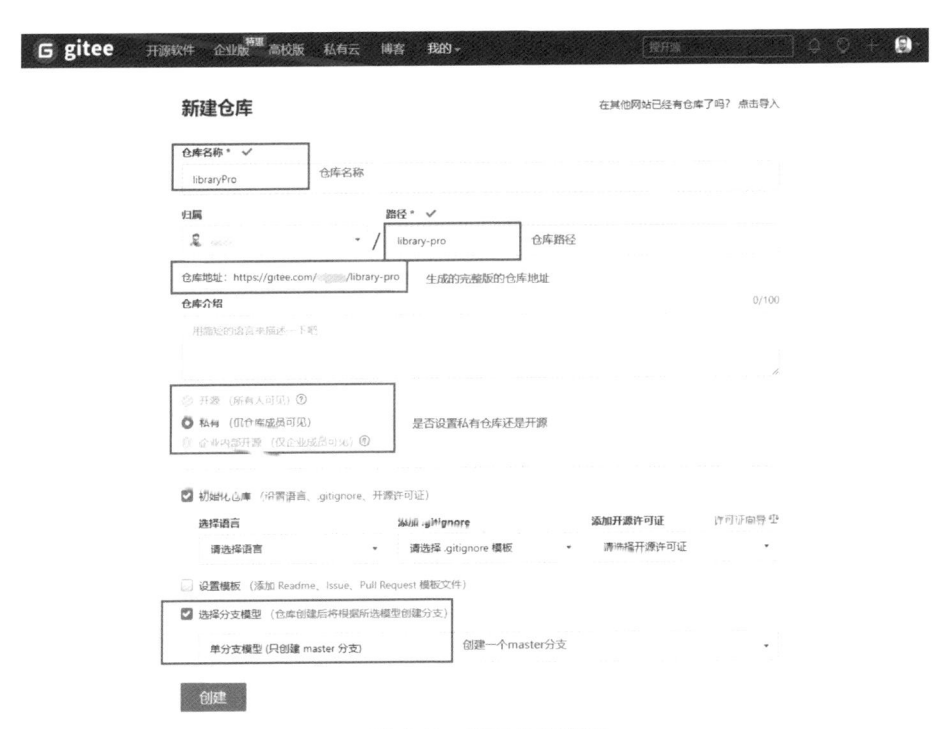

▲ 圖 4-13 填寫倉庫資訊

然後可以在倉庫管理介面中查看建立的專案倉庫，如圖 4-14 所示。

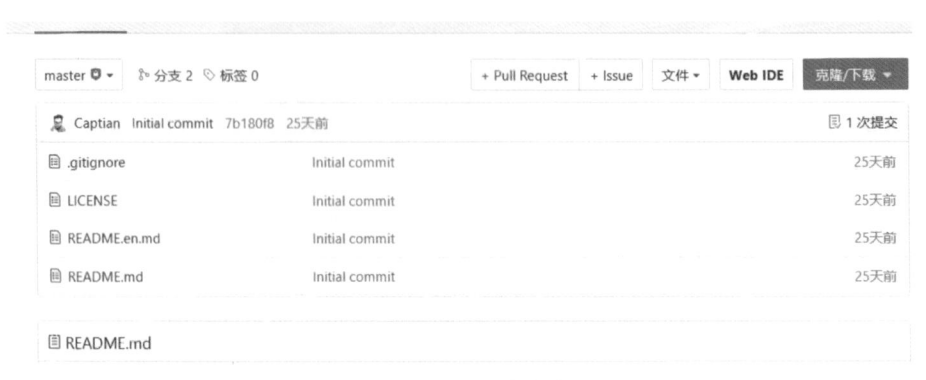

▲ 圖 4-14 專案倉庫

4.2.3 倉庫分支管理

在專案程式版本管理中，分支 (Branch) 是從主線程式獨立出來的開發路徑。分支的建立允許開發者在獨立環境中進行開發、測試和修改，而不對主線程式造成影響。每個分支都代表著程式倉庫的獨立副本，開發者可以在其上進行修改，而這些修改不會直接影響主線程式。

目前有一個 master 分支作為主分支，還需要再建立一個 dev 開發分支，進入建立的倉庫中，在分支管理中點擊「管理」按鈕，如圖 4-15 所示。

▲ 圖 4-15 分支管理

進入分支管理介面，在右上角點擊「新建分支」按鈕，然後填寫需要增加的分支名稱、選擇分支起點和設置分支許可權等，如圖 4-16 所示。

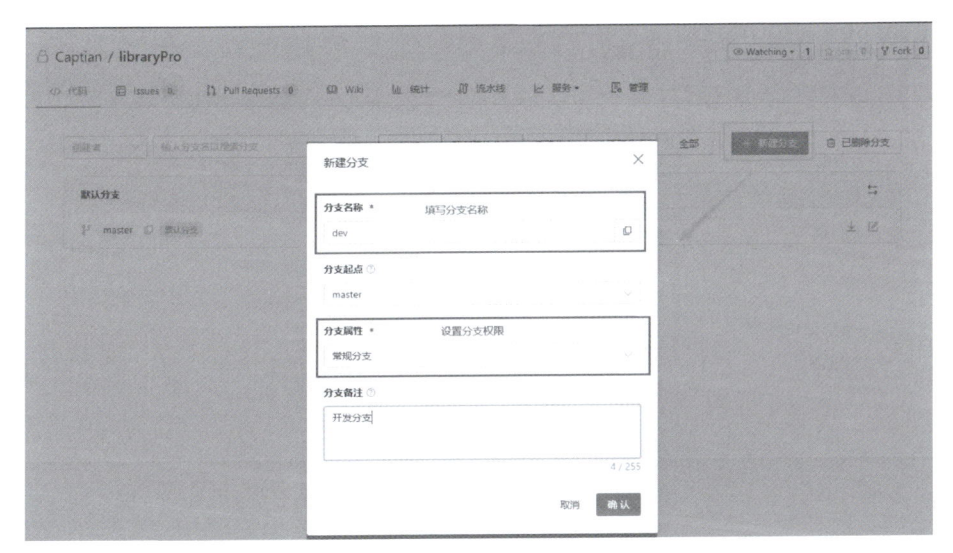

▲ 圖 4-16 建立 dev 開發分支

分支建立完成之後，要重新分配倉庫分支許可權。分配規則為 master 的分支只能由倉庫管理員修改，其餘的倉庫人員沒有許可權修改。對於 dev 分支所有的開發人員都可以進行程式提交、合併請求等操作。

開啟倉庫管理，找到保護分支設置，先將 dev 分支設置為倉庫的預設分支，然後點擊「新建規則」按鈕，如圖 4-17 所示。

▲ 圖 4-17 設置 dev 預設分支

規則限制 master 分支的推送、合併等操作。填寫完資訊後，點擊「儲存」按鈕，儲存成功，如圖 4-18 所示。

▲ 圖 4-18 建立保護分支

在此階段，專案程式倉庫已基本架設完成。在以後的開發過程中程式提交將集中在 dev 分支上，等功能模組完成之後逐步合併到 master 分支上。這種方式有助保障程式的安全性，確保已經開發完成的程式不會被隨意更改，同時也為團隊協作提供了適當的隔離。

4.3 Git 安裝與配置

程式版本管理在軟體開發中是至關重要的實踐之一，它促進了團隊協作、變更追蹤及不同程式版本的管理。透過程式版本管理工具，開發團隊能夠高效合作，確保程式的穩定性和可追溯性。

常見的版本控制系統包括分散式版本控制系統 (如 Git) 和集中式版本控制系統 (如 SVN)。在本專案中，選擇 Git 作為版本控制工具，這主要因為它具備卓越的性能和豐富的功能，因而受到廣泛歡迎。Git 可以在本地完整地儲存程式倉庫，並支援分支、合併、提交等功能，從而有效地支援團隊協作開發。

4.3.1 下載 Git

開啟官方網址 https://git-scm.com/download/，下載的 Git 版本為 Git 2.42.0(創作本書時的最新版本)。根據自己電腦的配置下載並安裝套件，如果官方網站的下載速度比較慢，則推薦使用鏡像網址 https://npm.taobao.org/mirrors /git-for-windows/ 進行下載，如圖 4-19 所示。

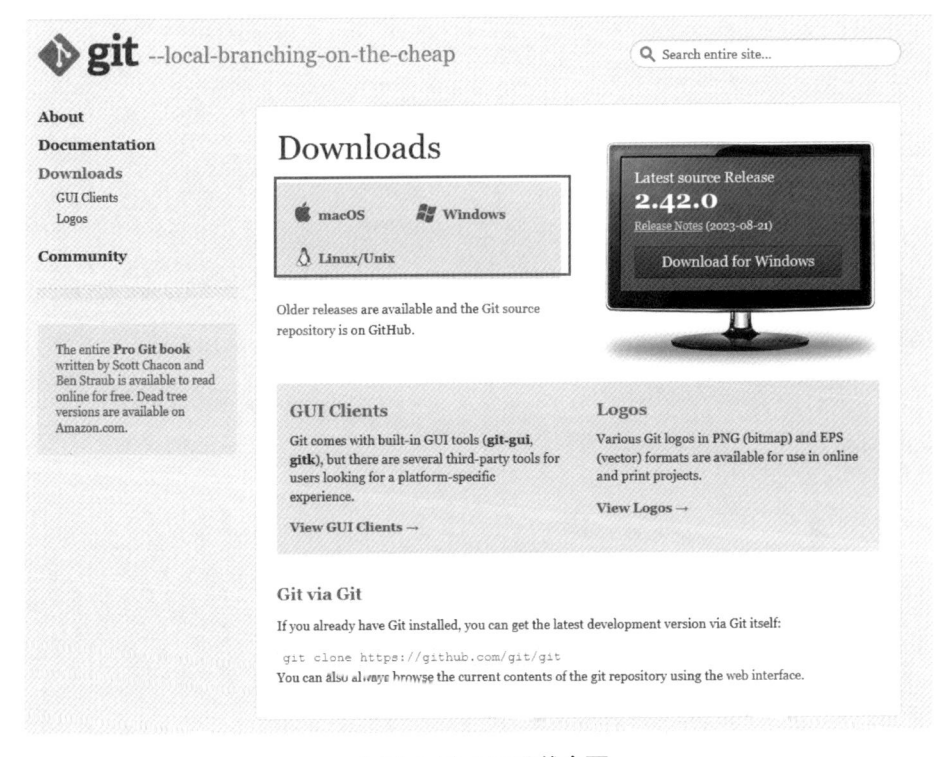

▲ 圖 4-19 Git 下載介面

4.3.2 安裝 Git

雙擊下載的安裝套件，根據安裝導向進行安裝，點擊 Next 按鈕，如圖 4-20 所示。

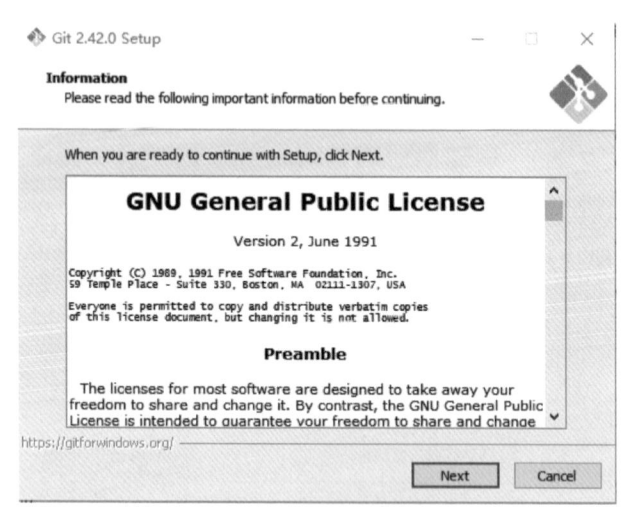

▲ 圖 4-20 Git 安裝頁面

　　選擇安裝的目錄，可以使用預設目錄或自訂，這裡推薦安裝到系統磁片以外的硬碟上，舉例來說，筆者選擇安裝在 D:\softwareTool\Git\Git 目錄下，然後點擊 Next 按鈕，如圖 4-21 所示。

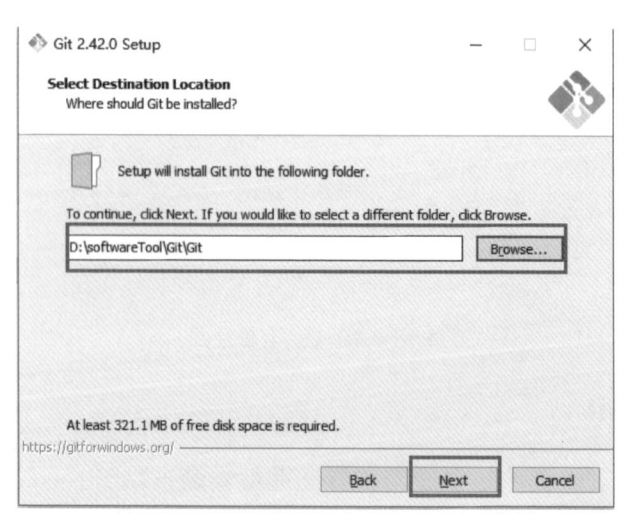

▲ 圖 4-21 Git 自訂安裝目錄

　　依次點擊 Next 按鈕，直到安裝完成。回到桌面後按右鍵滑鼠。在快顯功能表中會出現 Open Git GUI here 和 Open Git Bash here 兩個功能表選項，如圖 4-22 所示。

▲ 圖 4-22 Git 快顯功能表

點擊 Open Git Bash here 選項,在 Git 命令列視窗輸入 git version 命令,如果出現 Git 的版本資訊,則說明已經安裝成功,如圖 4-23 所示。

▲ 圖 4-23 Git 版本資訊

4.3.3 Git 配置資訊

Git 提供了一個叫作 git config 的工具,專門用來配置或讀取相應的工作環境變數。這些環境變數決定了 Git 在各個環節的具體工作方式和行為。接下來需要配置個人的使用者名稱和電子郵寄位址。如果在執行配置命令時使用了 --global 選項,則所做的配置更改將被應用於使用者主目錄下的設定檔,將會導致以後的所有專案都預設使用這裡配置的使用者資訊。然而,如果只想針對某個特定專案使用不同的使用者名稱或電子郵寄位址,則只需省略 --global 選項,然後重新執行修改後的命令。這樣,配置更改將只適用於當前專案,而不會影響全域設置,命令如下。

```
git config --global user.name "名字或暱稱"
git config --global user.email "電子郵件"
```

配置執行完成後，執行以下命令來查看配置的使用者名稱和郵件：

```
git config user.name
git config user.email
```

4.4 遠端倉庫連接

到目前為止，已經成功建立了程式倉庫，並完成了 Git 的相關配置。接下來，重點是如何透過 Git 將本地的程式提交到 Gitee 遠端倉庫中。同時還要了解如何從遠端倉庫將程式拉取到本地，大致流程如圖 4-24 所示。

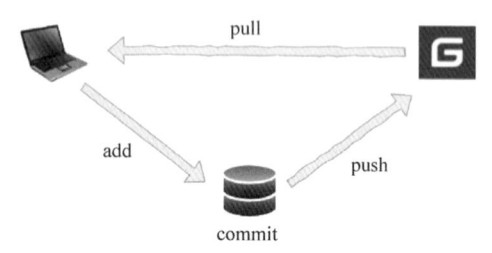

▲ 圖 4-24 程式提交流程

開啟 library 專案根目錄，按右鍵空白處開啟 Git 命令列視窗，然後初始化本地環境，把該專案變成可被 Git 管理的倉庫，命令如下：

```
git init
```

執行完該命令後，查看專案的根目錄檔案中是否多了一個 .git 目錄，該目錄包含資源的所有中繼資料，其他的專案目錄保持不變，如圖 4-25 所示。

▲ 圖 4-25 初始化本地倉庫

初始化完成後，接下來要將本地程式庫與遠端程式區塊相連結。開啟 Gitee

4.4 遠端倉庫連接

上建立的倉庫，點擊「複製 / 下載」按鈕，在 HTTPS 中，點擊「複製」按鈕，此時倉庫位址就複製下來了，如圖 4-26 所示。

▲ 圖 4-26 複製 Gitee 倉庫位址

在專案根目錄下開啟 Git 命令列視窗，將下方命令中的遠端倉庫位址換成前面獲得的倉庫位址，命令如下：

```
git remote add origin 遠端倉庫位址
```

執行完命令後，就可以與遠端的 Gitee 倉庫建立連接了，同時可以對程式進行版本追蹤和協作開發。先來將遠端倉庫的 master 分支拉取過來並和本地的當前分支進行合併，命令如下：

```
git pull origin master
```

4.4.1 程式提交遠端倉庫

本地和遠端倉庫都已配置好，準備將程式提交到遠端倉庫，先來查看當前專案的遠端倉庫，可以使用以下命令。

```
git remote -v
```

執行完此命令後，輸出的內容就是程式要提交的倉庫位址，將當前專案的檔案增加到 git 暫存區，執行 git add . 命令，注意後邊是空格加點符號，命令如下：

```
git add .
```

然後將暫存區內容增加到倉庫中，執行 git commit -m' 提交資訊說明 ' 命令，這裡的說明最好是對提交程式的解釋或說明等資訊，命令如下：

```
git commit -m '提交資訊說明，
```

等待提交完成，然後執行 git push origin master 命令上傳遠端程式併合並到 master 分支上，命令如下：

```
git push origin master
// 如果上面命令執行有問題，則可使用以下命令嘗試，使遠端倉庫和本地同步，消除差異
git pull origin master --allow-unrelated-histories
```

執行完命令，查看 Gitee 程式倉庫頁面，可以看到有程式被提交到倉庫中了，說明本地和遠端倉庫已經連接成功，並可以將程式提交到遠端倉庫，如圖 4-27 所示。

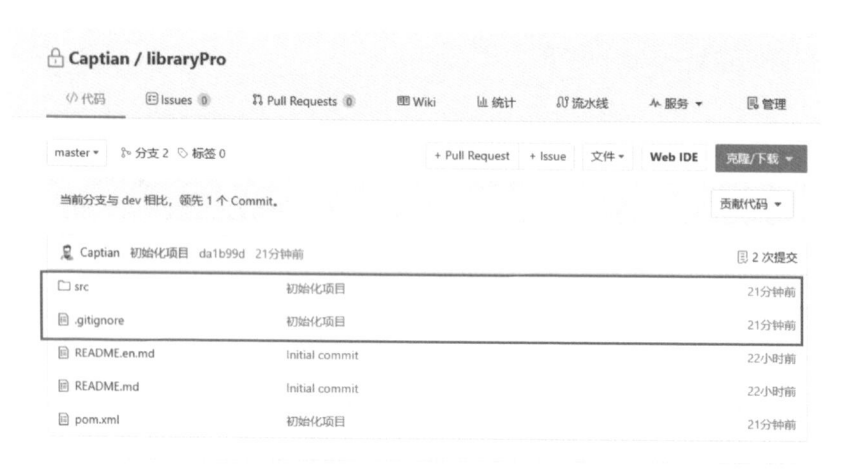

▲圖 4-27 提交遠端倉庫

4.4.2 IDEA 使用 Git

使用 IDEA 開啟專案，右上角有 3 個 Git 操作的圖示，分別是更新程式、提交程式、推送程式操作，如圖 4-28 所示。

▲圖 4-28 IDEA 整合 Git

當程式被提交到倉庫後，在 IDEA 的左下角有一個 Git 選項，點擊 Git，選擇 Log 日誌，可以查看當前和過往的提交記錄，方便程式的維護和程式導回，如圖 4-29 所示。

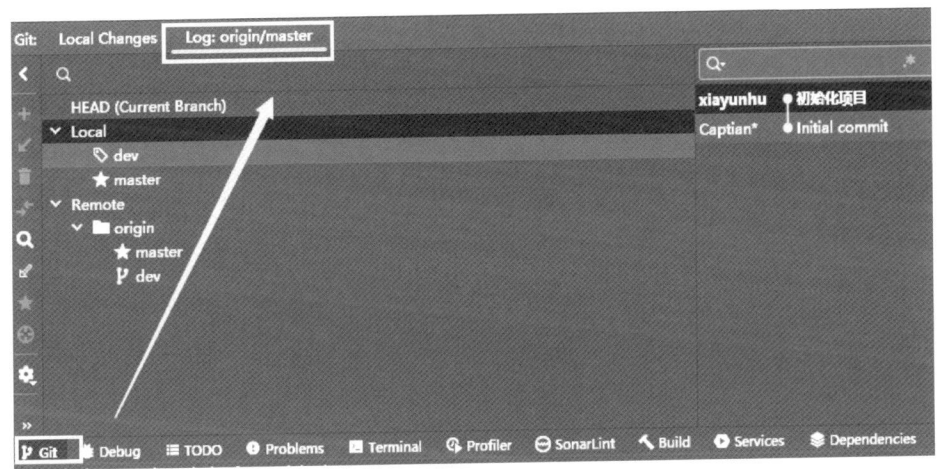

▲ 圖 4-29　程式提交記錄

4.4.3　IDEA 程式暫存區

在實際開發中，使用 IDEA 的程式暫存區功能非常常見。在大多數專案中，迭代開發是常態，因此在開發過程中往往會有切換分支的需求。這時如果正在 dev 分支上開發程式，但尚未完成，則需要緊急切換到 test 分支處理 Bug，為了防止在切換分支時意外遺失已撰寫的程式，可以使用暫存區功能。

在 IDEA 導覽列中，找到 Git 選單，然後選擇 Uncommitted Changes → Stash Changes 選項，如圖 4-30 所示。

填寫完 Message 資訊後，點擊 Create Stash 按鈕，如圖 4-31 所示。

讀取暫存區的程式選擇 Uncommitted Changes → Unstash Changes 選項，選擇暫存區所存的程式資訊，點擊 Apply Stash 按鈕，如圖 4-32 所示。

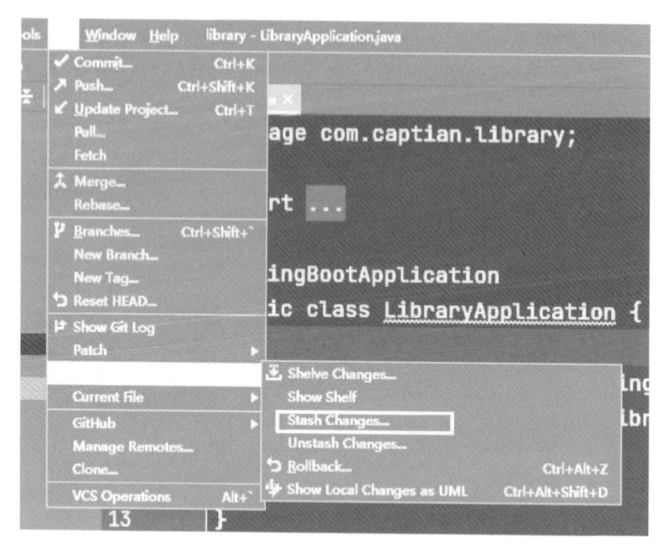

▲ 圖 4-30 程式暫存區

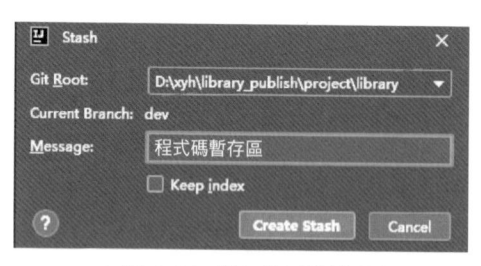

▲ 圖 4-31 增加程式暫存區

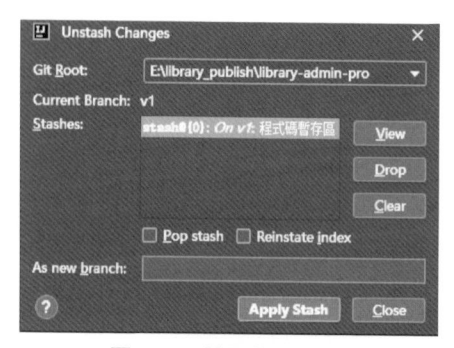

▲ 圖 4-32 讀取暫存區程式

本章小結

本章主要介紹了如何線上建立基於 Spring Boot 專案的步驟。同時，透過 Gitee 作為遠端倉庫管理工具，演示了專案的程式託管過程。還引入了程式倉庫的分支管理策略，強調了分支在團隊協作中的重要性。此外，還詳細介紹了如何使用 Git 工具將程式變更提交至遠端倉庫，並結合 IDEA 整合式開發環境進行了實際操作演示。

在本專案中，還將深入了解更多關於 Git 工具的使用方法，從而更進一步地支援專案的開發和管理。這些實際操作的指導會讓讀者更熟悉專案開發的整個流程，真實地感受團隊開發協作的過程。

第 5 章
建構父子模組及設定檔

本專案的架構採用父子模組模型，其中父模組與多個子模組共同建構整體系統。子模組被用於實現不同程式功能，實現任務分工明確。舉例來說，公共列舉類別、配置、方法等可以在子模組中整合，從而為系統提供共用資源。這種模組化的劃分使各子模組能夠承擔特定的職責，有利於程式庫的組織、管理和維護。

5.1 建構子模組

在 4.1 節中，已經建構了一個名為 library 的專案。當前要將其演化為一個父模組，隨後在其父模組的基礎上建立多個子模組。接下來將建立一個名為 library-admin 的子模組。主要職責在於充當整個系統的啟動專案，並承擔專案所有設定檔的配置。

5.1.1 建立 library-admin 子模組

1. 使用 IDEA 工具建立 library-admin

開啟 IDEA 工具，新建一個專案的主專案：library-admin，因為是系統的主入口，所以要保留啟動類別。按右鍵 library 專案後選擇 New → Module 選項，並新建一個 Module 模組，如圖 5-1 所示。

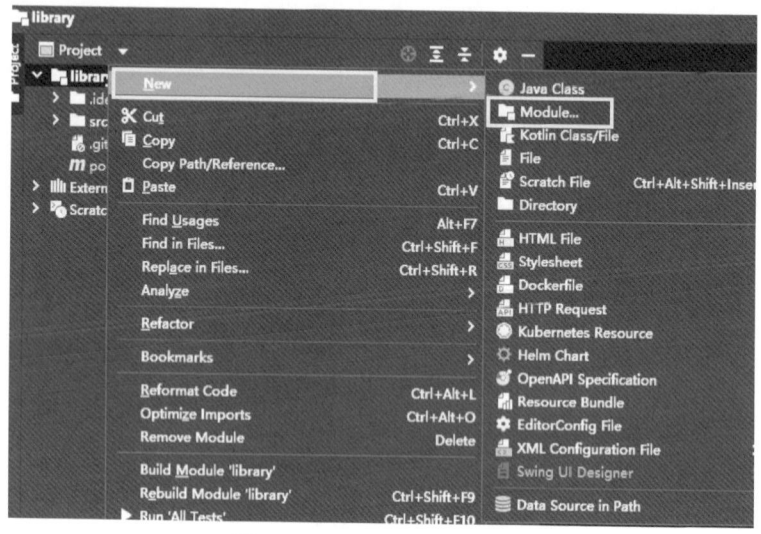

▲ 圖 5-1 開啟建立專案模組頁面

選擇左側的 Spring Initializr 選項，與之前 Web 頁面建立 library 專案基本一致，然後填寫專案名稱、選擇語言、JDK 版本和打包方式等資訊，填寫完成後，點擊 Next 按鈕，如圖 5-2 所示。

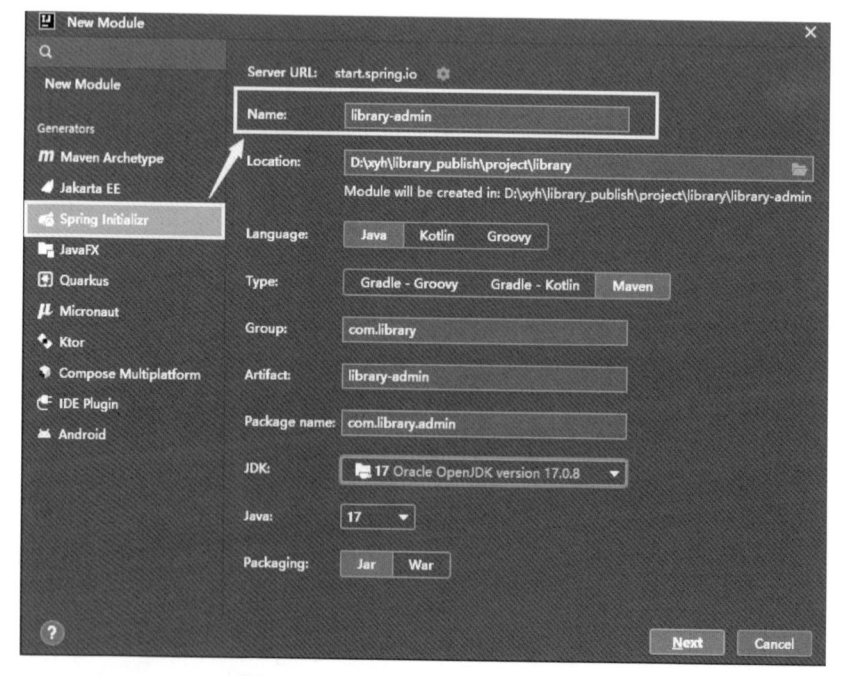

▲ 圖 5-2 填寫 library-admin 模組資訊

選擇 Spring Boot 3.1.3 版本，其餘的保持預設，點擊 Create 按鈕，如圖 5-3 所示。

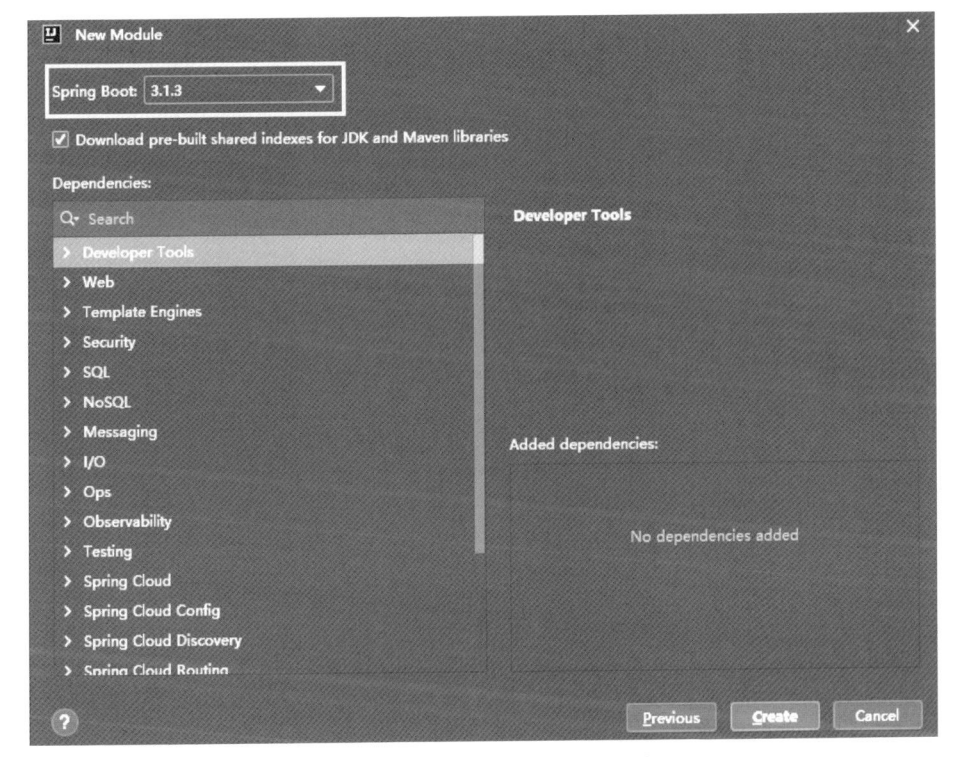

▲圖 5-3 選擇 Spring Boot 版本

等待 library-admin 專案建立完成，當前專案的結構目錄如圖 5-4 所示。

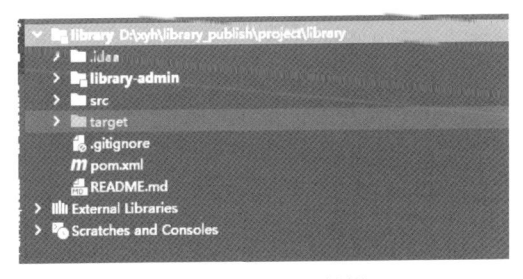

▲圖 5-4 目錄結構

2. 父模組相依修改

在 Maven 專案中，父級相依項可以被子模組繼承，從而實現共用的相依關係、外掛程式配置等資訊。這種機制讓子模組能夠利用父模組中定義的設置，從而達到統一管理、簡化建構過程的效果。透過這樣的方式，多個相關模組之間的相依管理和建構過程將變得更加簡單和高效。

父模組不包含任何業務程式，可以刪除 src 資料夾和 target 資料夾，並修改父模組下的 pom.xml 檔案，由於父模組不包含業務程式，僅用於管理子模組，所以選擇將 packaging 標籤的值設置為 pom 是非常合適的。這會告訴 Maven 該專案僅用於管理其他子模組，不會生成實際的建構產物，程式如下：

```xml
// 第 5 章 /library/pom.xml
<groupId>com.library</groupId>
<artifactId>library</artifactId>
<version>0.0.1-SNAPSHOT</version>

<!-- 父模組的打包類型為 pom-->
<packaging>pom</packaging>
<name>library</name>
<description>父模組 </description>
<properties>
    <java.version>17</java.version>
</properties>
```

packaging 標籤在 Maven 專案的 pom.xml 檔案中，用於指定專案的打包方式。它可以包含多個值，常見的有 jar、war 和 pom，開發專案一般選擇的是 JAR 套件的方式。

(1) jar 表示專案將以 JAR(Java Archive) 套件的形式打包。適用於純 Java 專案，將編譯後的類別檔案打包成一個 JAR 檔案，供其他專案或模組使用。

(2) war 表示專案將以 WAR(Web Application Archive) 套件的形式打包。適用於 Web 應用專案，將 Web 應用的程式、資源和配置打包成一個 WAR 檔案，可以部署到 Servlet 容器中。

(3) pom 表示專案本身不會生成任何產物，僅作為父模組或聚合專案，用於管理子模組的建構和相依。

使用 module 標籤將 library-admin 模組加入父模組中，並宣告相依的版本編號，程式如下：

```xml
// 第5章 /library/pom.xml
<!-- 子模組相依 -->
<modules>
        <module>library-admin</module>
</modules>

<dependencyManagement>
        <dependencies>
        <dependency>
    <groupId>com.library</groupId>
    <artifactId>library-admin</artifactId>
    <version>${version}</version>
        </dependency>
</dependencies>
</dependencyManagement>
```

3. 子模組相依修改

修改 library-admin 專案相依，開啟 pom.xml 檔案修改 parent 標籤，引入父級相依，命名為 library 專案。使當前專案可以繼承父模組的相關配置，將 pom 的 groupId 設置為 com.library、將 artifactId 設置為 library、將版本編號設置為 0.0.1-SNAPSHOT，程式如下：

```xml
<parent>
    <groupId>com.library</groupId>
    <artifactId>library</artifactId>
    <version>0.0.1-SNAPSHOT</version>
</parent>
```

然後刪除 Spring Boot Starter 相依和測試相依，使專案可以直接繼承父模組的相依和配置，程式如下：

```xml
// 第5章 /library/library-admin/pom.xml
<artifactId>library-admin</artifactId>
<version>0.0.1-SNAPSHOT</version>
<packaging>jar</packaging>
<name>library-admin</name>
<description>主系統</description>

<dependencies>
</dependencies>
```

pom.xml 檔案修改完成後，將 library-admin 的設定檔修改為 yml 格式，然後增加專案名稱和通訊埠，可參考 4.1.2 節，增加完成並啟動專案，如果沒有啟動成功，則可查看主控台提示的錯誤資訊進行相關修改。

4. 相依版本管理

在父模組的 pom.xml 檔案中，使用 dependencyManagement 標籤宣告相依項的版本資訊，父模組充當了一個中央配置的角色，為所有子模組提供了集中管理相依版本的機制。這種方式使子模組無須指定版本編號，而是從父模組中自動繼承版本資訊，確保了所有子模組都使用統一的相依版本。

透過這種統一的相依版本管理方式，專案的建構和開發過程變得更加標準和可控。同時，它也確保了相依版本的一致性，避免了不同子模組因版本不匹配而可能引發的問題和錯誤，用於版本宣告的程式如下：

```xml
// 第 5 章 /library/pom.xml
<properties>
    <project.build.sourceEncoding>UTF-8</project.build.sourceEncoding>
        <project.reporting.outputEncoding>UTF-8</project.reporting.
        utputEncoding>
    <java.version>17</java.version>
    <!-- 全域配置專案版本編號 -->
    <version>0.0.1-SNAPSHOT</version>
    <!-- 表示打包時跳過 mvn test -->
    <maven.test.skip>true</maven.test.skip>
        <fastjson.version>1.2.83</fastjson.version>
</properties>

<!-- 相依宣告 -->
<dependencyManagement>
    <dependencies>
      <!-- 子模組相依 -->
      <dependency>
            <groupId>com.library</groupId>
            <artifactId>library-admin</artifactId>
            <version>${version}</version>
      </dependency>
      <!-- fastjson -->
      <dependency>
            <groupId>com.alibaba</groupId>
            <artifactId>fastjson</artifactId>
            <version>${fastjson.version}</version>
      </dependency>
```

```
        </dependencies>
    </dependencyManagement>
```

5. 專案 Maven 配置

在架設 Maven 環境時，在 Maven 的 settings.xml 檔案中增加了一個新的 mirror 節點，配置了阿里雲鏡像網址，那個是全域的配置方式。接下來要在專案中配置阿里雲鏡像網址，只能在當前專案中生效。

修改父模組的 pom.xml 檔案，在 repositories 節點下加入 repository 節點，並配置阿里雲鏡像網址，程式如下：

```
// 第 5 章 /library/pom.xml
<repositories>
        <repository>
            <id>public</id>
            <name>aliyun nexus</name>
            <url>http://maven.aliyun.com/nexus/content/groups/public/</url>
            <releases>
                <enabled>true</enabled>
            </releases>
        </repository>
</repositories>
<pluginRepositories>
        <pluginRepository>
            <id>public</id>
            <name>aliyun nexus</name>
            <url>http://maven.aliyun.com/nexus/content/groups/public/</url>
            <releases>
                <enabled>true</enabled>
            </releases>
            <snapshots>
                <enabled>false</enabled>
            </snapshots>
        </pluginRepository>
</pluginRepositories>
```

5.1.2 建立 library-common 子模組

library-common 子模組旨在集中管理專案中的公共資源和工具程式。該模組將涵蓋一些公共類別的功能，包括 Redis 工具程式類別、各種列舉類型及常用的錯誤碼類別等。

透過將這些公共資源和功能模組整合到一個統一的子模組中，總結以下幾個優點。

(1) 透過將常見的功能集中在一個位置，專案中的不同部分可以輕鬆地共用和重用這些程式部分，從而減少重複撰寫程式的工作量。

(2) 所有公共資源都集中在一個模組中，更容易對其進行維護和更新。當需要修復漏洞或增加新特性時，只需在一個地方進行修改，從而降低維護成本。

(3) 透過在一個模組中定義共用的列舉類型和工具函數，可以確保在整個專案中使用一致的標準，有助提高程式的可讀性和一致性。

在 library 專案下，新建一個 library-common 子模組，建立方式和建立 library-admin 子模組的方式基本一致，只要修改專案名稱即可，如圖 5-5 所示。

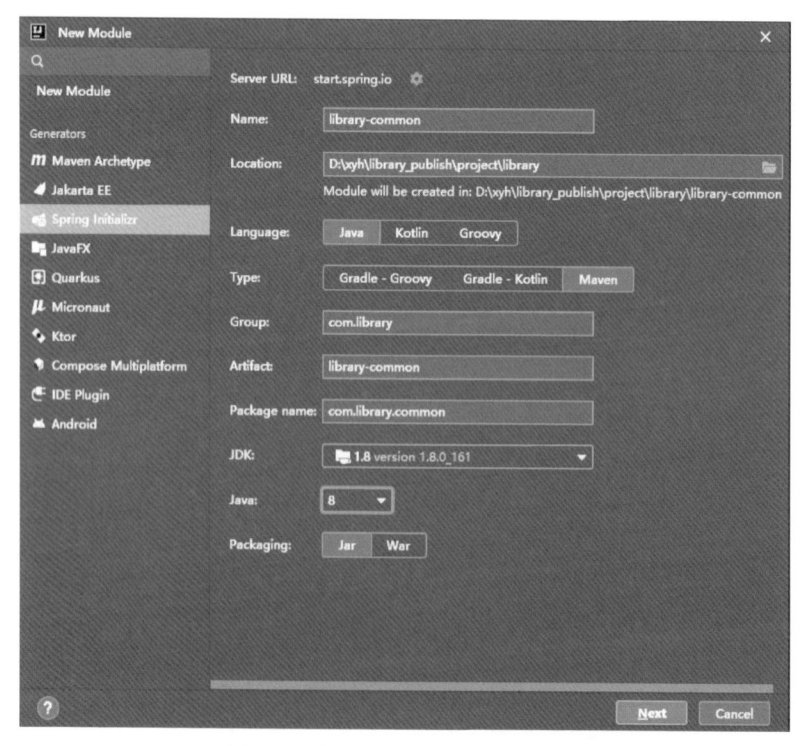

▲ 圖 5-5 建立 library-common 子模組

建立專案完成後，刪除不必要的程式檔案，具體的目錄檔案如圖 5-6 所示。

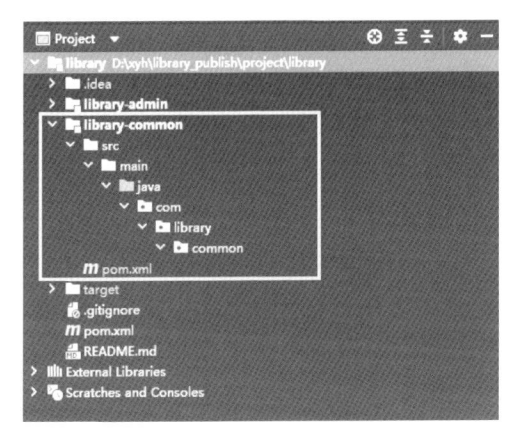

▲ 圖 5-6 library-common 目錄結構

修改 pom.xml 檔案，增加父模組相依，程式如下：

```xml
// 第 5 章 /library/library-common/pom.xml
<?xml version="1.0" encoding="UTF-8"?>
<project xmlns="http://maven.apache.org/POM/4.0.0" xmlns:xsi="http://www.w3.org/2001/XMLSchema-instance"
         xsi:schemaLocation="http://maven.apache.org/POM/4.0.0 https://maven.apache.org/xsd/maven-4.0.0.xsd">
    <modelVersion>4.0.0</modelVersion>
    <parent>
        <groupId>com.library</groupId>
        <artifactId>library</artifactId>
        <version>0.0.1-SNAPSHOT</version>
    </parent>

    <artifactId>library-common</artifactId>
    <version>0.0.1-SNAPSHOT</version>
    <packaging>jar</packaging>
    <name>library-common</name>
    <description>工具模組 </description>

    <dependencies>
    </dependencies>
</project>
```

將 library-common 子模組的相依增加到父模組的 pom.xml 檔案中，並宣告相依的版本資訊，程式如下：

```xml
// 第 5 章 /library/pom.xml
<modules>
        <module>library-admin</module>
        <module>library-common</module>
</modules>

<!-- 相依宣告 -->
<dependencyManagement>
   <dependencies>
     <!-- 子模組相依 -->
     <dependency>
       <groupId>com.library</groupId>
       <artifactId>library-common</artifactId>
       <version>${version}</version>
     </dependency>
   </dependencies>
</dependencyManagement>
```

5.1.3 增加專案設定檔

在開發和管理專案時,設定檔管理是非常重要的,尤其是在不同環境中部署和執行專案時。為了解決本地開發和測試環境與線上環境之間的配置不一致問題,這裡要引入 3 個獨立的設定檔,分別用於本地開發環境、測試環境和線上環境。這種方法不僅使專案配置更加標準和清晰,還解決了在不同環境中可能出現的問題。

1. application.yml 設定檔

在 library-admin 專案中,將重新配置 application.yml 檔案,以滿足專案的需求。對專案命名及專案使用不同環境的配置進行切換,程式如下:

```
spring:
  application:
    name: library
  profiles:
    active: dev
```

配置上傳檔案大小的限制,如果這裡不限制,則在用到檔案上傳時會出現顯示出錯,程式如下:

```
# 上傳檔案大小配置
  servlet:
```

```
    multipart:
      enabled: true
      max-file-size: 50MB
      max-request-size: 50MB
```

在 Spring Boot 中預設只有 GET 和 POST 兩種請求，但是可以使用隱藏請求去替換預設請求，舉例來說，刪除使用 DELETE 請求、修改使用 PUT 請求等，程式如下：

```
mvc:
  hiddenmethod:
    filter:
      enabled: true
```

配置專案的上下文路徑，也可以稱為專案路徑，這是組成請求介面位址的一部分，舉例來說，在專案中有個介面為 /library/list，專案通訊埠為 8080，然後存取這個介面的 URL: localhost: 8080/library/list，然後在設定檔中加上了 context-path 為 /api/library 之後，再去存取這個介面的 URL，就要改成 localhost: 8080/api/library/library/list 才可以正常存取，程式如下：

```
server:
  servlet:
    context-path: '/api/library'
```

2. application-dev.yml 設定檔

開發專案時，在本地機器上執行專案是一個常見的場景。為了確保專案在機器上能夠正常執行，先建立 application-dev.yml 設定檔。該檔案包含適用於開發環境的配置選項。

(1) 連接本地開發資料庫，以便可以使用本地資料庫進行開發和測試。

(2) 配置連接本地的 Redis 快取。

(3) 配置本地專案啟動的通訊埠編號，這個可以和測試環境及線上的通訊埠編號不一致。

如何配置這些資訊呢？在接下來的專案中會涉及，這裡先配置本地專案啟動的通訊埠編號，程式如下：

```
server:
  port: 8081
```

其餘的兩個設定檔 application-test.yml 和 application-prod.yml 先建立好，裡面的具體內容在後面部署的章節中再增加。

3. 修改專案啟動配置

環境的設定檔建立完成後，還需要配置不同環境的 profiles 才能在不同的環境下切換不同的設定檔。profiles 標籤用於定義不同環境下的配置，每個 profile 元素表示一個不同的環境 (本地開發環境、測試環境、生產環境)，並包含了一些特定環境的配置。

在 library-admin 子模組的 pom.xml 檔案中增加相關配置，程式如下：

```xml
// 第 5 章 /library/library-admin/pom.xml
<!-- 環境 -->
<profiles>
    <!-- profile 元素包含了特定環境的配置。每個 profile 都有一個唯一的識別字 id 標籤，用於標識不同環境 -->
    <profile>
        <id>dev</id>
        <properties>
            <!-- 標識當前環境 -->
            <package.environment>dev</package.environment>
        </properties>
        <activation>
            <!-- 預設啟動配置 -->
            <activeByDefault>true</activeByDefault>
        </activation>
    </profile>
    <!-- 測試環境 -->
    <profile>
        <id>test</id>
        <properties>
            <package.environment>test</package.environment>
        </properties>
    </profile>
    <!-- 生產環境 -->
    <profile>
        <id>prod</id>
        <properties>
            <package.environment>prod</package.environment>
        </properties>
    </profile>
</profiles>
```

配置 Spring Boot Maven 外掛程式，使其能夠按照指定的方式重新封包專案，將生成的 JAR 檔案存放在 ci 目錄下並設置適當的檔案名稱，程式如下：

```xml
// 第 5 章 /library/library-admin/pom.xml
<build>
    <finalName>library-admin-pro</finalName>
    <plugins>
        <!-- Spring Boot Maven 外掛程式配置 -->
        <plugin>
            <groupId>org.springframework.boot</groupId>
            <artifactId>spring-boot-maven-plugin</artifactId>
            <configuration>
                <!-- 建構生成的最終檔案名稱，舉例來說，本專案的檔案名稱是 library-admin-pro -->
                <finalName>${project.build.finalName}-${project.version}</finalName>
            </configuration>
            <executions>
                <execution>
                    <id>repackage</id>
                    <goals>
                        <goal>repackage</goal>
                    </goals>
                    <!-- 配置輸出目錄 -->
                    <configuration>
                        <!-- 打包可執行的 JAR 並存放至 ci 檔案下 -->
                        <outputDirectory>ci</outputDirectory>
                        <executable>true</executable>
                    </configuration>
                </execution>
            </executions>
        </plugin>
        <plugin>
            <groupId>org.apache.maven.plugins</groupId>
            <artifactId>maven-surefire-plugin</artifactId>
            <configuration>
                <skipTests>true</skipTests>
            </configuration>
        </plugin>
    </plugins>
</build>
```

到這裡專案的基礎設定檔已經完成，現在啟動專案，如果專案啟動成功，則表明配置沒有問題，可以繼續進行後續的開發。

5.2 整合專案日誌

為了實現在專案異常顯示出錯、出現問題時可以迅速定位及更精準地監控專案的執行狀態，可以採用記錄檔記錄監控異常的錯誤資訊。使用 Log4j2 作為日誌框架，旨在專案啟動時即刻開始記錄關鍵資訊，有助團隊形成記錄日誌的習慣，提升問題追蹤和排除的效率。

5.2.1 日誌等級

在專案中常用的日誌等級有 debug、info、warn、error、trace、fatal、off 等等級，每個等級的使用方式和概念如下。

(1) debug 主要用於開發過程中記錄關鍵邏輯的執行時期資料，以支援偵錯和開發活動。

(2) info 用於記錄關鍵資訊，可用於問題排除，包括出傳入參數、快取載入成功等，有助有效地監控應用狀態。

(3) warn 用於警告資訊，指示一般性錯誤，對業務影響較小，但仍需減少此類警告以保持穩定性。

(4) error 用於記錄錯誤資訊，對業務會產生影響。需配置日誌監控以追蹤異常情況。

(5) trace 提供最詳細的日誌資訊，可用於深入分析和追蹤應用的內部流程。

(6) fatal 表示嚴重錯誤，通常與應用無法繼續執行相關，用於標識致命問題。

(7) off 關閉日誌輸出，用於特定情況下暫停日誌記錄。

合理地選擇不同等級的日誌記錄，可實現對應用狀態的全面監控、異常排除和問題追蹤，為開發團隊提供高效的日常運行維護支援。

5.2.2 日誌使用技巧和建議

在撰寫程式的過程中，日誌記錄是不可或缺的，而在專案中日誌記錄的技巧則顯得尤為重要，以下是一些日誌使用的技巧和建議。

(1) 在多個 if-else 條件判斷時，每個分支首行儘量列印日誌資訊。

(2) 為了提高日誌的可讀性，建議使用參數預留位置 {}，避免使用字串拼接「+」。

(3) 在使用異常處理區塊 try-catch 時，避免直接呼叫 e.printStackTrace() 和 System.out.println() 輸出日誌，正確寫法的程式如下：

```
try {
    //TODO 處理業務程式
} catch (Exception e) {
    log.error(" 處理業務 id:{}", id, e);
}
```

(4) 異常的日誌應完整地輸出錯誤資訊，程式如下：

```
log.error(" 業務處理出錯 id: {}", id, e);
```

(5) 建議進行記錄檔分離。針對不同的日誌等級，將日誌輸到不同的檔案中，舉例來說，使用 debug.log、info.log、warn.log、error.log 等檔案進行分類記錄。

(6) 處理錯誤時，避免在捕捉異常後再次拋出新例外，以防重複記錄和混淆錯誤追蹤。

5.2.3 增加日誌相依

Log4j2 是一個基於 Java 的日誌框架，提供了一種靈活高效的方式來記錄應用程式中的日誌訊息。它是原始 Log4j 函數庫的進化版本，旨在更加穩健、高性能和功能豐富。Log4j2 提供了各種日誌功能，包括將日誌記錄到多個輸出、配置日誌等級、定義自訂日誌格式等，可以更進一步地控制和管理應用程式的日誌記錄。

1. 增加 Log4j2 相依

在父模組的 pom.xml 檔案中增加 Log4j2 相依，先在 properties 中宣告相依的版本編號，程式如下：

```
<!-- 定義相依版本編號 -->
<log4j2.version>2.20.0</log4j2.version>
<disruptor.version>3.4.2</disruptor.version>
```

然後增加日誌和 Log4j2 相關相依，程式如下：

```
// 第 5 章 /library/pom.xml
<!-- 引入 Log4j2 相依 -->
<dependency>
    <groupId>org.springframework.boot</groupId>
    <artifactId>spring-boot-starter-log4j2</artifactId>
</dependency>
<!-- 日誌 -->
<dependency>
    <groupId>org.apache.logging.log4j</groupId>
    <artifactId>log4j-api</artifactId>
    <version>${log4j2.version}</version>
</dependency>
<dependency>
    <groupId>org.apache.logging.log4j</groupId>
    <artifactId>log4j-core</artifactId>
    <version>${log4j2.version}</version>
</dependency>
<dependency>
    <groupId>com.lmax</groupId>
    <artifactId>disruptor</artifactId>
<version>${disruptor.version}</version>
</dependency>
```

增加完成後，需要將 Spring Boot 附帶的 LogBack 去掉，在父模組的 pom.xml 檔案中修改 spring-boot-starter 相依，使用 Excelusions 排除 log，程式如下：

```
// 第 5 章 /library/pom.xml
<dependency>
    <groupId>org.springframework.boot</groupId>
    <artifactId>spring-boot-starter</artifactId>
    <Excelusions>
        <Excelusion>
            <groupId>org.springframework.boot</groupId>
            <artifactId>spring-boot-starter-logging</artifactId>
        </Excelusion>
        <Excelusion>
            <groupId>org.springframework.boot</groupId>
            <artifactId>spring-boot-starter-autoconfigure</artifactId>
        </Excelusion>
    </Excelusions>
</dependency>
```

2. 增加 Log4j2 設定檔

在子模組 library-admin 的 resource 資原始目錄中，新建一個名為 log4j2.xml

的設定檔，用於定義日誌框架的配置參數、相關資訊及儲存路徑等，程式如下：

```xml
// 第 5 章 /library/library-admin/src/main/resources/log4j2.xml
<Properties>
        <!-- 日誌字元集為 UTF-8 -->
    <property name="log_charset">UTF-8</property>
<!-- 記錄檔的基本名稱 -->
    <Property name="filename">library</Property>
<!-- 記錄檔儲存路徑 -->
    <Property name="log_path">/library/logs</Property>
<!-- 記錄檔的編碼格式為 UTF-8 -->
    <Property name="library_log_encoding">UTF-8</Property>
<!-- 單一記錄檔的最大大小為 200MB -->
    <Property name="library_log_size">200MB</Property>
<!-- 日誌記錄的最低等級為 INFO -->
    <property name="data_level">INFO</property>
<!-- 記錄檔的最長保留時間為 5 天，超過這段時間的記錄檔將被自動刪除 -->
    <Property name="library_log_time">5d</Property>
<!-- 日誌輸出的格式模式 -->
    <property name="log_pattern" value="%-d{yyyy-MM-dd HH:mm:ss} %-5r [%t] [%-5p] %c %x - %m%n" />
</Properties>
```

3. 配置日誌輸出器

在日誌設定檔中有一個 Appenders 輸出器，共要配置兩個輸出，一個 Console 在主控台輸出；另一個 RollingRandomAccessFile 設置為檔案格式的輸出，程式如下：

```xml
// 第 5 章 /library/library-admin/src/main/resources/log4j2.xml
<Appenders>
    <Console name="Console" target="SYSTEM_OUT">
        <!-- 輸出日誌的格式 -->
            <PatternLayout pattern="${log_pattern}"/>
            <!-- 主控台只輸出 level 及其以上等級的資訊 (onMatch)，其他的資訊直接拒
            絕 (onMismatch)-->
        <ThresholdFilter level="info" onMatch="ACCEPT" onMismatch="DENY" />
    </Console>

    <RollingRandomAccessFile name="LIBRARY_FILE"
                        fileName="${log_path}/${filename}.log" filePattern="${log_path}/${filename}_%d{yyyy-MM-dd}_%i.log.gz">
        <PatternLayout pattern="[%style{%d{yyyy-MM-dd HH:mm:ss.SSS}}{bright,green}] [%-5p][%t][%c{1}] %m%n"/>
        <Policies>
            <SizeBasedTriggeringPolicy size="${library_log_size}"/>
```

```xml
        </Policies>
    </RollingRandomAccessFile>
    <RollingFile name="RollingFileError" fileName="${log_path}/error.log" filePattern=
"${log_path}/${filename}-ERROR-%d{yyyy-MM-dd}_%i.log.gz">
        <ThresholdFilter level="error" onMatch="ACCEPT" onMismatch="DENY"/>
        <PatternLayout pattern="${log_pattern}"/>
        <Policies>
        <!--interval 屬性用來指定多久捲動一次，預設為 1 hour-->
            <TimeBasedTriggeringPolicy interval="1"/>
            <SizeBasedTriggeringPolicy size="10MB"/>
        </Policies>
        <!-- 如不設置，則預設為最多同一資料夾 7 個檔案開始覆蓋 -->
        <DefaultRolloverStrategy max="15"/>
    </RollingFile>
</Appenders>
```

4. 配置日誌記錄

根據不同的業務功能和應用程式，其日誌記錄也要使用不同的輸出來源，可使用 Loggers 來配置日誌的輸出，程式如下：

```xml
// 第 5 章 /library/library-admin/src/main/resources/log4j2.xml
<Loggers>
        <!--監控系統資訊，如果 additivity 為 false，則子 Logger 只會在自己的 appender 裡輸出，
而不會在父 Logger 的 appender 裡輸出 -->
    <AsyncLogger name="org.springframework" level="info" additivity="false">
        <AppenderRef ref="Console"/>
    </AsyncLogger>
<!-- 過濾 Spring 和 MyBatis 的一些無用的 Debug 資訊 -->
        <AsyncLogger name="org.mybatis" level="info" additivity="false">
        <AppenderRef ref="Console"/>
    </AsyncLogger>
    <AsyncLogger additivity="false" name="com.library.admin" level="INFO">
        <AppenderRef ref="Console" level="INFO"/>
        <AppenderRef ref="LIBRARY_FILE"/>
        <AppenderRef ref="RollingFileError"/>
    </AsyncLogger>
        <!-- 系統相關日誌 -->
    <AsyncRoot level="info">
        <AppenderRef ref="Console"/>
        <AppenderRef ref="LIBRARY_FILE"/>
        <AppenderRef ref="RollingFileError"/>
    </AsyncRoot>
</Loggers>
```

5. 查看記錄檔

在本節中，已經成功地將 Log4j2 日誌框架整合到了專案中。現在啟動專案並檢查是否可以啟動成功，如果專案能夠正常啟動，則查看專案根目錄下的硬碟是否已生成了 /library/logs 目錄。在該目錄下會有兩個記錄檔：error.log 和 library.log。開啟 library.log 記錄檔，就能夠看到專案啟動的相關日誌已經被記錄在其中，如圖 5-7 所示。

```
[2023-09-08 10:59:18.538][INFO ][main][LibraryAdminApplication] Starting
LibraryAdminApplication using Java 17.0.8 with PID 21828 (
D:\xyh\library_publish\project\library\library-admin\target\classes started by admin
in D:\xyh\library_publish\project\library)
[2023-09-08 10:59:18.544][INFO ][main][LibraryAdminApplication] The following 1
profile is active: "dev"
[2023-09-08 10:59:19.169][INFO ][main][Http11NioProtocol] Initializing ProtocolHandler
["http-nio-8081"]
[2023-09-08 10:59:19.170][INFO ][main][StandardService] Starting service [Tomcat]
[2023-09-08 10:59:19.170][INFO ][main][StandardEngine] Starting Servlet engine: [
Apache Tomcat/10.1.12]
[2023-09-08 10:59:19.253][INFO ][main][[/api/library]] Initializing Spring embedded
WebApplicationContext
[2023-09-08 10:59:19.507][INFO ][main][Http11NioProtocol] Starting ProtocolHandler
["http-nio-8081"]
[2023-09-08 10:59:19.529][INFO ][main][LibraryAdminApplication] Started
LibraryAdminApplication in 1.353 seconds (process running for 2.288)
```

▲圖 5-7 專案開機記錄

5.3 Spring Boot 整合 MyBatis-Plus

MyBatis-Plus(簡稱 MP) 是一個基於 MyBatis 的增強工具，能夠幫助開發者簡化開發過程、提升開發效率。對於單資料表的 CRUD 操作，MyBatis-Plus 提供了豐富便捷的 API，讓開發者可以輕鬆地實現各種資料操作。此外，MyBatis-Plus 還支援多種查詢方式和分頁功能，並且不用撰寫煩瑣的 XML 配置，從而大大降低了開發難度，讓開發者能夠更加專注於業務程式的撰寫。總而言之，MyBatis-Plus 的出現使 MyBatis 的使用變得更加簡單和高效。

5.3.1 為什麼選擇 MyBatis-Plus

本專案使用 MyBatis-Plus 來簡化持久層的操作，使開發更加高效、便捷、易於維護。專案使用 MyBatis-Plus 主要有以下優勢。

(1) 強大的 CRUD 操作，內建通用 Mapper、通用 Service，僅透過少量配置即可實現單資料表大部分 CRUD 操作，更有強大的條件建構元，滿足各類使用需求。

(2) MyBatis-Plus 是基於 MyBatis 的增強工具，與 MyBatis 完美相容。如果已經使用過 MyBatis 開發專案，則可以直接將專案升級為 MyBatis-Plus，無須做太多改動，這樣可以節省遷移成本。

(3) MyBatis-Plus 官方提供了詳細清晰的文件，對於使用和配置都有詳細的說明，方便開發者快速上手。此外，MyBatis-Plus 擁有龐大的社區支援，開發者可以透過社區獲得幫助、分享經驗和獲取更多的資料。

(4) 支援 Lambda 形式呼叫，可以方便地撰寫各類查詢準則，無須再擔心欄位寫錯等問題。

5.3.2 整合 MyBatis-Plus

MyBatis-Plus 3.0 以上版本要求 JDK 8 及以上版本，現在專案使用的是 JDK 17，基本滿足官方提出的要求，所以本專案使用 MP3.0+ 的版本。

1. 匯入相依

在父模組的 pom.xml 檔案中增加兩個相依，一個是 mybatis-plus-boot-starter 相依，此相依提供了 MyBatis-Plus 在 Spring Boot 中的自動配置功能，它會自動整合 MyBatis-Plus 和 Spring Boot，簡化了配置過程；另一個是 mybatis-plus-extension 相依，此相依是 MyBatis-Plus 的擴充模組，提供了額外的功能和工具來增強 MyBatis-Plus 的能力。舉例來說，分頁外掛程式、邏輯刪除外掛程式、自動填充外掛程式、動態資料表名稱外掛程式等提升開發效率和靈活性，程式如下：

```xml
// 第 5 章 /library/pom.xml
<!-- 版本編號 -->
<mybatis-plus.version>3.5.3.2</mybatis-plus.version>

<!-- mybatis-plus -->
<dependency>
    <groupId>com.baomidou</groupId>
    <artifactId>mybatis-plus-boot-starter</artifactId>
    <version>${mybatis-plus.version}</version>
</dependency>
```

```xml
<dependency>
    <groupId>com.baomidou</groupId>
    <artifactId>mybatis-plus-extension</artifactId>
    <version>${mybatis-plus.version}</version>
</dependency>
```

2. 撰寫設定檔

在 library-admin 模組的 application.yml 設定檔中增加 mybatis-plus 的相關配置，程式如下：

```yml
// 第 5 章 /library/library-admin/src/main/resources/application.yml
#MyBatis-Plus 相關配置
mybatis-plus:
  global-config:
        # 關閉附帶的橫幅廣告的設置
    banner: false
    db-config:
        # 主鍵生成策略為自動增長
      id-type: auto
        # 開啟資料庫資料表名稱的底線命名規則
      table-underline: true
# 指定 Mapper XML 檔案的路徑，專案生成的 XML 檔案全部放在 resource 目錄下的 mapper 檔案中
  mapper-locations: classpath:mapper/*.xml
  configuration:
    use-generated-keys: true
        # 日誌輸出到主控台，資料庫查詢、刪除等執行日誌都會輸出到主控台
    log-impl: org.apache.ibatis.logging.stdout.StdOutImpl
    call-setters-on-nulls: true
```

本章小結

在本章中建構了兩個子模組，並成功地將它們與父相依的配置連結了起來。同時還整合了 Log4j2 作為專案的日誌框架，用於記錄專案執行中的執行日誌資訊，並深入學習了如何在專案中高效率地應用日誌記錄等功能。此外，專案還順利地整合了持久層的框架 MyBatis-Plus，以簡化對資料層的操作。

總之，本章的內容涵蓋了多個關鍵領域，包括專案建構、相依管理、日誌框架的整合及持久層的配置，這些步驟的順利完成，為接下來的專案開發奠定了良好的基礎。

第 6 章
資料庫操作及程式生成器使用

在前幾章中,已成功地完成了專案基礎環境的配置。本章要建立專案所需的資料庫,並與 MySQL 資料庫建立連接。此外,還將整合 EasyCode 工具,以便能夠快速地生成符合本專案標準的目錄結構和程式。透過工具的輔助開發,可以提升開發效率,確保專案程式的書寫符合標準。

6.1 資料庫的建立與連接

資料庫的建立可以直接在 MySQL 的視覺化工具中建立,資料庫連接的部分,Spring Boot 引入了 Spring Data 框架實現資料庫存取的抽象層。這使在專案中,只需在設定檔中配置 MySQL 的連接資訊,如資料庫 URL、使用者名稱、密碼等。Spring Boot 會自動根據這些配置來初始化資料庫連接池和其他必要的資源,這種方式使資料庫連接的管理更加便捷,無須手動處理煩瑣的連接細節。

6.1.1 建立 MySQL 資料庫

開啟 Navicat 軟體,可新建一個連接,舉例來說,筆者建立了一個 library 的連接,然後使用滑鼠按右鍵 library 連接,從彈窗中選擇「新建資料庫」選項,如圖 6-1 所示。

然後填寫新建資料庫的資訊,資料庫名為 library_v1;將字元集設置為 utf8mb4;將排序規則設置為 utf8mb4_bin,點擊「確定」按鈕即可建立完成,如圖 6-2 所示。

還有另一種使用 SQL 敘述建立資料庫的方式,點擊選單中的「查詢」選項,然後點擊「新建查詢」按鈕，如圖 6-3 所示，輸入建立資料庫的 SQL 敘述即可，程式如下：

```
create
database library_v1
    DEFAULT CHARACTER SET utf8mb4
    DEFAULT COLLATE utf8mb4_bin;
use
library_v1;
SET
FOREIGN_KEY_CHECKS = 0;
```

▲圖 6-1 新建資料庫

▲圖 6-2 填寫資料庫資訊

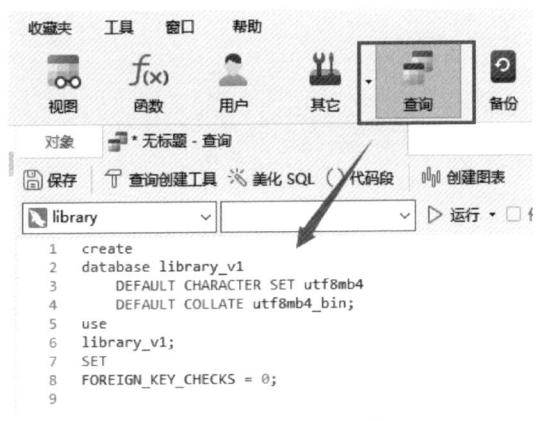

▲圖 6-3 SQL 敘述建立資料庫

6.1.2 Spring Boot 連接 MySQL

1. 配置資料庫連接

資料庫建立完成後開啟 library-admin 模組的 application-dev.yml 設定檔，本地的配置都被放在該檔案中，增加 MySQL 資料庫的連接資訊，包括資料庫 URL、使用者名稱、密碼等，程式如下：

```yml
// 第 6 章 /library/library-admin/src/main/resources/application-dev.yml
spring:
  datasource:
        # 當前資料來源操作類型
        type: com.alibaba.druid.pool.DruidDataSource
        # 資料庫驅動類別的名稱，這裡是 MySQL 的驅動類別
    driver-class-name: com.mysql.cj.jdbc.Driver
        # 資料庫連接池
    druid:
        # 資料庫的連接 URL，包括本地的 IP 位址和資料庫名稱
      url: jdbc:mysql://127.0.0.1:3306/library_v1?useUnicode=true&characterEncoding=UTF-8&allowMultiQueries=true&serverTimezone=Asia/Shanghai&rewriteBatchedStatements=true
        # 資料庫登入使用者名稱
      username: root
        # 資料庫登入密碼，如果後期沒有修改，則是安裝 MySQL 時設置的密碼
      password: 123456
        # 初始連接數
      initial-size: 5
        # 最小連接數
```

```yaml
      min-idle: 15
      # 最大連接數
      max-active: 30
      # 逾時時間 ( 以秒為單位 )
      remove-abandoned-timeout: 180
      # 獲取連接逾時時間
      max-wait: 300000
      # 連接有效性檢測時間
      time-between-eviction-runs-millis: 60000
      # 連接在池中最小生存的時間
      min-evictable-idle-time-millis: 300000
      # 連接在池中最大生存的時間
      max-evictable-idle-time-millis: 900000
```

2. 引入相依

在父模組的 pom.xml 檔案中增加與 MySQL 資料庫相關的相依宣告，Spring Boot 會根據這些相依自動配置資料庫連接池等資源，程式如下：

```xml
// 第 6 章 /library/pom.xml
<!-- 版本編號 -->
<druid.version>1.2.18</druid.version>
<mysql-connector.version>8.0.33</mysql-connector.version>

<!-- 在 dependencyManagement 中宣告連接池和 MySQL 驅動 -->
<!-- 阿里雲端資料庫連接池，使用 Spring Boot 3.x 版本 -->
<dependency>
    <groupId>com.alibaba</groupId>
    <artifactId>druid-spring-boot-3-starter</artifactId>
        <version>${druid.version}</version>
</dependency>

<!--MySQL 資料庫驅動，從 8.0.31 版本開始已經被遷移到新的套件 -->
<dependency>
        <groupId>mysql</groupId>
        <artifactId>mysql-connector-j</artifactId>
        <version>${mysql-connector.version}</version>
</dependency>
```

相依版本宣告完成，需要在 library-common 子模組的 pom 檔案中增加 MySQL 驅動和連接池相依，程式如下：

```xml
// 第 6 章 /library/library-common/pom.xml
<dependencies>
```

```xml
    <dependency>
        <groupId>com.mysql</groupId>
        <artifactId>mysql-connector-j</artifactId>
    </dependency>
    <dependency>
        <groupId>com.alibaba</groupId>
        <artifactId>druid-spring-boot-3-starter</artifactId>
    </dependency>
</dependencies>
```

在啟動專案前，library-admin 需要引入 common 相依，獲取 MySQL 驅動，程式如下：

```xml
// 第 6 章 /library/library-admin/pom.xml
<dependencies>
    <dependency>
        <groupId>com.library</groupId>
        <artifactId>library-common</artifactId>
    </dependency>
</dependencies>
```

啟動專案，並檢查主控台列印的資訊是否顯示出錯，如果沒有顯示出錯，則說明已成功地配置了 MySQL 驅動和連接池。

6.1.3 整合 MySQL 監控

MySQL 監控的最佳實踐是採用 Druid 作為解決方案。Druid 作為阿里雲的開放原始碼專案，在功能、性能和可擴充性方面遠勝於其他資料庫連接池，包括 DBCP 和 C3P0 等，其強大的功能使它成為 MySQL 監控的首選工具。

1. 配置監控屬性

開啟 application-dev.yml 設定檔，在 datasource 二級屬性的 druid 下增加 druid 監控配置，程式如下：

```yaml
// 第 6 章 /library/library-admin/src/main/resources/application-dev.yml
stat-view-servlet:
      # 位址，例如 http://localhost:8081/api/library/druid/index.html
  # 開啟 Druid 的監控頁面
  enabled: true
  # 監控頁面的使用者名稱
  loginUsername: admin
```

```yaml
# 監控頁面的密碼
  loginPassword: 123456
  allow:
web-stat-filter:
# 是否啟用 StatFilter 的預設值 true
  enabled: true
# 開啟 session 統計功能
  session-stat-enable: true
#session 的最大個數 , 預設為 100
  session-stat-max-count: 1000
# 過濾路徑
url-pattern:/*
# 配置監控統計攔截的 filters,去掉後監控介面 sql 無法統計,wall 用於防火牆
filters: stat,wall,log4j2
filter:
# 開啟 druid datasource 的狀態監控
  stat:
    enabled: true
    db-type: mysql
# 開啟慢 sql 監控,如果超過 2s,則是慢 sql,記錄到日誌中
    log-slow-sql: true
    slow-sql-millis: 2000
```

2. 監控平臺分析

配置完成後,啟動專案,在瀏覽器網址列輸入 http://localhost: 8081/api/library/druid/login.html,此時頁面會顯示 404 錯誤,如圖 6-4 所示。此原因是 druid-spring-boot-3-starter 目前的最新版本是 1.2.18,雖然調配了 Spring Boot 3,但還缺少自動裝配的設定檔 (筆者創作本書時,該問題還未被修復)。

▲圖 6-4 存取 druid 監控介面

現在需要手動在 resources 目錄下建立一個名為 META-INF 的目錄,在該目錄中再建立一個 spring 目錄,然後建立一個名為 org.springframework.boot.autoconfigure.AutoConfiguration.imports 設定檔,如圖 6-5 所示。

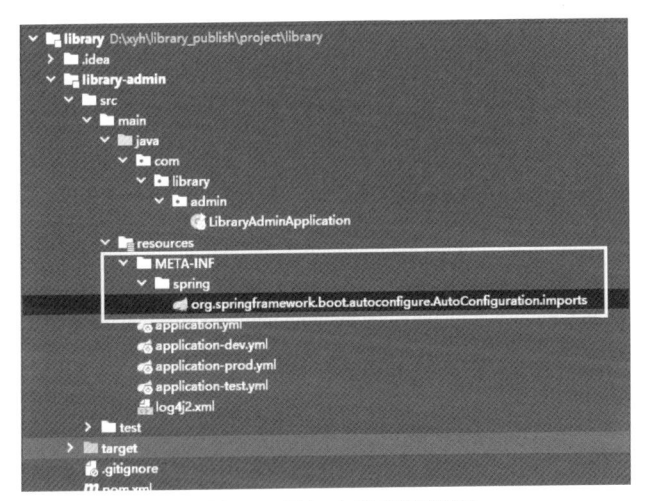

▲ 圖 6-5　增加自動裝配檔案

在設定檔中增加自動配置類別，程式如下：

```
com.alibaba.druid.spring.boot3.autoconfigure.DruidDataSourceAutoConfigure
```

增加完成後，重新啟動專案，再次造訪 http://localhost:8081/api/library/druid/login.html，就可以正常顯示登入頁面了，然後輸入在設定檔中自訂的使用者名稱和密碼進行登入，如圖 6-6 所示。

▲ 圖 6-6　druid 監控登入介面

登入成功後，如果點擊頂部選單的「資料來源」選項，則頁面會顯示 DataSource 配置的基本資訊，包括使用者名稱、連結位址、驅動等資訊，如圖 6-7 所示。

其他選單監控介面的功能介紹如下。

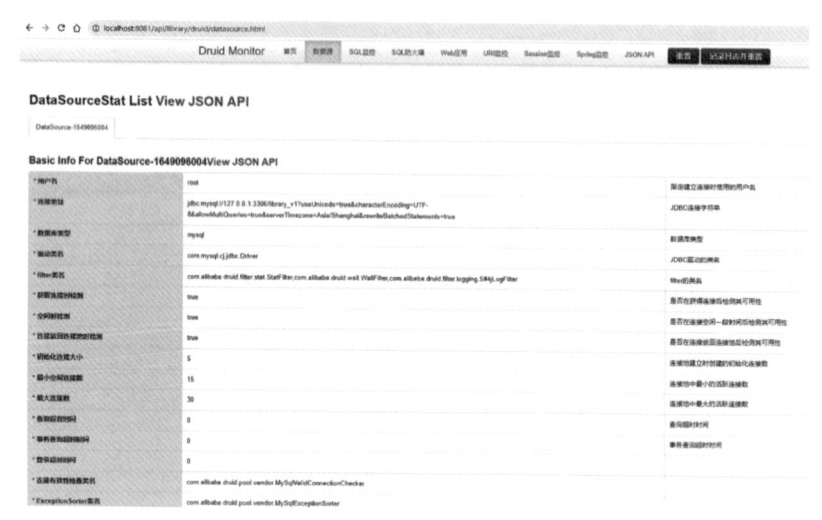

▲ 圖 6-7 資料來源監控資訊介面

（1）SQL 監控的主要功能是統計所有 SQL 敘述的執行情況，舉例來說，執行的 SQL 敘述、執行數、執行時間等。

（2）SQL 防火牆主要是 SQL 防禦統計、資料表存取統計、函數呼叫情況及提供黑白名單的存取統計。

（3）Web 應用主要監控 SQL 的最大併發、請求次數及事務提交數等資訊。

（4）URL 監控統計專案中 Controller 介面的存取統計及相關執行的情況。

（5）Session 監控可以監控當前 session 的狀況、建立時間、最後存取時間及存取 IP 位址等資訊。

（6）Spring 監控利用 AOP 對指定介面的存取時間、JDBC 執行數和時間、事務提交數和導回數等資訊的監控。

（7）JSON API 使用 API 的方式存取 Druid 的監控介面，傳回 JSON 形式的資料。

6.2 通用類別設計與實現

在專案開發中，通常會遇到需要在多個子模組中使用相同的功能模組的情況，舉例來說，介面傳回類別、分頁請求參數、常數和列舉等。為了避免重複撰寫程式,並提高程式的可維護性和再使用性,可以採用以下兩種主要方法。

(1) 遵循「不要重複自己」的原則,即儘量避免在不同地方重複撰寫相同的程式。透過將公共的邏輯、資料結構和行為取出到統一的地方,確保系統中只存在一個實現,以減少錯誤和維護程式的成本。

(2) 建立抽象層,將通用功能與具體實現分離開來。這有助將公共的程式邏輯抽象化,從而使不同部分的程式能夠共用同一套功能。舉例來說,可以定義介面傳回格式的標準範本,統一管理分頁請求參數的結構,以及集中管理常數和列舉類型。

6.2.1 統一回應資料格式

統一的傳回格式是指在一個應用程式或 API 中,所有的請求回應都遵循相同的格式,以便於用戶端和伺服器端之間的通訊和資料交換。這種做法可以提高程式的可維護性、可讀性,同時也方便了錯誤的處理和資料解析。

在 library-common 子模組中新建一個 constant 套件,主要用來存放一些公共常數的類別,在該套件中建立一個 Constants 公共常數類別,程式如下:

```java
// 第 6 章 /library/library-common/constant/Constants.java
public class Constants {
    /**
     * 成功標記
     */
    public static final Integer SUCCESS = 200;
    /**
     * 失敗標記
     */
    public static final Integer FAIL = 500;
}
```

再新建一個 response 套件,並建立一個 Result 傳回類別,設定如果介面請求成功,則傳回 200 狀態碼,如果失敗,則傳回 500 狀態碼,程式如下:

```java
// 第 6 章 /library/library-common/response/Result.java
public class Result<T> implements Serializable {
private static final long serialVersionUID = 1L;
    /**
     * 成功
```

```java
     */
    public static final int success = Constants.SUCCESS;
        /**
     * 失敗
     */
    public static final int error = Constants.FAIL;
    /**
     * 狀態碼
     */
    private int code;
    /**
     * 狀態資訊，錯誤描述
     */
    private String msg;
    /**
     * 傳回資料
     */
    private T data;

    public static <T> Result<T> success() {
        return result(null, success, "操作成功");
    }
    public static <T> Result<T> success(T data) {
        return result(data, success, "操作成功");
    }
    public static <T> Result<T> success(String msg, T data) {
        return result(data, success, msg);
    }
    public static <T> Result<T> success(String msg) {
        return result(null, success, msg);
    }
        public static <T> Result<T> error() {
        return result(null, error, "操作失敗");
    }
    public static <T> Result<T> error(String msg) {
        return result(null, error, msg);
    }
    public static <T> Result<T> error(int code, String msg) {
        Result<T> result = new Result<>();
        result.setCode(code);
        result.setMsg(msg);
        return result;
    }
    public static <T> Result<T> error(T data) {
        return result(data, error, "操作失敗");
    }
```

```
    private static <T> Result<T> result(T data, int code, String msg) {
        Result<T> result = new Result<>();
        result.setCode(code);
        result.setData(data);
        result.setMsg(msg);
        return result;
    }
    public int getCode() {
        return code;
    }
    public void setCode(int code) {
        this.code = code;
    }
    public String getMsg() {
        return msg;
    }
    public void setMsg(String msg) {
        this.msg = msg;
    }
    public T getData() {
        return data;
    }
    public void setData(T data) {
        this.data = data;
    }
}
```

6.2.2 錯誤碼列舉類別

錯誤碼列舉類別用於定義應用程式中可能出現的錯誤，並對這些錯誤碼進行集中管理。使用列舉類別能夠更加清晰地表示不同類型的錯誤，使程式更易讀和維護。在 library-common 子模組中建立一個 cnums 套件，在套件中新建一個 ErrorCodeEnum 類別，程式如下：

```
// 第6章/library/library-common/enums/ErrorCodeEnum.java
@Getter
@AllArgsConstructor
public enum ErrorCodeEnum {
    SUCCESS(200, "成功"),
    FAIL(500, "失敗");

    private int code;
    private String desc;
}
```

程式中使用了 @Getter 和 @AllArgsConstructor 兩個註解，這兩個註解都在 Lombok 函數庫中，接下來需要增加 Lombok 外掛程式和相依。

6.2.3 Lombok 安裝

Lombok 是一個 Java 函數庫，它透過自動生成樣板程式來簡化 Java 類別的撰寫，以提高開發效率和可讀性。Lombok 主要透過註解來消除冗長的 getter、setter、建構函數、equals、hashCode 等方法的手動撰寫。安裝也比較簡單，只需兩步。

目前 Lombok 支援多種 IDE，其中包括主流的 Eclipse、IDEA、MyEclipse 等。在 IDEA 中增加 Lombok 外掛程式，如圖 6-8 所示。

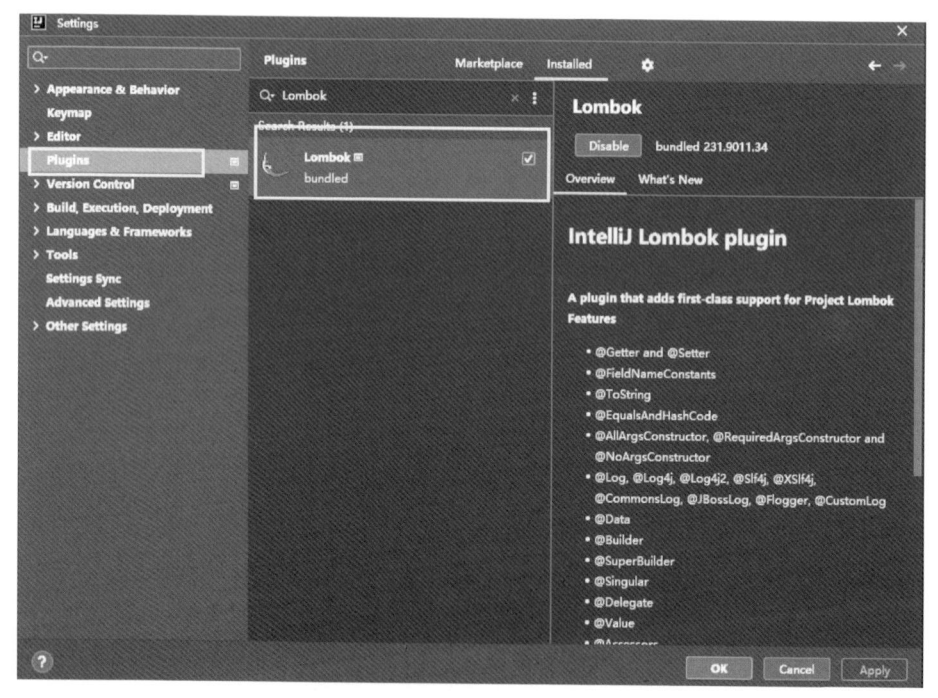

▲ 圖 6-8 安裝 Lombok 外掛程式

從外掛程式介紹中可以看到支援哪些註解，在專案開發中會經常使用這些註解。引入 Lombok 相依，在父模組的 pom.xml 檔案中增加相依配置，程式如下：

```xml
<dependency>
   <groupId>org.projectlombok</groupId>
   <artifactId>lombok</artifactId>
   <scope>provided</scope>
</dependency>
```

在 ErrorCodeEnum 列舉類別中匯入 AllArgsConstructor 和 Getter 這兩個套件，然後就可以正常使用了，這兩個註解有什麼作用？

(1) @Getter 註解會自動生成 getter 方法。

(2) @AllArgsConstructor 註解會自動生成包含所有欄位的建構函數。

6.2.4 異常處理

在開發應用程式的過程中，經常會遇到各種異常情況，如資料庫連接異常、網路請求異常、業務邏輯異常等。為了提高應用程式的穩定性和使用者體驗，需要對這些異常進行統一處理。

1. 自訂異常

異常處理類別主要簡化在應用程式中拋出例外並記錄錯誤碼的過程，在 library-common 子模組中建立一個處理異常的 exception 套件，然後在套件中增加自訂類別 BaseException，部分程式如下：

```java
// 第 6 章 /library/library-common/exception/BaseException.java
public class BaseException extends RuntimeException {
    private static final long serialVersionUID = 1L;
    private Integer code;
    public BaseException() {
    }
    public BaseException(Integer code, String message) {
        super(message);
        this.code = code;
    }
    public BaseException(ErrorCodeEnum errorCodeEnum) {
        super(errorCodeEnum.getDesc());
        this.code = errorCodeEnum.getCode();
    }
    public BaseException(Integer code, String message, Throwable cause) {
        super(message, cause);
        this.code = code;
```

```
    }
    public BaseException(String defaultMessage) {
        super(defaultMessage);
    }
    public Integer getCode() {
        return this.code;
    }
    public void setCode(final Integer code) {
        this.code = code;
    }
    @Override
    public String toString() {
        return "BaseException(code=" + this.getCode() + ")";
    }
}
```

2. 全域異常處理

全域異常處理是一種應用程式中的機制，它旨在捕捉應用程式中發生的所有異常，並進行一致處理，以提高應用程式的可靠性和使用者體驗。在定義異常處理類別時涉及兩個註解：@ControllerAdvice 和 @ExceptionHandler，其中 @ControllerAdvice 會攔截標注有 @Controller 的所有控制類別；@ExceptionHandler 可以作為異常處理的方法，設置 value 值，例如 @ExceptionHandler(value=BaseException.class)，表示只要異常是 BaseException 等級的都可以被此方法攔截。

在 exception 套件中，增加一個全域異常處理類別 GlobalExceptionHandler，程式如下：

```
// 第 6 章 /library/library-common/exception/GlobalExceptionHandler.java
@ControllerAdvice
@Log4j2
public class GlobalExceptionHandler {
    @ResponseBody
    @ExceptionHandler(value = BaseException.class)
    public Result handle(BaseException e) {
        if (e.getCode() != null) {
            return Result.error(e.getMessage());
        }
        return Result.error(e.getMessage());
    }
```

```
/**
 * 處理所有介面資料驗證異常
 */
@ExceptionHandler(value = MethodArgumentNotValidException.class)
public Result handleValidException(MethodArgumentNotValidException e) {
    BindingResult bindingResult = e.getBindingResult();
    String message = null;
    if (bindingResult.hasErrors()) {
        FieldError fieldError = bindingResult.getFieldError();
        if (fieldError != null) {
            message = fieldError.getField()+fieldError.getDefaultMessage();
        }
    }
    return Result.error(message);
}
/**
 * 處理參數校驗和自訂參數驗證
 * @param e
 * @return
 */
@ExceptionHandler(value = BindException.class)
public Result handleValidException(BindException e) {
    BindingResult bindingResult = e.getBindingResult();
    String message = null;
    if (bindingResult.hasErrors()) {
        FieldError fieldError = bindingResult.getFieldError();
        if (fieldError != null) {
            message = fieldError.getField()+fieldError.getDefaultMessage();
        }
    }
    return Result.error(message);
}
```

6.2.5 分頁功能設計與實現

當資料量太大且同時顯示在一個頁面時，不僅可能會造成記憶體溢位，還會影響使用者體驗，這時就要使用分頁功能將資料分割成多個頁面進行顯示。

1. 定義分頁類別

在介面請求中，前端通常會將兩個參數傳遞給介面，用於控制分頁、頁數和每頁展示的資料筆數。為了提高程式的可維護性和重用性，在需要分頁的介面中，可以將這兩個參數封裝成一個公共的分頁參數類別。透過繼承該分頁參數類別，介面可以輕鬆地使用這些分頁參數，實現統一的分頁邏輯。

在 library-common 子模組的 constant 套件中新建一個 BasePage 類別，預設每頁顯示 10 筆資料，當前頁為第 1 頁，程式如下：

```java
// 第 6 章 /library/library-common/constant/BasePage.java
@Data
public class BasePage implements Serializable {
    private static final long serialVersionUID = -25607961962041010092L;
    /**
     * 每頁顯示的筆數，預設為 10
     */
    protected long size = 10;
    /**
     * 當前頁
     */
    protected long current = 1;
}
```

2. 分頁外掛程式配置

MyBatis-Plus 附帶了分頁外掛程式，這裡只需簡單配置便可以實現分頁功能，在 library-common 子模組中建立一個 config 配置套件，然後新建一個分頁配置類別 MybatisPlusConfig，在配置類別中配置分頁外掛程式，程式如下：

```java
// 第 6 章 /library/library-common/config/MybatisPlusConfig.java
@Configuration
public class MybatisPlusConfig {
    /**
     * 增加分頁外掛程式
     */
    @Bean
    public MybatisPlusInterceptor mybatisPlusInterceptor(){
        //MybatisPlusInterceptor 物件，配置了兩個內部攔截器： 分頁攔截器和樂觀鎖攔截器
        MybatisPlusInterceptor interceptor = new MybatisPlusInterceptor();
        //MyBatis-Plus 提供的分頁外掛程式，用於處理分頁查詢的邏輯
        PaginationInnerInterceptor innerInterceptor=new PaginationInnerInterceptor();
        // 資料庫類型為 MySQL
        innerInterceptor.setDbType(DbType.MYSQL);
        // 啟用溢位處理
        innerInterceptor.setOverflow(true);
        //OptimisticLockerInnerInterceptor 樂觀鎖外掛程式，用於實現樂觀鎖功能
```

```
            interceptor.addInnerInterceptor(new OptimisticLockerInnerInterceptor());
            interceptor.addInnerInterceptor(innerInterceptor);
            return interceptor;
        }
    }
```

3. 分頁資料轉換工具

專案介面返給前端的資料物件類別名稱統一為 VO 格式，這就涉及了物件轉換，在分頁介面中將查詢出的實體類別資料轉為 VO 格式的物件並輸出給前端時，可以使用一個轉換工具執行這個轉換過程。這有助將內部的實體類別結構與對外輸出的 VO 結構分離，保持了程式的清晰性和可維護性。

在 library-common 子模組中建立一個 util 工具套件，建立一個 PageCovertUtil 轉換類別，程式如下：

```java
// 第 6 章 /library/library-common/util/PageCovertUtil.java
public class PageCovertUtil {
    /**
     * 將 PageInfo 物件泛型中的 Po 物件轉為 Vo 物件
     *
     * @param pageInfo PageInfo<Po> 物件 </>
     * @param <V>      V 類型
     * @return
     */
    public static <P, V> IPage<V> pageVoCovert(IPage<P> pageInfo, Class<V> v) {
        try {
            if (pageInfo != null) {
                IPage<V> page = new Page<>(pageInfo.getCurrent(), pageInfo.getSize());
                page.setTotal(pageInfo.getTotal());
                List<P> records = pageInfo.getRecords();
                List<V> list = new ArrayList<>();
                for (P record : records) {
                    if (record != null) {
                        V newV = v.newInstance();
                        BeanUtil.copyProperties(record, newV);
                        list.add(newV);
                    }
                }
                page.setRecords(list);
                page.setTotal(pageInfo.getTotal());
                return page;
            }
        } catch (Exception e) {
```

```
            e.printStackTrace();
        }
        return null;
    }
}
```

在上述程式中使用了 Hutool 工具套件中的 BeanUtil.copyProperties 方法實現物件屬性的複製，從而將原物件的資料複製到新的物件中。

引入 Hutool 相依之前，先在父模組的 pom.xml 檔案中宣告 Hutool 相依版本資訊，然後增加該相依，程式如下：

```
// 第 6 章 /library/pom.xml
<properties>
<hutool.version>5.8.11</hutool.version>
</properties>

<!-- 增加 Hutool 相依 -->
<dependency>
    <groupId>cn.hutool</groupId>
    <artifactId>hutool-all</artifactId>
</dependency>

<!-- 宣告 Hutool 版本 -->
<dependency>
    <groupId>cn.hutool</groupId>
    <artifactId>hutool-all</artifactId>
    <version>${hutool.version}</version>
</dependency>
```

6.3 整合 EasyCode 程式生成工具

在專案的日常開發中，大部分時間花費在撰寫基礎的增、刪、改、查 (CRUD) 程式。這些重複性任務消耗了大量開發時間。為了提高開發效率，本專案使用程式生成器工具，能夠快速地生成標準的程式範本，從而減少手動撰寫重複程式的工作量。這不僅提高了開發速度，還確保了專案的程式風格和結構的一致性。

6.3.1 EasyCode 簡介

EasyCode 是基於 IntelliJ IDEA Ultimate 版本開發的程式生成外掛程式，支援自訂任意範本 (Java、html、js、xml)，它的初衷就是為了提高開發人員的開發效率，可直接對資料的資料表生成 Entity、Controller、Service、Dao、Mapper。不再去手動建立每個實體類別和 service 層及控制層等，理論上來講只要是與資料有關的程式都可以生成。

EasyCode 的特點和功能有以下幾點。

(1) EasyCode 提供了多種程式範本，可以根據專案需求快速生成常見的程式。舉例來說，建立實體類別、生成 CRUD（增、刪、改、查）操作及生成 Spring Boot 專案結構等。

(2) 可以根據資料庫資料表的結構，生成對應的 Java 類別和 SQL 敘述。

(3) 支援自動生成方法、註釋、屬性等，減少手動撰寫工作。

(4) 可以建立自訂程式範本，以滿足專案特定的需求。

(5) 支援多種程式語言。

6.3.2 安裝 EasyCode 外掛程式

開啟 IDEA 開發工具，在 Plugins 中搜索 EasyCode 外掛程式，點擊 Install 按鈕，等待安裝完成，點擊 OK 按鈕，然後重新啟動 IDEA 該外掛程式才能生效，如圖 6-9 所示。

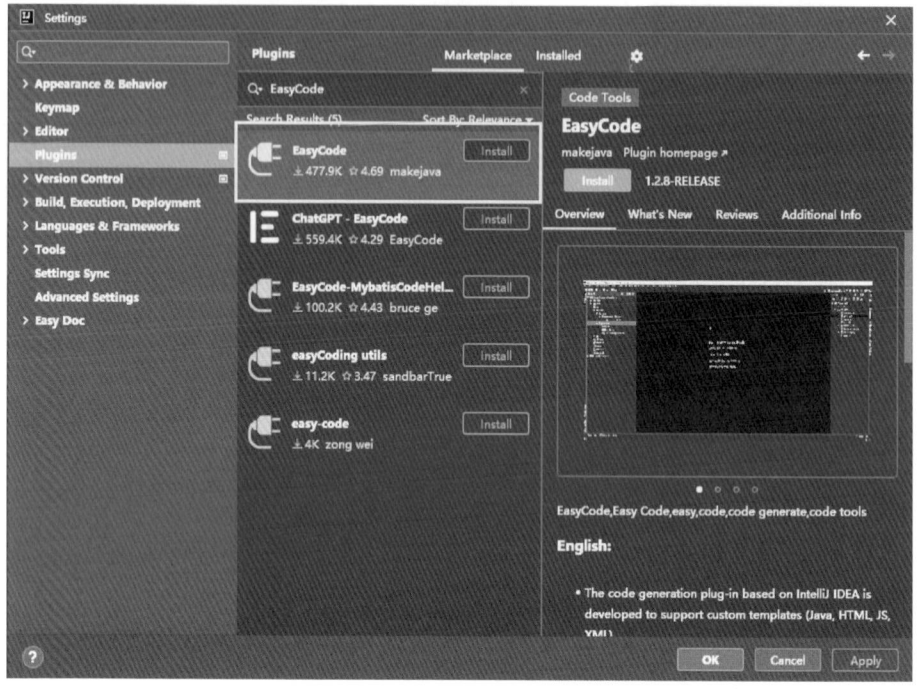

▲ 圖 6-9 安裝 EasyCode 外掛程式

6.3.3 配置資料來源

如果使用 EasyCode 就需要 IDEA 附帶的資料庫工具來配置資料來源，IDEA 連接 MySQL 資料庫則可以分為以下幾個步驟來操作。

(1) 在 IDEA 工具的最右側，如果點擊 Database 標籤，則可展開建立資料庫連接視窗。在資料庫連接視窗的左上角，點擊「+」按鈕，增加一個新的 MySQL 資料庫連接，如圖 6-10 所示。

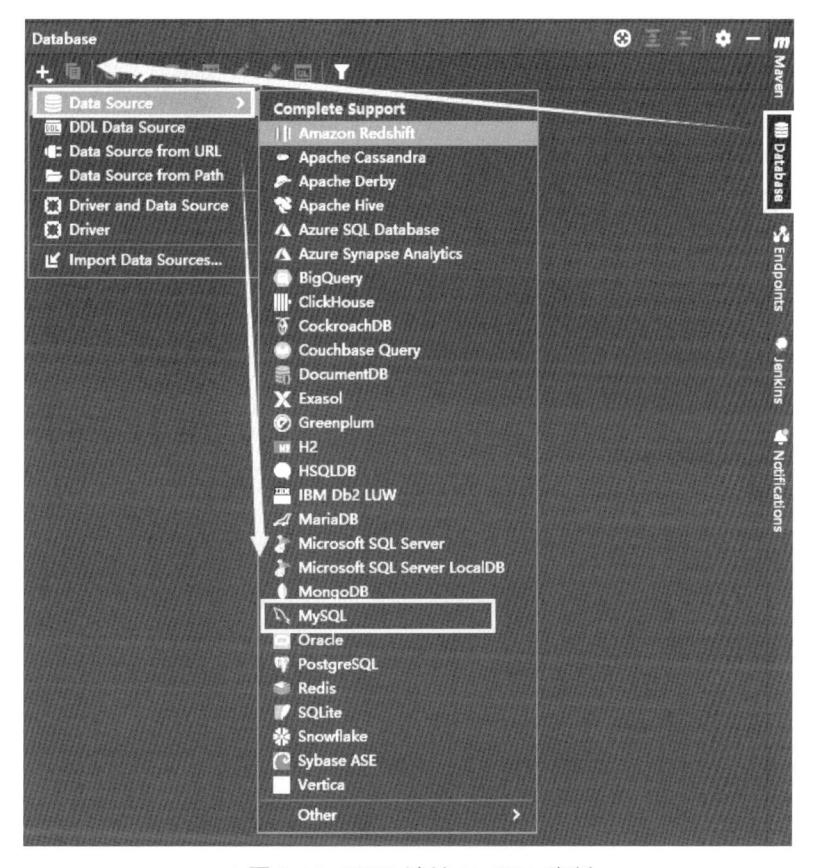

▲ 圖 6-10　IDEA 連接 MySQL 資料

(2) 點擊 MySQL 按鈕，填寫資料庫連接配置資訊。

- Host(主機名稱): MySQL 伺服器的主機名稱或 IP 位址。
- Port(通訊埠編號): MySQL 伺服器的通訊埠編號，預設為 3306。
- Database(資料庫名稱): 要連接的資料庫名稱。
- User(使用者名稱): 連接到資料庫的使用者名稱。
- Password(密碼): 連接到資料庫的密碼。

填寫完成後，點擊左下角的 Test Connection 按鈕，對連接進行測試，如果連接成功，則會顯示 Succeeded 提示，然後點擊 Apply 按鈕，再點擊 OK 按鈕，儲存連接配置，如圖 6-11 所示。

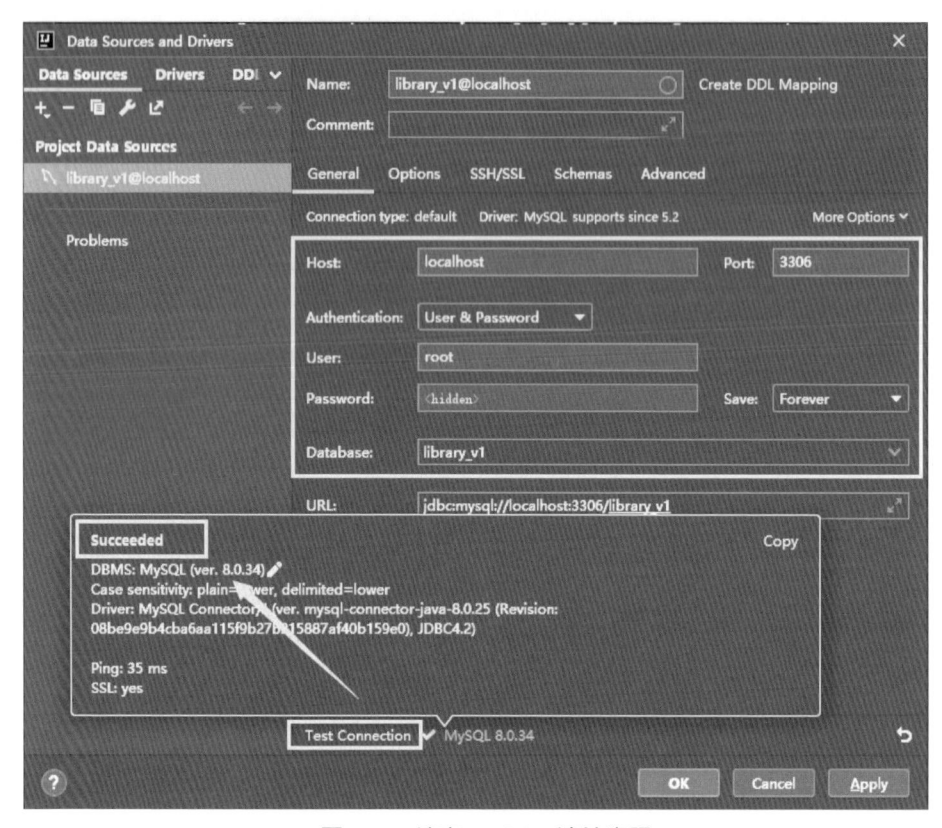

▲ 圖 6-11 填寫 MySQL 連接資訊

6.3.4 專案套件結構

套件結構是指一個專案的原始程式碼和資源檔在磁碟上的組織方式和目錄結構。在本專案中約定一個專案套件結構，以便於程式管理、編譯、打包和發佈等操作。

1. 建立使用者資料表

先建立一個操作日誌資料表，方便接下來自定義 EasyCode 範本的演示。使用以下敘述來建立資料表，程式如下：

```sql
// 第 6 章 /library/db/init.sql
CREATE TABLE `lib_operation_log`
(
    `id`        INT         NOT NULL PRIMARY KEY AUTO_INCREMENT COMMENT '主鍵',
```

```
    `request_ip`       VARCHAR(128)          DEFAULT NULL COMMENT 'IP 位址',
    `address`          VARCHAR(255) NULL DEFAULT '' COMMENT 'IP 來源',
    `methods`          TEXT NULL COMMENT '請求方法',
    `params`           TEXT NULL COMMENT '請求參數',
    `username`         VARCHAR(50) NOT NULL DEFAULT '' COMMENT '操作人',
    `return_value`     TEXT NULL COMMENT '傳回參數',
    `log_type`         INT           NOT NULL DEFAULT 0 COMMENT '日誌類型：預設為 0，
0：操作日誌；1：登入日誌；2：退出',
    `description`      VARCHAR(255)          DEFAULT NULL COMMENT '描述',
    `browser`          VARCHAR(255)          DEFAULT NULL COMMENT '瀏覽器',
    `create_time`      DATETIME NULL DEFAULT CURRENT_TIMESTAMP COMMENT '建立時間',
    KEY                `log_create_time_index` (`create_time`)
) ENGINE = InnoDB CHARACTER SET = utf8mb4 COLLATE = utf8mb4_general_ci ROW_FORMAT =
Dynamic
    COMMENT='操作日誌資料表';
```

為了使專案可以更進一步地管理資料表的初始化 SQL 敘述，在父模組的根目錄下建立 db 檔案，然後增加一個 init.sql 檔案，將專案所有的初始化的 SQL 放在該檔案中進行統一管理，如圖 6-12 所示。

▲圖 6-12 建立初始化 SQL 檔案

2. 目錄結構

專案套件目錄結構的標準應該使用有意義的名稱，以便快速理解其內容和功能，遵循一致的目錄結構和命名約定有助專案的可維護性。以 library-admin 子模組為例，在專案中建立不同功能的套件結構，如圖 6-13 所示。

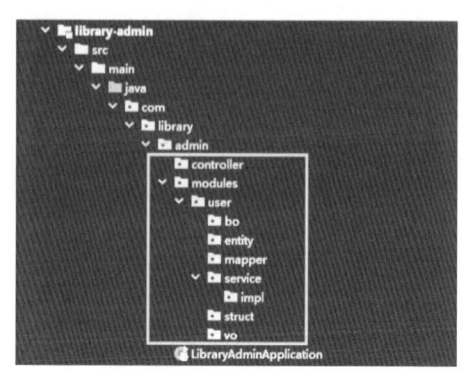

▲ 圖 6-13 專案套件結構

在 admin 套件下建立 controller 和 modules 兩個套件，以便更進一步地組織專案的程式。在這個結構中，controller 套件用於存放與前端介面相關的業務功能，而 modules 套件則用於存放各個業務功能的具體業務邏輯。在 modules 套件內要建立單獨功能的子套件，舉例來說，使用者功能的所有程式應該位於名為 user 的子套件內，而角色功能的程式應該位於名為 role 的子套件內。

在每個功能子套件中，舉例來說，user 套件中，可以進一步劃分不同類別的套件，以便更進一步地組織相關的程式。以下是 user 範例的目錄結構。

(1) bo 套件存放一些傳入參數的物件，這裡主要針對前端以 JSON 格式傳來的資料參數。

(2) entity 套件存放實體類別。

(3) mapper 目錄用於存放資料存取層程式，它充當了業務邏輯和資料庫之間的介面，負責資料的存取和操作。在使用 MyBatis-Plus 框架時，其優勢在於無須為每個資料庫操作寫入獨立的方法，只需繼承相應的 Mapper 介面。但要注意，在專案的啟動類別中需要使用 @MapperScan 註解來掃描並開啟對 mapper 套件的掃描。

(4) service 為服務層，簡單的理解就是對一個或多個 mapper 進行再次封裝，封裝成一個功能服務介面。

(5) impl 套件存放的是服務層的業務實現類別，業務的所有程式都應該在該類別中實現。透過繼承業務介面實現業務層的功能，其好處在於封裝 service 層的業務邏輯有利於業務邏輯的獨立性和重複利用性。

(6) struct 套件存放物件相互轉換實現類別，使用了 MapStruct 的程式生成器，它基於約定優於配置的方法，極大地簡化了 Java Bean 類型之間的映射實現。

(7) vo 套件為視圖層，其作用是將前端所要展示的資料封裝起來，通常用於業務層之間的資料傳遞等。

(8) mapper 目錄存放在 resource 下，可撰寫獨立的 XML 檔案來配置 SQL 映射，雖然在使用 MyBatis-Plus 時通常不需要撰寫，因為它支援使用註解或介面方法的命名規則來自動生成 SQL 查詢，所以可以省掉撰寫獨立 XML 檔案的步驟。

6.3.5 自訂 EasyCode 範本

根據專案的套件結構，由於 EasyCode 附帶的程式範本無法滿足專案的需求，所以要自訂 EasyCode 程式生成的範本。

那麼在哪裡撰寫範本程式呢？開啟 IDEA 開發工具，選擇 File → Settings → Other Settings 功能表選項，點擊 EasyCode 選項，這樣就可以看到範本匯出、匯入操作，以及設置作者名稱等操作，如圖 6-14 所示。

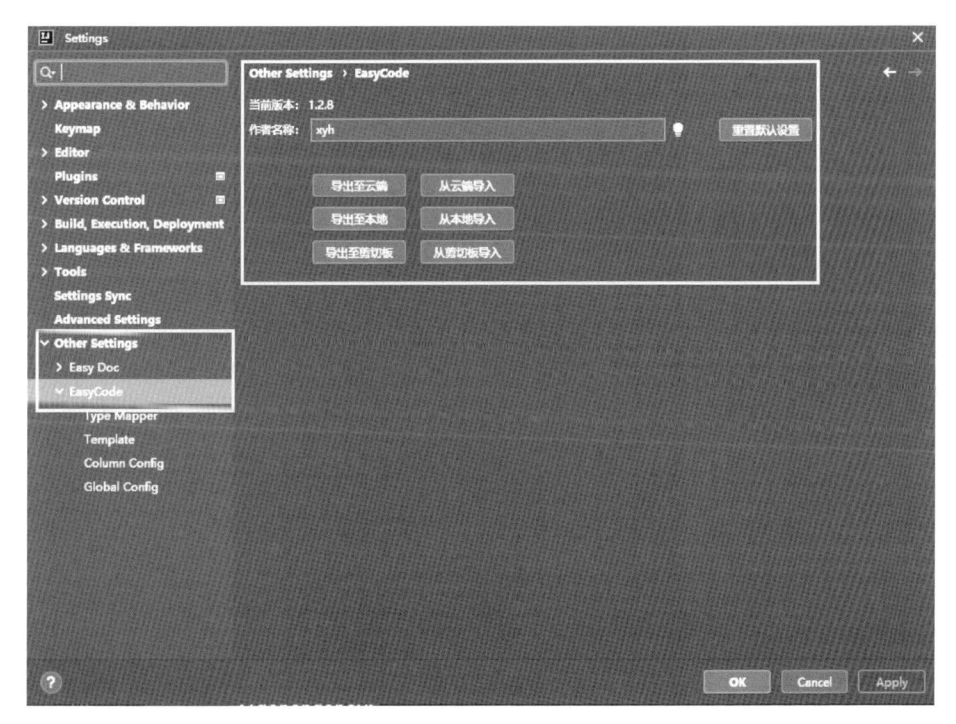

▲ 圖 6-14 EasyCode 外掛程式

1. EasyCode 選單功能介紹

在左側選單 EasyCode 目錄下有 4 個子功能表，具體功能如下：

(1) Type Mapper 是生成 mapper.xml 檔案中資料庫中的欄位和 Java 中程式的欄位及生成 MyBatis 資料之間的類型轉換。最常見的就是 Java 中的屬性 property、資料庫中的列名稱 column 資料型態之間的轉換 jdbcType。

(2) Template 是最核心的內容，可在這裡修改或自訂範本。Default 的預設形式是 MyBatis，如果使用 MyBatis-Plus，則可以選擇 MyBatis-Plus 自動生成相應程式。

(3) Column Config 用來對佇列進行相關配置，這裡預設就好，無須改動。

(4) Global Config 是全域配置，主要配置相關套件的匯入、公共功能、程式註釋等。

2. 自訂範本分組

由於沒有符合專案結構的範本，所以先建立一個獨有的 Group Name 範本分組，將專案所有的自訂範本都放在一起，方便該範本執行管理和匯出等操作，群組名稱填寫完成後，點擊 OK 按鈕，即可增加成功，如圖 6-15 所示。

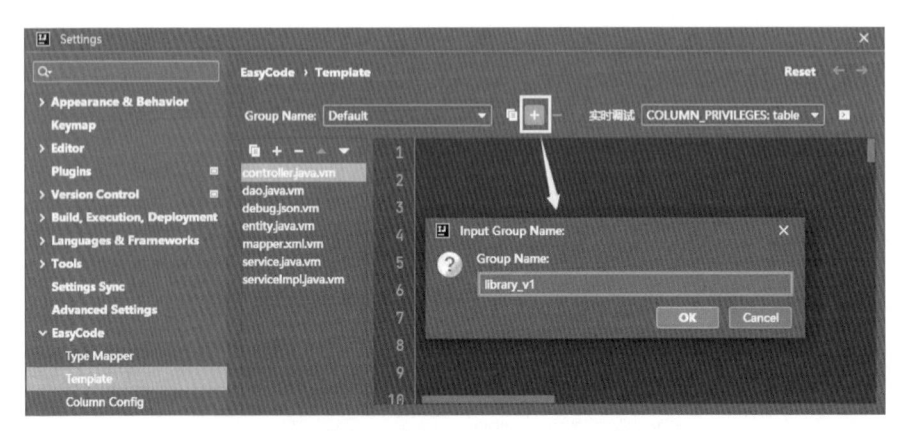

▲圖 6-15 建立 library-v1 分組

選擇 library-v1 分組，點擊「+」按鈕，建立範本，如果想要刪除範本，則可選中該範本，如果點擊「-」按鈕，則可以刪除範本。接下來新建一個生成實體類別程式的範本，如圖 6-16 所示。

6.3 整合 EasyCode 程式生成工具

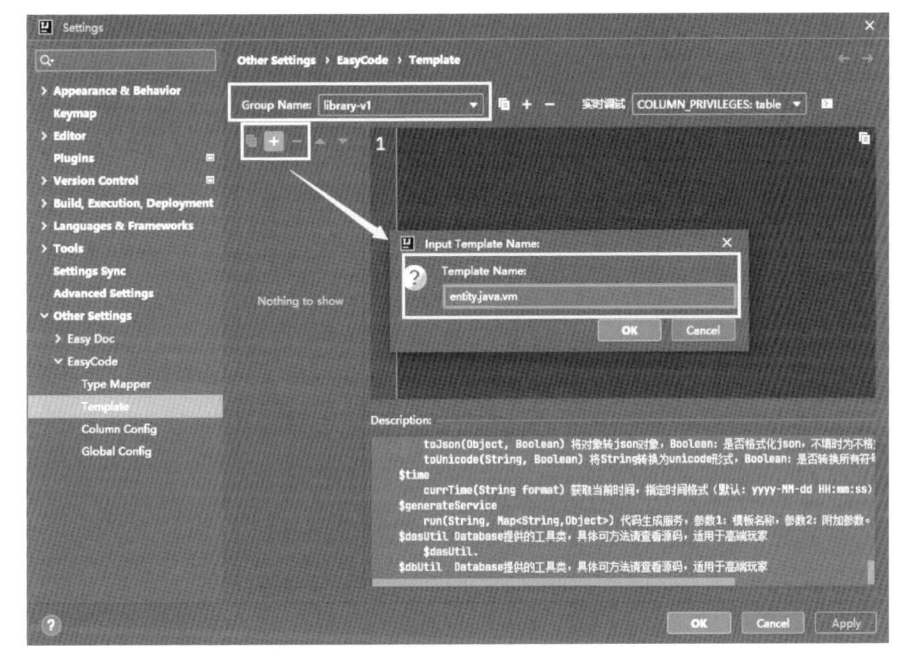

▲ 圖 6-16 建立實體類別程式範本

以生成實體類別程式的敘述為例，體驗建立程式生成範本的用法等。可以直接將以下程式複製到圖 6-16 的撰寫框中：

```
# 引入巨集定義
$!{define.vm}
# 引入巨集定義
$!{init.vm}
#set($pckPath = $tableInfo.savePath + "/modules/"
    +$tableInfo.name.toLowerCase() + "/entity")
#set($pckName = $!{tableInfo.savePackageName} + " modules." +
    $tool.firstLowerCase($tableInfo.name) + ".entity" )

# 設置回呼
$!callback.setFileName($tool.append($tableInfo.name, ".java"))
$!callback.setSavePath($pckPath)

package ${pckName.toLowerCase()};
# 使用全域變數實現預設套件匯入
$!{autoImport.vm}
import lombok.Data;
import com.baomidou.mybatisplus.annotation.TableName;
import com.baomidou.mybatisplus.annotation.TableField;
```

```
import com.fasterxml.jackson.annotation.jsonFormat;
import java.io.Serializable;

#使用巨集定義實現類別註釋資訊
#tableComment("實體類別")
@Data
@TableName(value = "$!tableInfo.obj.name")
public class $!{tableInfo.name} implements Serializable {
    @TableField(exist = false)
    private static final long serialVersionUID = $!tool.serial();

#foreach($column in $tableInfo.fullColumn)
    #if(${column.comment})/**
     * ${column.comment}
     */#end

    #if($!{tool.getClsNameByFullName($column.type)} == "LocalDateTime")
    @JsonFormat(pattern="yyyy-MM-dd HH:mm:ss")
    #end
    #if($!{tool.getClsNameByFullName($column.type)} == "LocalDate")
    @JsonFormat(pattern="yyyy-MM-dd")
    #end
    private $!{tool.getClsNameByFullName($column.type)} $!{column.name};
    #end

}
```

其中，@TableName 配置資料表名稱獲取的是公共配置的資料，在 Global Config 全域配置中要去掉資料表名稱首碼，程式如下：

```
$!tableInfo.setName($tool.getClassName($tableInfo.obj.name.replaceFirst("lib_","")))
```

其他的範本程式可以參考筆者提供的範本檔案，檔案會放在原始程式碼的 db 下的 EasyCode 目錄中，可直接將範本匯入 IDEA 中，完整的範本目錄如圖 6-17 所示。

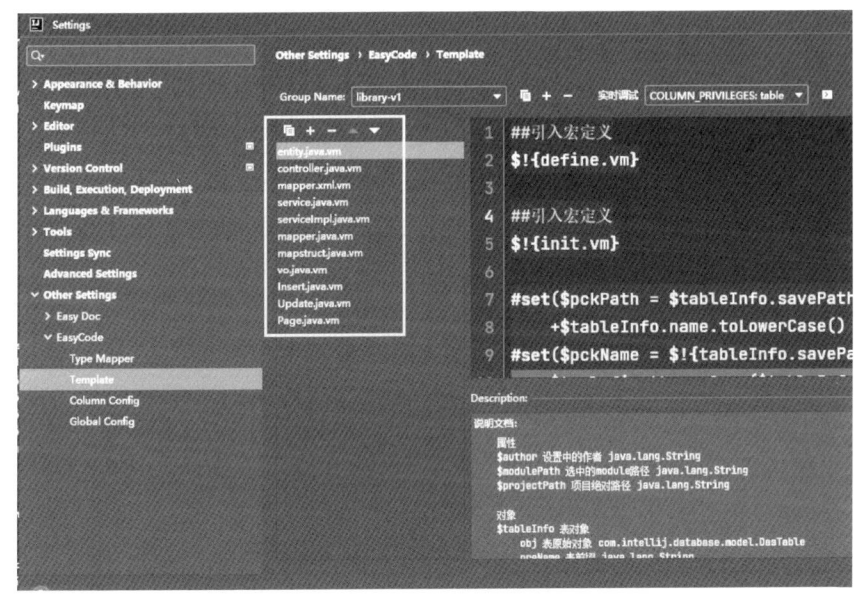

▲ 圖 6-17 EasyCode 自訂範本目錄

3. 程式生成測試

範本建立完成後，使用建立的範本來生成程式，看是否可以按照自訂的專案目錄結構的要求生成相關程式。開啟 IDEA 右側導覽列中的 Database 選單，選擇 library_v1 資料庫，然後按右鍵 lib_operation_log 資料表，點擊 EasyCode 下的 Generate Code 選項，如圖 6-18 所示。

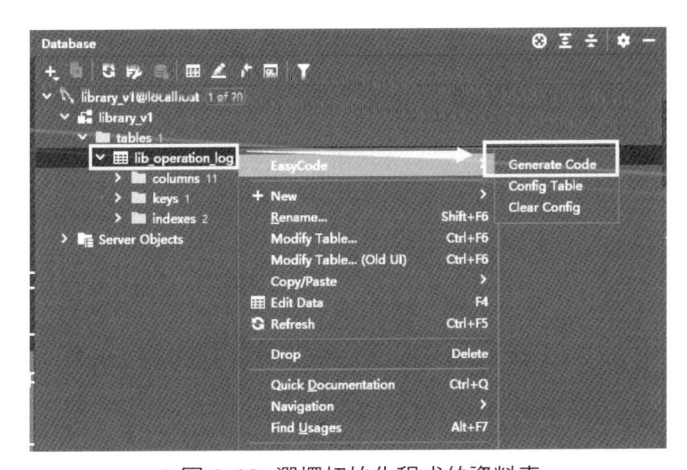

▲ 圖 6-18 選擇初始化程式的資料表

選擇完後，會跳出一個彈窗，然後選擇程式生成的 Module(模組)，也就是選擇要生成在哪個專案模組中，接著選擇生成套件位址、使用生成程式的範本群組及執行哪些範本等操作。現在先將程式生成在 library-admin 子模組中，如圖 6-19 所示。

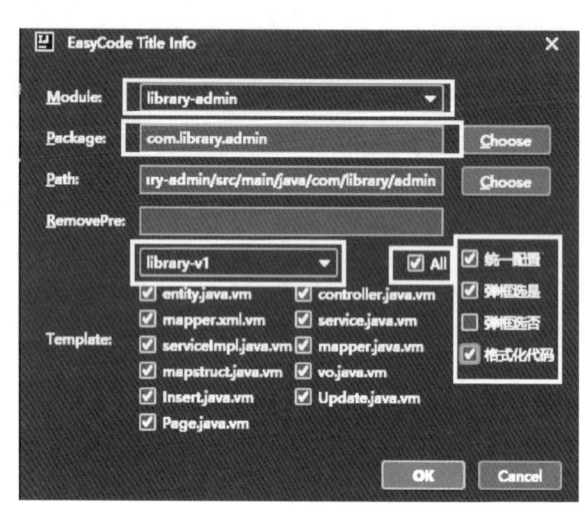

▲圖 6-19 選擇範本生成程式

4. 相依套件增加

等待程式生成完後，先查看生成的目錄結構是否正確，如果生成正確，則接下來開啟 controller 套件中的 OperationLogController 類別，查看程式中是否有錯誤，這時會發現 @Valid 註解顯示出錯，@Valid 註解顯示出錯是由於沒有增加相關的相依，它主要用來驗證前端傳來的參數。開啟父模組的 pom.xml 檔案增加相依，程式如下：

```
<dependency>
<groupId>org.springframework.boot</groupId>
<artifactId>spring-boot-starter-validation</artifactId>
</dependency>
```

開啟 struct 套件中的 OperationLogStructMapper 類別，@Mapper 註解會顯示出錯，錯誤原因是沒有增加 mapstruct 相關相依，在父模組的 pom.xml 檔案中增加相依，程式如下：

```xml
// 第 6 章 /library/pom.xml
<!-- 宣告版本 -->
<mapstruct.version>1.5.5.Final</mapstruct.version>
<!--mapStruct 相依 -->
<dependency>
    <groupId>org.mapstruct</groupId>
    <artifactId>mapstruct</artifactId>
    <version>${mapstruct.version}</version>
</dependency>
<dependency>
    <groupId>org.mapstruct</groupId>
    <artifactId>mapstruct-processor</artifactId>
    <version>${mapstruct.version}</version>
    <scope>provided</scope>
</dependency>
```

增加完成，刷新一下 Maven 即可引入相依。到此還有 Mapper 介面的掃描沒有增加，否則不能將其交給 Spring 容器管理。在前面的章節中提過一個註解 @MapperScan，將該註解放在 Spring Boot 應用的配置類別上，在啟動類別上用於指定 Mapper 介面所在的套件，程式如下：

```
@MapperScan("com.library.**.mapper")
```

同時也修改一下 @Spring BootApplication 註解掃描的路徑，預設為掃描主程式所在的套件及所有子套件內的元件，現在改為掃描 com.library 套件及其子套件中的所有組件，程式如下：

```
@Spring BootApplication(scanBasePackages = {"com.library.*"})
```

增加完成後，啟動專案，如果專案啟動成功，則說明目前配置的相關資訊和程式增加操作成功。

本章小結

本章內容包括專案資料庫的建立、Spring Boot 與 MySQL 的連接操作及 MySQL 監控管理的整合。同時還增加了專案通用的介面傳回類別、錯誤碼列舉及分頁管理的配置以提升專案的可維護性。最重要的是整合了 EasyCode 程式自動生成工具，只需幾步操作就可以生成基礎的 CRUD 程式，在專案開發中，可以節省大量的開發時間。

第 7 章
介面文件設計及使用者功能開發

　　介面文件主要詳細描述了一個軟體系統、應用程式或服務中的各種介面(API、使用者介面等)。介面文件的主要目的是提供給其他開發人員、使用者有關如何與該專案進行互動的資訊，重點是為了和前端開發人員對接資料介面、前後端快速聯調以提高開發效率。

7.1 Apifox 的介紹與應用

　　本專案使用 Apifox 作為介面管理的工具，根據官方介紹，Apifox 是集 API 文件、API 偵錯、API Mock、API 自動化測試多項實用功能為一體的 API 管理平臺，定位為 Postman+Swagger+Mock+JMeter。旨在透過一套系統和一份資料，解決多個工具之間的資料同步問題。

7.1.1 Apifox 簡介

　　透過一套系統和一份資料，可以輕鬆地解決多個系統之間的資料同步問題。只需一次定義介面文件，介面偵錯、資料模擬、介面測試均可直接使用，無須再次完成冗長的定義工作。介面文件和介面開發偵錯使用同一個工具，確保介面偵錯完成後與介面文件完全一致。這樣，可以實現高效、及時、準確的協作，提高開發和測試的效率。

　　如果是企業開發專案，則使用 Apifox 作為介面文件管理，並且對介面的保密和安全性很高，建議使用私有化部署，防止介面的洩露，保護資料的安全。

7.1.2　Apifox 核心功能

Apifox 解決了很多介面管理的痛點問題，以下總結了 7 個核心功能，使更加深入地學習 Apifox 的強大和為什麼選擇它作為本專案的理由。

(1) 介面文件管理。

(2) 介面偵錯，在開發或測試階段針對介面發起測試請求，快速定位和修改程式中的問題。

(3) 介面資料 Mock，這個功能在開發中佔據很重要的位置，一般前後端分離的專案，前端在大部分情況下會相依於後端資料介面，在後端還沒完成介面之前，前端只能等待介面完成才能開發，現在可以使用 Mock 工具模擬資料後，前後端可以同步進入開發，提升團隊研發效率。

(4) 自動化測試，Apifox 提供了多個介面，可以將它們組合在一起，測試一個完整的業務流程，完成自動化測試工作。

(5) 雲端團隊協作。

(6) 資料匯入和匯出。

(7) 自動程式生成。

7.1.3　Apifox 的選用

官方提供了兩種使用 Apifox 的方式，一種是下載用戶端的方式；另一種是 Web 版的方式，本專案選用的是 Web 版方式，無須安裝軟體，就可以使用。在瀏覽器中輸入 https://apifox.com/，在首頁點擊「使用 Web 版」按鈕，跳躍到 Web 版本中，如圖 7-1 所示。

▲ 圖 7-1　Apifox 官網介面

7.2　專案介面文件管理

進入 Apifox 的 Web 版中，在「我的團隊」選單下新建一個團隊，點擊「新建團隊」按鈕，舉例來說，筆者新建了一個名為 libraryTeam 的團隊，在該團隊下，新建一個專案，點擊右上角的「新建專案」按鈕，建立一個名為 library-api 的專案，如圖 7-2 所示。

▲ 圖 7-2　新建介面文件專案

然後點擊該專案，進入專案管理介面，在這裡可以新建介面、資料模型、自動化測試等操作，如圖 7-3 所示。

▲ 圖 7-3 介面管理

7.3 使用者功能開發

在專案開發中，使用者功能佔據了至關重要的地位，涉及個人資訊的安全、使用者身份驗證、網站登入等各多個關鍵方面，因此，首要任務是開發基礎的使用者功能，同時結合 Apifox 設計使用者的介面文件，並進行介面的測試等操作。

7.3.1 建立使用者資料表

設計使用者建立資料表的敘述，並在 Navicat 工具中執行 MySQL 建資料表語句，程式如下：

```sql
// 第 7 章 /library/db/init.sql
DROP TABLE IF EXISTS `lib_user`;
CREATE TABLE `lib_user`
(
    `id`          INT(11) NOT NULL AUTO_INCREMENT COMMENT '使用者 ID',
    `real_name`   VARCHAR(100) NOT NULL COMMENT '使用者姓名',
    `username`    VARCHAR(100) NOT NULL COMMENT '使用者帳號',
    `password`    VARCHAR(100) NOT NULL COMMENT '密碼',
    `email`       VARCHAR(100) DEFAULT '' COMMENT '使用者電子郵件',
    `phone`       BIGINT(11) NOT NULL COMMENT '手機號碼',
    `sex`         INT NOT NULL DEFAULT 0 COMMENT '使用者性別 (0：男；1：女；2：未知)',
    `avatar`      VARCHAR(500) DEFAULT '' COMMENT '圖示位址',
    `status`      INT DEFAULT 0 COMMENT '帳號狀態 (0：正常；1：停用)',
```

```
    `role_ids`         VARCHAR(255) NOT NULL COMMENT '使用者角色，例如 1、2、3',
    `login_date`       DATETIMEDEFAULT NULL COMMENT '最後登入時間',
    `create_time`      DATETIMENOT NULL DEFAULT CURRENT_TIMESTAMP COMMENT '建立時間',
    `update_time`      DATETIMENOT NULL DEFAULT CURRENT_TIMESTAMP ON UPDATE CURRENT_
TIMESTAMP COMMENT '修改時間',
    `last_password_reset_time` DATETIME DEFAULT NULL COMMENT '最後修改密碼的日期',
    `remark`           VARCHAR(500)DEFAULT NULL COMMENT '備註',
    `job_number`       VARCHAR(50)NOT NULL COMMENT '使用者編號',
    `balance`          DECIMAL(10, 2) NOT NULL DEFAULT 0.00 COMMENT '餘額',
    `introduction`     TEXT NULL COMMENT '個人簡介',
    `address`          VARCHAR(500)DEFAULT NULL COMMENT '所在地區',
    PRIMARY KEY (`id`) USING BTREE
) ENGINE = InnoDB CHARACTER SET = utf8mb4 COLLATE = utf8mb4_general_ci ROW_FORMAT =
Dynamic
    COMMENT='使用者資料表';
```

7.3.2 初始化使用者程式

使用者資料表已經建立完成，然後使用 EasyCode 生成使用者基礎程式，與之前生成日誌資料表的操作一樣 (這裡要將 6.3 節演示的日誌資料表生成的程式刪除)，模組選擇的是 library-admin，如圖 7-4 所示。

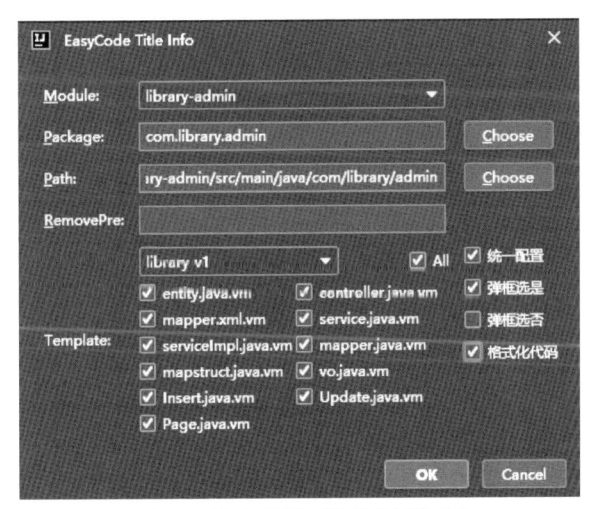

▲ 圖 7-4　生成使用者資料表基礎程式

在生成的過程中，如果有 Add File to Git 視窗彈出，則可以直接點擊 Add 按鈕，增加到 Git 中，如圖 7-5 所示。

▲ 圖 7-5　增加到 Git

如果不增加到 Git 中，則在提交程式時會發現沒有可提交的程式檔案，首先按右鍵需要提交的程式檔案，然後選擇 Git → Add 選項，點擊 Add 即可增加到 Git 中，如圖 7-6 所示。

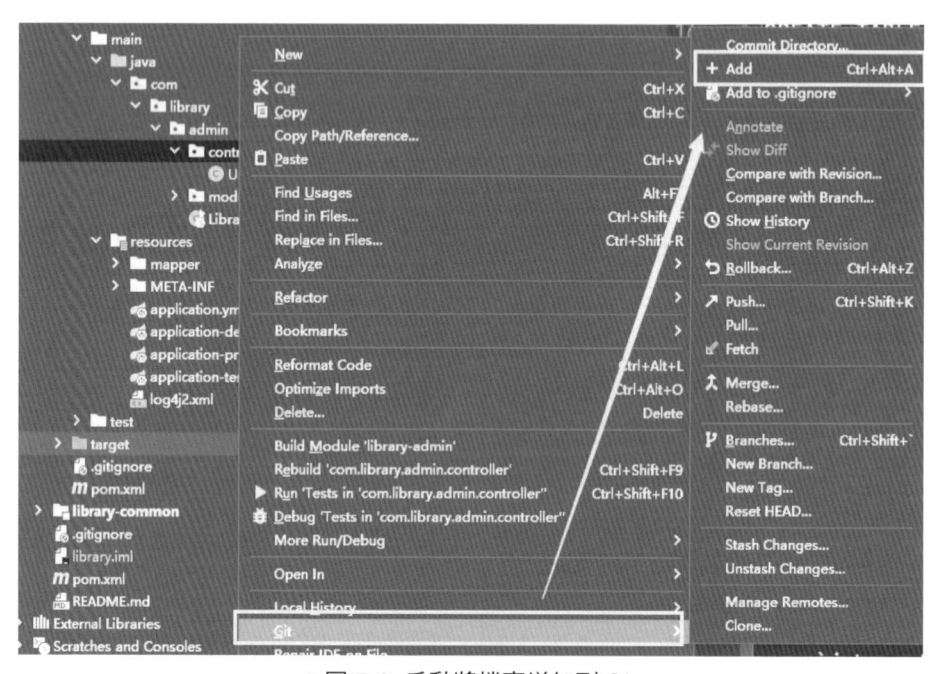

▲ 圖 7-6　手動將檔案增加到 Git

7.3.3　使用者介面文件設計及測試

使用者程式初始化完成後，啟動專案，以確保專案可以正常執行。

1. 建立專案介面文件

開啟 Apifox 網頁版，在介面的根目錄中增加子目錄，選擇「增加子目錄」，如圖 7-7(a) 所示，然後將名稱填寫為系統管理，將父級目錄填寫為根目錄，點擊「確定」按鈕，如圖 7-7(b) 所示。

(a) 添加子目錄　　　　　　　　　(b) 新建目錄
▲ 圖 7-7　建立系統管理目錄

然後在系統管理中新建一個使用者管理的子目錄，用來存放使用者功能的介面，層次分明，方便介面的管理，如圖 7-8 所示。

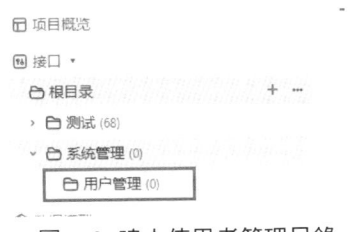

▲ 圖 7-8　建立使用者管理目錄

2. 使用者分頁查詢介面

在使用者管理目錄上，點擊「+」增加介面，然後右側就會出現新建介面的介面，可以選擇介面請求的方式，舉例來說，GET、POST、PUT 等，如果使用過 Postman，則可知建立介面的方式和 Postman 建立的方式基本上一致，請求參數在 Params 中增加，舉例來說，分頁參數、查詢準則參數等，如圖 7-9 所示。

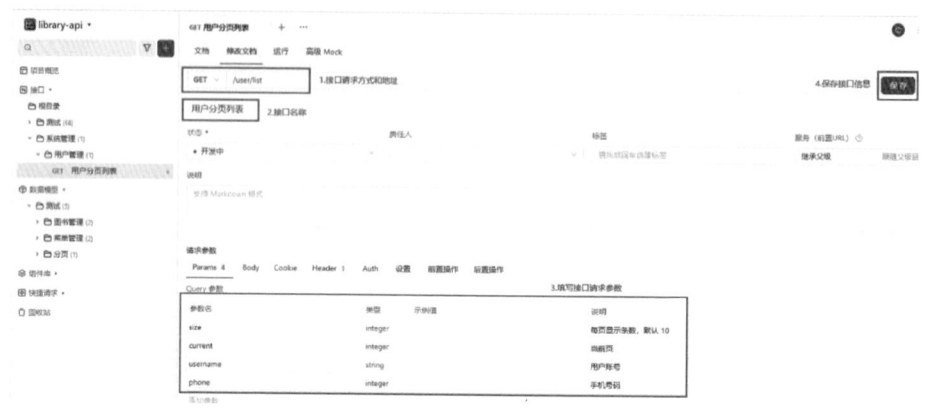

▲ 圖 7-9 建立使用者分頁查詢介面（1）

在建立介面的介面中，點擊右上角的環境管理，預設的是開發環境，這裡要修改介面的位址。先來修改開發環境的預設服務地址，舉例來說，本專案的後端網址為 http://localhost: 8081/api/library，增加完成後，點擊「儲存」按鈕，如圖 7-10 所示。

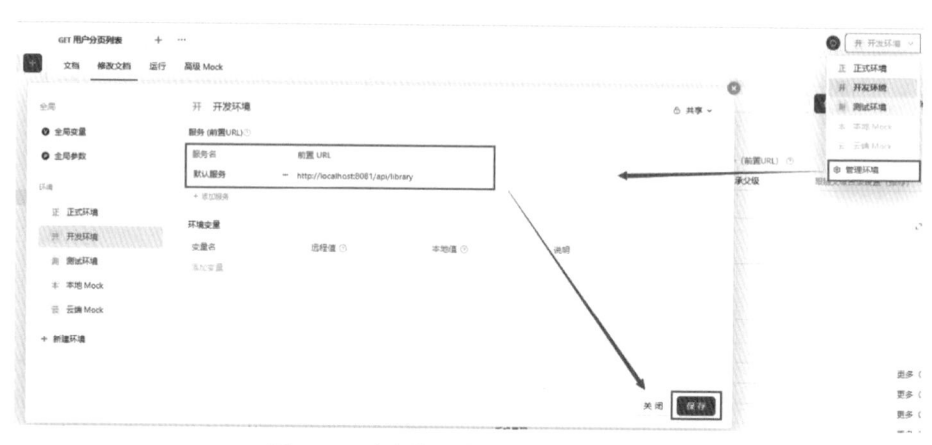

▲ 圖 7-10 建立使用者分頁查詢介面（2）

3. 測試使用者分頁查詢

選擇開發環境，然後在介面的右上角點擊「執行」按鈕，檢查請求的參數和後端介面的參數是否保持一致，其中 size 和 current 兩個參數是必填項，點擊「發送」按鈕發送請求，如圖 7-11 所示。

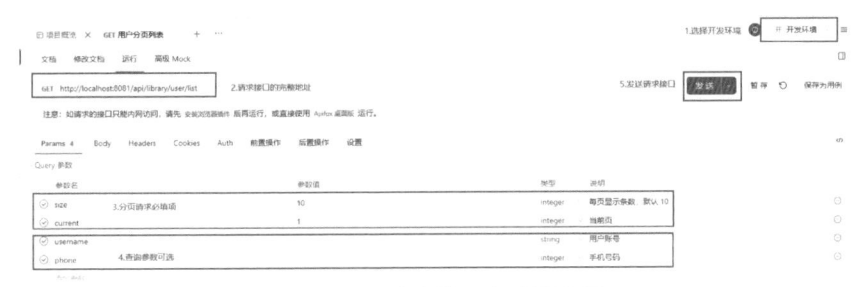

▲ 圖 7-11 請求使用者分頁介面

請求介面後，可能會報 Agent 錯誤，無法請求內網位址，如果是用戶端，則沒有這個問題，Web 版的官方舉出了解決辦法，即需要安裝瀏覽器外掛程式，說明文件的網址為 https://apifox.com/help/app/web/browser-extension，增加完成後，然後請求介面即可，如圖 7-12 所示。

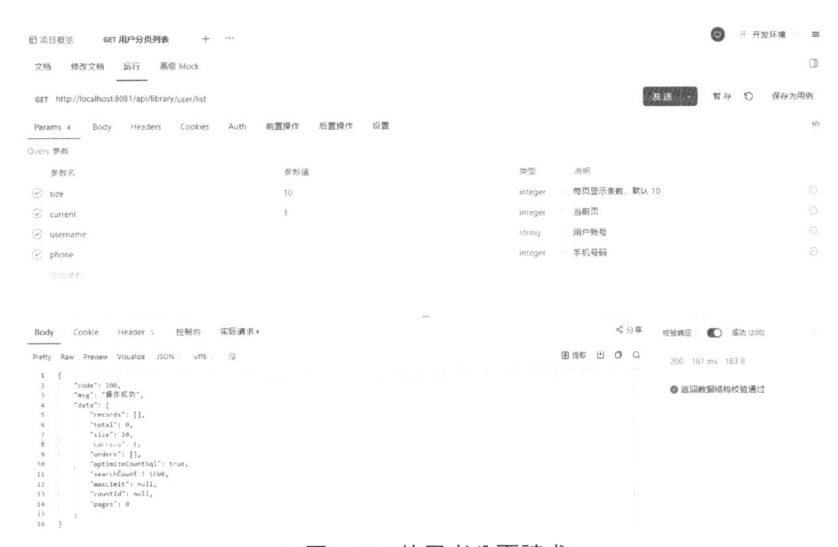

▲ 圖 7-12 使用者分頁請求

本章小結

本章主要介紹了 Apifox 的各項功能的使用，然後使用 Apifox 建立本專案的介面文件管理，並對使用者功能進行了資料表和程式的初始化，結合 Apifox 對其生成的介面進行測試。

第 8 章
實現圖片上傳功能

圖片上傳功能對於許多應用程式和網站來講都是至關重要的，可以增強使用者體驗、擴充功能、促進使用者互動和分享，以及支援各種應用場景，例如從社交媒體到電子商務和教育等不同領域。上傳的圖片通常需要在伺服器上進行儲存和管理，對於大型應用程式，圖片上傳的功能需要定期維護，以確保性能良好，並處理儲存和備份等方面的問題。

8.1 圖片管理實現

專案中的圖片位址將被儲存在資料庫中，頁面中使用的圖片位址全部來自資料庫中的圖片資料，以便後期進行集中管理和最佳化，提高圖片資源的可維護性和效率。此外，還要支援對圖片的控制和備份，以確保資料的完整性和安全性。

8.1.1 建立圖片管理資料表

設計圖片管理建立資料表的敘述，並在 Navicat 工具中執行 MySQL 建資料表的敘述，程式如下：

```
// 第 8 章 /library/db/init.sql
DROP TABLE IF EXISTS `lib_file`;
CREATE TABLE `lib_file`
(
    `id`                  INT(11) NOT NULL AUTO_INCREMENT COMMENT '主鍵 ID',
    `username`            VARCHAR(50) DEFAULT NULL COMMENT '使用者帳號',
    `original_filename`   VARCHAR(100) NOT NULL COMMENT '原始檔案名稱',
    `file_size`           BIGINT(20) DEFAULT NULL COMMENT '檔案大小',
    `url`                 VARCHAR(255) DEFAULT NULL COMMENT '檔案造訪網址',
    `storage_platform`    VARCHAR(50) NOT NULL COMMENT '儲存平臺',
```

```
    `base_path`           VARCHAR(256) DEFAULT NULL COMMENT '基礎儲存路徑',
    `storage_path`        VARCHAR(512) DEFAULT NULL COMMENT '儲存路徑',
    `storage_filename`    VARCHAR(255) DEFAULT NULL COMMENT '儲存檔案名稱',
    `ext`                 VARCHAR(32) DEFAULT NULL COMMENT '檔案副檔名',
    `object_type`         INT NOT NULL DEFAULT 0 COMMENT '檔案所屬物件類型,如使用者圖示',
    `file_sign`           VARCHAR(32) DEFAULT NULL COMMENT '檔案標識,唯一',
    `del_flag`            TINYINT UNSIGNED NOT NULL DEFAULT 0 COMMENT '邏輯刪除標識,1:刪除',
    `create_time`         DATETIME NOT NULL DEFAULT CURRENT_TIMESTAMP COMMENT '建立時間',
    PRIMARY KEY (`id`) USING BTREE
) ENGINE = InnoDB CHARACTER SET = utf8mb4 COLLATE = utf8mb4_general_ci ROW_FORMAT = Dynamic
    COMMENT='檔案資料表';
```

8.1.2 建立 library-system 子模組

由於專案的圖片管理功能歸屬於系統工具模組，所以需要建立一個子模組來管理系統功能的程式，該子模組主要管理郵件配置、通知公告、審核功能等業務程式。

1. 建立子模組

選中父模組檔案後按右鍵，選擇 New Module → Spring Initializr 選項，填寫建立 library-system 子模組資訊，如圖 8-1 所示。然後點擊 Next 按鈕，選擇 Spring Boot 版本 3.1.3，點擊 Create 按鈕便可建立成功，如圖 8-2 所示。

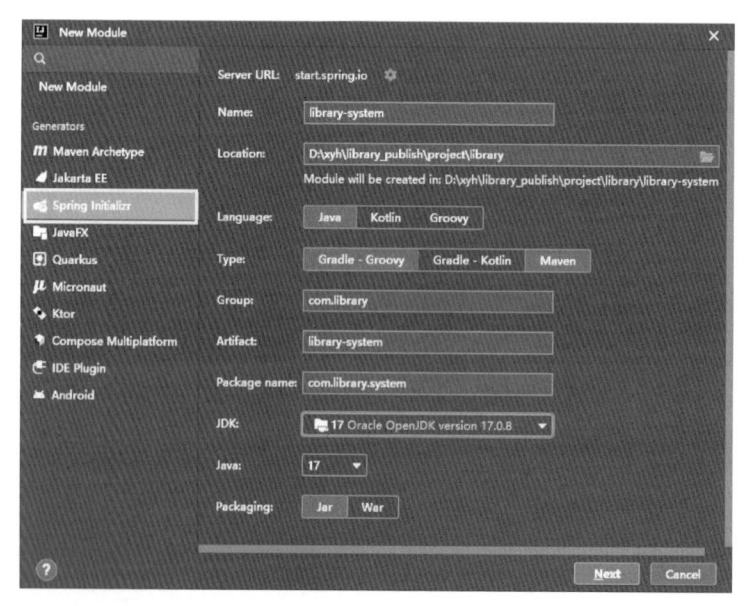

▲ 圖 8-1 新建 library-system 子模組

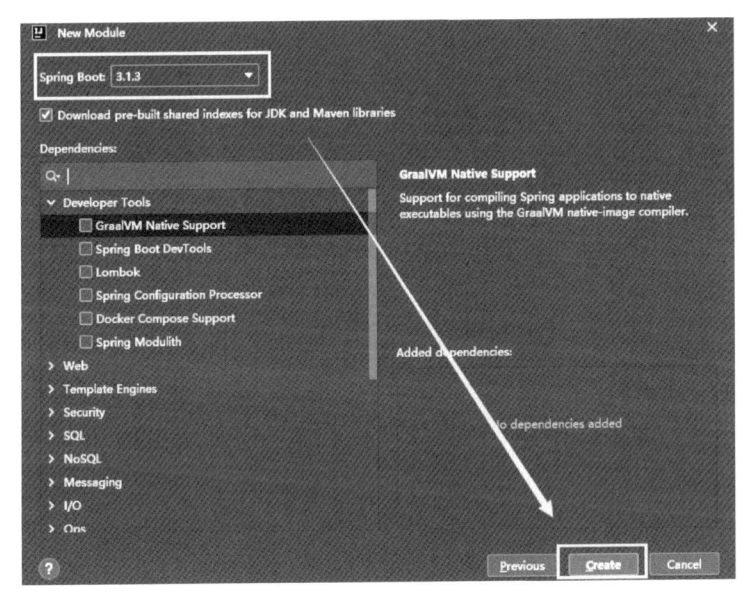

▲ 圖 8-2　選擇 Spring Boot 版本

子模組 library-system 建立完成後，刪除多餘的專案檔案，並去掉啟動類別和設定檔，如圖 8-3 所示。

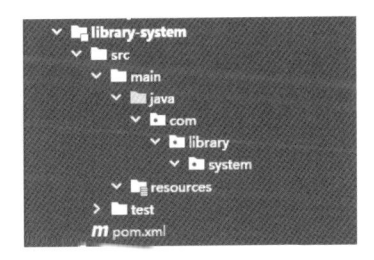

▲ 圖 8-3　library-system 目錄結構

2. 配置父子相依

開啟 library-system 子模組的 pom.xml 檔案，增加父模組並修改子模組資訊，刪除 dependencies 中所有的相依，然後引入 library-common 相依，程式如下：

```xml
// 第 8 章 /library/library-system/pom.xml
<parent>
    <groupId>com.library</groupId>
    <artifactId>library</artifactId>
    <version>0.0.1-SNAPSHOT</version>
</parent>
```

```xml
<artifactId>library-system</artifactId>
<version>0.0.1-SNAPSHOT</version>
<packaging>jar</packaging>

<name>library-system</name>
<description>系統工具模組 </description>

<dependencies>
    <dependency>
        <groupId>com.library</groupId>
        <artifactId>library-common</artifactId>
    </dependency>
</dependencies>
```

在父模組的 pom.xml 檔案的 modules 標籤中引入該模組，並在 dependencyManagement 標籤中宣告 library-system 版本資訊，程式如下：

```xml
// 第 8 章 /library/pom.xml
<!-- 子模組相依 -->
<modules>
        <module>library-admin</module>
        <module>library-common</module>
        <module>library-system</module>
</modules>

<!-- 相依宣告 -->
<dependency>
        <groupId>com.library</groupId>
        <artifactId>library-system</artifactId>
        <version>${version}</version>
</dependency>
```

8.1.3 基礎程式實現

初始化圖片管理的基礎程式，並選擇 library-system 子模組，如圖 8-4 所示。

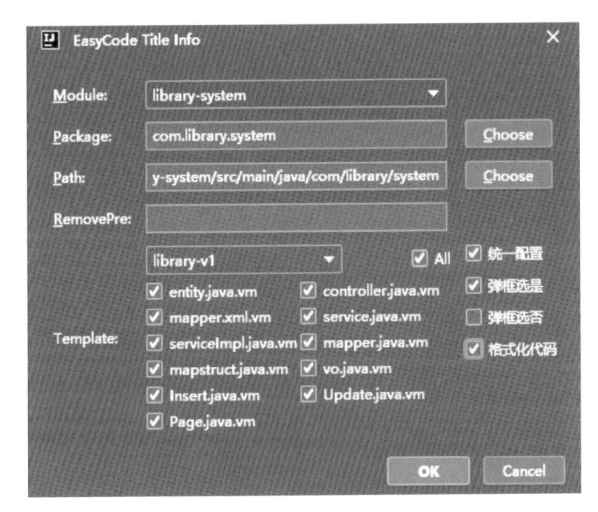

▲ 圖 8-4　圖片管理程式初始化

程式生成後，在 Controller、Service 及實現類別中刪除增加和修改介面，刪除 FileInsert 和 FileUpdate 傳入參數類別。

8.2　Docker 快速入門

本書將介紹一項新的關鍵技術，即 Docker。Docker 是目前許多企業廣泛使用的技術之一。本書將利用 Docker 來建立前後端專案的執行環境並進行專案部署。在本章中，將使用 Docker 來建立一個圖片儲存服務，需要一台伺服器來支撐後續的專案開發，學會操作 Linux 伺服器是日常在開發過程中不可或缺的技能之一。

8.2.1　Docker 簡介

Docker 是由 PaaS 提供商 dotCloud 開放原始碼的高級容器引擎，它建構在 LXC 之上，採用 Go 語言撰寫，並遵循 Apache 2.0 開放原始碼協定。自 2013 年推出以來，Docker 變得非常熱門。無論是在 GitHub 上的程式活躍度，還是紅帽公司的 RHEL 6.5 中對 Docker 的整合支援，甚至 Google 的 Compute Engine 也支援在其上執行 Docker，可以看出其受到廣泛關注和應用。

Docker 允許開發者將應用程式和相依項打包到一個輕量、可移植的容器中，並將其發佈到任何流行的 Linux 機器上。Docker 的強大之處在於它可以消除環境差異。這表示一旦你將應用程式打包到 Docker 容器中，不管它在什麼樣的環境下執行，其行為都將始終保持一致。這表示程式設計師無須再擔心「在我的環境中可以執行」的問題，這不僅增強了可攜性，還提高了開發人員的工作效率，不再受環境變化的影響。

Docker 的優點有以下幾點。

(1) Docker 容器相對於傳統虛擬機器更輕量，因為它們共用主機作業系統的核心，降低了資源消耗和啟動時間。

(2) Docker 容器可以在各種作業系統和雲端平台上執行，實現了「一次封裝，到處執行」的理念。

(3) Docker 使用命名空間和控制群組技術，實現了容器之間的資源隔離，確保互不干擾。

(4) Docker 生態系統豐富，擁有大量的容器映射和開放原始碼工具，可以加速開發和部署流程。

(5) Docker 可以與 CI/CD 工具整合，幫助實現自動化的建構、測試和部署流程。

8.2.2 Docker 的設計理念

Docker 的核心目標是「Build, Ship, and Run Any App, Anywhere」，即透過封裝、分發、部署和執行應用程式元件實現使用者應用及其執行環境的全生命週期管理，從而實現「一次封裝，到處執行」的理念。這表示無論是 Web 應用還是資料庫應用等都可以輕鬆地實現跨平臺部署。

透過在 Docker 容器上執行應用程式，無論在哪個作業系統上，容器都表現出一致性，實現了跨平臺和跨伺服器的便捷性。只需進行一次環境配置，便可以在不同的機器上輕鬆一鍵部署，從而大幅簡化了操作流程。這為應用程式的開發和部署提供了更高的靈活性和可攜性。

8.2.3 Docker 的架構

Docker 包括 3 個基本概念：鏡像 (Image)、容器 (Container) 和倉庫 (Repository)，掌握這三大核心概念，就理解了 Docker 容器的整個生命週期。

1. Docker 鏡像

Docker 鏡像是一個特殊的檔案系統，它包含容器執行時期所需的程式、函數庫、資源和設定檔，同時也包含了一些為執行時期準備的參數，例如匿名卷冊、環境變數和使用者設置等。鏡像是靜態不變的，一旦建構完成，其內容不會被修改或改變。

鏡像是建立 Docker 容器的基礎，它可以透過版本管理和增量的檔案系統來建立和管理。還可以從 Docker Hub 這樣的鏡像倉庫中獲取現成的鏡像。

2. Docker 容器

鏡像和容器之間的關係類似於物件導向程式設計中的類別和實例。在這個比喻中，鏡像就是類別的定義，而容器則是類別的實例。容器是基於鏡像執行的實體，具有生命週期，可以被建立、啟動、停止、刪除、暫停等。

鏡像本身是唯讀的，容器從鏡像啟動時，Docker 會在鏡像的最上層建立一個寫入層，鏡像本身保持不變。

3. Docker 倉庫

Docker 倉庫類似於程式倉庫，是 Docker 集中儲存鏡像的地方。實際上，註冊伺服器是託管倉庫的地方，通常有多個倉庫。每個倉庫用於存放特定類別的鏡像，而這些鏡像可以包含多個版本，透過不同的標籤 (tag) 來區分。

根據鏡像的共用方式，Docker 倉庫可以分為兩種形式：公開倉庫 (Public) 和私有倉庫 (Private)。最大的公開倉庫是 Docker Hub，它儲存了大量的鏡像供使用者下載。還有公開鏡像倉庫，例如北京清華大學開放原始碼軟體鏡像站、Docker Pool 等，提供了穩定的存取的鏡像倉庫。這些倉庫提供給使用者了便捷的方式獲取和分享容器鏡像，有助加速應用程式的開發、部署和分發。

8.2.4 安裝 Docker

在 CentOS 7 伺服器上安裝 Docker 需要滿足以下要求，系統為 64 位元，並且核心版本應為 3.10 或更高版本。可以使用以下命令來檢查系統核心版本：

```
uname -r
```

執行上述命令後，可以看到有版本輸出，舉例來說，筆者在伺服器中執行完該命令後，出現「3.10.0-1160.88.1.el7.x86_64」的資訊輸出，其中「3.10」表示核心的主版本編號。如果核心版本大於或等於 3.10，則表示系統符合 Docker 的要求，可以繼續安裝 Docker，執行命令後的結果如下：

```
[root@xyh ~]#uname -r
3.10.0-1160.88.1.el7.x86_64
```

然後安裝一些必要的系統工具，例如 yum-utils 工具，命令如下：

```
# 安裝系統工具
sudo yum install -y yum-utils device-mapper-persistent-data lvm2
```

1. 設置 Docker 鏡像來源

在安裝 Docker Engine-Community 之前，需要設置 Docker 倉庫，之後可以從倉庫安裝和更新 Docker。由於官方提供的倉庫來源位址存取時的速度比較慢，這裡選擇使用阿里雲的倉庫位址，執行的命令如下：

```
sudo yum-config-manager --add-repo http://mirrors.aliyun.com/docker-ce/linux/centos/docker-ce.repo
```

命令執行結果，如圖 8-5 所示。

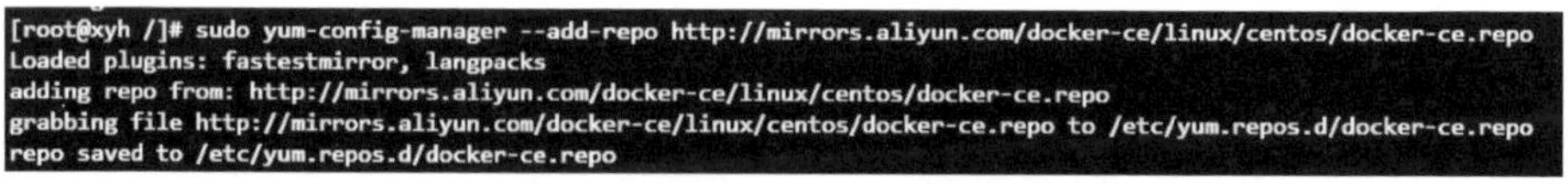

```
[root@xyh /]# sudo yum-config-manager --add-repo http://mirrors.aliyun.com/docker-ce/linux/centos/docker-ce.repo
Loaded plugins: fastestmirror, langpacks
adding repo from: http://mirrors.aliyun.com/docker-ce/linux/centos/docker-ce.repo
grabbing file http://mirrors.aliyun.com/docker-ce/linux/centos/docker-ce.repo to /etc/yum.repos.d/docker-ce.repo
repo saved to /etc/yum.repos.d/docker-ce.repo
```

▲圖 8-5 設置 Docker 鏡像來源

2. 安裝 Docker

預設安裝最新版本的 Docker Engine-Community 和 containerd，也可指定 Docker 版本安裝，這裡選擇預設安裝最新版本，執行的命令如下：

```
sudo yum -y install docker-ce docker-ce-cli containerd.io
```

命令執行結果，如圖 8-6 所示。

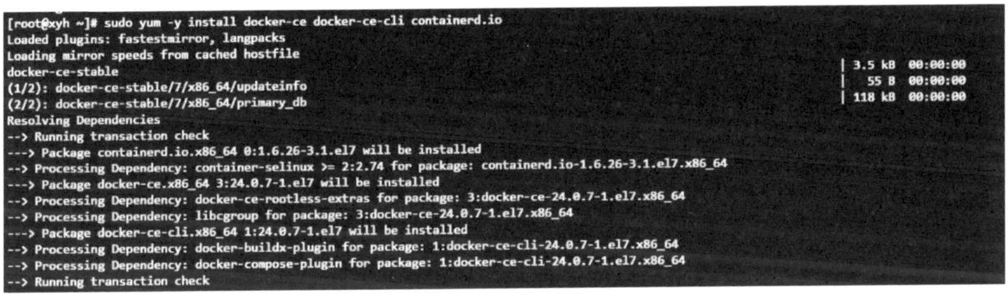

▲ 圖 8-6　安裝 Docker

3. 啟動 Docker

Docker 安裝完成後，預設為不啟動，需要自行啟動，命令如下：

```
systemctl start docker
```

然後查看是否啟動成功，執行的命令如下：

```
systemctl status docker
```

如果執行結果顯示 active (running)，則表示啟動成功，如圖 8-7 所示。

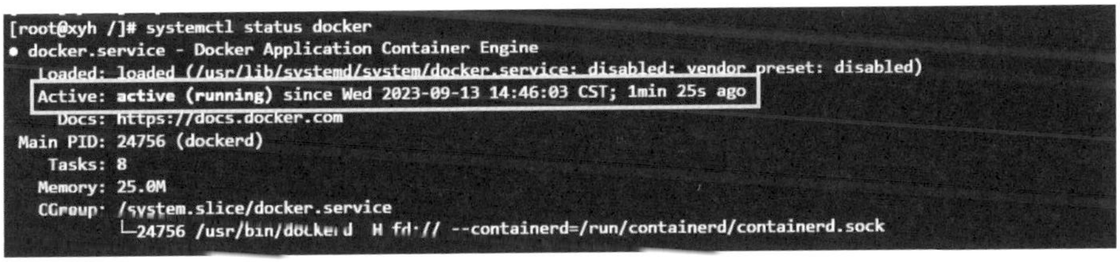

▲ 圖 8-7　Docker 啟動狀態

再來配置 Docker 開機自啟動，命令如下：

```
systemctl enable docker.service
```

4. 設置鏡像

由於 Docker 官方提供的鏡像倉庫在使用時網速比較慢，所以這裡更改成的鏡像，很多服務商提供了鏡像加速服務，這裡首選阿里雲的鏡像加速器。獲取阿里雲鏡像加速服務的位址為 https://cr.console.aliyun.com/cn-shenzhen/instances/

mirrors，如圖 8-8 所示。

▲ 圖 8-8 獲取阿里雲鏡像加速器

根據阿里雲舉出的操作文件，分為以下 4 個步驟進行配置。

(1) 在 etc 目錄下建立 docker 資料夾，命令如下：

```
sudo mkdir -p /etc/docker
```

(2) 配置鏡像加速器，每個帳號生成的加速器地址都不一樣，這裡注意更換，然後直接複製到伺服器中執行即可，命令如下：

```
sudo tee /etc/docker/daemon.json <<-'EOF'
{
    "registry-mirrors": [" 更換加速器地址 "]
```

```
}
EOF
```

(3) 重新載入設定檔,命令如下:

```
sudo systemctl daemon-reload
```

(4) 重新啟動 Docker,命令如下:

```
sudo systemctl restart docker
# 查看啟動狀態
systemctl status docker
```

8.3 架設 MinIo 檔案伺服器

8.3.1 MinIo 簡介

　　MinIo 是一個開放原始碼的物件儲存伺服器,可以在 Linux、macOS 和 Windows 等作業系統上執行,包括資料中心、私有雲和公共雲環境。它採用的是 Amazon S3 協定,因此可以與現有的 S3 相容程式無縫連接。MinIo 支援多租戶、多區域、分散式和容錯移轉等功能,具有出色的可伸縮性和可靠性。

　　使用 MinIo,可以輕鬆地建立物件儲存服務,並在其中儲存各種類型的資料,例如文字檔、影像、視訊和音訊等,在標準硬體條件下它能達到 55GB/s 的讀取、35GB/s 的寫入速率。它還提供了豐富的 API 和工具,從而可以更加靈活地管理和維護儲存系統,舉例來說,透過命令列或 Web 介面進行存取和操作。同時,MinIo 還支援各種儲存後端,包括本地磁碟、NAS、分散式檔案系統和雲端儲存服務等。

8.3.2 部署 MinIo 服務

　　部署 MinIo 的方式選擇 Docker 實現,因為 MinIo 是基於 Go 語言實現的,所以使用 Docker 就無須考慮在伺服器上配置 Go 語言的執行環境,減少開發的工作量。

1. 下載 MinIo 鏡像

　　在伺服器中,使用 docker pull 命令是從鏡像倉庫中下載或更新指定鏡像,預設下載鏡像的最新版本，所以執行下載 MinIo 鏡像的命令為 docker pull minio/minio，如圖 8-9 所示。

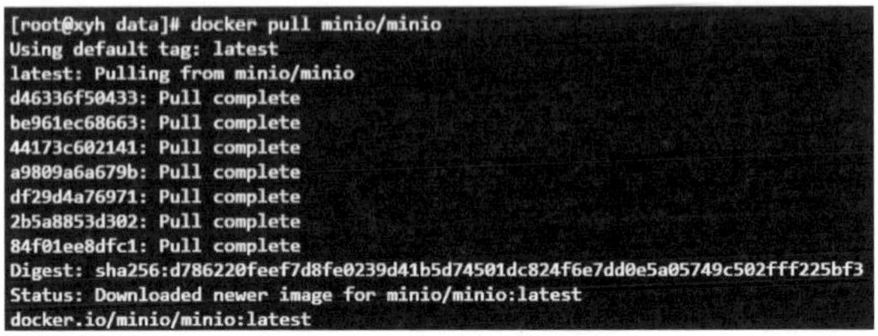

```
[root@xyh data]# docker pull minio/minio
Using default tag: latest
latest: Pulling from minio/minio
d46336f50433: Pull complete
be961ec68663: Pull complete
44173c602141: Pull complete
a9809a6a679b: Pull complete
df29d4a76971: Pull complete
2b5a8853d302: Pull complete
84f01ee8dfc1: Pull complete
Digest: sha256:d786220feef7d8fe0239d41b5d74501dc824f6e7dd0e5a05749c502fff225bf3
Status: Downloaded newer image for minio/minio:latest
docker.io/minio/minio:latest
```

▲圖 8-9 下載 MinIo 鏡像

下載完 MinIo 鏡像，使用 docker images 命令，查看伺服器中的所有鏡像，如圖 8-10 所示。

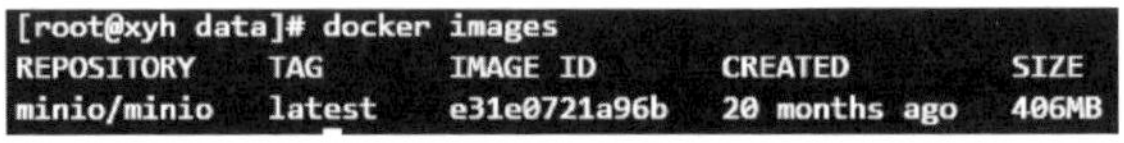

```
[root@xyh data]# docker images
REPOSITORY    TAG       IMAGE ID       CREATED         SIZE
minio/minio   latest    e31e0721a96b   20 months ago   406MB
```

▲圖 8-10 查看 MinIo 鏡像

2. 建立並啟動 MinIo 容器

使用 Docker 建立並啟動 MinIo 容器的命令分為以下幾部分，包含各種參數的配置及 MinIo 帳號和密碼的設定等。

(1) 命令換行使用「\」，表示該命令還沒有輸入完，還需要繼續輸入命令，暫時不要執行。

(2) docker run 為啟動容器的命令。

(3) --name minio 為容器的名稱。

(4) 命令中的 9090 通訊埠指的是 MinIo 的用戶端通訊埠；9000 通訊埠是 MinIo 的伺服器端通訊埠，後端程式連接 MinIo 時，就是透過 9000 通訊埠連接的。

(5) -d --restart=always 代表重新啟動 Linux 時容器自動啟動。

(6) MINIO_ACCESS_KEY 設置 MinIo 用戶端的登入帳號；MINIO_SECRET_KEY 設置密碼 (正常情況下，帳號不低於 3 位，密碼不低於 8 位，否則容器會啟動失敗)。

(7) -v 就是 docker run 中的掛載，這裡 /data/minio/data:/data 的意思就是對容器的 /data 目錄和宿主機的 /data/minio/data 目錄進行映射，這樣當想要查看容器的檔案時，就不需要查看容器當中的檔案了。

將所有執行的命令拼接起來，組成一個完整的 Docker 執行容器命令，命令如下：

```
docker run \
--name minio \
-p 9000:9000 \
-p 9090:9090 \
-e "MINIO_PROMETHEUS_AUTH_TYPE=public" \
-e "MINIO_ROOT_USER=admin" \
-e "MINIO_ROOT_PASSWORD=admin123456" \
-v /data/minio/data:/data \
-v /data/minio/config:/root/.minio \
-d minio/minio server /data --console-address ":9090" -address ":9000"
```

執行之後，使用 docker ps 查看正在執行的容器，如果查看 STATUS 時沒有錯誤資訊，則說明 MinIo 容器啟動成功，如圖 8-11 所示。

▲圖 8-11 查看 MinIo 容器啟動狀態

3. 存取 MinIo 服務

存取 MinIo 主控台的網址為 http://IP: 9090，其中需要將 IP 替換為伺服器的外網 IP 位址，如圖 8-12 所示。

▲圖 8-12 MinIo 服務主控台登入介面

輸入在啟動命令中配置的帳號和密碼，點擊 Login 按鈕，登入到 MinIo 主控台，如圖 8-13 所示。

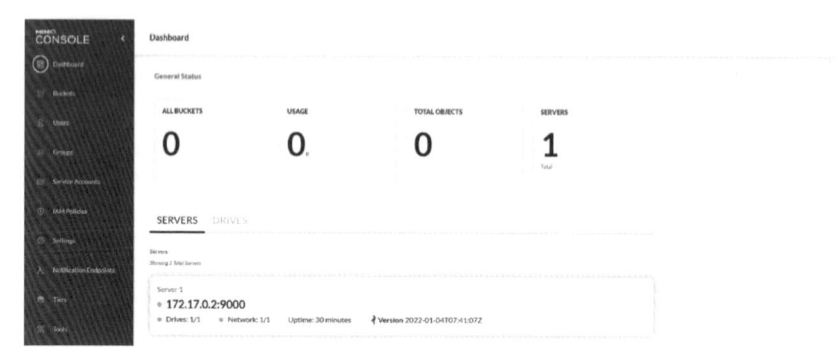

▲ 圖 8-13　MinIo 主控台首頁

8.3.3　建立儲存桶

MinIo 的儲存桶相當於電腦檔案存放的目錄，在主控台中，點擊 Buckets 選單，然後點擊「Create Bucket +」按鈕，如圖 8-14 所示。

▲ 圖 8-14　建立儲存桶

填寫儲存桶的名稱 library，然後點擊右下角的 Create Bucket 按鈕，完成桶的建立，如圖 8-15 所示。

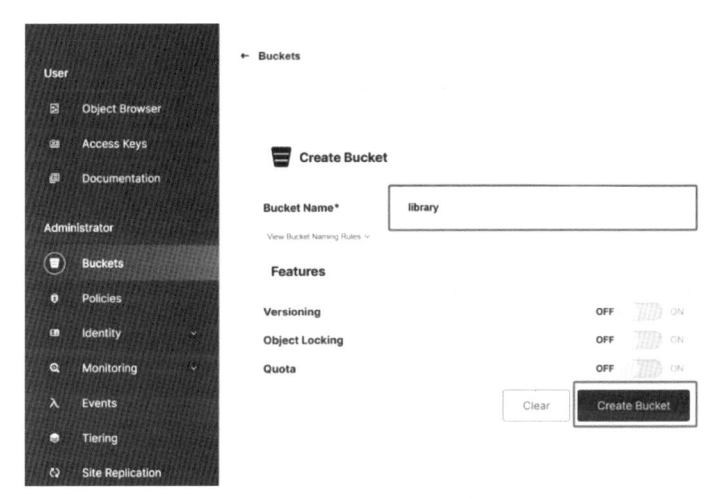

▲ 圖 8-15 填寫儲存桶資訊

接下來配置存取策略，點擊左側的 Buckets 選單，可以看到頁面會顯示建立好的儲存桶，點擊 Library 桶的任意區域，進入桶的配置介面，如圖 8-16 所示。

▲ 圖 8-16 選擇桶配置

將 Access Policy 的 private 改為 public 存取策略，點擊 Set 按鈕，設置成功後上傳圖片位址就可以正常存取了，如圖 8-17 所示。

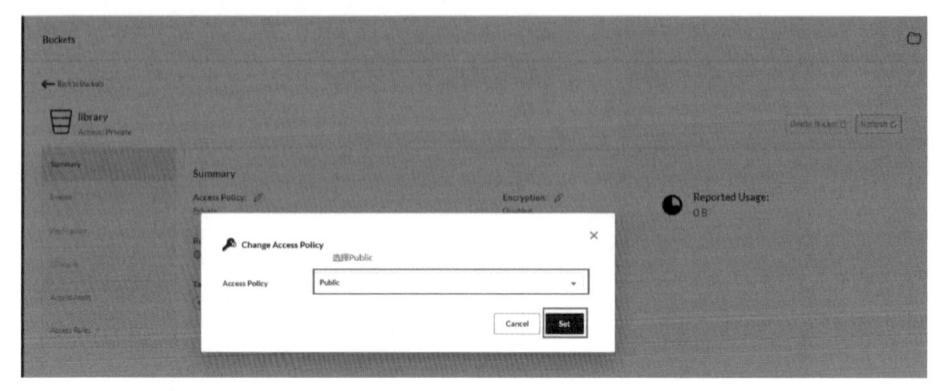

▲圖 8-17 修改存取策略

8.3.4 建立金鑰

金鑰用於系統後端透過介面形式存取檔案伺服器的憑證，先建立一個使用者，選擇左側的 Users 選單，然後點擊「Create User +」按鈕，如圖 8-18 所示。

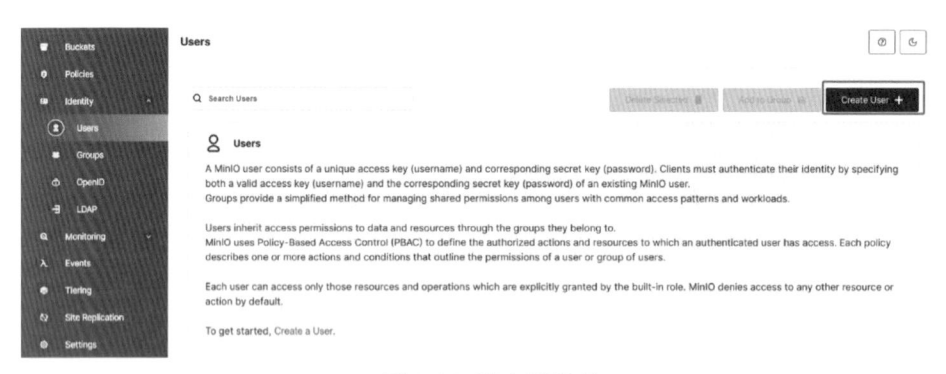

▲圖 8-18 建立使用者

建立一個名為 minioadmin 的使用者，在 Access Key 和 Secret Key 處都填寫 minioadmin 帳號，然後在 Select Policy(選擇策略) 選單中全部選中相關許可權，並點擊 Save 按鈕進行儲存，如圖 8-19 所示。

在 Users 列表中，點擊建立的 minioadmin 使用者，然後選擇 Service Accounts，點擊「Create Service Account +」按鈕，在彈出的建立金鑰的視窗中點擊 Create 按鈕，如圖 8-20 所示。

將生成的 Access Key 和 Secret Key 帳號儲存下來，密碼只顯示這一次，點擊 Done 按鈕，建立完成，如圖 8-21 所示。

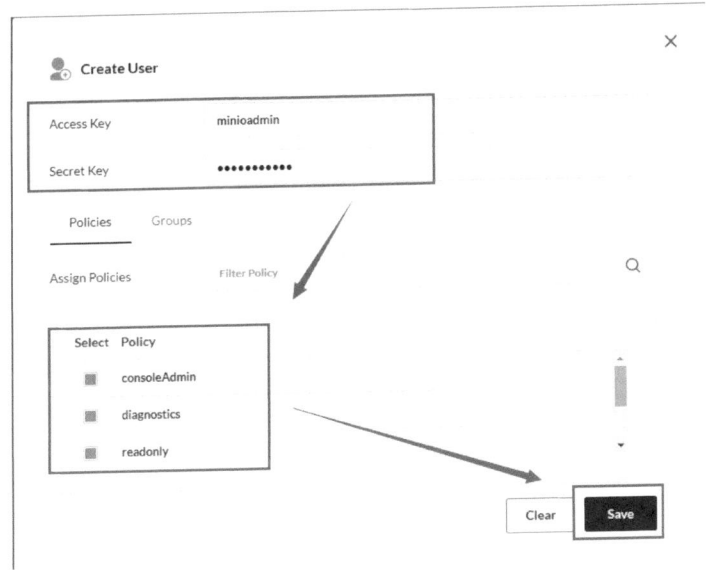

8.3 架設 MinIo 檔案伺服器 | 8-17

▲ 圖 8-19 填寫使用者資訊

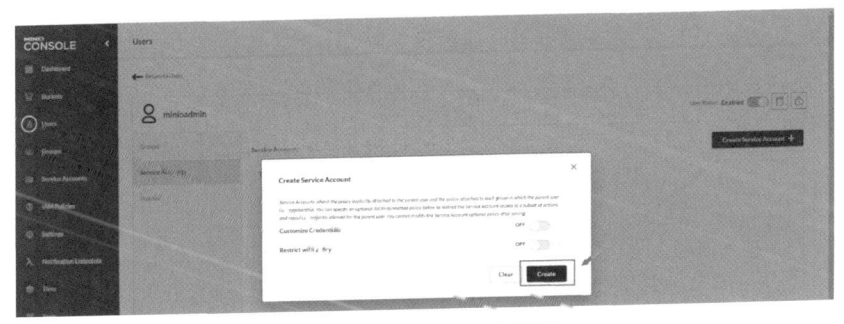

▲ 圖 8-20 建立服務帳號

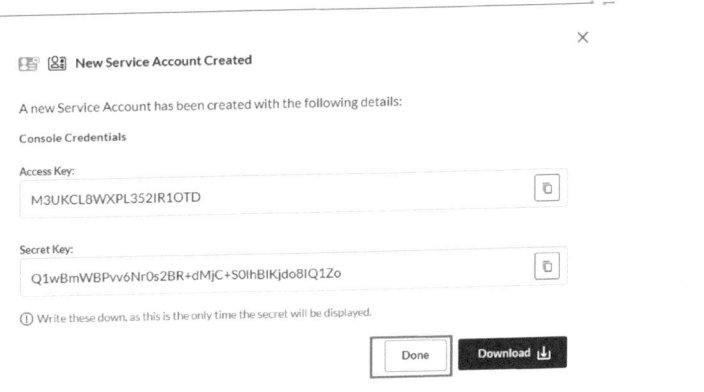

▲ 圖 8-21 生成金鑰

8.4 阿里雲物件儲存

本專案還將整合阿里雲物件儲存服務，用於儲存圖片、檔案等資料，這是目前許多企業首選的儲存解決方案。

8.4.1 什麼是物件儲存

阿里雲物件儲存 Object Storage Service(簡稱：OSS) 是一款巨量、安全、低成本、高可靠的雲端儲存服務。提供基於網路的資料存取服務，可以透過網路隨時儲存和呼叫包括文字、圖片、音訊和視訊等在內的各種非結構化資料檔案。

OSS 具有與平臺無關的 RESTful API，可以在任何應用、任何時間、任何地點儲存和存取任意類型的資料。

使用 OSS 的優點如下。

(1) OSS 提供的服務具有極高的資料持久性 (99.9999999999%) 和資料可用性 (99.995%)，確保資料安全且隨時可存取。

(2) OSS 支援自動擴充儲存容量，可根據需求靈活調整，無須擔心儲存不足或浪費資源。

(3) 提供多層次的資料安全保護，包括資料加密、存取控制、身份驗證等功能，確保資料的安全性和隱私保護。

(4) OSS 的價格相對較低，提供多種儲存類型，可以根據需求選擇最經濟的儲存方式，幫助降低儲存成本。

(5) 強大的生態系統支援各種場景下的資料儲存和處理需求。

(6) OSS 具備全球分佈能力，可滿足全世界的資料儲存和存取需求，提供低延遲的資料傳輸。

8.4.2 建立 OSS 儲存空間

OSS 的官方網址為 https://www.aliyun.com/product/oss，阿里雲的新使用者可以免費體驗。如果沒有開通物件儲存服務，則需要先開通服務才能進行下一步操作。點擊首頁中的「管理主控台」按鈕，進入主控台。選中左側的「Bucket列表」，點擊「建立 Bucket」按鈕，建立一個儲存空間，如圖 8-22 所示。

▲ 圖 8-22 建立 Bucket

在建立 Bucket 中填寫基礎資訊，最後點擊「確定」按鈕，如果在 Bucket 清單中顯示該記錄，則表示已經增加成功，如圖 8-23 所示。

▲ 圖 8-23 填寫 Bucket 資訊

8.4.3 獲取存取金鑰

OSS 透過 AccessKeyId 和 AccessKeySecret 對稱加密的方法來驗證某個請求的發送者身份。AccessKeyId 用於標識使用者，AccessKeySecret 是使用者用於加密簽名字串和 OSS 用來驗證簽名字串的金鑰。

在阿里雲登入的狀態下，點擊右上角的使用者圖示會顯示一個視窗，在「許可權與安全」中，點擊 AccessKey 連結，如圖 8-24 所示。

▲ 圖 8-24 選擇 AccessKey

在存取憑證管理中，點擊「建立 AccessKey」按鈕，獲取 AccessKey ID 和 AccessKey Secret 帳號資訊。

8.5 整合儲存管理平臺

目前為止，已經準備好了兩種儲存方式，但在專案中需要分別撰寫兩套程式來調配這兩種方式。這樣的做法存在一些問題，特別是在專案升級時，如果需要切換到騰訊雲 COS 雲端儲存，就需要再次撰寫一套調配騰訊雲的介面。這不僅會增加開發成本，還會增加維護的難度。

為了解決這個問題，在本專案中採用了一個統一的解決方案。只需配置各個平臺的參數，然後使用統一的方法就可以輕鬆地連接不同的雲端儲存平臺。這種做法不僅降低了開發成本，還使專案更易於維護。

8.5.1 X Spring File Storage 簡介

X Spring File Storage 工具幾乎整合了市面上絕大部分的 OSS 平臺，在 X Spring File Storage 中，可以設置預設使用的儲存平臺、縮略圖副檔名、本機存放區等資訊。還提供了存取路徑和存取域名的設置，用於指定透過什麼路徑可以存取上傳的檔案，以及可以透過什麼域名存取這些檔案。

X Spring File Storage 官方網址為 https://spring-file-storage.xuyanwu.cn/#/，透過官方文件介紹，可以了解到目前支援的儲存平臺有本地、FTP、SFTP 和 WebDAV，所以在本專案中使用基本上可以滿足技術需求。

8.5.2 專案整合 X Spring File Storage

圖片管理功能是在 library-system 子模組中管理的，那麼整合 X Spring File Storage 工具的程式也在該模組中實現。

1. 增加相依

在 pom.xml 檔案中增加 X Spring File Storage 相依、MinIo 相依和阿里雲 OSS 相關相依，程式如下：

```xml
// 第 8 章 /library/library-system/pom.xml
<!-- minio -->
<dependency>
    <groupId>io.minio</groupId>
    <artifactId>minio</artifactId>
    <version>8.5.5</version>
</dependency>
<!-- MinIO 的用戶端需要用到 OKHttp -->
<dependency>
    <groupId>com.squareup.okhttp3</groupId>
    <artifactId>okhttp</artifactId>
    <version>4.9.0</version>
</dependency>
<!-- spring-file-storage -->
<dependency>
    <groupId>cn.xuyanwu</groupId>
    <artifactId>spring-file-storage</artifactId>
    <version>1.0.3</version>
</dependency>
<!-- aliyun oss -->
<dependency>
    <groupId>com.aliyun.oss</groupId>
    <artifactId>aliyun-sdk-oss</artifactId>
    <version>3.16.1</version>
</dependency>
```

2. 增加設定檔

在 application-dev.yml 設定檔中的 spring 標籤下增加基礎配置，程式如下：

```
file-storage:
    # 預設使用的儲存平臺
    default-platform: minio-1
    # 縮略圖副檔名，例如 ".min.jpg"、".png"
    thumbnail-suffix: ".min.jpg"
```

再來增加對應平臺的配置，專案中共整合了 3 個平臺，即本機存放區、MinIo 儲存和阿里雲 OSS，各平臺的相關配置如下。

(1) 本機存放區配置，這裡採用的是官方提供的本地升級版的配置，存取域名為後端專案的介面位址，本地的圖片儲存在 library/uploadFile 檔案下，程式如下：

```
// 第 8 章 /library/library-admin/application-dev.yml
# 本機存放區升級版，在不使用的情況下可以不寫
    local-plus:
        # 儲存平臺標識
      - platform: local-plus-1
        # 啟用儲存
        enable-storage: true
        # 啟用存取（線上請使用 Nginx 配置，效率更高）
        enable-access: true
        # 存取域名，例如 http://127.0.0.1:8081/，注意後面要和 path-patterns 保持一致。
        # 以 "/" 結尾，本機存放區建議使用相對路徑，方便後期更換域名
        domain: "http://127.0.0.1:8081/api/library/"
        # 基礎路徑
        base-path: library/uploadFile/
        # 存取路徑
        path-patterns:/api/library/**
        # 實際本機存放區路徑
        storage-path:/
```

(2) MinIo 儲存配置：MinIo 平臺中存取域名的通訊埠為 9000，而 9090 是瀏覽器存取的通訊埠，這裡不要配置錯，不然無法上傳圖片。access-key 和 secret-key 就是在 8.4.3 節中獲取的 MinIo 金鑰，程式如下：

```
// 第 8 章 /library/library-admin/application-dev.yml
minio:
    # 儲存平臺標識
  - platform: minio-1
```

```
        # 啟用儲存
        enable-storage: true
        access-key: M3UKCL8WXPL352IR1OTD
        secret-key: Q1wBmWBPvv6Nr0s2BR+dMjC+S01hBlKjdo8IQ1Zo
        # 伺服器地址
        end-point: http://IP 位址:9000
        bucket-name: library
        # 存取域名：伺服器地址+bucket-name
        domain: http://IP 位址:9000/library/
        # 基礎路徑
        base-path: # 基礎路徑
```

(3) 阿里雲 OSS 配置：同樣也需要填寫連接介面的金鑰，然後配置存取的域名和伺服器的位址。程式如下：

```
// 第 8 章 /library/library-admin/application-dev.yml
    aliyun-oss:
        # 儲存平臺標識
        - platform: aliyun-oss-1
          # 啟用儲存
          enable-storage: true
          access-key: LRWY6tIO3BQBL8Il9iLiZIPJ
          secret-key: pdKetGqweMNefjKDJ2Ds1qDHJSK2ye
          #Bucket 建立時選擇的地域節點，可在建立的儲存空間的概覽中查看
          end-point: oss-cn-hangzhou.aliyuncs.com
          # 儲存空間名稱
          bucket-name: library-oss-pic
          # 存取域名，在建立的儲存空間的概覽中找到 Bucket 域名，可獲取該位址
          domain: https://library-oss-pic.oss-cn-hangzhou.aliyuncs.com/
          # 基礎路徑
          base-path:
```

3. 增加註解

在專案的啟動類別上增加 @EnableFileStorage 註解，X Spring File Storage 相關的配置都在 library-system 中實現，因此需要在 library-admin 的 pom.xml 檔案中引入 library-system 相依，這樣才能正常使用該註解，程式如下：

```
<dependency>
    <groupId>com.library</groupId>
    <artifactId>library-system</artifactId>
</dependency>
```

增加啟動類別註解，程式如下：

```java
// 第 8 章 /library/library-admin/LibraryAdminApplication.java
@SpringBootApplication(scanBasePackages = {"com.library.*"})
@MapperScan("com.library.**.mapper")
@EnableFileStorage
public class LibraryAdminApplication {
    public static void main(String[] args) {
        SpringApplication.run(LibraryAdminApplication.class, args);
    }
}
```

8.6 圖片管理功能開發

圖片管理功能的基礎程式已經生成，還需要增加上傳和下載介面，專案將結合 X Spring File Storage 官方的文件完成上傳和下載功能。

8.6.1 圖片上傳功能實現

1. 判斷圖片是否存在

（1）在 FileService 中增加 getFileBySign() 方法，用來判斷上傳的圖片是否已存在，透過 DigestUtil.md5Hex() 方法接收參數，對傳入的圖片檔案生成唯一標識，然後檢查系統中是否已存在相同標識的圖片。如果存在相同標識的圖片，則無須再次上傳，程式如下：

```java
/**
 * 查詢檔案是否存在
 * @param fileSign
 * @return
 */
FileVO getFileBySign(String fileSign);
```

（2）在 FileServiceImpl 中，使用 Lambda 運算式來建構 MySQL 查詢敘述，並傳回 FileVO 物件，程式如下：

```java
// 第 8 章 /library/library-system/FileServiceImpl.java
@Override
public FileVO getFileBySign(String fileSign) {
    File one = lambdaQuery().eq(File::getFileSign, fileSign).one();
    return fileStructMapper.fileToFileVO(one);
}
```

2. 圖片上傳介面

(1) 在 FileService 增加一個 upload() 方法，其參數為 MultipartFile 物件，用於處理檔案上傳的介面及存放一些其他資訊的 UploadFileBO 物件，程式如下：

```java
// 第 8 章 /library/library-system/FileService.java
/**
 * 上傳檔案
 *
 * @param file 圖片檔案
 * @param bo 上傳檔案資訊
 * @return
 */
FileVO upload(MultipartFile file, UploadFileBO bo);
```

(2) 在 bo 套件中增加 UploadFileBO 類別，欄位引用檔案類型、使用者名稱和唯一的檔案標識，程式如下：

```java
// 第 8 章 /library/library-system/UploadFileBO.java
@Data
public class UploadFileBO {
    /**
     * 檔案所屬物件類型，如使用者圖示
     *
     */
    private Integer objectType;
    /**
     * 使用者帳號
     */
    private String username;
    /**
     * 檔案標識，唯一
     */
    private String fileSign;
}
```

(3) 在 FileServiceImpl 類別中，實現 upload 圖片上傳的方法。

呼叫 of() 方法上傳圖片，of() 方法支援 File、MultipartFile、byte[]、InputStream、URL、URI、String，大檔案會自動分片上傳。該方法傳回一個 FileInfo 物件，可以從該物件中獲取檔案名稱、造訪網址、檔案大小等資訊，然後透過 insert() 方法將圖片資訊存入資料庫，程式如下：

```java
// 第 8 章 /library/library-system/FileServiceImpl.java
// 注入實例
@Resource
private FileStorageService fileStorageService;

    @Override
    @Transactional(rollbackFor = Exception.class)
public FileVO upload(MultipartFile file, UploadFileBO bo) {
    FileInfo fileInfo;
    try {
        fileInfo = fileStorageService.of(file)
                .setContentType(file.getContentType())
                .upload();
    } catch (FileStorageRuntimeException e) {
    log.error("檔案上傳失敗，檔案名稱：{}，錯誤資訊：", file.getOriginalFilename(), e);
    }
    log.info("檔案上傳成功，檔案名稱：{}", file.getOriginalFilename());
    // 檔案資訊入庫
    File insert = this.insert(fileInfo, bo);
    return fileStructMapper.fileToFileVO(insert);
}
   /**
    * 檔案資訊儲存
    *
    * @param fileInfo
    * @return
    */
   public File insert(FileInfo fileInfo, UploadFileBO bo) {
    File file = new File();
    file.setUsername(bo.getUsername());
    file.setFileSize(fileInfo.getSize());
    file.setFileSign(bo.getFileSign());
    file.setExt(fileInfo.getExt());
    file.setBasePath(fileInfo.getBasePath());
    file.setObjectType(bo.getObjectType());
    file.setOriginalFilename(fileInfo.getOriginalFilename());
    file.setStoragePath(fileInfo.getPath());
    file.setStorageFilename(fileInfo.getFilename());
    file.setStoragePlatform(fileInfo.getPlatform());
    file.setUrl(fileInfo.getUrl());
    this.save(file);
    return file;
}
```

(4) 在 vo 套件中增加一個名為 UploadFileInfoVO 的類別，用於請求上傳介面後將兩個參數返給前端，這兩個參數包括圖片名稱和圖片造訪網址。現將這兩個參數封裝成一個物件，程式如下：

```java
// 第 8 章 /library/library-system/ UploadFileInfoVO.java
@Builder
@Data
@AllArgsConstructor
@NoArgsConstructor
public class UploadFileInfoVO implements Serializable {
    private static final long serialVersionUID = -7421582758056987071L;
    /**
     * 檔案名稱
     */
    private String filename;
    /**
     * 造訪網址
     */
    private String url;
```

(5) 在 FileController 中增加 uploadImg() 方法，使用 POST 請求方式。首先驗證上傳的檔案是否為空。如果檔案為空，則傳回錯誤訊息資訊，然後透過 getFileBySign() 方法來檢查圖片是否已存在，如果不存在，則會直接上傳圖片。最後，將圖片資訊返給前端，程式如下：

```java
// 第 8 章 /library/library-system/FileController.java
    /**
     * 上傳圖片
     * @param file
     * @return
     */
    @PostMapping("/upload")
    public Result<UploadFileInfoVO> uploadImg(@PathVariable("file") MultipartFile file,
@Valid UploadFileBO bo) throws IOException {
        if (file == null) {
            // 在 ErrorCodeEnum 列舉類別中增加 FILE_NONE 錯誤列舉，錯誤碼為 0001
            return Result.error(ErrorCodeEnum.FILE_NONE.getCode(), "上傳的檔案為空");
        }
        // 檢測圖片是否存在
        String sign = DigestUtil.md5Hex(file.getBytes());
        FileVO vo = fileService.getFileBySign(sign);
        if (vo == null) {
```

```
            bo.setFileSign(sign);
            // 上傳圖片
            vo = fileService.upload(file, bo);
        }
        UploadFileInfoVO infoVO = UploadFileInfoVO.builder()
                .filename(vo.getStorageFilename())
                .url(vo.getUrl())
                .build();
        return Result.success(infoVO);
}
```

3. 增加圖片上傳介面文件

在介面文件的根目錄下，建立名為「系統工具」的子目錄，在該子目錄下建立名為「檔案管理」的子目錄。接下來，在「檔案管理」子目錄中增加一個圖片上傳的介面。在介面設置中，將參數放置在請求的 Body 部分，使用 form-data 作為參數的傳遞方式，參數名稱為 file，參數類型選擇 file 類型，如圖 8-25 所示。

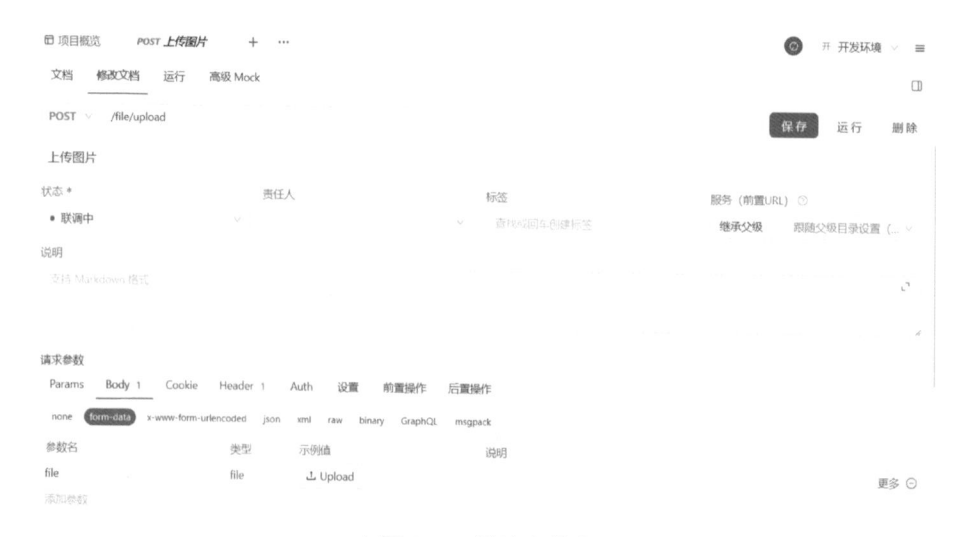

▲圖 8-25　圖片上傳介面

（1）先測試將圖片上傳到 MinIo 檔案管理，將 application-dev.yml 設定檔中的儲存平臺 default-platform 設置為 minio-1，此時圖片就會被上傳到 MinIo 服務中。

在專案已啟動的情況下，透過介面頁面點擊「執行」按鈕，在請求參數中選擇要上傳的圖片並點擊 Upload 按鈕，最後點擊「發送」按鈕來請求介面。如果介面請求成功，則將收到 HTTP 狀態碼 200，並在 data 欄位中獲取圖片資訊，如圖 8-26 所示。

▲ 圖 8-26　上傳圖片介面請求

圖片上傳完成後，開啟 MinIo 的主控台，在 Buckets 的 library 中，可以找到上傳的圖片，如圖 8-27 所示。

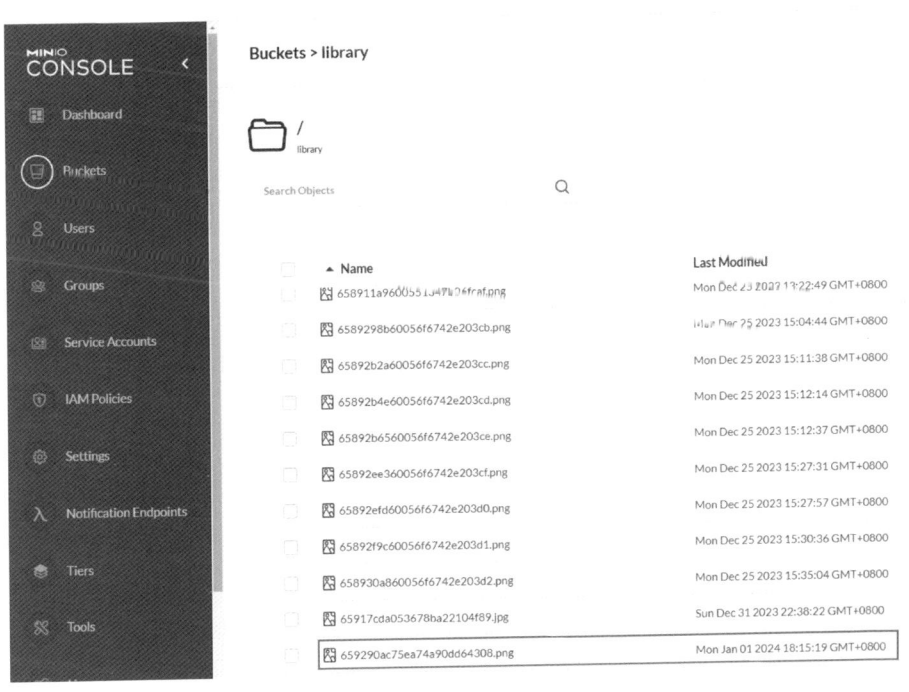

▲ 圖 8-27　圖片上傳到 MinIo 檔案管理

(2) 測試使用阿里雲 OSS 儲存，將 application-dev.yml 設定檔中的儲存平臺 default-platform 設置為 aliyun-oss-1，並重新啟動專案，介面請求成功後，data 中的 URL 網址就是可以存取圖片的外網位址，可直接在瀏覽器中存取，如圖 8-28 所示。

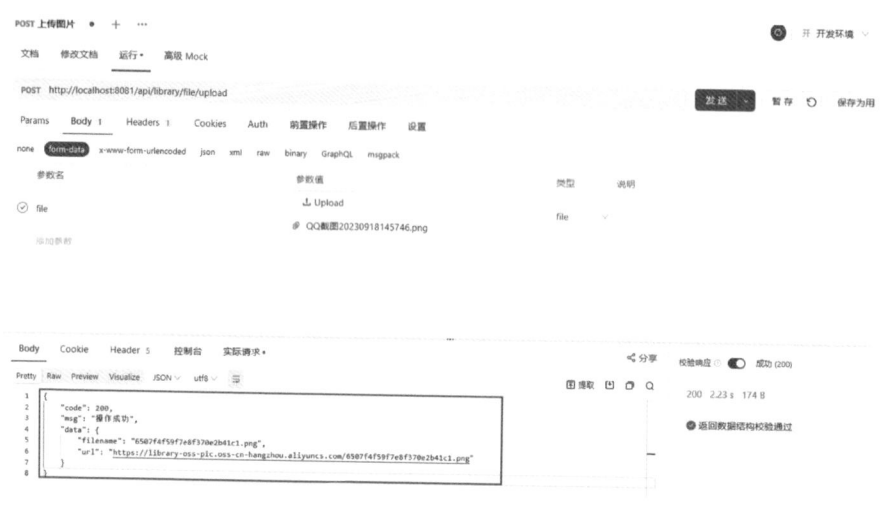

▲圖 8-28　圖片上傳到 OSS 儲存

(3) 將預設儲存位置更換為 local-plus-1 本機存放區，然後重新啟動專案，再次請求圖片介面，這時在專案所在的磁碟中會生成一個名為 library 的資料夾，而在該資料夾下還有一個名為 uploadFile 的子資料夾。所有上傳的圖片都會被儲存在這個資料夾中，如圖 8-29 所示。

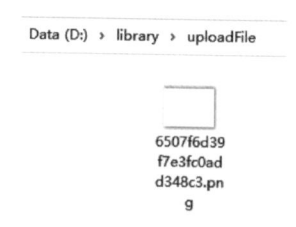

▲圖 8-29　圖片上傳本地儲存位置

圖片上傳到本地後，介面傳回的位址在瀏覽器中並不能直接存取，為了讓這些圖片可以透過前端 URL 直接存取，需要配置資源處理器，以建立前端 URL 與伺服器上存放圖片的目錄之間的映射關係。

在 library-common 子模組的 config 套件中增加一個 WebAppConfigurer 類別，並實現 WebMvcConfigurer 介面中的 addResourceHandlers( ) 方法。增加完成後，重新啟動專案，即可正常存取圖片位址，程式如下：

```java
// 第 8 章 /library/library-common/WebAppConfigurer.java
@Configuration
public class WebAppConfigurer implements WebMvcConfigurer {
    @Override
    public void addResourceHandlers(ResourceHandlerRegistry registry) {
        // 前端 URL 存取的路徑，若有存取首碼，則可在存取時增加，這裡不需增加
        registry.addResourceHandler("/library/uploadFile/**")
                // 映射的伺服器存放圖片目錄
                .addResourceLocations("file:/library/uploadFile/");
    }
}
```

8.6.2 下載圖片功能實現

在專案的檔案管理中提供了圖片下載功能，可以直接將圖片下載到本地。

1. 驗證本機存放區平臺

（1）在 FileService 類別中，增加一個 isLocalPlatform() 方法，用來判斷下載的圖片是否儲存在本地，接收的參數為圖片的儲存平臺，程式如下：

```java
/**
 * 是否為本機存放區平臺
 * @param storagePlatform 儲存平臺名稱
 */
boolean isLocalPlatform(String storagePlatform);
```

（2）在 FileServiceImpl 中實現 isLocalPlatform 介面，並在 library-common 子模組中找到 constant 套件，然後在 Constants 類別中增加一個 PLATFORM_PREFIX_LOCAL 常數。使用 StrUtil.startWith 判斷是否以指定字串開頭，程式如下：

```java
// 第 8 章 /library/library-system/FileServiceImpl.java
/**
 * 是否為本機存放區平臺
 * @param storagePlatform 儲存平臺名稱
 */
@Override
```

```java
public boolean isLocalPlatform(String storagePlatform) {
    return StrUtil.startWith(storagePlatform, Constants.PLATFORM_PREFIX_LOCAL);
}
```

2. 下載圖片介面實現

在 FileController 中增加一個 download() 請求方法，該方法接收兩個參數：圖片在資料庫中的儲存邏輯和 HttpServletResponse 介面。

使用 fileService.isLocalPlatform(vo.getStoragePlatform()) 檢查圖片的儲存平臺是否是本機存放區。如果是本機存放區，則繼續執行下載本地圖片的邏輯；如果不是本機存放區，則執行重定向到外部 URL 的邏輯，然後設置 HTTP 響應標頭，以便瀏覽器正確地處理下載檔案，程式如下：

```java
// 第 8 章 /library/library-system/FileController.java
/**
 * 下載圖片
 * @param response
 * @return
 */
@GetMapping("/download/{id}")
public void download(@PathVariable("id") Integer id, HttpServletResponse response)
        throws IOException {
    FileVO vo = fileService.queryById(id);
    byte[] fileBytes = null;
    if (fileService.isLocalPlatform(vo.getStoragePlatform())) {
        FileInfo fileInfo = fileVOtoFileInfo(vo);
        try {
            fileBytes = fileStorageService.download(fileInfo).bytes();
        } catch (FileStorageRuntimeException e) {
            log.error("檔案下載失敗，檔案名稱: {}, 錯誤資訊: ", vo.getStorageFilename(), e);
        }
    } else {
        //302 重定向
        response.sendRedirect(vo.getUrl());
        return;
    }
    // 下載
    response.setHeader(Header.CONTENT_TYPE.getValue(), MediaType.APPLICATION_OCTET_STREAM_VALUE);
    response.setContentType(MediaType.APPLICATION_OCTET_STREAM_VALUE);
    String downFileName = URLEncoder.encode(vo.getStorageFilename(), CharsetUtil.UTF_8);
```

```
    response.setHeader(Header.CONTENT_DISPOSITION.getValue(), "attachment;filename=" +
downFileName);
    IoUtil.write(response.getOutputStream(), false, fileBytes);
}
private FileInfo fileVOtoFileInfo(FileVO vo) {
    FileInfo fileInfo = new FileInfo();
    fileInfo.setPlatform(vo.getStoragePlatform());
    fileInfo.setBasePath(vo.getBasePath());
    fileInfo.setPath(vo.getStoragePath());
    fileInfo.setSize(vo.getFileSize());
    fileInfo.setFilename(vo.getStorageFilename());
    fileInfo.setOriginalFilename(vo.getOriginalFilename());
    return fileInfo;
}
```

3. 增加下載圖片介面文件

在檔案管理中增加一個下載圖片的介面，如圖 8-30 所示。

▲ 圖 8-30 增加下載圖片介面

首先從圖片管理的資料庫中獲取已存在的 id，然後在下載的介面中填寫 id，最後請求下載介面。在傳回的 Body 中會有圖片檔案顯示，點擊「下載」按鈕，即可將圖片下載到本地，如圖 8-31 所示。

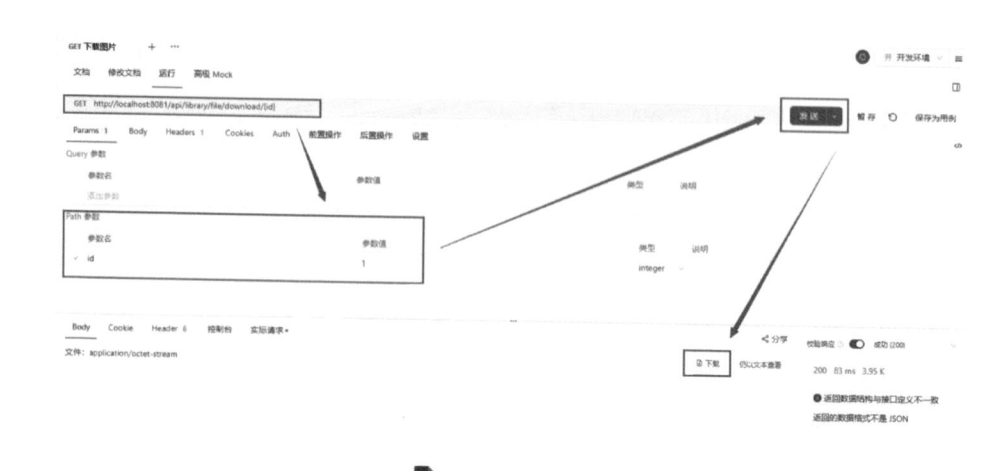

▲圖 8-31　下載圖片

本章小結

　　本章主要介紹了專案中對圖片的管理，並利用 Docker 進行容器化部署。透過架設 MinIo 檔案管理服務學習了阿里雲物件儲存 OSS。透過 Spring Boot 整合 X Spring File Storage 工具，對 MinIo、OSS 及本地檔案儲存工具進行整合，實現了對檔案的上傳和下載功能。同時，還實現了基礎的流程測試，確保檔案的上傳和下載功能能夠正常執行。

第 9 章

Spring Boot 整合 Redis

在本專案中使用 Redis 的主要作用是資料的快取,以此來加速讀取操作、驗證碼的儲存及處理即時資料分析等。

9.1 Redis 入門

9.1.1 Redis 簡介

Redis(Remote Dictionary Server) 是一款高性能的開放原始碼 NoSQL 資料庫,它採用 ANSI C 語言撰寫,支援網路通訊,可以在記憶體中高效儲存資料,並支援資料持久化。Redis 以日誌型結構儲存資料,提供了強大的 Key-Value 鍵值儲存功能,同時還提供了多種程式語言的 API,使其易於整合到各種應用程式中。

Redis 支援多種資料結構和演算法,包括 String(字串)、Hash(雜湊)、List(清單)、Set(集合)、Sorted Set(有序集合) 等類型。這種多樣性使 Redis 非常靈活,適用於各種應用場景。

以下是 Redis 的主要優勢。

(1) 具有極高的性能: Redis 資料儲存在記憶體中,因此具有非常快的讀寫速度。它的單執行緒執行模型也能提供低延遲的回應時間,官方測試的讀寫速度能達到每秒 10 萬次左右。

(2) 支援多種資料結構: 不僅支援簡單的鍵 - 值對,還支援常用的大多數資料型態,例如字串、雜湊表、清單、集合、有序集合等,這使 Redis 很容易被用來解決各種問題。

(3) 無論是設置一個鍵 - 值對、增加計數器,還是執行其他單一操作,Redis

確保這些操作是原子性的。這表示在多個用戶端同時存取 Redis 時，不會發生資料不一致的情況。與此同時還支援事務，透過 MULTI 和 EXEC 指令可以將多個操作打包成一個事務。在事務中的所有操作不是一起成功執行，就是一起失敗，這確保了多個操作的原子性。如果在 EXEC 之前發生錯誤，則整個事務將被導回，不會對資料產生影響。

(4) Redis 具有強大的發佈和訂閱功能，允許多個用戶端訂閱特定的頻道，實現即時訊息的傳遞和事件處理。

9.1.2 Redis 的安裝與執行

Redis 的官方網站沒有提供 Windows 版的安裝套件，但大多數開發專案會先在本地電腦上安裝基礎的環境，所以現在先透過 GitHub 來下載 Windows 版的 Redis 安裝套件 (如果找不到，則可以在本書提供的工具資料中下載)，下載網址為 https://github.com/tporadowski/redis/releases，然後根據電腦的配置情況選擇安裝的版本。

注意：Windows 安裝套件是其他人根據 Redis 原始程式改造的，並不是 Redis 官方提供的。

1. 下載 Redis

在寫作本書時提供的 Redis 的最新版本為 5.0.14.1，下載的安裝套件為 Redis-x64-5.0.14.1.zip，或選擇副檔名為 .msi 的安裝套件進行安裝，如圖 9-1 所示。

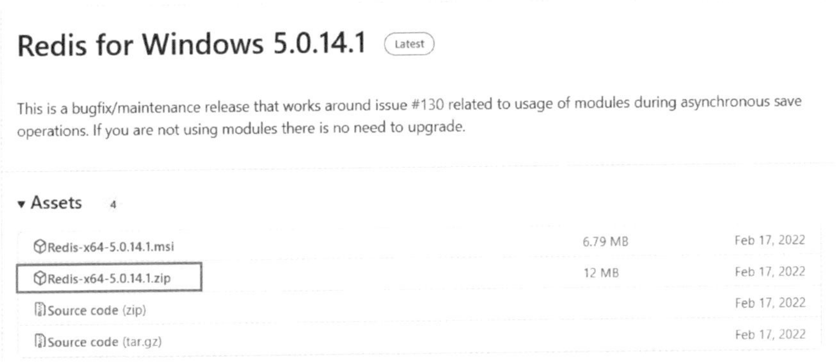

9.1 Redis 入門

▲ 圖 9-1　載 Windows 版本的 Redis

下載完成後，解壓該檔案，然後開啟解壓後的檔案，可以看到相關檔案的目錄，其中 redis-cli.exe 為 Redis 的用戶端程式；redis-server.exe 為 Redis 的伺服器端程式；redis-windows.conf 為 Redis 的設定檔，如圖 9-2 所示。

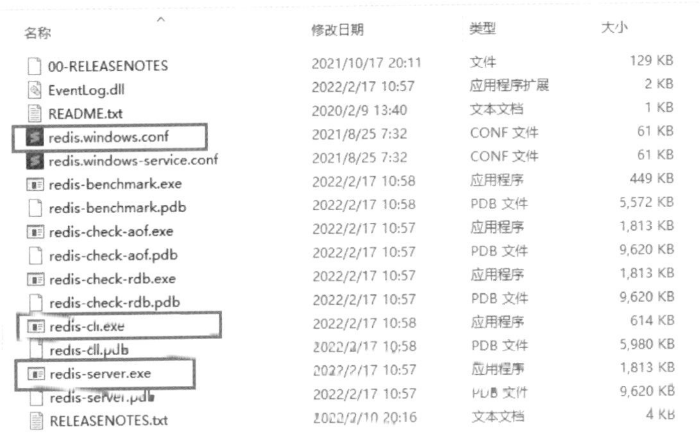

▲ 圖 9-2　Redis 目錄

2. 啟動 Redis 服務

在 Redis 檔案中，雙擊 Redis 伺服器端啟動程式 redis-server.exe，然後會彈出命令列視窗。可以看到 Redis 的版本編號、Port(通訊埠編號) 預設為 6379 和 PID(處理程序號)，如圖 9-3 所示。

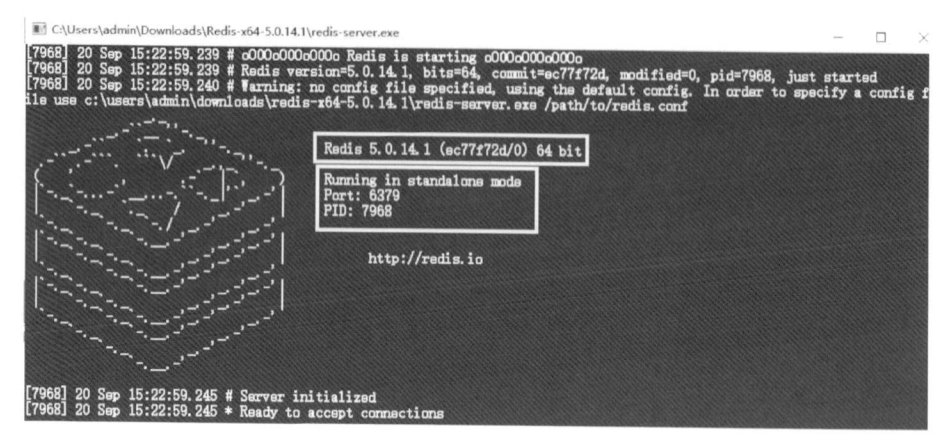

▲ 圖 9-3　啟動 Redis 伺服器端

　　使伺服器端保持開啟狀態，不要關閉該命令列視窗，否則 Redis 用戶端無法正常連接。雙擊用戶端啟動程式 redis-cli.exe，此時會彈出一個單獨的命令列視窗，如果看到圖 9-4 中的內容，則說明 Redis 本地用戶端與伺服器端連接成功。

▲ 圖 9-4　Redis 用戶端啟動

3. 配置 Redis

　　在 Redis 的設定檔中可以修改 Redis 的介面、設置密碼及連接位址等資訊，開啟 Redis 解壓目錄下的 redis.windows.conf 檔案，開發中常用的幾個配置如下。

　　(1) bind 127.0.0.1 表示允許連接該 Redis 實例的位址，在預設情況下只允許本地連接，也可以將該配置註釋起來，這樣外網即可連接 Redis。

　　(2) protected-mode yes 表示以保護模式開啟，如果配置了密碼，則這裡可以改為 no 關閉。

　　(3) port 6379 表示 Redis 的預設通訊埠編號為 6379，可以自訂修改。

　　(4) requirepass 配置預設為註釋起來的，如果想要設置密碼，則可啟用這行程式並修改密碼。

　　(5) daemonize yes 配置表示允許 Redis 在背景啟動。

4. 測試 Redis

在 Redis 的用戶端中，設置一個鍵 - 值對並根據鍵取出對應的值，如圖 9-5 所示。

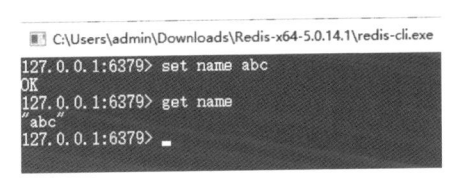

▲圖 9-5　Redis 測試

9.2　Redis 的視覺化工具

RedisInsight 是一款由官方提供的功能強大的視覺化管理工具。它不僅提供了用於設計、開發和最佳化 Redis 應用程式的功能，還能對 Redis 資料進行查詢、分析和互動。借助 RedisInsight，開發人員可以輕鬆地進行 Redis 應用程式的開發，同時支援遠端使用 CLI 功能，功能非常強大。

9.2.1　RedisInsight 的安裝

1. 下載 RedisInsight

這裡只在 Windows 系統下安裝，創作本書時最新的版本為 RedisInsight-v2 2.32.0，下載網址為 https://redis.com/redis-enterprise/redis-insight，進入下載介面，在該頁面的最下方找到 Download RedisInsight。根據電腦相關配置選擇適合電腦系統的版本、填寫電子郵件及相關資訊，然後點擊 DOWNLOAD 按鈕，等待下載完成即可，如圖 9-6 所示。

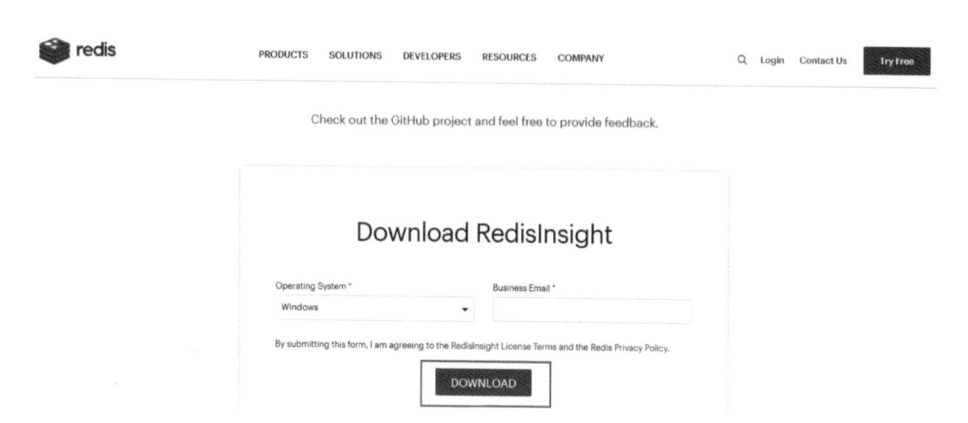

▲ 圖 9-6 下載 RedisInsight

2. 安裝 RedisInsight

雙擊下載的 RedisInsight 安裝套件，然後會彈出安裝導覽視窗，在安裝選項中選擇當前使用者還是所有使用者安裝該軟體，筆者這裡選擇的是「僅為我安裝」，然後點擊「下一步」按鈕，繼續往下操作，如圖 9-7 所示。

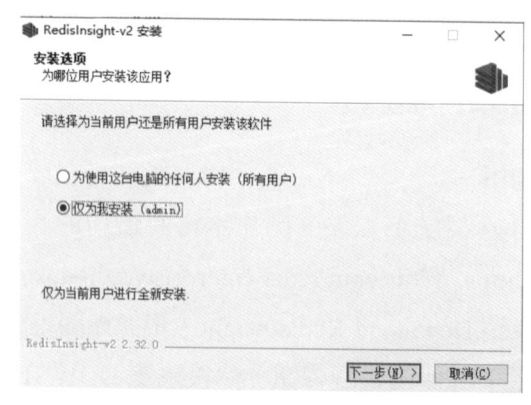

▲ 圖 9-7 RedisInsight 安裝選項

選擇安裝的位置，預設為安裝在系統磁片，建議不要使用預設的位址安裝，舉例來說，筆者將位址改為 D:\Software\RedisInsight-v2\ 目錄下，然後點擊「安裝」按鈕，等待安裝完成，最後點擊「完成」按鈕即可安裝成功，例如 9-8 所示。

安裝完成後，開啟該軟體，然後開啟 I have read and understood the Terms 按鈕，然後點擊 Submit 按鈕，就可以進入動作頁面了，如圖 9-9 所示。

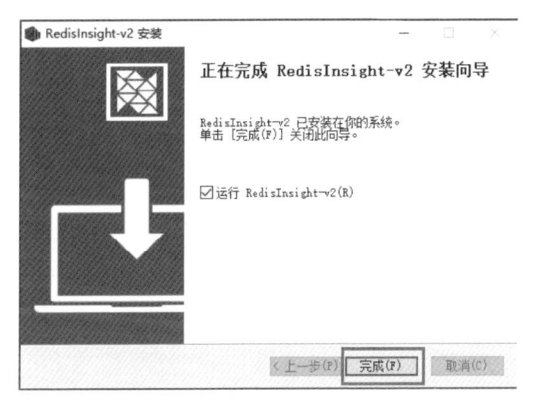

▲ 圖 9-8 RedisInsight 安裝完成

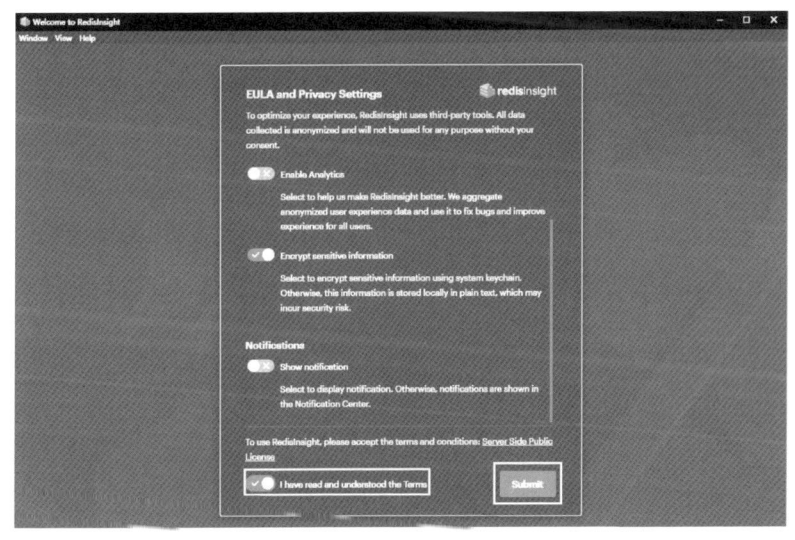

▲ 圖 9-9 同意 RedisInsight 相關協定

9.2.2 建立 Redis 的連接

在連接 Redis 之前，首先要確保 Redis 的服務是開啟的，然後在 RedisInsight 工具的主介面中增加 Redis 資料庫，選擇手動增加資料庫，如圖 9-10 所示。

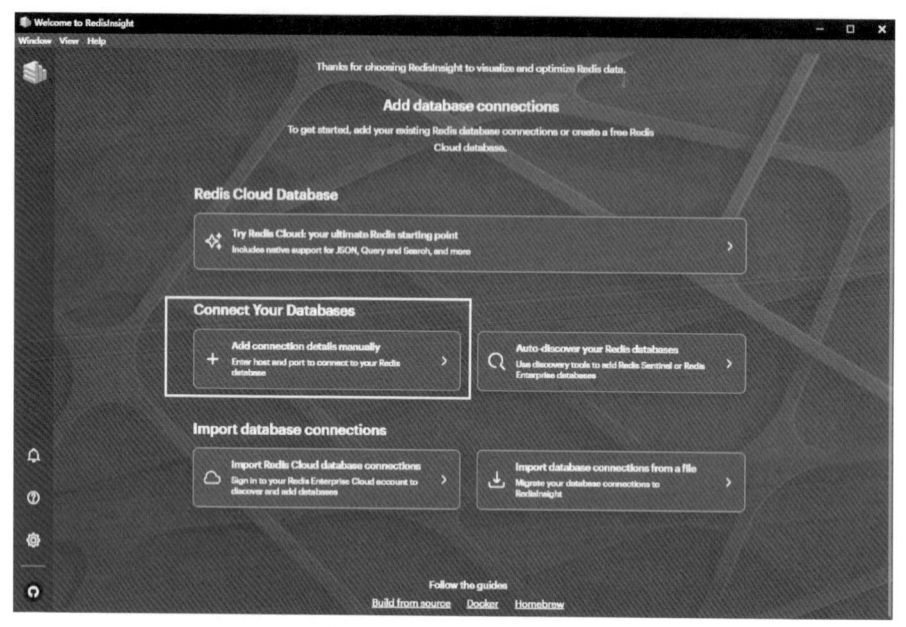

▲ 圖 9-10 建立 Redis 資料庫

輸入 Redis 伺服器的位址 (Host)、通訊埠 (Port) 及 Redis 資料庫別名。如果沒有設置使用者名稱 (Username) 和密碼 (Password)，則可以不用填寫，後期線上部署 Redis 時，為了資料的安全需要設置密碼，這裡在本地使用暫時先不需要。勾選 Select Logical Database 選項表示選擇 Redis 邏輯資料庫，這裡的配置預設為 0 號資料庫，不需要修改。填寫完成後，點擊左下角的 Test Connection 按鈕進行連接測試，如果連接成功，則點擊 Add Redis Database 按鈕，建立 Redis 資料庫，如圖 9-11 所示。

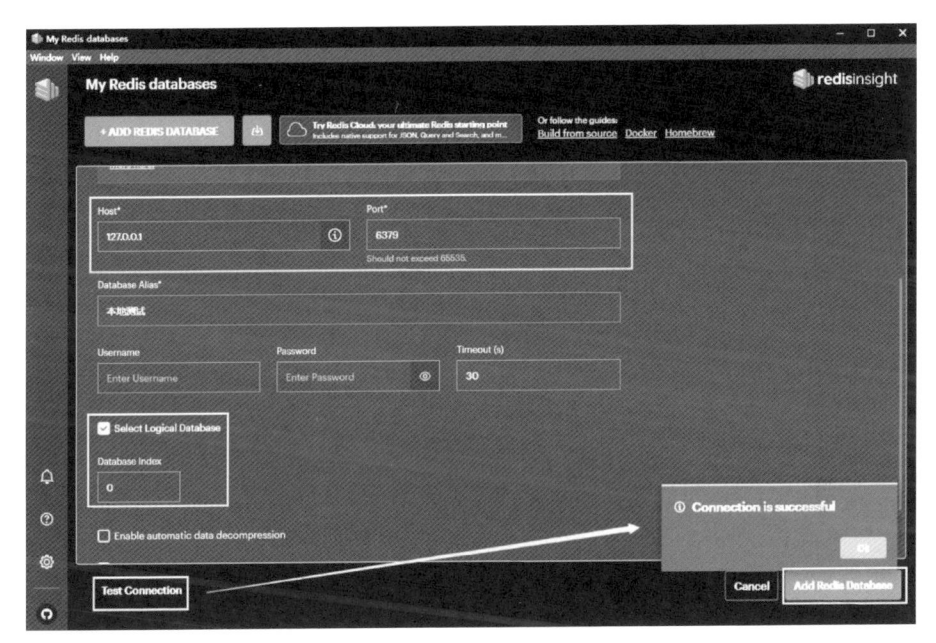

9.2 Redis 的視覺化工具 | 9-9

▲ 圖 9-11 填寫 Redis 資料庫資訊

建立完成後會顯示 Redis 資料庫清單，然後在 Database Alias 點擊別名「本地測試」的資料庫，就可以進入該資料庫中，如圖 9-12 所示。

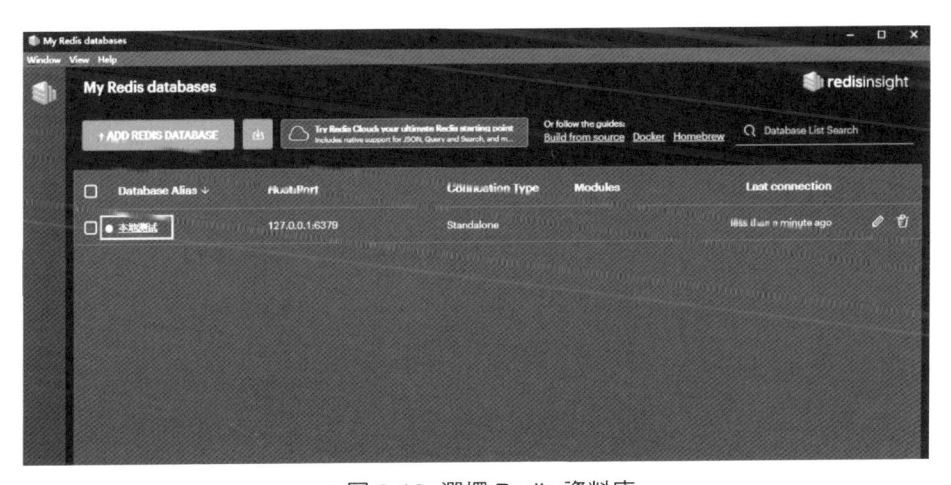

▲ 圖 9-12 選擇 Redis 資料庫

進入 Redis 資料庫中，然後點擊左下角的 CLI 標籤，可以在這裡使用命令來操作 Redis，如圖 9-13 所示。

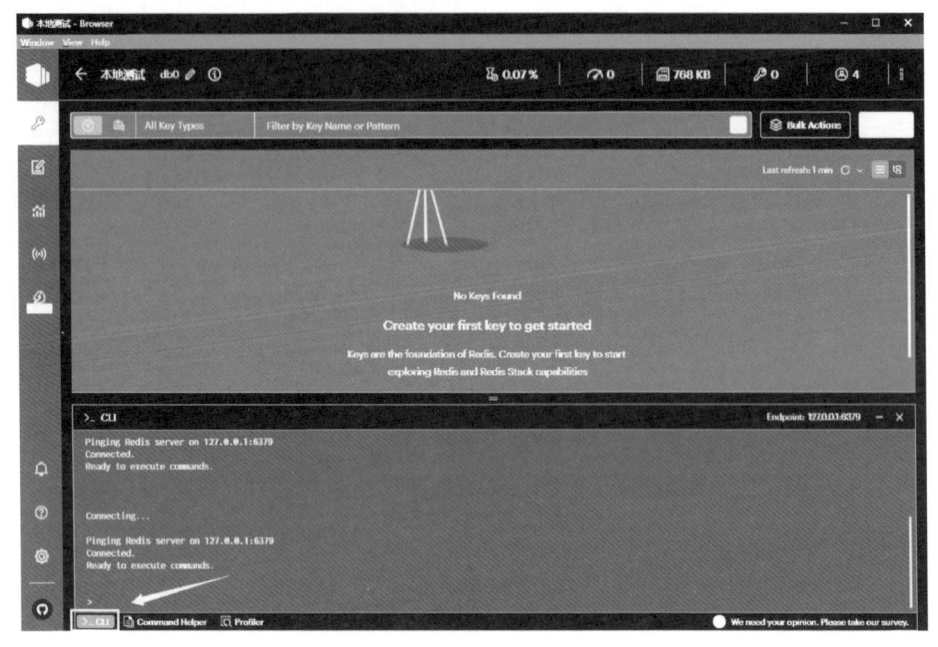

▲ 圖 9-13 開啟 CLI 主控台

然後使用 Redis 命令增加一個 key 和 value（鍵 - 值對），命令如下：

```
set name library
```

命令執行完後，在 Redis 管理頁面中刷新一下，然後左側會顯示資料庫的 key 清單，右側會顯示選擇 key 的對應 value 值，如圖 9-14 所示。

▲ 圖 9-14 key-value 展示

到此 Redis 的安裝和視覺化連接操作已基本結束，可以透過 RedisInsight 工具對 Redis 進行管理和分析等操作，非常方便。

9.3 整合 Redis

Spring Boot 提供了 spring-data-redis 框架來整合 Redis 的相關操作，透過開箱即用功能進行自動化配置，開發者只需增加相關相依並配置 Redis 連接資訊就可以在專案中使用了。

9.3.1 增加 Redis 的相依

在 library-common 子模組的 pom 檔案中加入以下相依，並刷新 Maven。專案使用 spring-boot-starter-data-redis 預設的 Redis 工具 Lettuce，它提供了高性能、非同步和響應式的 Redis 操作，並支援 Redis 各種高級功能，如哨兵、叢集、管線、自動重新連接等，是許多 Java 應用程式中首選的 Redis 用戶端之一，程式如下：

```xml
// 第 9 章 /library/library-common/pom.xml
<!-- Redis 相依套件 -->
<dependency>
    <groupId>org.springframework.boot</groupId>
    <artifactId>spring-boot-starter-data-redis</artifactId>
</dependency>
<!-- Lettuce Pool 快取連接池 -->
<dependency>
    <groupId>org.apache.commons</groupId>
    <artifactId>commons-pool2</artifactId>
</dependency>
```

9.3.2 撰寫設定檔

開啟 library-admin 子模組中的 application-dev.yml 設定檔，在 Spring 下配置 Redis 的連接資訊，程式如下：

```yml
// 第 9 章 /library/library-admin/application-dev.yml
#Redis 配置
 data:
  redis:
    #Redis 伺服器地址
    host: 127.0.0.1
    #Redis 伺服器通訊埠編號
    port: 6379
```

```
# 使用的資料庫索引，預設為 0
database: 0
# 連接逾時時間（毫秒）
timeout: 1800000
#Redis 伺服器連接密碼（預設為空）
password:
lettuce:
  pool:
    # 最大阻塞等待時間，負數表示沒有限制
    max-wait: -1
    # 連接池中的最大空閒連接
    max-idle: 32
    # 連接池中的最小空閒連接
    min-idle: 5
    # 連接池中的最大連接數，負數表示沒有限制
    max-active: 1000
```

Spring Boot 預設提供了 RedisTemplate 和 StringRedisTemplate 實例，但它們的泛型參數為 <Object, Object>，這可能導致在使用時需要進行煩瑣的類型轉換。現在要將 RedisTemplate 的泛型改為 <String, Object>，並自訂資料在 Redis 中的序列化方式，從而避免煩瑣的類型轉換，可以透過以下配置進行修改。

在 library-common 子模組中的 config 套件中新建一個 RedisConfig.java 配置類別，程式如下：

```
// 第 9 章 /library/library-common/RedisConfig.java
@Configuration
public class RedisConfig {

    @Bean
    public RedisTemplate<String, Object> customRedisTemplate(LettuceConnectionFactory factory) {
        RedisTemplate<String, Object> redisTemplate = new RedisTemplate<>();
        // 配置連接工廠
        redisTemplate.setConnectionFactory(factory);
        // 設置 key 序列化方式 string，RedisSerializer.string() 等價於 new StringRedisSerializer()
        redisTemplate.setKeySerializer(RedisSerializer.string());
        // 設置 value 的序列化方式 json，使用 GenericJackson2JsonRedisSerializer 替換預設序列化
        //RedisSerializer.json() 等價於 new GenericJackson2JsonRedisSerializer()
        redisTemplate.setValueSerializer(RedisSerializer.json());
        // 設置 hash 的 key 的序列化方式
        redisTemplate.setHashKeySerializer(RedisSerializer.string());
```

```
            //hash 的 value 序列化方式採用 json
            redisTemplate.setHashValueSerializer(RedisSerializer.json());
            // 開啟事務
            redisTemplate.setEnableTransactionSupport(true);
            // 使配置生效
            redisTemplate.afterPropertiesSet();
            return redisTemplate;
    }
    /**
     * 注入封裝的 RedisTemplate
     *
     * @param redisTemplate
     * @return
     */
    @Bean(name = "redisUtil")
    public RedisUtil redisUtil(RedisTemplate<String, Object> redisTemplate)
    {
        RedisUtil redisUtil = new RedisUtil();
        redisUtil.setRedisTemplate(redisTemplate);
        return redisUtil;
    }
}
```

9.3.3 Redis 工具類別

在專案的開發過程中，為了方便地操作 Redis 中的各種資料型態，通常會建立一個名為 RedisUtil 的工具類別，將 Redis 中的各種指令的操作方法封裝在其中。這樣，在需要使用 Redis 時，就可以直接呼叫這個 RedisUtil 工具類別。透過工具類別，開發者可以更加專注於核心業務邏輯，而不需要花費太多的時間和精力去處理 Redis 的操作細節。同時，這也使程式更加清晰和易於維護。

在 library-common 子模組的 util 套件中建立 RedisUtil.java 類別，這裡只展示一部分程式，其他 Redis 的操作可查看書附原始程式，程式如下：

```
//第9章/library/library-common/RedisConfig.java
public class RedisUtil {
    private static final Logger log = LoggerFactory.getLogger(RedisUtil.class);
    private RedisTemplate<String, Object> redisTemplate;

    public void setRedisTemplate(RedisTemplate<String, Object> redisTemplate) {
        this.redisTemplate = redisTemplate;
```

```java
        }
        /**
         * 指定快取失效時間
         *
         * @param key 鍵
         * @param time 時間(s)
         */
        public boolean expire(String key, long time) {
            try {
                if (time > 0) {
                    redisTemplate.expire(key, time, TimeUnit.SECONDS);
                }
                return true;
            } catch (Exception e) {
                e.printStackTrace();
                return false;
            }
        }
    }
    /**
     * 根據 key 獲取過期時間
     *
     * @param key 鍵不能為 null
     * @return 時間(s) 傳回 0 代表永久有效
     */
    public long getExpire(String key) {
        return redisTemplate.getExpire(key, TimeUnit.SECONDS);
    }

    /**
     * 判斷 key 是否存在
     *
     * @param key 鍵
     * @return true 表示存在； false 表示不存在
     */
    public boolean hasKey(String key) {
        try {
            return redisTemplate.hasKey(key);
        } catch (Exception e) {
            e.printStackTrace();
            return false;
        }
    }
    /**
     * 刪除快取
     *
     * @param key 可以傳一個值或多個值
```

```java
 */
@SuppressWarnings("unchecked")
public void del(String... key) {
    if (key != null && key.length > 0) {
        if (key.length == 1) {
            redisTemplate.delete(key[0]);
        } else {
            redisTemplate.delete((Collection<String>) CollectionUtils.arrayToList(key));
        }
    }
}
```

9.3.4 測試 Redis

在 library-admin 子模組的 test 測試檔案下找到 LibraryAdminApplicationTests 測試類別，然後使用 Redis 工具類別測試是否可以將資料加入 Redis 快取中。首先注入工具類別，然後在 contextLoads 方法中增加一個 Redis 的鍵 - 值對，並輸出根據 key 查詢的 value 值，程式如下：

```java
// 第 9 章 /library/library-admin/LibraryAdminApplicationTests.java
@Autowired
private RedisUtil redisUtil;

@Test
void contextLoads() {
    redisUtil.set("name", " 圖書管理系統 ");
    System.out.println(redisUtil.get("name"));
}
```

執行該測試方法，可以看到 value 值列印在主控台中，然後開啟 Redis 的視覺化工具，查看是否加入了該鍵 - 值對，如圖 9-15 所示。

▲圖 9-15 Redis 測試

本章小結

　　本章學習了 Redis 的基本概念和 Redis 環境的配置，並結合視覺化工具進行了連接操作，以及如何整合到專案中，增加了 Redis 的工具類別，方便後期專案的使用。

第 10 章

實現郵件、簡訊發送和驗證碼功能

在專案實際需求中，最常見的功能就是發送簡訊和郵件了，如使用者註冊發送簡訊驗證碼、找回密碼、向使用者發送通知及各種其他的應用場景。本章主要介紹專案中如何根據實際需求整合郵件和簡訊發送，真正做到學以致用。

10.1 整合簡訊服務

簡訊功能的實現主要呼叫阿里雲的簡訊發送 API 服務，向官方申請簡訊服務的位址為 https://dysms.console.aliyun.com/overview，這就需要在阿里雲上開通簡訊服務，開通簡訊服務是不收費用的。進入阿里雲簡訊服務，選擇「方式 1 透過 API 發簡訊」，如圖 10-1 所示。

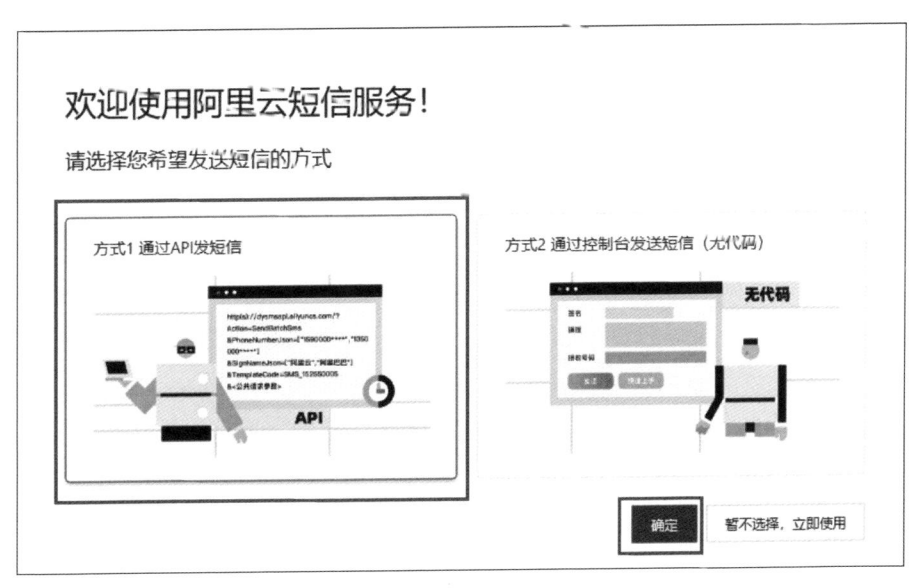

▲圖 10-1 選擇發送簡訊方式

想要成功發送一筆簡訊通知，至少需要以下步驟。

(1) 在主控台完成簡訊簽名與簡訊範本的申請，獲得呼叫介面必備的參數。

(2) 在「簡訊簽名」頁面完成簽名的申請，獲得簡訊簽名的字串。

(3) 在「簡訊範本」頁面完成範本的申請，獲得範本 ID。

注意：簡訊簽名和範本需要審核透過後才可以使用。

在申請簽名和範本時，最好有一個備案過的域名，或選擇自訂測試簽名和範本 (僅用於測試使用)。如果應用未上線且網站域名未備案，或想學習並體驗使用阿里雲通訊簡訊服務，則可以在官方提供的發送測試模組使用自訂測試簽名 / 範本功能，但還需完成自訂測試簽名 / 範本的申請並審核透過，然後綁定測試手機號碼才可以測試。

10.1.1 申請簡訊簽名

簡訊簽名是根據使用者屬性來建立符合自身屬性的簽名資訊。舉例來說，手機收到的簡訊內容一般是這種形式：「【圖書】你的註冊驗證碼是 xxx，請不要把驗證碼洩露給其他人，10min 內有效，如非本人請勿操作。」其中，簡訊內容【】裡的「圖書」則為簡訊的簽名。

在簡訊服務主控台中選擇「國內訊息」選單導覽，然後點擊「增加簽名」按鈕，最後填寫申請簽名的資訊。

(1) 簽名： 填寫簡訊的簽名，可以為使用者真實應用名稱、網站名稱及公司名稱等。

(2) 適用場景： 預設選擇「通用」，主要包括驗證碼、通知簡訊、推廣簡訊、國際 / 港澳臺地區簡訊。

(3) 簽名用途： 這裡選擇「自用」，本帳號實名的網站或 App 等，也就是阿里雲帳號實名認證的使用者要和備案過的網站資訊一致。

(4) 簽名來源： 這裡要選擇簽名的使用物件，目前提供了 3 個選項，已備案網站、已上線 App、測試或學習 (這裡只能發送到指定的手機號碼，可以在導覽選單的快速學習和測試中增加測試手機號碼)，這裡推薦使用已備案的網站，選擇完成後，需要填寫場景連結，其中連結是可以透過外網存取的。

(5) 場景說明：描述一下使用簡訊的用途，如在網站註冊功能中獲取簡訊驗證碼驗證，可根據自己的實際情況，如實填寫相關用途。

填寫完整，然後點擊「提交」按鈕，等待審核，一般 2 小時左右就可以審核完成，如圖 10-2 所示。

▲圖 10-2　增加簽名

10.1.2　申請簡訊範本

範本就是要發送的簡訊內容。這裡需要注意，只有簽名審核透過後，才能增加範本。在範本管理中點擊「增加範本」按鈕，然後填寫申請範本的相關資訊。

(1) 範本類型：這裡選擇「驗證碼」類型，主要用於獲取驗證碼。

(2) 連結簽名：選擇已經審核透過的簽名會使範本審核更加容易透過。

(3) 範本名稱：建立該範本的標題。

（4）範本內容：由於申請的該範本是驗證碼類別的，所以在範本的內容中驗證碼應設置為變數，該變數會由背景程式生成後賦值給該變數。如「你的驗證碼為 ${code}，該驗證碼 5min 內有效，請勿洩露於他人。」在內容中有一個 code 變數，需要選擇變數屬性，如僅數字、數字與字母組合或僅字母。因為申請的是驗證碼類別的範本，所以選擇「僅數字」屬性即可。

（5）應用場景：在選擇完連結簽名後會自動填充相關內容，主要包括官網、網站、App 應用、店鋪連結、公眾號或小程式名稱等。

（6）場景說明：對申請的範本進行簡單描述，如註冊場景獲取驗證碼等簡要說明。

然後點擊「增加」按鈕，將範本提交審核，等待審核完成，如圖 10-3 所示。

▲圖 10-3 增加範本

10.1.3 簡訊服務功能實現

如果要在專案中增加阿里雲簡訊服務，則需要引入相關的相依，官方提供的連線文件位址為 https://next.api.aliyun.com/api-tools/sdk/Dysmsapi，目前最新的 SDK 版本為 v2.0 版本 (筆者創作本書時的最新版本)。所使用的語言 Java 給了兩個選擇，選擇不是非同步的 Java 語言。

1. 增加相依

接下來開啟 library-common 子模組的 pom.xml 檔案，然後將相依增加到專案中，程式如下：

```xml
// 第 10 章 /library/library-common/pom.xml
<!-- aliyun sms -->
<dependency>
  <groupId>com.aliyun</groupId>
  <artifactId>dysmsapi20170525</artifactId>
  <version>2.0.24</version>
</dependency>
<!-- fastjson -->
<dependency>
  <groupId>com.alibaba</groupId>
  <artifactId>fastjson</artifactId>
</dependency>
```

2. 增加簡訊配置

在 library-admin 子模組的 application.yml 公共設定檔中增加簡訊發送的相關配置。首先定義阿里雲帳號生成的存取金鑰 accessKeyId ID 和 accessKeySecret 的值，金鑰和架設阿里雲端儲存 OSS 時使用的金鑰要一致，然後定義簽名名稱和申請的範本 CODE，程式如下：

```yaml
// 第 10 章 /library/library-admin/application.yml
sms:
  #AccessKey ID
  accessKeyId:
  #AccessKey Secret
  accessKeySecret:
  # 預設使用官方的
  regionId: cn-hangzhou
```

```
# 簽名名稱，舉例來說，一朵圖書
signName:
# 範本，舉例來說，SMS_243653105
templateCode:
```

3. 簡訊配置類別

在 library-common 子模組的 config 套件中新建一個 SmsConfig 配置類別，使用註解 @Value 從設定檔中讀取屬性值並注入類別的欄位或方法參數中，這樣後期使用時方便獲取配置資訊，可以直接使用「類別名稱.變數」的方式呼叫，程式如下：

```java
// 第10章 /library/library-common/SmsConfig.java
@Configuration
@Data
public class SmsConfig {
    /**
     * KEY
     */
    public static String accessKeyId;
    /**
     * 金鑰
     */
    public static String accessKeySecret;
    /**
     * 區域 ID
     */
    public static String regionId;
    /**
     * 簡訊簽名
     */
    public static String signName;
    /**
     * 簡訊範本 ID
     */
public static String templateCode;

    @Value("${sms.accessKeyId}")
    public void setAccessKeyId(String keyId) {
        accessKeyId = keyId;
    }
    @Value("${sms.accessKeySecret}")
    public void setAccessKeySecret(String secret) {
        accessKeySecret = secret;
```

```
    }
    @Value("${sms.regionId}")
    public void setRegionId(String region) {
        regionId = region;
    }
    @Value("${sms.signName}")
    public void setSignName(String sign) {
        signName = sign;
    }
    @Value("${sms.templateCode}")
    public void setTemplateCode(String code) {
        templateCode = code;
    }
}
```

10.1.4 簡訊發送工具實現

為了實現簡訊發送功能並提高程式的再使用性，需要建立一個獨立的工具類別，並結合阿里雲簡訊 API 來發送簡訊。這個工具類別將封裝所有與簡訊發送相關的操作，以便其他模組可以輕鬆地呼叫它。

1. 建立工具類別

在 library-common 子模組的 config 套件中建立一個 SmsUtil 工具類別。

(1) 首先需要初始化帳號，將對接阿里雲介面的金鑰初始化，程式如下：

```
// 第 10 章 /library/library-common/SmsUtil.java
/**
 * 使用 AK&SK 初始化帳號 Client
 * @param accessKeyId
 * @param accessKeySecret
 * @return Client
 * @throws Exception
 */
public static Client createClient(String accessKeyId, String accessKeySecret) throws Exception {
    Config config = new Config()
            // 必填，AccessKey ID
            .setAccessKeyId(accessKeyId)
            // 必填，AccessKey Secret
            .setAccessKeySecret(accessKeySecret);
    //Endpoint 可參考 https://api.aliyun.com/product/Dysmsapi
    config.endpoint = "dysmsapi.aliyuncs.com";
```

```
        return new Client(config);
}
```

(2) 建立 sendSms 發送簡訊的方法，接收兩個參數，一個是使用者的手機號碼；另一個是動態驗證碼。如果簡訊發送成功，則介面會傳回成功的狀態碼 OK。需要在該模組的 constant 套件的 Constants 類別中增加一個簡訊發送成功的狀態碼 SMS_SEND_SUCCESS，將值設置為 OK；如果發送失敗，則列印失敗的資訊，

實現簡訊發送業務，程式如下：

```
// 第 10 章 /library/library-common/SmsUtil.java
/**
 * 發送簡訊
 *
 * @param phone 手機號碼，目前只支援對多單手機號碼發送簡訊
 * @param codeParam 簡訊範本變數對應的順序
 */
public static boolean sendSms(String phone, String codeParam) throws Exception {
    Client client = SmsUtil.createClient(SmsConfig.accessKeyId, SmsConfig.accessKeySecret);
    // 組合 API 發送需要的參數
    SendSmsRequest sendSmsRequest = new SendSmsRequest()
            // 待發送手機號碼
            .setPhoneNumbers(phone)
                    // 簡訊簽名 - 可在簡訊主控台中找到
            .setSignName(SmsConfig.signName)
            // 簡訊範本 - 可在簡訊主控台中找到
            .setTemplateCode(SmsConfig.templateCode)
            // 範本中的變數替換 JSON 串
            .setTemplateParam("{\"code\":"+codeParam+"}");
    try {
        // 透過 client 發送
        SendSmsResponse smsResponse = client.sendSmsWithOptions(sendSmsRequest, new RuntimeOptions());
      if(smsResponse.getBody().code.equals(Constants.SMS_SEND_SUCCESS)) {
            log.info("簡訊發送成功！手機號碼： {}", phone);
            return true;
        } else {
            log.error("簡訊發送失敗！手機號碼： {}, 錯誤原因： {}", phone, smsResponse.getBody().message);
            return false;
        }
    } catch (TeaException err) {
        log.error("簡訊發送異常！手機號碼： {}, 錯誤資訊： ", phone, err);
```

```
            throw new RuntimeException(err);
        } catch (Exception e) {
            log.error("簡訊發送異常！手機號碼：{}，錯誤資訊：", phone, e);
            throw new RuntimeException(e);
        }
    }
}
```

2. 測試簡訊發送

簡訊發送業務程式已經完成，然後測試真實的簡訊發送，需要準備一個能接收到真實簡訊的手機號碼，在 library-admin 子模組的 LibraryAdminApplicationTests 測試類別中增加一個 smsTest 測試方法，其中使用 UUID.randomUUID 工具生成一個 6 位數的動態驗證碼。執行該測試方法，程式如下：

```
// 第10章/library/library-admin/LibraryAdminApplicationTests.java
@Test
void smsTest() {
    try {
        String code = UUID.randomUUID().toString().replaceAll("[^0-9]","").substring(0, 6);
        System.out.println(code);
        // 接收的手機號碼
        String phone = "13856988888";
        // 呼叫簡訊發送方法
        SmsUtil.sendSms(phone, code);
    } catch (Exception e) {
        e.printStackTrace();
    }
}
```

等待執行完成後，查看 smsTest 方法的主控台會有驗證碼輸出，如筆者測試生成的驗證碼為 774636，如圖 10-4 所示。

▲ 圖 10-4 生成驗證碼

然後查看手機有沒有接收到驗證碼的簡訊，如果接收的驗證碼和該主控台輸出的驗證碼一致，則說明簡訊發送功能已經完成，如圖 10-5 所示。

▲ 圖 10-5　簡訊驗證碼接收

10.2　整合郵件發送

在實際專案的需求中，經常會遇到使用 Email 郵件發送訊息的場景，舉例來說，通知類別的訊息、向客戶發送郵件等，本節將透過 Spring Boot 整合 Email 發送普通文字郵件，其餘的郵件格式的發送功能本專案不涉及。

10.2.1　申請授權碼

大部分郵件服務提供者（包括 QQ 電子郵件、163 電子郵件等）已經不再支援在程式中直接使用使用者名稱和密碼發送郵件。取而代之的是使用更加安全的授權碼的方式，需要自己申請使用授權碼，本專案以 QQ 電子郵件授權碼為例演示申請的流程。

登入 QQ 電子郵件網頁版，位址為 https://mail.qq.com/，在介面的上方點擊「設置」按鈕，然後點擊「帳戶」標籤，在帳戶選項中找到服務狀態，然後開啟服務，需要手機號碼驗證，開啟成功後會獲取授權碼，將該授權碼儲存備用，如圖 10-6 所示。

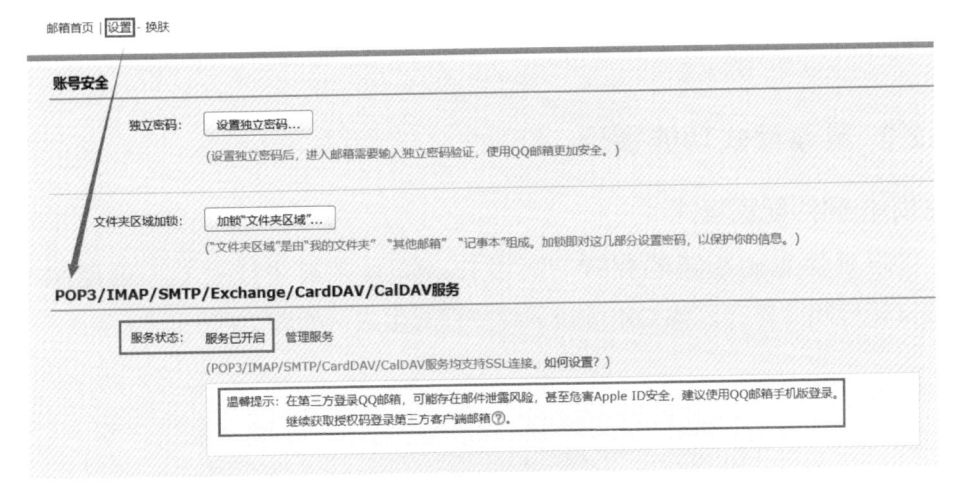

▲ 圖 10-6 獲取授權碼

10.2.2 設計郵件配置資料表

現在已經獲取了授權碼，想要發送郵件還需要一些配置，如發送郵件伺服器、通訊埠編號等，現在將發送郵件的相關配置存入資料表中，方便後期管理。舉例來說，更改 QQ 帳號和密碼會觸發授權碼過期，需要重新獲取新的授權碼登入，此時需要修改配置，直接在頁面更新資料表資料即可。

現在在專案的 init.sql 管理檔案中增加建立郵件配置資料表的 SQL 敘述，然後增加到資料庫中，程式如下：

```sql
// 第 10 章 /library/library-admin/db/init.sql
DROP TABLE IF EXISTS `lib_email_config`;
CREATE TABLE `lib_email_config`
(
    `id`            INT(11)         NOT NULL AUTO_INCREMENT COMMENT '主鍵 ID',
    `from_user`     VARCHAR(255)    DEFAULT NULL COMMENT '發送電子郵件帳號',
    `username`      VARCHAR(50)     DEFAULT NULL COMMENT '建立者',
    `host`          VARCHAR(50)     DEFAULT NULL COMMENT '郵件伺服器 SMTP 位址',
    `pass`          VARCHAR(255)    DEFAULT NULL COMMENT '密碼',
    `port`          VARCHAR(50)     DEFAULT NULL COMMENT '通訊埠',
    `email_status`  INT             NOT NULL COMMENT '配置狀態 (0：正常；1：停用)',
    `remark`        VARCHAR(255)    DEFAULT NULL COMMENT '備註',
    `create_time`   DATETIME        NOT NULL DEFAULT CURRENT_TIMESTAMP COMMENT '建立時間',
    PRIMARY KEY (`id`) USING BTREE
```

```
) ENGINE = InnoDB CHARACTER SET = utf8mb4 COLLATE = utf8mb4_general_ciROW_FORMAT =
Dynamic
    COMMENT='電子郵件配置';
```

10.2.3 業務程式功能實現

1. 初始化郵件配置程式

實現郵件基礎配置的程式，使用 EasyCode 工具生成程式，選擇 library-system 子模組，然後點擊 OK 按鈕，等待程式生成，如圖 10-7 所示。

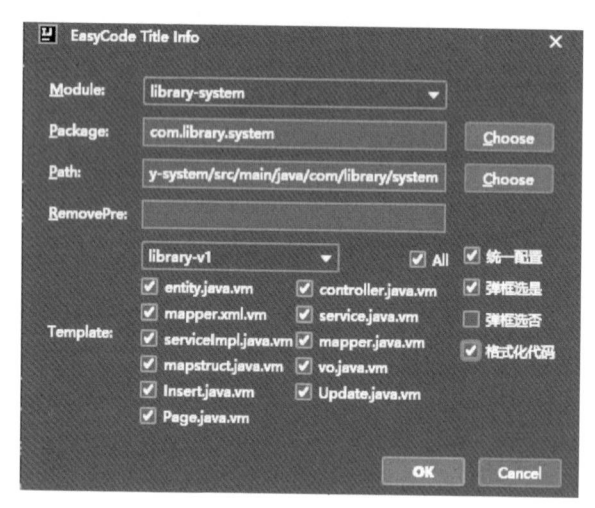

▲圖 10-7　初始化郵件配置程式

郵件配置程式初始化完成後，在 EmailConfigController 類別中修改查詢列表，將分頁查詢改為查詢全部配置，程式如下：

```
//第10章/library/library-system/EmailConfigController.java
@GetMapping("/list")
public Result<List<EmailConfigVO>> list() {
    List<EmailConfigVO> voList = emailConfigService.emailConfigList();
    return Result.success(voList);
}
```

EmailConfigService 和 EmailConfigServiceImpl 也要相應地進行修改，在實現類別中將實體類別物件轉為 VO 的格式，並在 EmailConfigVO 類別中增加供前端使用的狀態名稱 emailStatusName。同時使用解密工具類別 EncryptUtil 對郵件配

置密碼進行解密,方便前端展示,工具類別程式不再展示,可以在提供的原始程式中獲取,程式如下:

```java
// 第 10 章 /library/library-system/EmailConfigServiceImpl.java
@Override
public List<EmailConfigVO> emailConfigList() {
    List<EmailConfig> list = list();
    List<EmailConfigVO> emailConfigVOS = emailConfigStructMapper.configListToEmailConfigVO(list);
    if (CollUtil.isNotEmpty(emailConfigVOS)) {
        emailConfigVOS.forEach(v -> {
         v.setEmailStatusName(StatusEnum.getValue(v.getEmailStatus()));
            try {
                v.setPass(EncryptUtil.desDecrypt(v.getPass()));
            } catch (Exception e) {
                log.error("郵件配置密碼還原失敗:id為{}", v.getId());
            }
        });
    }
    return emailConfigVOS;
}
```

在增加郵件配置時,在入庫前要對密碼進行加密處理,使用的是對稱加密方式,方便解密處理,修改郵件配置類別的 insert 實現方法的程式如下:

```java
// 第 10 章 /library/library-system/EmailConfigServiceImpl.java
@Override
public boolean insert(EmailConfigInsert emailConfigInsert) {
    EmailConfig emailConfig = emailConfigStructMapper.insertToEmailConfig(emailConfigInsert);
    // 加密
    try {
        emailConfig.setPass(EncryptUtil.desEncrypt
        (emailConfig.getPass()));
    } catch (Exception e) {
        e.printStackTrace();
    }
    save(emailConfig);
    return true;
}
```

2. 增加相依

Spring Boot 專案的郵件發送主要使用 JavaMailSender 實現，需要增加相關的相依，在 library-system 子模組的 pom.xml 檔案中增加相依的程式如下：

```xml
<dependency>
    <groupId>org.springframework.boot</groupId>
    <artifactId>spring-boot-starter-mail</artifactId>
</dependency>
```

3. 獲取郵件配置

在發送郵件之前，首先要獲取發送郵件服務的相關配置，例如發送郵件、通訊埠編號、授權碼等資訊。

(1) 郵件配置需要從資料庫中獲取，需要在 EmailConfigService 中增加一個查詢配置的方法 getSendEmail，程式如下：

```java
EmailConfig getSendEmail();
```

(2) 實現查詢郵件的 getSendEmail() 方法的程式如下：

```java
// 第10章 /library/library-system/EmailConfigServiceImpl.java
@Override
public EmailConfig getSendEmail() {
    // 查詢狀態為正常的配置
    List<EmailConfig> emailConfigs = lambdaQuery()
        .eq(EmailConfig::getEmailStatus, StatusEnum.NORMAL.getCode())
            .list();
    if (CollUtil.isNotEmpty(emailConfigs)) {
        Random random = new Random();
        //生成一個隨機索引
        int randomIndex = random.nextInt(emailConfigs.size());
        EmailConfig emailConfig = emailConfigs.get(randomIndex);
        return emailConfig;
    }
    return null;
}
```

4. 郵件發送

郵件發送功能和簡訊發送功能一樣，封裝成一個工具類別，方便專案使用時呼叫。

1) 配置郵件發送服務資訊

在 library-system 子模組中建立一個 config 配置套件，然後建立 EmailConfig 配置類別，在該類別中增加一個 javaMailSender 的方法是 JavaMailSender 的 bean，並設置郵件伺服器的位址、通訊埠編號、使用者名稱和密碼等資訊，然後在類別中將 EmailConfigService 注入，並從資料庫中獲取郵件配置資訊，程式如下：

```java
// 第10章 /library/library-system/EmailSendConfig.java
@Log4j2
@Configuration
public class EmailSendConfig {
    private final EmailConfigService emailConfigService;
    private static String from;
    @Autowired
    public EmailSendConfig(EmailConfigService emailConfigService) {
        this.emailConfigService = emailConfigService;
    }
    public static String getFrom() {
        return from;
    }
    @Bean
    @ConditionalOnMissingBean
    public JavaMailSender javaMailSender() {
        JavaMailSenderImpl mailSender = new JavaMailSenderImpl();
        try {
            EmailConfig sendEmail = emailConfigService.getSendEmail();
            if (sendEmail != null) {
                // 設置郵件伺服器主機名稱
                mailSender.setHost(sendEmail.getHost());
                // 設置郵件伺服器通訊埠編號
                mailSender.setPort(Integer.parseInt(sendEmail.getPort()));
                // 設置郵件發送者的電子郵件
                from = sendEmail.getFromUser();
                mailSender.setUsername(from);
                // 設置郵件發送者的密碼
                mailSender.setPassword(EncryptUtil.desDecrypt(sendEmail.getPass()));
                mailSender.setDefaultEncoding("UTF-8");
                Properties properties = mailSender.getJavaMailProperties();
                properties.setProperty("mail.smtp.timeout", "5000");
            }
        } catch (Exception e) {
            log.error(" 郵件發送屬性配置失敗 !", e);
```

```
        }
        return mailSender;
    }
}
```

2) 郵件發送工具類別實現

先建立一個 util 工具類別套件,然後增加一個 EmailUtil 工具類別,負責發送郵件。在工具類別中注入 JavaMailSender 作為建構函數的參數,並建立一個 sendFromEmail 方法實現郵件發送,程式如下:

```
// 第 10 章 /library/library-system/EmailUtil.java
@Component
public class EmailUtil {
    private static final Logger log = LoggerFactory.getLogger(EmailUtil.class);
    private JavaMailSender javaMailSender;
    @Autowired
    public EmailUtil(JavaMailSender javaMailSender) {
        this.javaMailSender = javaMailSender;
    }
    /**
     * 發送郵件
     *
     * @param userEmail 收件人
     * @param content 郵件內容
     * @param title 郵件標題
     */
    public void sendFromEmail(String userEmail, String content, String title) {
        SimpleMailMessage message = new SimpleMailMessage();
        // 收件人電子郵件位址
        message.setTo(userEmail);
        // 郵件主題
        message.setSubject(title);
        // 郵件正文
        message.setText(content);
        // 寄件者
        message.setFrom(EmailSendConfig.getFrom());
        try {
            javaMailSender.send(message);
            log.info("郵件發送成功!");
        } catch (MailException e) {
            log.error("郵件發送失敗: ", e);
            // 處理郵件發送失敗的情況
            throw new RuntimeException("郵件配置資訊不存在");
```

```
        }
    }
}
```

10.2.4 測試郵件發送

郵件發送功能已經實現，接下來，首先要測試郵件配置的相關介面，並增加一個郵件配置，然後測試郵件發送功能。

1. 增加郵件配置介面

啟動專案，開啟 Apifox，在系統工具目錄下新建一個郵件配置的子目錄，然後建立一個增加郵件配置的介面。將在 QQ 電子郵件中申請的授權碼和郵件填寫在介面中，通訊埠編號和服務地址這裡以 QQ 郵件為例，分別為 587(如果 587 不能使用，則應更換為 465) 和 smtp.qq.com，如圖 10-8 所示。

▲圖 10-8 增加郵件配置介面

郵件配置增加完成，現在資料庫裡應該會有一筆資料，其修改、刪除和清單這裡不再演示，可查看筆者提供的介面文件。

2. 測試郵件發送

在 library-admin 子模組的 LibraryAdminApplicationTests 測試類別中增加一個

mailTest 測試方法，並在該方法中設置接收的電子郵件位址、郵件標題、郵件內容，程式如下：

```
// 第10章 /library/library-admin/LibraryAdminApplicationTests.java
/**
 * 測試郵件發送
 */
@Test
void mailTest() {
    String userEmail = "接收電子郵件位址";
    String content = "您已成功歸還了一本！";
    String title = "圖書管理系統通知";
    emailUtil.sendFromEmail(userEmail, content, title);
    System.out.println("發送成功");
}
```

首先執行該測試方法，然後查看是否可以接收到郵件，如圖 10-9 所示。

▲ 圖 10-9 郵件發送測試

10.3 圖形驗證碼

在平常登入網站或其他平臺時，通常在填寫帳號和密碼後還需要輸入一組數字或英文字母等，只有在正確填寫這些資訊後才能成功登入或進行下一步操作，這個額外的步驟實際上是為了防止惡意使用者使用暴力破解方法不斷地嘗試登入，減少不良行為的發生。

10.3.1 驗證碼操作流程

當開啟登入頁面時會請求生成驗證碼的介面，隨即介面會向前端傳回一個生成好的驗證碼圖片。同時驗證碼也會存放在 Redis 快取中，當登入時會根據前端傳來的驗證碼和 Redis 中儲存的驗證碼進行比較：如果驗證碼一致，則驗證通過；如果不一致，則提示顯示出錯資訊。實現流程如圖 10-10 所示。

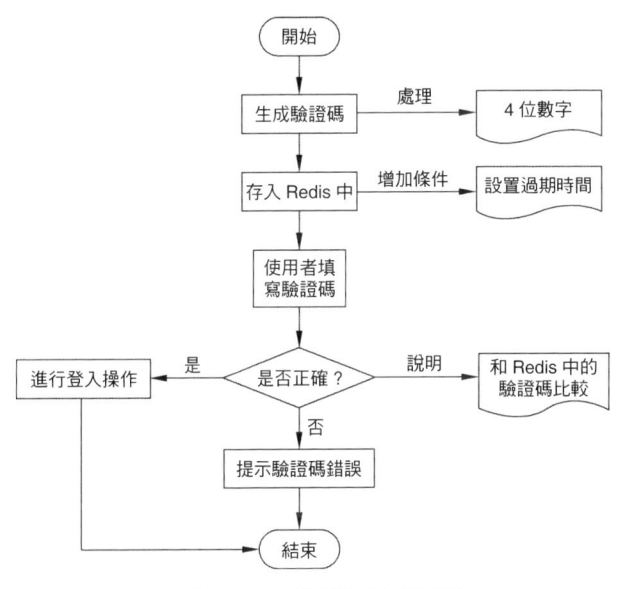

▲圖 10-10 驗證碼生成流程

10.3.2 生成圖形驗證碼

有各種各樣的驗證碼格式，常見的有純字母類別、數位類別、字母和數字混合類別及算術類別等，本專案選用的是 EasyCaptcha 開放原始碼框架，用來生成圖形驗證碼的操作，它支援 gif、中文、算術等類型，可以用於 Java Web、JavaSE 等專案。此開放原始碼框架提供了豐富的驗證碼樣式，完全滿足本專案對使用驗證碼的需求。

1. 增加相依

在 library-common 子模組的 pom.xml 檔案中增加驗證碼的相關相依，程式如下：

```
// 第 10 章 /library/library-common/pom.xml
<!-- 圖形驗證碼 -->
<dependency>
    <groupId>com.google.guava</groupId>
```

```xml
    <artifactId>guava</artifactId>
    <version>18.0</version>
</dependency>
<dependency>
    <groupId>com.github.whvcse</groupId>
    <artifactId>easy-captcha</artifactId>
    <version>1.6.2</version>
</dependency>
```

2. 驗證碼相關配置

在 constant 套件中新建一個 VerificationCode 類別，用來設置驗證碼圖片的屬性，包括寬度、高度、位元數等操作，然後增加一個 createVerificationCode 方法，配置驗證碼的樣式，可以透過 Captcha 來選擇驗證碼的類型和字型的樣式等。本專案選擇的是純數字的驗證碼，共 4 位數字，程式如下：

```java
// 第10章 /library/library-common/VerificationCode.java
public class VerificationCode {
    /**
     * 生成驗證碼圖片的寬度
     */
    private int width = 100;
    /**
     * 生成驗證碼圖片的高度
     */
    private int height = 30;
    /**
     * 生成驗證碼的位數
     */
    private int digit = 4;
    /**
     * 生成的驗證碼 code
     */
    private String captchaCode;
    /**
     * 生成驗證碼
     *
     * @return
     */
    public SpecCaptcha createVerificationCode() throws IOException, FontFormatException {
        //3個參數分別為寬、高、位元數
        SpecCaptcha specCaptcha = new SpecCaptcha(width, height, digit);
        // 設置字型
        specCaptcha.setFont(Captcha.FONT_9);
```

```
            // 設置類型，如純數字、純字母、字母數字混合
            specCaptcha.setCharType(Captcha.TYPE_ONLY_NUMBER);
            // 驗證碼
            this.captchaCode = specCaptcha.text().toLowerCase();
            return specCaptcha;
        }
        public String getCaptchaCode() {
            return captchaCode;
        }
    }
```

3. 生成驗證碼

接下來實現生成驗證碼的介面，將生成的數字驗證碼以圖片的格式返給前端展示。在 library-admin 子模組的 controller 套件中建立一個 LoginController 類別，用來實現獲取登入驗證碼、手機驗證碼、登入等功能。

在實現生成驗證碼介面之前，先來增加一個 Redis 的 key 和過期時間，單獨管理，方便後期維護，這些資訊都存放在 library-common 子模組的 constant 套件中。建立一個 RedisKeyConstant 類別，用來設置 Redis 的 key，程式如下：

```
// 第 10 章 /library/library-common/RedisKeyConstant.java
public class RedisKeyConstant implements Serializable {
    @Serial
    private static final long serialVersionUID = -638753206072657789L;
    /**
     * 帳號登入驗證碼 key
     */
    public static final String LOGIN_VERIFY_CODE = "login_verify_code_";
}
```

再來建立一個 CacheTimeConstant 類別，用來管理快取的時間，例如簡訊驗證碼的有效時間為 1min，登入驗證碼的有效期為 5min 等，程式如下：

```
// 第 10 章 /library/library-common/CacheTimeConstant.java
public class CacheTimeConstant implements Serializable {
    @Serial
    private static final long serialVersionUID = 9030730160407626660L;
    /**
     * 驗證碼有效期 5min
     */
    public static final Long verifyCodeTime = 5L;
}
```

在 LoginController 類別中建立一個 getVerifyCode 方法，用來實現獲取驗證碼的介面，透過 VerificationCode 物件獲取 4 位數字的驗證碼，然後將驗證碼存入 Redis 中，其中 key 要保持唯一的值，value 為驗證碼，過期時間設置為 5min。將驗證碼的位元組陣列轉為 Base64 格式，這會用到工具類別 FileUtils，該工具類別可以在本書提供的原始程式碼資料中獲取，程式如下：

```java
// 第 10 章 /library/library-admin/LoginController.java
@RestController
@RequestMapping("web")
public class LoginController {
    @Resource
    private RedisUtil redisUtil;
    /**
     * 獲取帳號登入驗證碼
     *
     * @param
     * @return
     * @throws IOException
     */
    @GetMapping("/captcha")
    public Result getVerifyCode() throws IOException, FontFormatException {
        // 將請求標頭設置為輸出圖片類型
        VerificationCode code = new VerificationCode();
        SpecCaptcha specCaptcha = code.createVerificationCode();
        String captchaCode = code.getCaptchaCode();
        // 建立位元組陣列輸出串流
        ByteArrayOutputStream baos = new ByteArrayOutputStream();
        // 將驗證碼圖片輸出到位元組陣列輸出串流中
        specCaptcha.out(baos);
        // 將位元組陣列轉為 Base64 編碼
        byte[] imageBytes = baos.toByteArray();
        String base64String = FileUtils.getBase64String(imageBytes);
        redisUtil.set(RedisKeyConstant.LOGIN_VERIFY_CODE + captchaCode, captchaCode,
CacheTimeConstant.verifyCodeTime, TimeUnit.MINUTES);
        return Result.success("", base64String);
    }
}
```

4. 測試生成驗證碼

開啟 Apifox 介面管理工具，在系統管理中新增加一個登入管理子目錄，再增加一個獲取驗證碼的介面，不需要設置任何參數，啟動專案。然後發送請求介面會看到驗證碼以 Base64 格式傳回在 data 中，還可以使用線上的編碼工具，轉換成圖片即可查看 4 位數的驗證碼，如圖 10-11 所示。

▲ 圖 10-11　獲取驗證碼介面

獲取驗證碼圖片後，再開啟 Redis 的管理工具 RedisInsight，查看是否有驗證碼被存入 Redis 中，如果可以看到儲存的 key 為 login_verify_code_9568，value 的值為 9568，則說明驗證碼已經成功地被存入 Redis 中，如圖 10-12 所示。

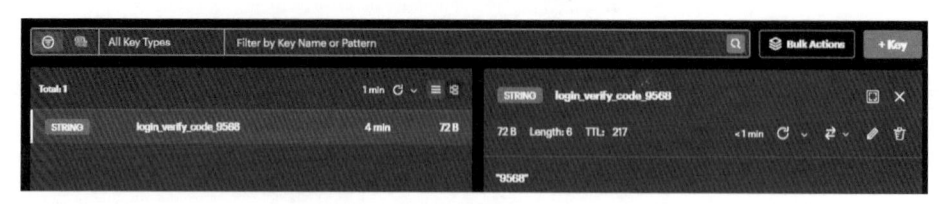

▲圖 10-12 驗證碼存入 Redis 中

等待 5min 後，再次刷新 Redis 工具列的 key 會發現該驗證碼已經沒有了，說明設置的過期時間已經生效。

本章小結

本章整合了阿里雲的簡訊服務和以 QQ 電子郵件為例的郵件發送服務兩個功能模組的實現，同時還完成了登入獲取驗證碼的功能。

第 11 章
整合 Spring Security 安全管理

在 Web 應用程式開發中，保障專案的安全是至關重要的。Spring Security 作為 Spring 專案中的安全模組，它是保護 Web 應用的理想選擇。它可以與 Spring 專案輕鬆整合，特別是在 Spring Boot 專案中使用更加簡單。本章將介紹 Spring Security 的概念，並深入地將 Spring Security 整合到專案中，完成理論與實戰的結合。

11.1 Spring Security 與 JSON Web Token 入門

11.1.1 Spring Security 簡介

Spring Security 是 Spring 家族中的成員，一個功能強大且高度可訂製的身份驗證和存取控制框架，專注於為 Java 應用程式提供身份驗證和授權。與所有 Spring 專案一樣，Spring Security 的真實強大之處在於能夠輕鬆地擴充它以滿足自訂需求。它提供了一套全面的安全解決方案，包括身份驗證、授權、防止攻擊等功能。專案所使用的是 Spring Boot 3.0 以上的版本，所使用的 Spring Framework 也升級到了 6.0 以上版本，引入的 Spring Security 版本會自動調整為 6.0 以上版本，新版本做出了部分原始程式更新，更加符合前後端分離的趨勢，其中修改包括廢棄程式的刪除、方法重新命名、配置 DSL 等，但是架構和基本原理還是與之前版本一樣，保持不變。

Spring Security 有兩個重要的核心功能，一個是認證 (Authentication)，另一個是授權 (Authorization)。

(1) 認證：驗證使用者身份以確定其是否有權存取系統是常見的操作。一般來說使用者需要提供使用者名稱和密碼進行身份認證。系統會驗證提供的使用者名稱和密碼，以確認使用者是否可以成功登入系統。

(2) 授權：在系統中，使用者許可權驗證是常見的操作，因為不同使用者可能有不同的操作許可權。為了實現這一目標，系統通常會為每個使用者分配特定的角色，而每個角色都會連結一組許可權。舉例來說，對於一個檔案而言，某些使用者可能只能執行讀取操作，而其他使用者則可以執行修改操作。在操作之前，系統會檢查使用者的角色以確定其是否有權執行特定操作。這種角色和許可權的管理方式有助確保系統安全性和許可權控制。

11.1.2 專案整合 Spring Security

在專案中只需引入 spring-boot-starter-security 相依項，然後 Spring Boot 會自動配置安全性，並在 WebSecurityConfiguration 類別中定義合理的預設值。它提供了預設的使用者認證等操作，先實現預設的認證功能。

1. 增加相依

在 library-common 子模組中增加 Spring Security 相關相依，程式如下：

```xml
// 第 11 章 /library/library-common/pom.xml
<dependencies>
    <!-- Spring Security 相依 -->
    <dependency>
        <groupId>org.springframework.boot</groupId>
        <artifactId>spring-boot-starter-security</artifactId>
    </dependency>
</dependencies>
```

2. 測試存取介面

在 controller 套件中開啟 LoginController 介面類別，並增加一個 hello 測試方法，然後傳回 hello 字串，程式如下：

```java
@RequestMapping("/hello")
public String hello(){
    return "hello";
}
```

在瀏覽器網址列輸入框中輸入 http://localhost:8081/api/library/web/hello，在請求該位址後，位址會自動跳躍至 Spring Security 的登入介面，同時瀏覽器網址欄中的位址也發生了改變，變為 http://localhost:8081/api/library/login，如圖 11-1 所示。預設的帳號為 user，預設密碼是在每次啟動專案時隨機生成的，可在專案啟動主控台日誌中查看，如圖 11-2 所示。

▲ 圖 11-1 Spring Security 登入介面

▲ 圖 11-2 Spring Security 登入預設密碼

在登入頁中輸入使用者名稱和密碼，點擊 Sign in 按鈕，就可以請求 hello 介面了，同時頁面上也會有 hello 字串輸出，如圖 11-3 所示。

▲ 圖 11-3 存取 hello 介面

根據上述請求介面的結果，可得知，專案在引入 Spring Security 後，所有介面在未登入狀態下都會受到限制，無法直接存取。為了驗證這一點，現在開啟 Apifox 介面文件，以使用者管理中的使用者清單介面為例。首先清除瀏覽器的快取，然後嘗試請求使用者清單介面。此時會收到 401 狀態錯誤碼，表示使用者尚未被授權存取，因此需要進行身份認證，如圖 11-4 所示。

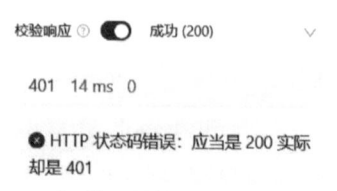

▲ 圖 11-4　無登入狀態下的使用者清單介面

接下來，使用 Spring Security 的預設登入介面進行重新登入，然後再次存取使用者清單的介面，注意此時介面不再出現錯誤資訊，能夠正常存取，如圖 11-5 所示。

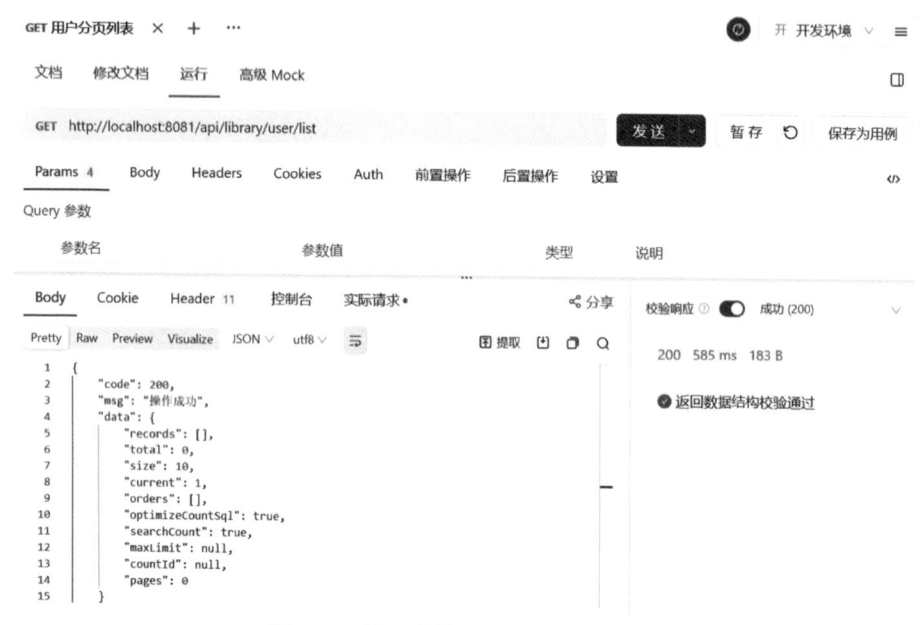

▲ 圖 11-5　登入狀態下的使用者清單介面

11.1.3　JSON Web Token 基本介紹

什麼是 JSON Web Token？根據官方 https://jwt.io/ 文件介紹，JSON Web Token(JWT) 是一個開放標準 (RFC 7519)，它定義了一種緊湊且自包含的方式，用於在各方之間安全地傳輸資訊作為 JSON 物件。此資訊可以被驗證和信任，因為它是數位簽章的。

JWT 具有以下特點：跨語言相容、自包含、易傳遞、高度安全。在預設情況下，JWT 不進行加密，但可以使用金鑰進行加密 (使用 HMAC 演算法) 或使用 RSA 或 ECDSA 的公開金鑰 / 私密金鑰對進行簽名。需要注意的是，不應將敏感資訊寫入 JWT。JWT 不僅用於身份驗證，還可用於資訊交換。

1. JWT 的工作流程

授權是使用 JWT 最常見的場景。一旦使用者登入，每個後續請求都將包含 JWT，允許使用者存取該權杖允許的路由、服務和資源。以下是 JWT 的具體工作流程。

(1) 使用者透過使用者名稱和密碼進行登入，一經驗證成功，伺服器便會生成並傳回一個 JWT 字串。

(2) 使用者將獲得的 JWT 字串儲存在本地，通常儲存在瀏覽器的 localStorage 中。

(3) 在後續的請求中，使用者會將 JWT 字串增加到請求的頭部。

(4) 伺服器在接收到請求後會解析請求標頭中的 JWT 字串並進行驗證。

2. JWT 的組成

JWT 權杖 (Token 值) 其實就是一個字串，並用點隔開，分為三段，包括標頭資訊、酬載和簽名。

1) 標頭資訊 (Header)

JWT 的第 1 段是標頭資訊，一個描述 JWT 中繼資料的 JSON 物件，通常由權杖的類型和加密的演算法組成，其中 alg 屬性工作表示簽名使用的演算法，預設為 HMAC SHA256(簡寫為 HS256); typ 屬性工作表示權杖的類型，JWT 權杖統一寫為 JWT，然後採用 Base64 URL 演算法將上述 JSON 物件轉為字串並進行儲存。

範例程式如下：

```
{
  "alg": "HS256",
  "typ": "JWT"
}
```

2) 酬載 (Payload)

JWT 的第 2 段是 Payload，它是一個 JSON 物件，主要用於儲存一些簡單但不重要的資訊。舉例來說，可以在 Payload 中記錄使用者名稱、生成時間和過期時間等資訊。如果需要更多的儲存空間，Payload 則可以被壓縮或加密。在實際應用中，Payload 可以根據業務需求來自訂，以滿足具體的資料儲存需求。JWT 提供了 7 個預設欄位供選擇。

- iss: 發行人。
- exp: 到時時間。
- sub: 主題。
- aud: 使用者。
- nbf: 在此之前不可用。
- iat: 發佈時間。
- jti: JWT ID 用於表示該 JWT。

根據具體應用場景的不同，還可以自訂其他的 Payload 資訊。需要注意的是，Payload 中的資料應該是可信的，不應該包含敏感資訊，因為這些資料通常是明文儲存的，容易被竊取和篡改，範例程式如下：

```
{
    "sub": "1234567890",
    "name": "John Doe",
    "iat": 1516239022
}
```

3) 簽名 (Signature)

JWT 的第 3 段是簽名。簽名是由 3 部分組成的，即 Header 的 Base64 編碼、Payload 的 Base64 編碼，還有一個金鑰 (secret)，然後透過指定的演算法生成雜湊，以確保資料不會被篡改。

JWT 簽名具有兩個重要作用。

(1) 驗證 JWT 的完整性：JWT 的簽名部分用於驗證 JWT 的完整性。透過對 JWT 的頭部和有效酬載進行簽名，確保在傳輸過程中沒有被篡改或偽造。接收方能夠透過驗證簽名來確定 JWT 是否經過篡改，從而保證 JWT 的完整性。

(2) 驗證 JWT 的真實性：JWT 的簽名部分也用於驗證 JWT 的真實性。接收方可以透過驗證 JWT 的簽名來確認 JWT 是由發送方所簽發的，而非偽造的。這樣可以防止惡意主體偽造 JWT，確保只有合法的發送方才能夠生成有效的 JWT。

範例程式如下：

```
HMACSHA256(base64UrlEncode(header)+"."+base64UrlEncode(payload),secret)
```

3. 增加相依

在 library-common 子模組的 pom.xml 檔案中增加 JWT 的相關相依，程式如下：

```xml
// 第 11 章 /library/library-common/pom.xml
<!-- JWT 相依 -->
<dependency>
    <groupId>io.jsonwebtoken</groupId>
    <artifactId>jjwt</artifactId>
    <version>0.9.1</version>
</dependency>
<dependency>
    <groupId>com.auth0</groupId>
    <artifactId>java-jwt</artifactId>
    <version>3.4.0</version>
</dependency>
```

11.2 專案許可權功能表設計

至此，使用者資料表已完成設計，程式也已經初始化完成。現在需要設計與許可權相關的資料表，主要包括角色資料表、選單資料表、使用者資料表、角色-使用者連結資料表和角色-選單連結資料表。

11.2.1 許可權資料表設計並建立

許可權相關的基礎程式將放在 library-admin 子模組中實現，資料庫關係模型如圖 11-6 所示。

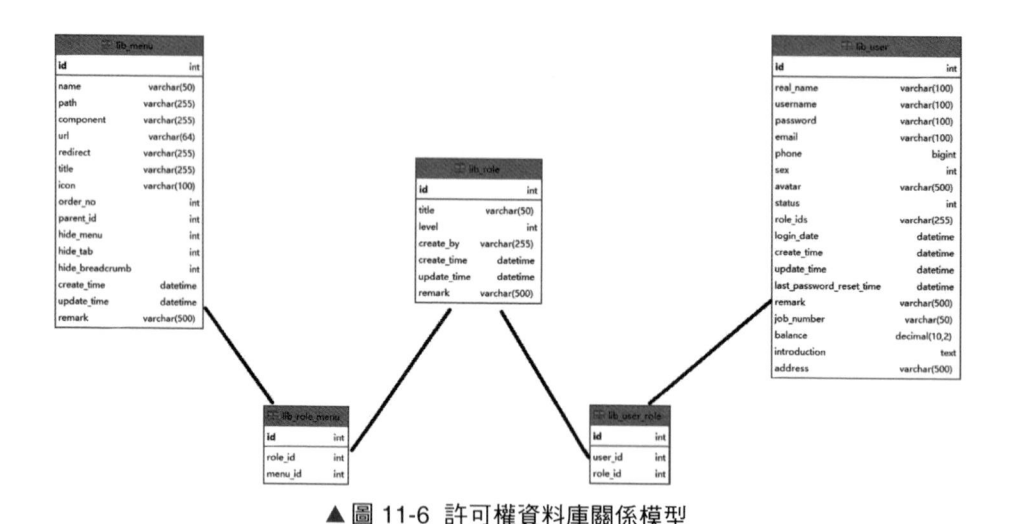

第 11 章 　整合 Spring Security 安全管理

▲ 圖 11-6　許可權資料庫關係模型

在 Navicat 工具中，使用 MySQL 建資料表語句來建立許可權的相關資料表，程式如下：

```sql
// 第 11 章 /library/db/init.sql
DROP TABLE IF EXISTS `lib_role`;
CREATE TABLE `lib_role`
(
    `id`             INT(11) NOT NULL AUTO_INCREMENT COMMENT '角色主鍵 ID',
    `title`          VARCHAR(50) DEFAULT NULL COMMENT '角色名稱',
    `level`          INT(255) DEFAULT NULL COMMENT '角色等級',
    `create_by`      VARCHAR(255)DEFAULT NULL COMMENT '建立者',
    `create_time`    DATETIME NOT NULL DEFAULT CURRENT_TIMESTAMP COMMENT '建立時間',
    `update_time`    DATETIME NOT NULL DEFAULT CURRENT_TIMESTAMP ON UPDATE CURRENT_TIMESTAMP COMMENT '修改時間',
    `remark`         VARCHAR(500)DEFAULT NULL COMMENT '備註',
    PRIMARY KEY (`id`) USING BTREE,
    INDEX            `nameIndex` (`title`) USING BTREE
) ENGINE = InnoDB CHARACTER SET = utf8mb4 COLLATE = utf8mb4_general_ci ROW_FORMAT = Dynamic
COMMENT='角色資訊資料表';

DROP TABLE IF EXISTS `lib_menu`;
CREATE TABLE `lib_menu`
(
    `id`             INT(11) NOT NULL AUTO_INCREMENT COMMENT '選單主鍵 ID',
    `name`           VARCHAR(50)NOT NULL COMMENT '選單名稱',
    `path`           VARCHAR(255) NOT NULL COMMENT '導覽路徑',
```

```sql
    `component`          VARCHAR(255) NULL COMMENT '元件路徑',
    `url`                VARCHAR(64) DEFAULT NULL COMMENT '路徑匹配規則',
    `redirect`           VARCHAR(255) DEFAULT NULL COMMENT '重定向位址',
    `title`              VARCHAR(255) NOT NULL COMMENT '標題',
    `icon`               VARCHAR(100) DEFAULT '#' COMMENT '選單圖示',
    `order_no`           INT(11) NULL DEFAULT 0 COMMENT '排序,越小越靠前',
    `parent_id`          INT(11) NULL DEFAULT 0 COMMENT '父選單 ID',
    `hide_menu`          INT(1) NULL DEFAULT 0 COMMENT '隱藏選單',
    `hide_tab`           INT(1) NULL DEFAULT 0 COMMENT '當前路由不在標籤頁顯示',
    `hide_breadcrumb`    INT(1) NULL DEFAULT 0 COMMENT '隱藏該路由在麵包屑上面的顯示',
    `create_time`        DATETIME NOT NULL DEFAULT CURRENT_TIMESTAMP COMMENT '建立時間',
    `update_time`        DATETIME NOT NULL DEFAULT CURRENT_TIMESTAMP ON UPDATE CURRENT_TIMESTAMP COMMENT '修改時間',
    `remark`             VARCHAR(500) DEFAULT NULL COMMENT '備註',
    PRIMARY KEY (`id`) USING BTREE,
    INDEX                `menu_name` (`name`) USING BTREE
) ENGINE = InnoDB CHARACTER SET = utf8mb4 COLLATE = utf8mb4_general_ci ROW_FORMAT = Dynamic
COMMENT='背景管理選單資料表';

DROP TABLE IF EXISTS `lib_user_role`;
CREATE TABLE `lib_user_role`
(
    `id`         INT(11) NOT NULL AUTO_INCREMENT COMMENT '使用者角色主鍵 ID',
    `user_id`    INT(11) DEFAULT NULL COMMENT '使用者 ID',
    `role_id`    INT(11) DEFAULT NULL COMMENT '角色 ID',
    PRIMARY KEY (`id`) USING BTREE
) ENGINE = InnoDB CHARACTER SET = utf8mb4 COLLATE = utf8mb4_general_ci ROW_FORMAT = Dynamic
    COMMENT='使用者和角色連結資料表';

DROP TABLE IF EXISTS `lib_role_menu`;
CREATE TABLE `lib_role_menu`
(
    `id`         INT(11) NOT NULL AUTO_INCREMENT COMMENT '角色選單主鍵 ID',
    `role_id`    INT(11) DEFAULT NULL COMMENT '角色 ID',
    `menu_id`    INT(11) DEFAULT NULL COMMENT '選單 ID',
    PRIMARY KEY (`id`) USING BTREE
) ENGINE = InnoDB CHARACTER SET = utf8mb4 COLLATE = utf8mb4_general_ci ROW_FORMAT = Dynamic
    COMMENT='角色和選單連結資料表';
```

11.2.2 生成許可權基礎程式

使用 EasyCode 程式生成工具，將許可權相關的資料表初始化為基礎程式，程式生成在 library-admin 子模組中。

1. 初始化基礎程式

開啟 IDEA 開發工具，點擊右側的 Database 選項，然後選中要初始化程式的資料表，可以多選，然後按右鍵並選擇 EasyCode → Generate Code 選項，如圖 11-7 所示。

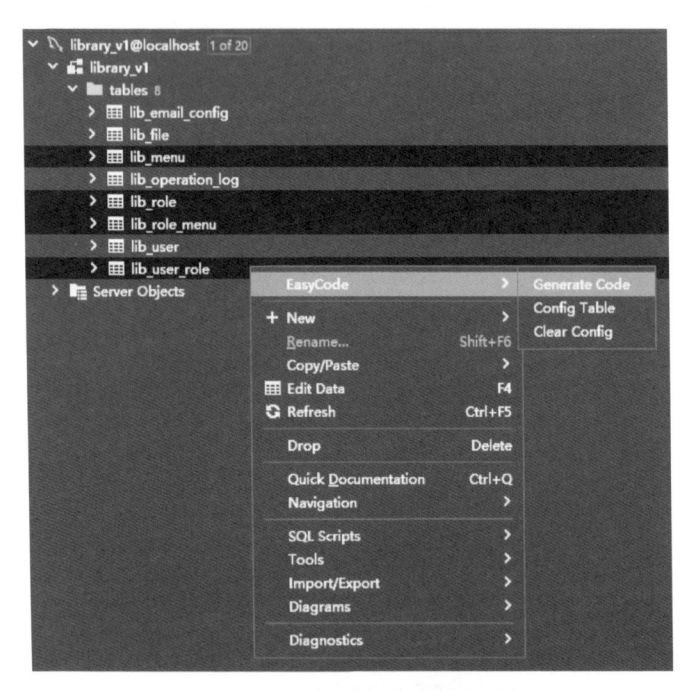

▲圖 11-7　初始化許可權程式

然後選擇生成到 library-admin 子模組中，選擇的範本為 library-v1，然後全部選中所有類別的範本，點擊 OK 按鈕，等待程式初始化完成即可，如圖 11-8 所示。

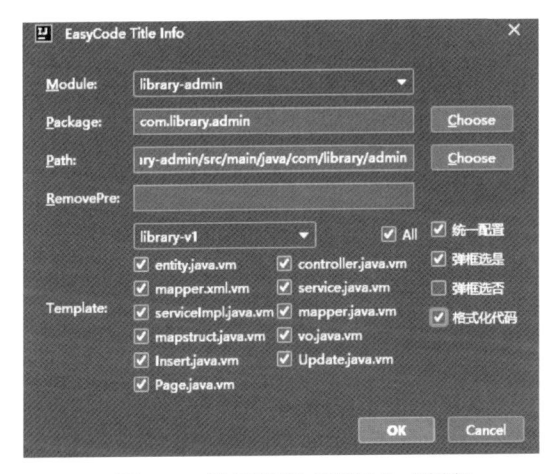

▲ 圖 11-8　許可權程式選擇生成模組

生成的程式目錄如圖 11-9 所示。

▲ 圖 11-9　許可權程式目錄

2. 選單樹實現

在背景管理的左側導覽列中，展示的選單資訊分為一級選單、二級選單等，在後端的介面設計中需要將這些層級劃分好，形成一個簡單的資料樹，然後返給前端。選單樹共分為兩種展示方式，一種是根據當前登入使用者的許可權展示左側導覽相關的選單資訊；另一種是提供給管理員管理選單使用的列表，也就是說沒有使用者查詢的條件。接下來實現全部查詢的選單樹。

(1) 在 MenuController 類別中增加一個獲取全部選單資訊的 getAllMenu 方法，然後呼叫 getTreeMenu 方法獲取資料，程式如下：

```java
// 第 11 章 /library/library-admin/MenuController.java
@GetMapping("/getAllMenu")
public Result<List<MenuVO>> getAllMenu() {
    List<MenuVO> menuList = menuService.getTreeMenu(null);
    return Result.success(menuList);
}
```

(2) 在 MenuService 介面類別中增加 getTreeMenu 方法，這裡接收該使用者所有的角色 id 集合，如果角色 id 為空，則查詢全部的選單資訊並生成資料樹；否則按照使用者對應的角色 id 條件查詢，該方法主要用於背景管理系統左側的導覽列選單展示，所以在查詢時還要加一個選單篩選，當 hide_menu 欄位為 0 時代表左側功能表列展示選單，程式如下：

```java
List<MenuVO> getTreeMenu(Collection<Integer> roleIds);
```

(3) 在 MenuServiceImpl 類別中實現 getTreeMenu 方法。首先判斷角色 id 集合是否為空，如果為空，則獲取選單的全部 id 集合；否則查詢出使用者的選單 id 集合。呼叫角色與選單的介面類別 RoleMenuService 中的 getMenuIdsByRoleIds 方法獲取當前使用者的選單 id 集合，在 RoleMenuService 類別中定義 getMenuIdsByRoleIds 方法並實現相關功能，程式如下：

```java
// 第 11 章 /library/library-admin/RoleMenuServiceImpl.java
@Override
    public Set<Integer> getMenuIdsByRoleIds(Collection<Integer> roleIds) {
        Set<Integer> ret = new HashSet<>(roleIds.size() << 4);
        for (Integer roleId : roleIds) {
            ret.addAll(
                    this.list(
                            new QueryWrapper<RoleMenu>()
                                    .lambda()
                                    .select(RoleMenu::getMenuId)
                                    .eq(RoleMenu::getRoleId, roleId)
                    ).stream().map(RoleMenu::getMenuId).collect(Collectors.toSet()));
        }
        return ret;
    }
```

(4) 在獲得選單資訊列表後進行選單樹的生成，與此同時需要先修改 MenuVO 類別，在該類別中增加 children 子功能表列表和 Meta 類別，程式如下：

```java
// 第 11 章 /library/library-admin/MenuVO.java
private List<MenuVO> children;
    private Meta meta;
    public MenuVO(Menu menu){
        this.id = menu.getId();
        this.path = menu.getPath();
        this.name =menu.getName();
        this.url = menu.getUrl();
        this.component = menu.getComponent();
        this.redirect = menu.getRedirect();
        this.orderNo = menu.getOrderNo();
        this.parentId = menu.getParentId();
        this.title = menu.getTitle();
        this.icon = menu.getIcon();
        this.remark = menu.getRemark();
        this.createTime = menu.getCreateTime();
        this.hideMenu = menu.getHideMenu();
        this.children = new ArrayList<>();
        this.meta = new Meta(menu);
    }
    @Data
    static class Meta {
        private String title;
        private String icon;
        private Integer hideTab;
        private Integer hideBreadcrumb;
        private Integer hideMenu;
        public Meta(){}
        public Meta(Menu menu) {
            this.title= menu.getTitle();
            this.icon = menu.getIcon();
            this.hideTab =menu.getHideTab();
            this.hideBreadcrumb =menu.getHideBreadcrumb();
            this.hideMenu =menu.getHideMenu();
        }
    }
```

(5) 在根據角色獲取連結的選單 id 集合後，還需要對其進行父選單 (頂級選單) 的補充，舉例來說，在審核管理中分為公告審核和還書審核，圖書管理員可以對還書審核操作，但不能對公告審核操作，所以在分配圖書管理員許可權時就會出現審核管理中只有一個還書審核的選單，但在資料表中存入的連結資訊只有還書審核的選單 id，並沒有審核管理父級選單，所以這裡要對所查詢的使用者選單進行父選單補充，增加一個 traceParentMenu 方法，用於查詢補充父級選單，程式如下：

```java
// 第 11 章 /library/library-admin/MenuServiceImpl.java
private List<Menu> traceParentMenu(Collection<Integer> menuIds) {
    Set<Integer> ret = new HashSet<>(menuIds.size() << 1);
    ret.addAll(menuIds);
    // 當前迴圈
    HashSet<Integer> thisMenuIds = new HashSet();
    thisMenuIds.addAll(menuIds);
    // 下次迴圈
    HashSet<Integer> nextMenuLoop = new HashSet<>(menuIds);
    // 傳回選單資訊
    List<Menu> list = new ArrayList<>();
    for (int i = 0; i < thisMenuIds.size(); i++) {
        for (Integer menuId : thisMenuIds) {
            Menu menu = menuMap.get(menuId);
            // 只查詢子功能表，增、刪、改、查介面的選單不進行展示
            if (menu != null && menu.getHideMenu() == 0) {
                Integer parentId = menu.getParentId();
                if (Objects.nonNull(parentId)) {
                    // 上級選單可能還會有父級選單，繼續執行
                    nextMenuLoop.add(parentId);
                }
            }
        }
        ret.addAll(nextMenuLoop);
        // 更新當前迴圈集合
        thisMenuIds.clear();
        thisMenuIds.addAll(nextMenuLoop);
        nextMenuLoop.clear();
    }
    if (CollUtil.isNotEmpty(ret)) {
        for (Integer m : ret) {
            list.add(menuMap.get(m));
        }
    }
    return list;
}
```

(6) 建立一個 menuTree 方法，用來遍歷查詢根節點的選單，然後呼叫 childMenuNode 方法去查詢子功能表的相關節點，逐級進行查詢，程式如下：

```java
// 第11章 /library/library-admin/MenuServiceImpl.java
private List<MenuVO> menuTree(List<Menu> menuList) {
    List<MenuVO> parents = new ArrayList<>();
    // 迴圈查出的 menuList,找到根節點 (最大的父節點) 的子節點
    for (Menu menu : menuList) {
        if (menu.getParentId().equals(0)) {
            MenuVO vo = new MenuVO(menu);
            parents.add(vo);
        }
    }
    for (MenuVO parent : parents) {
        childMenuNode(parent, menuList);
    }
    return parents;
}
```

(7) 在 childMenuNode 方法中,採用遞迴的演算法,反覆地執行,查詢父子節點,並進行整合,程式如下:

```java
// 第11章 /library/library-admin/MenuServiceImpl.java
private void childMenuNode(MenuVO parent, List<Menu> menuList) {
    for (Menu menu : menuList) {
        // 如果子節點的 pid 等於父節點的 ID,則說明是父子關係
        if (menu.getParentId().equals(parent.getId())) {
            MenuVO child = new MenuVO(menu);
            // 如果是父子關係,則將其放入子 Children 裡面
            parent.getChildren().add(child);
            // 繼續呼叫遞迴演算法,將當前作為父節點,繼續找它的子節點,反覆執行
            childMenuNode(child, menuList);
        }
    }
}
```

3. 角色列表實現

角色清單的實現需要將角色對應的選單資訊進行傳回,先在角色傳回的 RoleVO 類別中增加一個選單資訊,程式如下:

```java
/**
 * 選單 ids
 */
private Collection<Integer> menuIds;
```

然後修改角色的查詢準則 RolePage 類別,只保留角色名稱查詢即

可。開啟角色分頁查詢的 queryByPage 方法，增加相關查詢操作，並呼叫 getMenuIdsByRoleIds 方法以獲取對應的相關選單 id 集合，程式如下：

```java
// 第 11 章 /library/library-admin/RoleServiceImpl.java
@Override
    public IPage<RoleVO> queryByPage(RolePage page) {
        // 查詢準則
        LambdaQueryWrapper<Role> queryWrapper = new LambdaQueryWrapper<>();
        if (StrUtil.isNotEmpty(page.getTitle())) {
            queryWrapper.eq(Role::getTitle, page.getTitle());
        }
        // 查詢分頁資料
        Page<Role> rolePage = new Page<Role>(page.getCurrent(), page.getSize());
        IPage<Role> pageData = baseMapper.selectPage(rolePage, queryWrapper);
        // 轉換成 VO
        IPage<RoleVO> records = PageCovertUtil.pageVoCovert(pageData, RoleVO.class);
        if (CollUtil.isNotEmpty(records.getRecords())) {
            records.getRecords().forEach(r -> {
                r.setMenuIds(roleMenuService.getMenuIdsByRoleIds(Collections.singleton(r.getId())));
            });
        }
        return records;
    }
```

4. 角色與選單實現

在角色與選單的資料表中，主要實現增加操作，一個角色會對應多個選單，修改 RoleMenuInsert 增加類別，將接收的選單 id 參數修改為集合，程式如下：

```java
// 第 11 章 /library/library-admin/RoleMenuInsert.java
/**
    * 角色 ID
    */
private Integer roleId;
/**
    * 選單 ID
    */
private List<Integer> menuIds;
```

在新增角色和選單的 Controller 介面中需要接收角色 id 參數，並賦值給 RoleMenuInsert 類別中的角色 id 屬性，程式如下：

```
// 第11章 /library/library-admin/RoleMenuController.java
@PostMapping("/insert/{roleId}")
public Result insert(@PathVariable Integer roleId, @Valid @RequestBody RoleMenuInsert param) {
    param.setRoleId(roleId);
    roleMenuService.insert(param);
    return Result.success();
}
```

然後修改 RoleMenuServiceImpl 類別中的 insert 方法，在賦予角色相關選單時，先將原來儲存的對應關聯資料刪除，然後重新增加相關對應關係。同時還要在 RoleMenu 中增加建構方法，方便物件的建立，程式如下：

```
// 第11章 /library/library-admin/RoleMenuServiceImpl.java
@Override
public boolean insert(RoleMenuInsert roleMenuInsert) {
    // 先刪除之前的關係，再增加新的角色和選單的關係
    remove(new QueryWrapper<RoleMenu>().lambda().eq(RoleMenu::getRoleId, roleMenuInsert.getRoleId()));
    // 重新綁定
    if (CollUtil.isNotEmpty(roleMenuInsert.getMenuIds())) {
        roleMenuInsert.getMenuIds().forEach(rm -> {
            RoleMenu roleMenu = new RoleMenu(roleMenuInsert.getRoleId(), rm);
            save(roleMenu);
        });
    }
    return true;
}
```

11.3 Spring Security 動態許可權控制

在 Spring Security 預設情況下，認證成功後使用者才可以直接存取受保護的介面，然而，如果希望在認證成功後再執行其他操作，則可以使用 Spring Security 提供的自訂處理器進行自訂操作。可以透過自訂處理器 (Handler) 在認證、授權、登出等操作完成後執行特定的邏輯，這需要實現相應的介面或繼承相應的類別來自訂處理器。借助 Spring Security 提供的自訂處理器功能，可以靈活地控制認證成功後的行為，並根據業務需求進行個性化訂製，從而提升系統的安全性和使用者體驗。

11.3.1 無許可權異常處理

ExceptionTranslationFilter 是異常轉換篩檢程式，可以將 AccessDeniedException 和 AuthenticationException 轉為 HTTP 回應。ExceptionTranslationFilter 是作為 Security Filter 其中之一被插入 FilterChainProxy 中實現異常處理的。

接下來，將自訂實現這兩個異常處理類別，並重寫類別中的方法，使其符合專案的傳回格式。在 library-admin 子模組中新建一個 handle 套件，然後在套件中建立一個 CustomAccessDeniedHandler 類別並實現 AccessDeniedHandler 介面類別，使用 @Component 註解，將其註冊為 Spring 元件，用來統一處理 AccessDeniedException 異常，如果程式中沒有抛出該例外，則不會執行該處理類別。

當使用者透過認證後，但沒有足夠的許可權存取某個資源時，AccessDeniedException 會被呼叫，並傳回 403 狀態錯誤程式，用來表示許可權不足。

在介面的原始程式中提供了一個 handle 方法，現在只需實現 AccessDeniedHandler 介面的 handle 方法，並從獲取的異常資訊中進行比較，然後封裝到 Result 傳回類別中，最後將錯誤資訊轉換成 JSON 格式返給前端，程式如下：

```
// 第11章/library/library-admin/CustomAccessDeniedHandler.java
@Component
@RequiredArgsConstructor
public class CustomAccessDeniedHandler implements AccessDeniedHandler {
    @Override
    public void handle(HttpServletRequest httpServletRequest,
                       HttpServletResponse httpServletResponse,
                       AccessDeniedException e) throws IOException, ServletException {
        httpServletResponse.setContentType("application/json;charset=UTF-8");
        httpServletResponse.setStatus(HttpStatus.FORBIDDEN.value());
        ServletOutputStream outputStream = httpServletResponse.getOutputStream();
        Result result = Result.error(HttpServletResponse.SC_FORBIDDEN,"許可權不足無法存取");
        outputStream.write(JSONUtil.toJsonStr(result).getBytes("UTF-8"));
        outputStream.flush();
```

```
            outputStream.close();
        }
    }
```

11.3.2 認證異常處理

AuthenticationEntryPoint 用於用戶端的請求憑證，當存取被保護資源時，在篩檢程式中如果發現是匿名使用者的請求，則會拋出例外行為，接著會由該類別進行處理。該類別提供了一個 commence 方法，現在只需重寫這種方法。主要針對未登入狀態和 token 過期等情況的處理，並傳回 401 狀態錯誤碼。

在 handle 套件中新建一個 CustomAuthenticationEntryPoint 類別，並使用 @Component 註解，將其註冊為 Spring 元件，然後實現 AuthenticationEntryPoint 介面的 commence 方法，對其進行重寫入操作，程式如下：

```java
// 第 11 章 /library/library-admin/CustomAuthenticationEntryPoint.java
@Component
public class CustomAuthenticationEntryPoint implements AuthenticationEntryPoint {
    @Override
     public void commence(HttpServletRequest request, HttpServletResponse response,
AuthenticationException authException) throws IOException, ServletException {
        response.setContentType("application/json;charset=utf-8");
        ServletOutputStream outputStream = response.getOutputStream();
        Result result = Result.error(HttpServletResponse.SC_UNAUTHORIZED,
            "請求失敗");
        if (authException instanceof InsufficientAuthenticationException) {
            result.setMsg("當前是未登入狀態或 token 已經過期，請重新登入！");
        }
        outputStream.write(JSONUtil.toJsonStr(result).getBytes());
        outputStream.flush();
        outputStream.close();
    }
}
```

11.3.3 使用者詳細資訊功能實現

在專案引入 Spring Security 後，什麼也沒配置時，帳號和密碼是由 Spring Security 定義生成的，而在實際的專案開發中帳號和密碼都是從資料庫中獲取的，所以需要透過自訂邏輯控制認證，如果需要自訂邏輯，則只需實現 UserDetailsService 介面。

1. 實現 UserDetailsService

UserDetailsService 是 Spring Security 提供的介面，用於從資料庫中獲取使用者的詳細資訊。它是 Spring Security 認證系統中最核心的介面之一，用於檢索並載入使用者實例。當使用者嘗試進行認證時，Spring Security 將使用 UserDetailsService 介面從資料庫中檢索使用者的詳細資訊。具體來講，在進行認證時，需要為 Spring Security 配置一個 UserDetailsService 的實現類別，該類別將負責驗證使用者的身份，並傳回一個符合要求的 UserDetails 物件。UserDetailsService 介面定義了一個 loadUserByUsername 方法，原始程式碼如下：

```
public interface UserDetailsService {
    UserDetails loadUserByUsername(String username) throws UsernameNotFoundException;
}
```

該方法接收一個使用者名稱作為參數，並傳回一個 UserDetails 物件，表示與該使用者名稱連結的使用者的詳細資訊。如果找不到該使用者，則不應傳回 null，而是由該方法拋出 UsernameNotFoundException 異常。

在 library-admin 子模組中增加 config 配置套件，並建立一個 ApplicationConfig 配置類別。

在該配置類別上使用了 Lombok 的註解 @RequiredArgsConstructor，其作用是在寫 Controller 層或 Service 層時，需要注入很多 mapper 介面或 service 介面，如果每個介面都寫上 @Autowired 就會顯得很煩瑣，所以使用 @RequiredArgsConstructor 註解可以代替 @Autowired 註解，但是在宣告的變數前必須加上 final 修飾。

建立 userDetailsService 方法，並增加 @Bean 註解，以將其宣告為一個 Spring Bean，並傳回一個 UserDetailsService 物件，在方法的實現中，使用 lambda 運算式將傳入的使用者名稱作為參數，並呼叫 userService.loadUserByUsername(username) 方法來載入相應的使用者詳細資訊，程式如下：

```
// 第11章/library/library-admin/ApplicationConfig.java
@Configuration
@RequiredArgsConstructor
public class ApplicationConfig {
```

```
        private final UserService userService;
    @Bean
    public UserDetailsService userDetailsService() {
        // 獲取登入使用者資訊
        return username -> userService.loadUserByUsername(username);
    }
}
```

在使用者的 UserService 介面中定義一個 loadUserByUsername 介面，使用使用者名稱從資料庫中查詢使用者資訊，程式如下：

```
/**
 * 獲取登入使用者的資訊
 *
 * @param username
 * @return
 */
UserDetails loadUserByUsername(String username);
```

實現 loadUserByUsername 方法，程式如下：

```
// 第11章/library/library-admin/UserServiceImpl.java
@Override
public UserDetails loadUserByUsername(String username) throws UsernameNotFoundException {
    User user = lambdaQuery().eq(User::getUsername, username).one();
    if (user == null) {
        throw new UsernameNotFoundException(username + "使用者名稱不存在！");
    }
    return new CustomUserDetails(user);
}
```

2. 自訂 UserDetails

接下來，先要實現 UserDetails 介面的相關操作。UserDetails 是 Spring Security 的基礎介面，這個介面標準了使用者詳細資訊所擁有的欄位，譬如使用者名稱、密碼、帳號是否過期、是否鎖定等。Spring Security 框架並不在乎專案是怎麼儲存使用者和許可權資訊的。只要取出使用者資訊時把它包裝成一個 UserDetails 物件就可以了。UserDetails 介面定義了以下方法，原始程式碼如下：

```
// 第11章/library/library-admin/UserDetails.java
public interface UserDetails extends Serializable {
    // 獲取使用者的許可權列表
```

```
        Collection<? extends GrantedAuthority> getAuthorities();
        // 獲取使用者的密碼
        String getPassword();
        // 獲取使用者的使用者名稱
        String getUsername();
        // 判斷使用者帳號是否未過期
        boolean isAccountNonExpired();
        // 判斷使用者帳號是否未被鎖住
        boolean isAccountNonLocked();
        // 判斷使用者的憑證(密碼)是否未過期
        boolean isCredentialsNonExpired();
        // 判斷使用者帳號是否啟用
        boolean isEnabled();
}
```

通常情況下，透過實現 UserDetails 介面來提供使用者的詳細資訊，在 user/bo 套件中新建一個 CustomUserDetails 自訂實現類別，然後實現 UserDetails 介面。根據具體的業務需求，提供符合要求的使用者詳細資訊。這些資訊將在認證和授權過程中使用，用於驗證使用者身份和授權判斷。引入 user 使用者類別，然後提供相應的建構方法，並實現使用者名稱和密碼獲取等操作，程式如下：

```
// 第 11 章 /library/library-admin/CustomUserDetails.java
@Data
public class CustomUserDetails implements UserDetails {
    private final User user;
    public CustomUserDetails(User user) {
          this.user = user;
    }
    @Override
    public Collection<? extends GrantedAuthority> getAuthorities() {
        return null;
    }
    @Override
    public String getUsername() {
        return user.getUsername();
    }
    @Override
    public String getPassword() {
        return user.getPassword();
    }
    public String getRoles() {
        return user.getRoleIds();
    }
```

```java
    @Override
    public boolean isAccountNonExpired() {
        // 傳回帳戶是否未過期
        return true;
    }
    @Override
    public boolean isAccountNonLocked() {
        // 傳回帳戶是否未被鎖定
        return true;
    }
    @Override
    public boolean isCredentialsNonExpired() {
        // 傳回憑證是否未過期
        return true;
    }
    @Override
    public boolean isEnabled() {
        // 傳回帳號狀態正常的
        return user.getStatus().equals(0);
    }
}
```

11.3.4 自訂授權管理器

在 Spring Security 5.5 的版本以後增加了一個新的授權管理器介面 AuthorizationManager，它讓動態許可權的控制介面化了，更加方便使用。本專案採用動態許可權的方式來判斷使用者的存取權限和資源許可權的管理，簡化了前端的相關操作，後端也不需要在每個介面上增加相關的許可權規則，方便後期許可權相關程式的維護。

1. 決策規則

在 Spring Security 中，提供了 3 種不同的 AccessDecisionManager 決策規則，分別是 AffirmativeBased、UnanimousBased 和 ConsensusBased。AccessDecisionManager 透過管理 AccessDecisionVoter 實現決策規則的執行。

AccessDecisionVoter 是決策過程中的投票者，它可以根據傳入的 Authentication 物件和 Object 物件等參數進行判斷，然後投出同意或反對票。根據不同的決策規則，AccessDecisionManager 會根據 AccessDecisionVoter 的投票結果進行決策，確定是否授予存取權限。以下是對這 3 種規則的詳細說明。

(1) AffirmativeBased 是 Spring Security 預設的決策規則，它採用肯定主張策略，表示只要有一張或多張 ACCESS_GRANTED(存取已授權) 投票，無論多少張反對票都會授予相關存取權限。

(2) UnanimousBased 採用一致主張策略，是最嚴格的授權決策器，表示只要獲得一張 ACCESS_DENIED(拒絕存取) 投票，則無論有多少張 ACCESS_GRANTED 投票都無法被授予存取權限。UnanimousBased 代表了與 AffirmativeBased 完全對立的規則。

(3) ConsensusBased 採用共識主張策略 (少數服從多數)，實現是根據非棄權票的共識授予或拒絕存取，表示當 ACCESS_GRANTED 投票大於 ACCESS_DENIED 投票時，就會授予存取權限。在票數相等或所有票數都棄權的情況下，提供屬性來控制行為。

本專案使用的是 Spring Security 預設的 AffirmativeBased 決策規則，如果滿足授權規則，則進行授權，否則拒絕授權。

2. 自訂 AuthorizationManager

AuthorizationManager 是用來檢查當前認證資訊 Authentication 是否可以存取特定物件 T，AuthorizationManager 將存取決策抽象更加泛化。AuthorizationManager 被 Spring Security 的基於請求、基於方法和基於訊息的授權元件所呼叫，並負責做出最終的存取控制決定。AuthorizationManager 介面包含兩種方法，程式如下：

```
// 確定是否應授予特定身份驗證和物件的存取權限
default void verify(Supplier<Authentication> authentication, T object) {
        AuthorizationDecision decision = check(authentication, object);
        if (decision != null && !decision.isGranted()) {
                throw new AccessDeniedException("Access Denied");
        }
}
// 確定是否為特定身份驗證和物件授予存取權限
@Nullable
AuthorizationDecision check(Supplier<Authentication> authentication, T object);
```

現在只需實現 check 方法就可以了，它對當前提供的認證資訊 authentication

和泛化物件 T 進行許可權檢查，並傳回 AuthorizationDecision，然後將決定是否能夠存取當前資源，如果 AuthorizationDecision 被設置為 false，則會被自訂的 CustomAuthenticationEntryPoint 類別獲取處理。

在 handle 套件中新建一個自訂授權的管理器 CustomAuthorizationManager，然後實現 AuthorizationManager 介面中的 check 方法。使用 @Component 註解將該類別宣告為一個 Spring 元件，以便能夠透過相依注入在其他地方使用。在該方法中程式的實現邏輯分為以下幾個步驟。

(1) 在方法的實現中，首先從 requestAuthorizationContext 中獲取當前的請求物件 HttpServletRequest，然後從請求標頭中根據 Authorization 獲取 JWT 權杖 token。如果 token 為空，則傳回一個 AuthorizationDecision 決策物件，表示沒有許可權，其中使用了一個 @Value 註解，該註解將從設定檔獲取 JWT 相關配置，在 application.yml 設定檔中增加 JWT 的配置，如儲存的請求標頭、JWT 加解密使用的金鑰和 JWT 負載中獲得開頭等配置資訊，程式如下：

```
// 第11章 /library/library-admin/application.yml
jwt:
    #JWT 儲存的請求標頭
    tokenHeader: Authorization
    #JWT 加解密使用的金鑰
    key: library-secret
    #JWT 負載中獲得開頭
    tokenHead: 'Bearer '
```

獲取請求標頭中的 token，程式如下：

```
// 第11章 /library/library-admin/CustomAuthorizationManager.java
// 獲取請求標頭裡面的 JWT 權杖
HttpServletRequest httpServletRequest = requestAuthorizationContext
        .getRequest();
String token = httpServletRequest.getHeader(tokenHeader);
if (StrUtil.isEmpty(token)) {
    token = httpServletRequest.getHeader("authorization");
}
if (StrUtil.isEmpty(token)) {
    return new AuthorizationDecision(false);
}
```

(2) 接下來，先獲取當前請求的 URL 網址，並獲取所有的選單列表，然後遍歷這個列表，使用 AntPathRequestMatcher 來匹配當前請求的 URL 與選單的 URL，如果匹配成功，則再去獲取當前登入使用者的角色資訊，並根據角色資訊去查詢相應的選單，如果匹配成功的 URL 符合該角色的選單許可權，則表示有許可權存取，否則報 403 錯誤，無許可權存取該介面，程式如下：

```java
// 第 11 章 /library/library-admin/CustomAuthorizationManager.java
// 表示請求的 URL 網址和資料庫的位址是否匹配上了
boolean isMatch = false;
        // 獲取當前請求的 URL 網址
        HttpServletRequest request = requestAuthorizationContext.getRequest();
        List<Menu> list = menuService.list(new QueryWrapper<>());
        for (Menu m : list) {
            AntPathRequestMatcher antPathRequestMatcher = new AntPathRequestMatcher(m.getUrl());
            if (antPathRequestMatcher.matches(request)) {
                // 說明找到了請求的位址
                // 獲取當前登入使用者的角色
                CustomUserDetails userDetails = (CustomUserDetails) authentication.get().getPrincipal();
                // 獲取使用者相關角色 id 資訊
                 List<Integer> roleIdList = StrUtil.splitTrim(userDetails.getRoles(), StrUtil.COMMA).stream().map(Integer::valueOf).toList();
                // 透過角色 id 查詢相關選單 ids
                Set<Integer> menuIds = roleMenuService.getMenuIdsByRoleIds(roleIdList);
                if (CollUtil.isNotEmpty(menuIds)) {
                   for (Integer menuId : menuIds) {
                       if (menuId.equals(m.getId())) {
                           // 說明當前登入使用者具備當前請求所需要的選單
                           isMatch = true;
                           return new AuthorizationDecision(true);
                       }
                   }
                }
            }
        }
    if (!isMatch) {
        // 說明請求的 URL 位址和資料庫的位址沒有匹配上，但當前使用者是匿名使用者，這表示
        // 使用者尚未進行身份驗證，通常是未登入的使用者
        if (authentication.get() instanceof AnonymousAuthenticationToken) {
           return new AuthorizationDecision(false);
        } else {
           // 說明使用者已經認證了，但是沒有存取該介面的許可權
           throw new AccessDeniedException(" 沒有許可權存取 !");
        }
```

```
        }
        return new AuthorizationDecision(false);
```

11.3.5 實現 Token 生成工具

在 library-admin 子模組中建立一個 util 套件，接著在該套件中新建一個 JwtTokenUtil 工具類別，用來生成和管理 Token，並使用 @Component 註解將該類別宣告為一個 Spring 元件。

1. 生成 Token

增加一個 createJwtToken 方法，接收 UserDetails 物件作為參數，其中包含使用者的詳細資訊，例如使用者名稱等，然後使用 Map 物件來儲存需要增加到 JWT 中的自訂宣告資訊。這裡需要定義兩個常數，即 CLAIM_KEY_USERNAME 和 CLAIM_KEY_CREATED，程式如下：

```java
// 第11章/library/library-admin/JwtTokenUtil.java
private static final String CLAIM_KEY_USERNAME = "sub";
private static final String CLAIM_KEY_CREATED = "created";

/**
 * 使用者登入成功後生成 JWT 的 Token，使用 HS512 演算法
 *
 * @param userDetails
 * @return token
 */
public String createJwtToken(UserDetails userDetails) {
    Map<String, Object> claims = new HashMap<>();
    claims.put(CLAIM_KEY_USERNAME, userDetails.getUsername());
    claims.put(CLAIM_KEY_CREATED, new Date());
    return generateToken(claims, userDetails.getUsername());
}
```

程式中呼叫了 generateToken 方法生成 Token，現在再建立一個 generateToken 方法，然後呼叫 Jwts.builder 方法來建立一個 JWT 建構器，接著透過鏈式呼叫方法設置 JWT 的各部分，如負載資訊 (setClaims)、主題 (setSubject)、發佈時間 (setIssuedAt)、過期時間 (setExpiration) 等。最後使用 signWith 方法指定簽名演算法和金鑰對 JWT 進行簽名，並呼叫 compact 方法生成最終的 JWT 字串，程式如下：

```java
// 第 11 章 /library/library-admin/JwtTokenUtil.java
/**
 * 根據規則生成 JWT 的 Token
 *
 * @param claims
 * @param username
 * @return
 */
private String generateToken(Map<String, Object> claims, String username) {
  JwtBuilder builder = Jwts.builder()
          .addClaims(claims)
          .setIssuedAt(new Date())
          .setSubject(username)
          // 設置過期時間，1h 後過期
              .setExpiration(new Date(System.currentTimeMillis() + CacheTimeConstant.tokenExpiration))
          // 設置簽名使用的簽名演算法和簽名使用的金鑰
          .signWith(SignatureAlgorithm.HS512, key);
      return builder.compact();
}
```

這裡使用了過期的時間，可以將時間提取到快取時間管理類別中，開啟 CacheTimeConstant 類別，加入 Token 的過期時間，程式如下：

```java
/**
 * JWT 的過期時間 1h(ms)
 */
public static final Long tokenExpiration = 3600000L;
```

2. 驗證 Token

在工具類別中建立一個 parseJWT 驗證方法，使用 Jwts.parser 方法獲取一個 JWT 解析器，並透過 setSigningKey 方法設置解析時使用的金鑰。key 是一個對稱金鑰或公開金鑰，用於驗證 JWT 的簽名，然後 parseClaimsJws 方法用於解析傳入的 Token 字串。如果解析成功，則傳回一個 Jws<Claims> 物件，透過呼叫 getBody 方法可以獲取包含在 JWT 中的宣告資訊。如果解析失敗，則會拋出例外並記錄錯誤日誌，程式如下：

```java
// 第 11 章 /library/library-admin/JwtTokenUtil.java
/**
 * Token 驗證
```

```
 *
 * @param Token 加密後的 Token
 * @return
 */
private Claims parseJWT(String token) {
  Claims claims = null;
  try {
    claims = Jwts.parser()
             .setSigningKey(key)
             .parseClaimsJws(token)
             .getBody();
  } catch (Exception e) {
      log.error("token：{}，格式驗證失敗！錯誤資訊為：", token, e);
  }
  return claims;
}
```

3. 獲取登入使用者名稱

建立一個獲取使用者名稱的 getUserNameFromToken 方法，將從 Token 中解析出使用者名稱，程式如下：

```
// 第 11 章 /library/library-admin/JwtTokenUtil.java
/**
 * 從 Token 中獲取登入使用者名稱
 */
public String getUserNameFromToken(String token) {
    String username;
    try {
       Claims claims = parseJWT(token);
       username = claims.getSubject();
    } catch (Exception e) {
       username = null;
       log.error("token：{}，根據 Token 獲取使用者名稱失敗！錯誤資訊為：", token, e);
    }
    return username;
}
```

還有其他一些方法的使用，這裡不再過多地講解，詳細的程式在本書的書附原始程式中可以獲取。

11.3.6　JWT 登入授權篩檢程式

　　OncePerRequestFilter 是 Spring 框架中的篩檢程式類別，用於在每個請求上執行一次過濾操作。它是 Spring 提供的抽象類別 GenericFilterBean 的子類別，並實現了 jakarta.servlet.Filter 介面。作為篩檢程式類別，OncePerRequestFilter 可以用於對 HTTP 請求進行前置處理和後處理操作。它適用於需要針對每個請求只被執行一次的邏輯，例如身份驗證、日誌記錄和字元編碼設置等。

　　在 library-admin 子模組中新建一個 filter 套件，然後建立 JwtAuthenticationTokenFilter 過濾類別，繼承 OncePerRequestFilter 類別，並使用 @Component 註解將該類別宣告為一個 Spring 元件，然後只需重寫 doFilterInternal 方法，原始程式碼如下：

```java
// 第 11 章 /library/library-admin/JwtAuthenticationTokenFilter.java
@Override
protected void doFilterInternal(HttpServletRequest request, HttpServletResponse response, FilterChain doFilterInternal) throws ServletException, IOException {
    // 執行前置處理邏輯
    // 呼叫下一個篩檢程式或目標請求資源
    filterChain.doFilter(request, response);
    // 執行後處理邏輯
}
```

　　接下來，需要重寫 doFilterInternal 方法，首先從請求的頭部中獲取名為 Authorization 的頭部資訊，並判斷其是否存在且是否以 Authorization 開頭。這通常用於檢查請求是否攜帶了 JWT 的授權資訊，程式如下：

```java
// 第 11 章 /library/library-admin/JwtAuthenticationTokenFilter.java
String authHeader = request.getHeader(this.tokenHeader);
if (authHeader == null ||!authHeader.startsWith(tokenHead)) {
    filterChain.doFilter(request, response);
    return;
}
// 獲取 Token
String token = authHeader.substring(this.tokenHead.length());
if (StrUtil.isEmpty(token)) {
    throw new BadCredentialsException(" 權杖為空，請重新登入 !");
}
```

如果存在合法的 JWT 授權標頭資訊，則提取出其中的權杖部分，並使用 JwtTokenUtil 工具類別的 getUserNameFromToken 方法根據權杖解析出使用者名稱。如果使用者名稱不為空且當前請求的 SecurityContextHolder 中的身份認證資訊為 null，則說明該使用者需要進行身份認證，然後使用 UserDetailsService 根據使用者名稱載入使用者的詳細資訊，並使用 JwtTokenUtil 中的 isVerifyToken 方法驗證權杖的有效性，確保權杖與載入的使用者資訊匹配。如果驗證成功，則建立一個 UsernamePasswordAuthenticationToken 物件，將載入的使用者詳細資訊、憑證 (在這種情況下為 null) 和許可權列表設置到該物件中。使用 WebAuthenticationDetailsSource 建立 WebAuthenticationDetails 物件，並將其作為參數設置到 UsernamePasswordAuthenticationToken 物件中。再將建立的 UsernamePasswordAuthenticationToken 物件設置到當前請求的 SecurityContextHolder 中，表示該使用者已經透過身份認證。最後，呼叫 filterChain.doFilter 方法將當前請求傳遞給下一個篩檢程式或目標資源進行處理，程式如下：

```java
// 第 11 章 /library/library-admin/JwtAuthenticationTokenFilter.java
String username = jwtTokenUtil.getUserNameFromToken(token);
log.info("JWT 登入授權篩檢程式獲取使用者名稱：{}", username);
if (username != null && SecurityContextHolder.getContext()
            .getAuthentication() == null) {
UserDetails userDetails = this.userDetailsService
            .loadUserByUsername(username);
        if (jwtTokenUtil.isVerifyToken(token, userDetails)) {
        UsernamePasswordAuthenticationToken authentication =
            new UsernamePasswordAuthenticationToken(userDetails, null,
                userDetails.getAuthorities());
        authentication.setDetails(new WebAuthenticationDetailsSource()
                .buildDetails(request));
SecurityContextHolder.getContext().setAuthentication(authentication);
    }
}
    filterChain.doFilter(request, response);
```

11.3.7　Spring Security 配置

　　Spring Security 配置類別用於配置應用程式的安全機制，包括認證和授權等方面。它提供了一種簡單的方式，可以在 Web 應用程式中增加安全機制。專案中使用的 Spring Security 的版本為 6.1 以上的版本，WebSecurityConfigurerAdapter 這個類別已完全被移除了，主要的目的是鼓勵開發者使用基於元件的安全配置。另外，配置 DLS 也發生了變化。Spring Security 6.0 採用了基於 Lambda 運算式的 DSL 配置方式，取代了之前的純鏈式呼叫方式，使配置更加靈活和直觀。對一些方法名稱也進行了修改，例如 antMatchers 被替換為 requestMatchers。

1. 配置 URL 白名單

在 ApplicationConfig 配置類別中增加不需要驗證的相關介面的 URL，如登入、獲取驗證碼、註冊和退出等相關請求的 URL，在執行這些介面時會自動過濾掉這些 URL，程式如下：

```java
// 第11章 /library/library-admin/ApplicationConfig.java
/**
 * URL 白名單
 */
private static final String[] WHITE_LIST_URL = {
        "/css/**",
        "/js/**",
        "/index.html",
        "/img/**",
        "/fonts/**",
        "/favicon.ico",
        "/web/captcha",
        "/user/register",
        "/web/logout",
        "/web/login"
};
@Bean
public RequestMatcher[] requestMatchers() {
    List<String> paths = Arrays.asList(WHITE_LIST_URL);
    List<RequestMatcher> requestMatchers = new ArrayList<>();
    paths.forEach(path -> requestMatchers.add(new AntPathRequestMatcher(path)));
    return requestMatchers.toArray(new RequestMatcher[0]);
}
```

2. 密碼加密

PasswordEncoder 是 Spring Security 提供的密碼加密方式的介面定義。在使用者註冊時輸入的密碼也要使用這種加密方式加密後存入資料庫，從而保證資料的安全。在 ApplicationConfig 配置類別中，透過 @Bean 的方式去配置全域統一使用的密碼加密方式，程式如下：

```
@Bean
public PasswordEncoder passwordEncoder() {
    return new BCryptPasswordEncoder();
}
```

建立一個 AuthenticationProvider 物件，用於處理使用者的身份認證過程。它使用自訂的 UserDetailsService 實現類別獲取使用者的身份資訊，並使用 passwordEncoder 方法對使用者輸入的密碼進行加密處理，程式如下：

```
//第 11 章 /library/library-admin/ApplicationConfig.java
@Bean
public AuthenticationProvider authenticationProvider() {
    DaoAuthenticationProvider authProvider = new DaoAuthenticationProvider();
    authProvider.setUserDetailsService(userDetailsService());
    authProvider.setPasswordEncoder(passwordEncoder());
    return authProvider;
}
```

3. 認證管理器

在 ApplicationConfig 配置類別中建立一個 AuthenticationManager 物件，用於處理認證請求。透過注入 AuthenticationConfiguration 並獲取 AuthenticationManager 物件可以確保使用正確的配置和實例化方式來建立認證管理器，並將其暴露為 Spring Bean，以供其他元件使用，程式如下：

```
//第 11 章 /library/library-admin/ApplicationConfig.java
/**
 * 獲取 AuthenticationManager (認證管理器)，登入時認證使用
 */
@Bean
public AuthenticationManager authenticationManager(
AuthenticationConfiguration config) throws Exception {
        return config.getAuthenticationManager();
}
```

4. Spring Security 配置類別

目前新版的 Spring Security 需要使用 SecurityFilterChain Bean 配置相應的篩檢程式鏈，在配置中 authorizeHttpRequests 方法用於配置每個請求的許可權控制，

這裡要求除了設置的白名單以外的所有請求都要透過認證後才能存取，其餘的都是一些自訂的篩檢程式，這裡不過多地對此說明，程式如下：

```java
// 第 11 章 /library/library-admin/SecurityConfig.java
@Configuration
@EnableWebSecurity
public class SecurityConfig {
    @Resource
    private CustomAccessDeniedHandler customAccessDeniedHandler;
    @Resource
    private CustomAuthenticationEntryPoint customAuthenticationEntryPoint;
    @Resource
    private JwtAuthenticationTokenFilter jwtAuthenticationTokenFilter;
    @Resource
    private RequestMatcher[] requestMatchers;
    @Resource
    private CustomAuthorizationManager customAuthorizationManager;
    @Resource
    private AuthenticationProvider authenticationProvider;
    @Bean
    public SecurityFilterChain securityFilterChain(HttpSecurity http) throws Exception {
        http
                //CSRF 禁用，因為不使用 session
                .csrf(csrf -> csrf.disable())
                // 路徑配置
                .authorizeHttpRequests(register -> register
                        .requestMatchers(requestMatchers).permitAll()
                        .anyRequest().access(customAuthorizationManager)
                )
                .formLogin(f -> f.disable())
                // 禁用快取
                .sessionManagement(s ->
                        // 使用無狀態 session，即不使用 session 快取資料
        s.sessionCreationPolicy(SessionCreationPolicy.STATELESS))
                .authenticationProvider(authenticationProvider)
                // 增加 JWT 篩檢程式
                .addFilterBefore(jwtAuthenticationTokenFilter, UsernamePasswordAuthentic-
ationFilter.class)
                // 許可權不足時的處理
                .exceptionHandling(e -> e
                                .authenticationEntryPoint(customAuthenticationEntryPoint)
                                .accessDeniedHandler(customAccessDeniedHandler)
                );
        return http.build();
    }
}
```

5. 跨域處理

在前後端分離的專案中，跨域的問題會經常遇到，跨域是因為瀏覽器的相同來源策略限制，是瀏覽器的一種安全機制，伺服器端之間不存在跨域問題。所謂同源指的是兩個頁面具有相同的協定、主機和通訊埠，三者有任一不相同即會產生跨域問題。那麼如何解決這個跨域問題，可以實現 WebMvcConfigurer 介面並重寫其中的 addCorsMappings 方法來自訂 CORS 配置，進而實現全域配置跨域處理。

在 library-admin 子模組的 config 套件中建立一個 CorsConfig 配置類別，然後實現 WebMvcConfigurer 介面，程式如下：

```java
// 第 11 章 /library/library-admin/CorsConfig.java
@Configuration
public class CorsConfig implements WebMvcConfigurer {
    @Override
    public void addCorsMappings(CorsRegistry registry){
        // 設置允許跨域的路徑
        registry.addMapping ("/**")
                // 設置允許跨域請求的域名
                .allowedOriginPatterns ("*")
                // 是否允許證書
                .allowCredentials (true)
                // 設置允許的方法
                .allowedMethods ("GET","POST","PUT","DELETE")
                // 設置允許的 header 屬性
                .allowedHeaders ("*")
                // 允許跨域時間
                .maxAge (3600);
    }
}
```

11.4 實現登入介面及完善相關功能

在 11.3 節中，已經完成了許可權管理方面的配置，現在將繼續完善登入功能及其他與許可權相關的擴充功能。這些功能包括獲取當前登入使用者的資訊、退出登入及獲取簡訊驗證碼等。

11.4.1 使用者登入與退出功能實現

首先，將重點實現登入功能。在前端頁面上使用者可以透過提供正確的憑據(如使用者名稱和密碼)進行登入，並且後端會驗證這些憑據的有效性。一旦驗證成功，介面將傳回一個存取權杖(Access Token)給使用者，用於後續的介面存取。

1. 登傳入參數數設置

在登入頁面上，使用者要填寫使用者名稱、密碼及驗證碼才能提交登入，先來定義這 3 個參數，在 user 的 bo 套件中新建一個 UserLoginBO 類別，然後透過 @NotEmpty 將參數設置為不可為空，程式如下：

```java
// 第 11 章 /library/library-admin/UserLoginBO.java
@Data
public class UserLoginBO {
    /**
     * 使用者名稱
     */
    @NotEmpty(message = "使用者名稱不能為空")
    private String username;
    /**
     * 密碼
     */
    @NotEmpty(message = "密碼不能為空")
    private String password;
    /**
     * 驗證碼
     */
    @NotEmpty(message = "驗證碼不能為空")
    private String verifyCode;
}
```

2. 增加登入介面

開啟 LoginController 類別，然後增加一個 POST 請求的 login 登入方法，接收的參數為 UserLoginBO 物件，該方法的實現步驟如下。

(1) 根據頁面傳來的使用者名稱從資料庫中查詢該使用者的資訊，這裡需要在 UserService 中增加一個根據使用者名稱查詢使用者的 getUserByUsername 介

面,程式如下:

```java
// 第 11 章 /library/library-admin/LoginController.java
User user = userService.getUserByUsername(bo.getUsername());
if (user == null) {
    return Result.error("您好,登入使用者不存在,請聯繫管理員!");
}
```

(2) 接著使用 BCryptPasswordEncoder 的加密方式對接收的密碼和使用者資料庫中的密碼進行比較,如果兩個密碼不一致,則傳回密碼錯誤資訊,程式如下:

```java
// 第 11 章 /library/library-admin/LoginController.java
BCryptPasswordEncoder bCryptPasswordEncoder = new BCryptPasswordEncoder();
if (!bCryptPasswordEncoder.matches(bo.getPassword(), userByUsername.getPassword())) {
    return Result.error("密碼不正確");
}
```

(3) 驗證該使用者的帳號是否已經被停用,如果已經被停用,則傳回帳號停用的錯誤狀態碼和相關提示訊息。先在 ErrorCodeEnum 中增加錯誤碼,程式如下:

```java
USER_STOP(0002, "帳號停用"),

// 程式驗證
if (StatusEnum.STOP.equals(user.getStatus())) {
    return Result.error(ErrorCodeEnum.USER_STOP.getCode(), "該帳號已被停用,無法登入");
}
```

(4) 對驗證碼的驗證,透過前端傳來的驗證碼和 Redis 儲存的驗證碼進行比較,如果不一致,則需要傳回驗證碼錯誤的資訊,其中狀態碼需要在 ErrorCodeEnum 列舉類別中增加,程式如下:

```java
// 第 11 章 /library/library-admin/LoginController.java

VERIFY_CODE(0003, "驗證碼不正確")

// 獲取驗證碼
String captchaCache = (String) redisUtil.get(RedisKeyConstant.LOGIN_VERIFY_CODE +
bo.getVerifyCode());
if (!userService.checkCode(captchaCache, bo.getVerifyCode())) {
    return Result.error(ErrorCodeEnum.VERIFY_CODE.getCode(), "驗證碼不正確或已過期");
}
```

驗證碼在對比時呼叫了 checkCode 方法，在 UserService 中增加該介面，程式如下：

```java
/**
 * 驗證驗證碼是否正確，true： 正確
 * @param captchaCache 快取中的驗證碼
 * @param verifyCode 頁面傳的驗證碼
 * @return
 */
boolean checkCode(String captchaCache, String verifyCode);
```

實現 checkCode() 方法，程式如下：

```java
// 第 11 章 /library/library-admin/UserServiceImpl.java
public boolean checkCode(String captchaCache, String verifyCode) {
    if (StrUtil.isEmpty(captchaCache) || StrUtil.isEmpty(verifyCode) || !captchaCache.equalsIgnoreCase(verifyCode)) {
        // 驗證碼不正確
        return false;
    }
    return true;
}
```

(5) 接著呼叫 UserService 類別中的 login 介面進行驗證，並傳回 Token 值，程式如下：

```java
/**
 * 登入，獲取 Token
 *
 * @param bo
 * @return
 */
String login(UserLoginBO bo);
```

實現 login 介面，程式如下：

```java
// 第 11 章 /library/library-admin/UserServiceImpl.java
@Override
public String login(UserLoginBO bo) {
    String token = null;
    try {
        UserDetails userDetails = loadUserByUsername(bo.getUsername());
        UsernamePasswordAuthenticationToken authentication =
                new UsernamePasswordAuthenticationToken(userDetails, null, userDetails.getAuthorities());
```

```
            SecurityContextHolder.getContext()
                .setAuthentication(authentication);
            token = jwtTokenUtil.createJwtToken(userDetails);
            // 更新登入的時間
            updateLoginTime(bo.getUsername());
        } catch (AuthenticationException e) {
            log.error("登入失敗,異常處理: ", e);
        }
        return token;
    }

    private void updateLoginTime(String username) {
        User user = getUserByUsername(username);
        if (user != null) {
            user.setLoginDate(LocalDateTime.now());
            updateById(user);
        } else {
            log.error("更新登入的時間失敗!");
        }
    }
```

(6) 最後將生成的 Token 值返給前端,用於後續的介面存取,程式如下:

```
// 第 11 章 /library/library-admin/LoginController.java
String token = userService.login(bo);
if (token == null) {
    return Result.error("使用者名稱或密碼錯誤");
}
Map<String, String> map = new HashMap<>(4);
map.put("token", tokenHead + token);
return Result.success(map);
```

到這裡登入的介面已經開發完成,詳細完整的程式可在本書的書附原始程式中獲取。

3. 退出系統介面

退出系統的介面這裡暫時寫入一個介面,先不實現功能,但也不影響系統的退出,等第 13 章日誌完成後,這裡還需要增加記錄退出系統的操作日誌,程式如下:

```
// 第 11 章 /library/library-admin/LoginController.java
/**
 * 退出登入
```

```
 *
 * @return
 */
@GetMapping("/logout")
public Result<Object> logout() {
    return Result.success("退出成功");
}
```

11.4.2 使用者註冊功能實現

註冊功能基本上在每個網站或 App 上都有該功能的表現，根據不同的帳號可以區分平臺的資料展示和保護個人的存取資料隱私等操作。本專案中的系統註冊加入了簡訊驗證碼功能，只有輸入正確的手機號碼和驗證碼才能實現使用者的註冊。當然本專案只是簡單地進行驗證，還留有部分後期可擴充的功能，如密碼的長度限制和使用者名稱審核等操作。

1. 獲取手機驗證碼

開啟 LoginController 介面類別，建立一個 getSmsVerifyCode 獲取簡訊驗證碼的方法，然後分為以下幾部分說明。

(1) 在 user 的套件中建立一個接收手機號碼和區分驗證碼的 UserSmsLoginBO 物件，程式如下：

```
// 第 11 章 /library/library-admin/UserSmsLoginBO.java
@Data
public class UserSmsLoginBO {
    /**
     * 手機號碼
     */
    private Long phone;
    /**
     * 驗證碼類型：0 代表註冊，1 代表忘記密碼
     */
    private Integer captchaType;
}
```

(2) 從前端獲取的手機號碼透過 Validator.isMobile 方法進行驗證，如果手機號碼為空或不符合手機號碼的格式，則傳回錯誤訊息資訊，程式如下：

```
if (bo.getPhone() == null &&
```

```
                    !Validator.isMobile(String.valueOf(bo.getPhone()))) {
            return Result.error("手機號碼不能為空！");
    }
```

(3) 查看 Redis 中有沒有該手機號碼驗證碼的存在，這裡需要區分註冊獲取驗證碼和忘記密碼中獲取簡訊驗證碼，在 Constants 公共常數類別中定義 0 和 1 常數，程式如下：

```
// 第 11 章 /library/library-common/Constants.java
/**
 * 常數 0
 */
public static final Integer ZERO = 0;
/**
 * 常數 1
 */
public static final Integer ONE = 1;
```

在 RedisKeyConstant 中定義使用者註冊簡訊驗證碼 key 和忘記密碼簡訊驗證碼 key，用來區分存入 Redis 中的簡訊驗證碼，程式如下：

```
// 第 11 章 /library/library-common/RedisKeyConstant.java
/**
 * 使用者註冊簡訊驗證碼 key
 */
public static final String SMS_VERIFY_REGISTER_CODE = "sms_verify_register_code_";
/**
 * 忘記密碼簡訊驗證碼 key
 */
public static final String SMS_VERIFY_FORGET_CODE = "sms_verify_forget_code_";
```

接下來，要對手機驗證碼的存在和有效性進行判斷，如果驗證碼還未過期，則將提示相關資訊，程式如下：

```
// 第 11 章 /library/library-admin/LoginController.java
String redisKey;
if (Constants.ZERO.equals(bo.getCaptchaType())) {
    redisKey = RedisKeyConstant.SMS_VERIFY_REGISTER_CODE + bo.getPhone();
} else {
    redisKey = RedisKeyConstant.SMS_VERIFY_FORGET_CODE + bo.getPhone();
}
Object object = redisUtil.get(redisKey);
if (object != null) {
```

```
        return Result.error("驗證碼有效期在 1min 內,還未過期!");
    }
```

(4) 在註冊流程中,除了獲取驗證碼的驗證,還需要檢查手機號碼是否已註冊。如果手機號碼已註冊,則應提示使用者直接登入,程式如下:

```
// 第 11 章 /library/library-admin/LoginController.java
if (Constants.ZERO.equals(bo.getCaptchaType())) {
    User userByPhone = userService.getUserByPhone(bo.getPhone());
    if (userByPhone != null) {
        return Result.error("手機號碼已經註冊,可直接登入!");
    }
}
```

在 UserService 類別中增加一個 getUserByPhone 方法,用於根據手機號碼查詢使用者資訊,程式如下:

```
/**
 * 根據手機號碼獲取使用者 ( 手機號碼唯一 )
 * @param phone
 * @return
 */
User getUserByPhone(Long phone);
```

實現 getUserByPhone() 方法,程式如下:

```
// 第 11 章 /library/library-admin/UserServiceImpl.java
@Override
public User getUserByPhone(Long phone) {
    User user = lambdaQuery().eq(User::getPhone, phone).one();
    return user;
}
```

(5) 生成一個 6 位隨機驗證碼,然後使用簡訊工具的 sendSms 方法發送簡訊。隨後會將生成的驗證碼儲存到 Redis 中,並將其過期時間設置為 1min,需要先在 CacheTimeConstant 類別中增加一個常數再設置過期時間,程式如下:

```
/**
 * 簡訊驗證碼有效期為 1min
 */
public static final Long smsVerifyCodeTime = 1L;
```

接下來,將撰寫簡訊發送的相關程式,程式如下:

```
// 第 11 章 /library/library-admin/LoginController.java
```

```
String smsCode = String.valueOf((int)((Math.random() * 9 + 1) * Math.pow(10,5)));
try {
    SmsUtil.sendSms(String.valueOf(bo.getPhone()), smsCode);
        redisUtil.set(redisKey, smsCode, CacheTimeConstant.smsVerifyCodeTime,
TimeUnit.MINUTES);
} catch (Exception e) {
    log.error("簡訊驗證碼獲取失敗！", e);
    return Result.error("簡訊驗證碼獲取失敗，請重試或聯繫管理員！");
}
```

2. 實現註冊介面

在獲得簡訊驗證碼後，需要提供唯一的使用者名稱、密碼、手機號碼和驗證碼資訊。確保使用者名稱和手機號碼不會在資料庫中重複出現。

(1) 修改接收前端註冊資訊的 UserInsert 物件，程式如下：

```
// 第11章/library/library-admin/UserInsert.java
@Data
public class UserInsert implements Serializable {
    @TableField(exist = false)
    private static final long serialVersionUID = -312846407276771311L;
    /**
     * 使用者帳號
     */
    private String username;
    /**
     * 密碼
     */
    private String password;
    /**
     * 手機號碼
     */
    private Long phone;
    /**
     * 簡訊驗證碼
     */
    private Integer smsCode;
}
```

(2) 將原本的初始化生成使用者的介面改為使用者註冊介面。首先，檢查使用者填寫的使用者名稱、密碼及手機號碼是否為空。其次，驗證使用者名稱是否已經存在及驗證碼是否失效或為空。最後，如果透過所有驗證，則將呼叫 insert 方法來執行使用者增加操作，程式如下：

```
// 第 11 章 /library/library-admin/UserController.java
@PostMapping("/register")
public Result insert(@Valid @RequestBody UserInsert param) {
    if (StrUtil.isEmpty(param.getUsername()) && StrUtil.isEmpty(param.getPass
word())&& param.getPhone() == null) {
        return Result.error(" 註冊資訊不能為空 !");
    }
    // 帳號不能重複
    if (userService.getUserByUsername(param.getUsername()) != null) {
        return Result.error(" 使用者名稱已存在,請重新填寫使用者名稱 !");
    }
    String smsCodeCache = (String) redisUtil.get
    (RedisKeyConstant.SMS_VERIFY_REGISTER_CODE + param.getPhone());
    if (StrUtil.isEmpty(smsCodeCache) || param.getSmsCode() == null || !smsCodeCache.
equalsIgnoreCase(String.valueOf(param.getSmsCode()))) {
        return Result.error(" 驗證碼為空或已失效,請重新獲取驗證碼 !");
    }
    boolean status = userService.insert(param);
    if (!status) {
        return Result.error(" 帳號註冊失敗,請再次重試或聯繫管理員 !");
    }
    return Result.success();
}
```

(3) 在 insert 方法中,在將使用者資訊存入資料庫之前,需要對一些資料進行處理和配置。這包括密碼加密、分配唯一的使用者編號、設置預設使用者圖示及分配基本的使用者許可權等操作,其中使用者的角色類型需要單獨增加一個列舉類別,在 library-common 子模組的 enums 套件中建立一個 RoleTypeEnum 列舉類別,系統共分為 3 個角色,即超級管理員、圖書管理員和普通使用者,程式如下:

```
// 第 11 章 /library/library-common/RoleTypeEnum.java
@Getter
@AllArgsConstructor
public enum RoleTypeEnum {
    SUPER_ADMIN(1, " 超級管理員 "),
    LIBRARY_ADMIN(2, " 圖書管理員 "),
    ORDINARY(3, " 普通使用者 ");

    private Integer code;
    private String desc;
    public static String getValue(Integer code) {
        RoleTypeEnum[] roleTypeEnums = values();
        for (RoleTypeEnum roleTypeEnum : roleTypeEnums) {
```

```
            if (roleTypeEnum.getCode().equals(code)) {
                return roleTypeEnum.getDesc();
            }
        }
        return null;
    }
}
```

接下來實現使用者的入庫操作,程式如下:

```
// 第 11 章 /library/library-admin/UserServiceImpl.java
@Override
@Transactional(rollbackFor = Exception.class)
public boolean insert(UserInsert userInsert) {
    User user = userStructMapper.insertToUser(userInsert);
    // 對密碼進行加密
    String encodePassword = bCryptPasswordEncoder.encode(user.getPassword());
    user.setPassword(encodePassword);
    // 使用者編號,唯一
    String uuid = System.currentTimeMillis() + UUID.randomUUID().toString().replaceAll("-", "").substring(0, 6);
    user.setJobNumber(uuid);
    // 使用者姓名,初始值為隨機生成
    user.setRealName(RandomUtil.randomString(6));
    user.setAvatar("https://pic.wndbac.cn/file/fea5b7ea8bc13828b71b5.jpg");
    user.setRoleIds(String.valueOf(RoleTypeEnum.ORDINARY.getCode()));
    save(user);
        // 維護使用者和角色連結資訊
    setUserRole(user.getId());
    return true;
}
```

將註冊使用者的相關資訊儲存到資料庫後,如果被賦予的角色為普通使用者,則需要維護使用者和角色的關係,增加了一個 setUserRole 方法,接收參數為使用者的 id,程式如下:

```
// 第 11 章 /library/library-admin/UserServiceImpl.java
private void setUserRole(Integer userId) {
  List<Integer> list = new ArrayList<>();
  // 初始化使用者,註冊的使用者都為普通使用者
  list.add(RoleTypeEnum.ORDINARY.getCode());
  UserRoleInsert userRoleInsert = new UserRoleInsert(userId, list);
  userRoleService.insert(userRoleInsert);
}
```

修改 UserRoleInsert 類別，將接收角色 id 的集合，程式如下：

```java
// 第 11 章 /library/library-admin/UserRoleInsert.java
@Data
public class UserRoleInsert implements Serializable {
    @TableField(exist = false)
    private static final long serialVersionUID = -69394119308354776L;
    /**
     * 使用者 ID
     */
    private Integer userId;
    /**
     * 角色 ID
     */
    private List<Integer> roleIds;
    public UserRoleInsert() {
    }
    public UserRoleInsert(Integer userId, List<Integer> roleIds) {
        this.userId = userId;
        this.roleIds = roleIds;
    }
}
```

然後實現使用者和角色連結的資料表的插入 insert 的方法，需要注意的是，在 UserRoleServiceImpl 中引入使用者的 UserService 介面時需要加上 @Lazy 註解，否則會出現循環相依的錯誤，程式如下：

```java
// 第 11 章 /library/library-admin/UserRoleServiceImpl.java
@Override
@Transactional(rollbackFor = Exception.class)
public boolean insert(UserRoleInsert userRoleInsert) {
    // 先刪除之前的關係，再增加新的使用者和角色的關係
    remove(new QueryWrapper<UserRole>().lambda().eq(UserRole::getUserId, userRoleIn
sert.getUserId()));
    // 重新綁定
    if (CollUtil.isNotEmpty(userRoleInsert.getRoleIds())) {
        userRoleInsert.getRoleIds().forEach(r -> {
            UserRole userRole = new UserRole(userRoleInsert.getUserId(), r);
            save(userRole);
        });
    }
    // 修改使用者資料表的角色
    UserUpdate userUpdate = new UserUpdate();
    userUpdate.setId(userRoleInsert.getUserId());
```

```
    String s = userRoleInsert.getRoleIds().stream()
            .map(String::valueOf).collect(Collectors.joining(","));
    userUpdate.setRoleIds(s);
    userService.update(userUpdate);
    return true;
}
```

3. 使用者快取

在專案中，將引入本地快取來加速使用者查詢介面的回應速度。具體實現方式是在專案啟動時將資料庫中的使用者資料載入到快取中，並隨後在進行增加、修改和刪除使用者操作時將確保先更新快取。然後進行資料庫操作，以保持快取和資料庫中資料的一致性。這樣，當需要查詢使用者時可以從快取中首先查詢使用者資訊，如果未找到，則再從資料庫中查詢，以提高查詢性能。

(1) 在 UserService 類別中建立一個 init 介面，用來初始化快取中的資料，程式如下：

```
/**
 * 初始化資料
 */
void init();
```

實現 init 的介面，將使用者的所有資訊列表查詢出來，然後定義一個 userMap 的集合，其中 key 為使用者 id，值為 user 物件，程式如下：

```
// 第 11 章 /library/library-admin/UserServiceImpl.java
@Override
public void init() {
    List<User> userList = userMapper.selectList(new QueryWrapper<>());
    if (CollUtil.isNotEmpty(userList)) {
        for (User user : userList) {
            userMap.put(user.getId(), user);
        }
        log.info("使用者增加快取完成！");
    }
}
```

(2) 在 library-admin 子模組的 config 套件中新建一個 InitDataApplication 類別，用於專案在啟動時將資料庫中的資料載入到記憶體裡，並實現 ApplicationRunner 介面中的 run 方法，程式如下：

```
// 第 11 章 /library/library-admin/UserServiceImpl.java
@Log4j2
@Component
public class InitDataApplication implements ApplicationRunner {
    @Resource
    private UserService userService;
    private boolean initialized = false;
    @Override
    public void run(ApplicationArguments args) throws Exception {
        if (!initialized) {
            init();
            initialized = true;
        }
    }
    /**
     * 初始化資料
     */
    private void init() {
        // 使用者快取初始化
        userService.init();
    }
}
```

(3) 對 userMap 的維護，在註冊的實現方法中增加快取，程式如下：

```
userMap.put(user.getId(), user);
```

修改根據 id 查看使用者詳情的 queryById 介面，將快取和資料庫查詢相結合，程式如下：

```
// 第 11 章 /library/library-admin/UserServiceImpl.java
@Override
public UserVO queryById(Integer id) {
    User user = userMap.get(id);
    if (user == null) {
        user = baseMapper.selectById(id);
    }
    UserVO userVO = userStructMapper.userToUserVO(user);
    if (userVO != null) {
        userVO.setSexName(SexEnum.getValue(userVO.getSex()));
        userVO.setStatusName(StatusEnum.getValue(userVO.getStatus()));
    }
    return userVO;
}
```

同時，還實現了在修改和刪除使用者時同步更新快取的功能。具體的程式範例可以在本書的書附原始程式中查看相關資訊。

11.4.3 使用註解獲取登入使用者資訊

引入許可權功能後，經常需要獲取當前使用者的資訊，例如在圖書借閱記錄管理中，每個使用者只能查看自己的借閱資訊，而管理員則可以查看所有的借閱資訊，因此在查詢時需要獲取當前登入使用者的資訊，以便有選擇性地查詢借閱記錄。

在 Spring Security 中透過 SecurityContext 獲取當前的使用者資訊，程式如下：

```
Authentication authentication = SecurityContextHolder.getContext()
        .getAuthentication();
String name = authentication.getName();
```

為了提高程式的簡潔性和可讀性，本書自訂了 @CurrentUser 註解，允許直接在方法參數上使用它。透過在需要獲取使用者資訊的方法上增加 @CurrentUser 註解，可以輕鬆地獲取當前使用者的資訊，而無須手動查詢使用者資訊，從而簡化了操作，參考以下範例程式：

```
// 第 11 章 /library/library-admin/UserController.java
@GetMapping("/getusername")
public Result getUserName(@CurrentUser CurrentLoginUser currentLoginUser) {
    String username = currentLoginUser.getUsername();
    return Result.success(username);
}
```

1. 定義 @CurrenUser 註解

在 library-common 子模組中，新建一個 annotation 套件，並在其中建立一個 CurrentUser 註解類別。該註解類別使用了 @Target 元註解，參數 ElementType.PARAMETER 可以在方法的參數上使用。同時，我們還會使用 @Retention 註解，參數為 RetentionPolicy.RUNTIME，以表示該註解在執行時期有效，程式如下：

```
@Target(ElementType.PARAMETER)           // 可用在方法的參數上
@Retention(RetentionPolicy.RUNTIME)      // 執行時期有效
public @interface CurrentUser {
}
```

在 @Target 元註解中 ElementType 列舉還有其他列舉成員可供選擇，用來表示該註解可以放在什麼位置上。以下列舉的是 ElementType 列舉類別的其他列舉成員。

(1) TYPE：修飾介面、類別、列舉類型。

(2) FIELD：修飾欄位、列舉的常數。

(3) METHOD：修飾方法。

(4) PARAMETER：修飾方法參數。

(5) CONSTRUCTOR：修飾建構函數。

(6) LOCAL_VARIABLE：修飾區域變數。

(7) ANNOTATION_TYPE：修飾註解。

(8) PACKAGE：修飾套件。

在 @Retention 註解中，除了使用的 RUNTIME 列舉成員外，還有以下兩個列舉成員。

(1) SOURCE：註解在原始程式時有效，將被編譯器丟棄。

(2) CLASS：註解在編譯時有效，但在執行時期沒有保留，這也是預設行為。

2. 獲取使用者資訊

該註解是在 library-common 子模組中實現的，無法獲取使用者的基本資訊，由於只能透過 SecurityContextHolder.getContext().getAuthentication() 獲取當前登入使用者名稱，所以現在先定義一個該註解需要哪些屬性的類別，在該模組下新建一個 service 套件，在套件中再新建一個 bo 套件，然後建立一個 CurrentLoginUser 類別，用來存放使用者的一些基本資訊，程式如下：

```java
// 第11章/library/library-common/CurrentLoginUser.java
@Data
public class CurrentLoginUser implements Serializable {
    private static final long serialVersionUID = -2130620368699025211L;
    /**
     * 使用者 ID
     */
    private Integer userId;
    /**
     * 使用者帳號
```

```
     */
    private String username;
    /**
     * 使用者姓名
     */
    private String realName;
    /**
     * 手機號碼
     */
    private Long phone;
    /**
     * 使用者編號
     */
    private String jobNumber;
    /**
     * 角色
     */
    private List<Integer> roleIds;
}
```

在 library-common 子模組中並沒有引入 library-admin 模組，那如何獲取使用者的資訊呢？現在需要在 service 套件中建立一個獲取使用者資訊的 TrendInvocationSecurityService 介面類別，然後定義一個根據使用者名稱獲取該使用者資訊的 getCurrentLoginUser 方法，程式如下：

```
/**
 * 根據使用者名稱查詢使用者資訊
 * @param username
 * @return
 */
CurrentLoginUser getCurrentLoginUser(String username);
```

接著在 library-admin 子模組的 config 套件中建立一個獲取使用者的 UserSecurityConfig 配置類別，然後實現 TrendInvocationSecurityService 的 Bean，並在 trendInvocationSecurityService 方法中根據提供的使用者名稱去查詢對應的使用者資訊，並將這些資訊封裝到 CurrentLoginUser 物件中並傳回。此時在 library-common 子模組中定義獲取使用者的介面就可以獲取使用者資訊了，程式如下：

```
// 第11章/library/library-admin/UserSecurityConfig.java
@Log4j2
```

```java
@Configuration
public class UserSecurityConfig {
    @Resource
    private UserService userService;
    @Bean
    public TrendInvocationSecurityService trendInvocationSecurityService() {
        return username -> {
            if (StrUtil.isEmpty(username)) {
                return null;
            }
            User user = userService.getUserByUsername(username);
            if (user == null) {
                return null;
            }
            currentLoginUser currentLoginUser = new CurrentLoginUser();
            currentLoginUser.setPhone(user.getPhone());
            currentLoginUser.setUserId(user.getId());
            currentLoginUser.setUsername(user.getUsername());
            currentLoginUser.setRealName(user.getRealName());
            currentLoginUser.setJobNumber(user.getJobNumber());
            if (StrUtil.isNotEmpty(user.getRoleIds())) {
                List<String> roleIds = Arrays.asList(user.getRoleIds().split(","));
currentLoginUser.setRoleIds(roleIds.stream()
.map(Integer::parseInt).collect(Collectors.toList()));
            }
            return currentLoginUser;
        };
    }
}
```

3. 參數解析器

在 library-common 子模組中，新建一個 handler 套件，並在其中建立一個 CurrentUserMethodArgumentResolver 參數解析器類別，然後實現 Spring 提供的 HandlerMethodArgumentResolver 介面。接下來對實現的方法進行解析。

(1) 首先，實現了 HandlerMethodArgumentResolver 介面的 supportsParameter 方法。該方法用於判斷一種方法參數是否被當前的參數解析器所支援。透過 MethodParameter 參數獲取了當前方法的參數類型，然後透過 getParameterType 方法獲取了參數的具體類型。接著，使用 isAssignableFrom 方法判斷該參數類型是否是 CurrentLoginUser 類別或其子類別。同時，還透過 hasParameterAnnotation

方法判斷當前方法參數是否被 CurrentUser 註解標記。如果這兩個條件都滿足，則傳回值為 true，表示當前的參數解析器支援該方法參數，否則傳回值為 false，程式如下：

```java
// 第 11 章 /library/library-admin/CurrentUserMethodArgumentResolver.java
@Override
public boolean supportsParameter(MethodParameter methodParameter) {
    return methodParameter.getParameterType()
                .isAssignableFrom(CurrentLoginUser.class) && methodParameter
                .hasParameterAnnotation(CurrentUser.class);
}
```

(2) 在 resolveArgument 方法中用於解析方法參數並傳回當前登入使用者的資訊。首先，透過 SecurityContextHolder.getContext().getAuthentication() 獲取當前的身份認證物件 Authentication，然後透過判斷 authentication 是否為 null 來確定當前是否存在登入狀態。如果 authentication 為 null，則表示當前登入狀態過期，將輸出錯誤日誌並傳回一個空的 CurrentLoginUser 物件。如果 authentication 不為 null，則進一步判斷 authentication.getPrincipal 是否實現了 UserDetails 介面，即判斷當前使用者是否為已認證的使用者。如果是已認證的使用者，則透過 UserDetails 介面可以獲取使用者名稱，然後呼叫 trendInvocationSecurityService.getCurrentLoginUser 方法，根據使用者名稱獲取當前登入使用者的詳細資訊，並將其封裝為 CurrentLoginUser 物件進行傳回。如果不是已認證的使用者，則同樣傳回一個空的 CurrentLoginUser 物件，程式如下：

```java
// 第 11 章 /library/library-admin/CurrentUserMethodArgumentResolver.java
@Override
public Object resolveArgument(MethodParameter methodParameter, ModelAndViewContainer
modelAndViewContainer, NativeWebRequest nativeWebRequest, WebDataBinderFactory
webDataBinderFactory) throws Exception {
    Authentication authentication = SecurityContextHolder
                .getContext().getAuthentication();
    if (authentication == null) {
        log.error("當前登入狀態過期 ", HttpStatus.UNAUTHORIZED);
        return new CurrentLoginUser();
    }
    if (authentication.getPrincipal() instanceof UserDetails) {
        UserDetails userDetails = (UserDetails) authentication.getPrincipal();
        // 獲取使用者名稱
```

```
        CurrentLoginUser loginUser = trendInvocationSecurityService.getCurrentLoginUser
(userDetails.getUsername());
        return loginUser;
    }
    return new CurrentLoginUser();
}
```

4. 配置參數解析器

在 library-common 子模組的 config 套件中找到 WebAppConfigurer 配置類別，該配置類別是 Spring 內部的一種配置方式，可以自訂 Handler、Interceptor、ViewResolver、MessageConverter 等對 Spring MVC 框架進行配置。

在 WebAppConfigurer 類別中重寫了 addArgumentResolvers 方法。這種方法用於註冊自訂的 HandlerMethodArgumentResolver 參數解析器。透過呼叫 argumentResolvers.add 方法，將一個自訂的參數解析器 CurrentUserMethodArgumentResolver 增加到參數解析器列表中。

接下來，定義了一個 currentUserMethodArgumentResolver 方法，用於建立和傳回一個 CurrentUserMethodArgumentResolver 物件。在這種方法上使用 @Bean 註解，表示將傳回的物件註冊到 Spring 的 IOC 容器中，因此，在整個配置過程中，當 Spring MVC 需要解析方法參數時會先呼叫 addArgumentResolvers 方法將自訂的參數解析器增加到解析器列表中，然後在解析方法參數時會優先使用這個自訂的參數解析器來解析參數，程式如下：

```
// 第11章/library/library-common/WebAppConfigurer.java
@Configuration
public class WebAppConfigurer implements WebMvcConfigurer {
    @Override
    public void addArgumentResolvers(List<HandlerMethodArgumentResolver> argumentRe
solvers) {
        argumentResolvers.add(currentUserMethodArgumentResolver());
    }
    @Bean
    public CurrentUserMethodArgumentResolver currentUserMethodArgumentResolver(){
        return new CurrentUserMethodArgumentResolver();
    }
}
```

5. 獲取登入使用者資訊

在 UserController 類別中建立一個 getUserInfo 方法，用於獲取當前登入的使用者資訊，其方法的參數為自訂的獲取使用者資訊的註解 @CurrentUser。在前端頁面登入中會首先載入該介面以獲取需要展示使用者的資訊，如使用者名稱、圖示等，程式如下：

```java
// 第 11 章 /library/library-admin/UserController.java
@GetMapping("/info")
public Result<?> getUserInfo(@CurrentUser CurrentLoginUser currentLoginUser) {
    if (currentLoginUser == null) {
        return Result.error("使用者資訊獲取失敗！");
    }
    UserInfoVO userInfo = null;
    try {
        userInfo = userService.getUserInfo(currentLoginUser);
    } catch (Exception e) {
        log.error("使用者：{}，獲取當前登入使用者資訊失敗： ", currentLoginUser.getUsername(), e);
        return Result.error("獲取當前登入使用者資訊失敗！");
    }
    return Result.success(userInfo);
}
```

在 UserService 介面類別中建立一個 getUserInfo 介面，用於獲取使用者的資訊，其中傳回的類別需要在 user 中的 vo 套件中建立 UserInfoVO 類別，詳細程式可查看本書書附的原始程式碼檔案，介面程式如下：

```java
/**
 * 獲取當前登入使用者資訊
 * @param currentLoginUser
 * @return
 */
UserInfoVO getUserInfo(CurrentLoginUser currentLoginUser);
```

然後實現該介面的功能，先從快取中查詢，如果快取中沒有，則從資料庫中查詢，該程式如下：

```java
// 第 11 章 /library/library-admin/UserServiceImpl.java
@Override
public UserInfoVO getUserInfo(CurrentLoginUser currentLoginUser) {
    User user = userMap.get(currentLoginUser.getUserId());
```

```
    if (user == null) {
        user = this.getById(currentLoginUser.getUserId());
    if (user != null) {
            userMap.put(user.getId(), user);
        } else {
            return new UserInfoVO();
        }
    }
    UserInfoVO vo = userStructMapper.userToUserInfoVO(user);
    return vo;
}
```

11.4.4 修改密碼功能實現

在系統開發中，密碼管理是一個常見而且至關重要的功能，修改密碼和重置密碼操作涉及使用者帳戶的核心安全，因此必須確保密碼的保密性和安全性，以免對使用者和系統造成潛在損失。特別是在密碼重置操作中，嚴格的驗證措施是不可或缺的。我們採用了簡訊驗證碼身為驗證手段，以確保只有合法使用者才能執行此關鍵操作。

1. 修改使用者密碼

修改密碼的操作是使用者已經登入了該系統，進入系統後的操作，相對驗證身份沒有那麼嚴格。在 user 的 bo 套件中新建一個 UserChangePasswordBO 類別，用來接收前端傳來的密碼資訊，包括原密碼、新密碼和確認新密碼，其中在新密碼和確認新密碼的屬性上增加了 @Size 註解，用來約束密碼的位數，程式如下：

```
// 第 11 章 /library/library-admin/UserChangePasswordBO.java
@Data
public class UserChangePasswordBO implements Serializable {
    @Serial
    private static final long serialVersionUID = -5743011544604686914L;
    /**
     * 原密碼
     */
    @NotBlank(message = "原密碼不能為空")
    private String oldPassword;
    /**
     * 新密碼
     */
    @NotBlank(message = "新密碼不能為空")
```

```
    @Size(min = 6, max = 12, message = " 密碼須為 8~20 位 ")
    private String newPassword;
    /**
     * 確認新密碼
     */
    @NotBlank(message = " 確認新密碼不能為空 ")
    @Size(min = 6, max = 12, message = " 密碼須為 8~20 位 ")
    private String confirmNewPassword;
}
```

然後在 UserController 類別中新建一個修改使用者登入密碼的 updatePassword 方法，在接收的參數上使用了 @CurrentUser 註解獲取當前登入使用者的資訊，然後判斷接收的參數是否為空和驗證兩次填寫的新密碼是否一致，如果一致，就呼叫修改密碼的介面，程式如下：

```
// 第11章 /library/library-admin/UserController.java
@PostMapping("/change/password")
public Result<?> updatePassword(@RequestBody @Valid UserChangePasswordBO bo, @CurrentUser CurrentLoginUser currentLoginUser) {
    if (StrUtil.isBlank(bo.getNewPassword()) || StrUtil.isBlank(bo.getConfirmNewPassword())) {
        return Result.error(" 密碼或確認密碼不能為空 ");
    }
    if (!bo.getConfirmNewPassword().equals(bo.getNewPassword())) {
        return Result.error(" 密碼與確認密碼不同，需檢查是否一致 ");
    }
    userService.changePassword(bo, currentLoginUser);
    return Result.success();
}
```

接著，在 UserService 類別中定義一個修改密碼的 changePassword 介面，程式如下：

```
// 第11章 /library/library-admin/UserService.java
/**
 * 修改當前使用者的密碼
 *
 * @param bo
 * @param currentLoginUser
 */
void changePassword(UserChangePasswordBO bo, CurrentLoginUser currentLoginUser);
```

實現 changePassword 介面，如果接收的原始密碼和資料庫中儲存的密碼不一致，則直接拋出例外處理，錯誤碼需要在 ErrorCodeEnum 錯誤列舉類別中增加。如果一致，則直接修改資料庫操作，並更新使用者的本地快取，程式如下：

```
// 第 11 章 /library/library-admin/UserServiceImpl.java
@Override
public void changePassword(UserChangePasswordBO bo, CurrentLoginUser currentLoginUser) {
    User user = userMap.get(currentLoginUser.getUserId());
    if (user == null || !bCryptPasswordEncoder.matches(bo.getOldPassword(), user.getPassword())) {
            throw new BaseException(ErrorCodeEnum.INCORRECT_OLD_PASSWORD);
    }
    user.setPassword(bCryptPasswordEncoder
            .encode(bo.getConfirmNewPassword()));
    this.updateById(user);
    userMap.put(user.getId(), user);
}
```

2. 重置使用者密碼

在使用者登入系統忘記密碼的情況下，需要重新設置密碼。本專案重置密碼的主要流程為先驗證相關的參數，然後生成初始化密碼，並透過簡訊的方式發送到手機上。在 user 的 bo 套件中新建一個 UserForgetPassword 類別，用來接收前端的相關參數，程式如下：

```
// 第 11 章 /library/library-admin/UserForgetPassword.java
@Data
public class UserForgetPassword implements Serializable {
    @Serial
    private static final long serialVersionUID = -464821434166314265L;
    /**
     * 使用者名稱
     */
    private String username;
    /**
     * 手機號碼
     */
    private Long phone;
    /**
     * 驗證碼
     */
    private String verifyCode;
}
```

然後在 UserController 類別中新建一個重置使用者登入密碼的 resettingPassword 方法，並實現相關的驗證，如果驗證通過，則呼叫 forgetPassword 介面，實現密碼的發送功能，程式如下：

```java
// 第11章 /library/library-admin/UserController.java
@PostMapping("/forget/password")
public Result resettingPassword(@Valid @RequestBody UserForgetPassword param) {
    User user = userService.getUserByPhone(param.getPhone());
    if (user == null) {
        return Result.error("使用者獲取失敗，需檢查手機號碼是否正確!");
    }
    if (!user.getUsername().equals(param.getUsername())) {
        return Result.error("帳號不正確，請填寫正確的登入帳號!");
    }
    if (StatusEnum.STOP.equals(user.getStatus())) {
        return Result.error(ErrorCodeEnum.USER_STOP.getCode(), "該帳號已被停用，無法重置密碼");
    }
    String smsCodeCache = (String) redisUtil.get(RedisKeyConstant.SMS_VERIFY_FORGET_CODE + param.getPhone());
    if (!userService.checkCode(smsCodeCache, param.getVerifyCode())) {
        return Result.error(ErrorCodeEnum.VERIFY_CODE.getCode(), "驗證碼不正確或已過期");
    }
    userService.forgetPassword(user, param);
    return Result.success("初始密碼已透過簡訊方式發送到您的手機，請注意查收!");
}
```

在 UserService 介面類別中建立一個 forgetPassword 介面，程式如下：

```java
/**
 * 重置密碼
 *
 * @param user
 * @param userForgetPassword
 */
void forgetPassword(User user, UserForgetPassword userForgetPassword);
```

接著實現該介面，使用 UUID.randomUUID() 方法生成一個 6 位數的密碼，然後透過簡訊發送到使用者手機上，這裡的簡訊內容需要更換簡訊發送的範本，需要修改簡訊發送的工具類別，先暫時不變動，並使用驗證碼的範本接收。最後更新使用者資料庫的資訊和本地快取，程式如下：

```java
// 第11章 /library/library-admin/UserServiceImpl.java
@Override
```

```java
public void forgetPassword(User user, UserForgetPassword userForgetPassword) {
    // 初始化密碼
    String uuid = UUID.randomUUID().toString().substring(0, 6);
    BCryptPasswordEncoder bCryptPasswordEncoder = new BCryptPasswordEncoder();
    String encode = bCryptPasswordEncoder.encode(uuid);
    // 發送簡訊
    try {
        SmsUtil.sendSms(String.valueOf(userForgetPassword.getPhone()), uuid);
    } catch (Exception e) {
        throw new RuntimeException(e);
    }
    user.setPassword(encode);
    this.updateById(user);
    userMap.put(user.getId(), user);
    log.info("重置密碼成功：帳號：{}，手機號碼：{}", userForgetPassword.getUsername(), userForgetPassword.getPhone());
}
```

11.5 功能測試

到目前為止，專案的許可權功能已基本開發完成，下一步是完善介面文件並進行許可權相關的測試，以確保前端能夠順利地存取所提供的介面。

11.5.1 帳號登入相關測試

首先，需要啟動專案，並確認是否啟動成功。如果專案啟動成功，接下來則可以開啟 Apifox 介面管理文件，測試登入相關介面的完整流程。針對測試過程中出現的問題，可以進行最佳化和改進。

1. 註冊使用者

註冊使用者需要獲取簡訊驗證碼，先來新建一個獲取簡訊驗證碼的介面。在系統管理 / 登入管理目錄下中增加一個獲取手機驗證碼的介面，在介面中以物件的傳參格式設置 phone 和 captchaType 兩個參數，然後輸入手機號碼，點擊「發送」按鈕，此時介面會傳回 403 錯誤，提示許可權不足無法存取。這並不是想要的結果，由於獲取驗證碼的介面是不需要經許可權過濾的，所以先將該介面加入 ApplicationConfig 配置類別中的 URL 存取白名單中，然後重新啟動專案，程式如下：

```java
// 第 11 章 /library/library-admin/ApplicationConfig.java
private static final String[] WHITE_LIST_URL = {
            "/css/**",
            "/js/**",
            "/index.html",
            "/img/**",
            "/fonts/**",
            "/favicon.ico",
            "/web/captcha",
            "/user/register",
            "/web/logout",
            "/web/login",
            "/web/sms/captcha"
};
```

再次請求該介面，介面傳回 200 狀態碼並提示操作成功，如圖 11-10 所示。

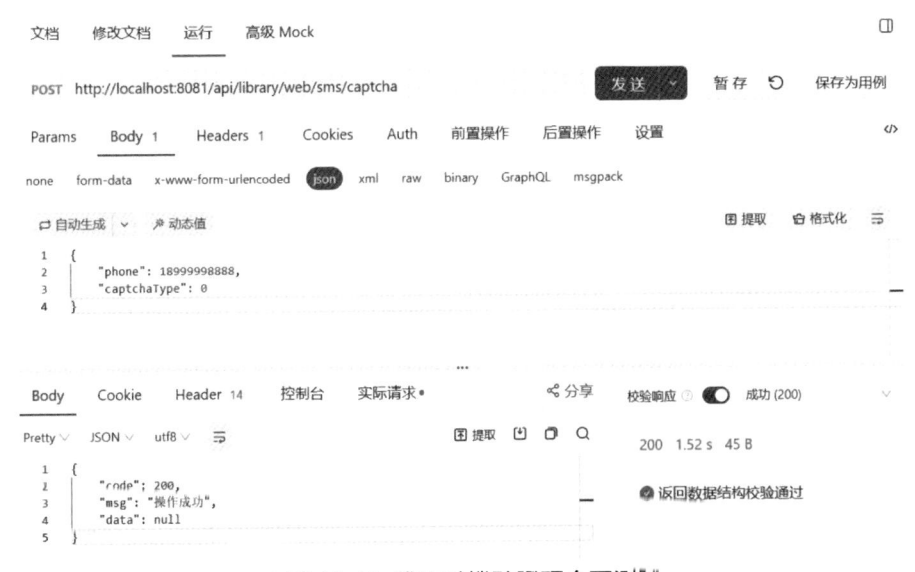

▲ 圖 11-10 獲取手機驗證碼介面測試

再查看手機是否接收到了驗證碼簡訊，這裡需要說明一下，簡訊驗證碼的有效期是 3min，而後端設置的是 1min，這裡只是為了演示專案開發，後期可以修改簡訊的內容，確保專案的準確性，如圖 11-11 所示。

▲ 圖 11-11 獲取手機驗證碼

驗證碼獲取成功後，接下來，在系統管理 / 使用者管理目錄下新建一個使用者註冊的介面文件，並根據後端的介面指定相關的參數，然後在 Body 中填寫註冊的相關資訊，最後點擊「發送」按鈕，請求介面。在介面傳回成功後，查看資料庫是否該使用者已被插入資料庫中，並核心對初始化的資料是否正確，如圖 11-12 所示。

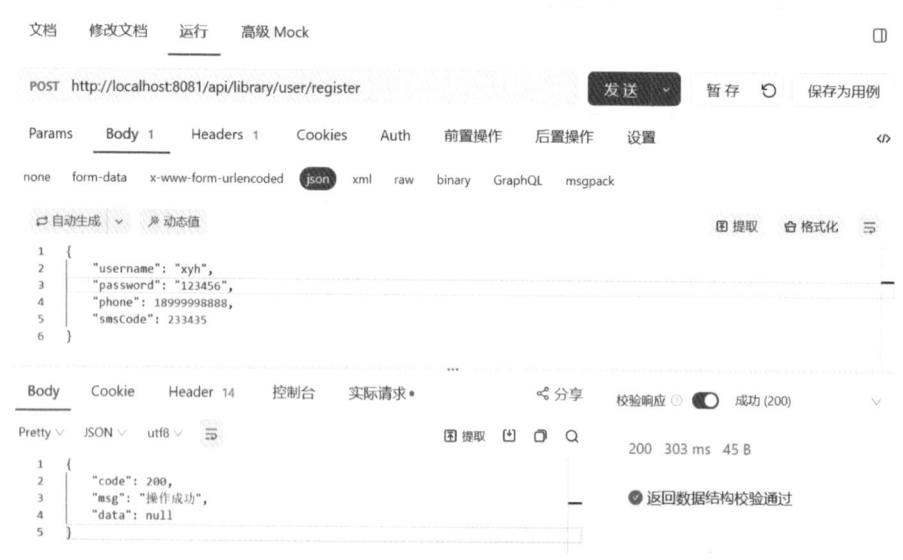

▲ 圖 11-12 使用者註冊

2. 使用者登入

現在資料庫中有了一個使用者資訊，這時可以測試登入功能了，先獲取登入的驗證碼，因為驗證碼傳回的是 Base64 格式，所以可以在 Redis 的管理工具 RedisInsight 中查看驗證碼，如圖 11-13 所示。

▲ 圖 11-13 獲取登入驗證碼

開啟帳號登入的介面文件，填寫已經註冊過的使用者名稱和密碼，然後填寫登入驗證碼，點擊「發送」按鈕，請求登入介面。如果登入成功，則會傳回請求介面用的 Token，如圖 11-14 所示。

▲ 圖 11-14 帳號登入

在登入成功後，就可以存取需要授權的介面了，但是在請求每個介面時都需要驗證 Token，需要在每個介面上都增加 Token 值，這就顯得非常麻煩，所以可以配置一個全域參數，這樣就可以在每個介面的 Header 上增加了 Token 的值了。在 Apifox 的管理環境中找到全域參數，先將 Token 設置為全域變數，然後在 Header 中增加一個 Authorization 參數，類型為 String，設置預設為全域變數的 Token，然後點擊「儲存」按鈕，即可增加成功，如圖 11-15 所示。

▲圖 11-15 配置全域參數

配置了全域參數後，開啟使用者分頁清單的介面文件，然後在執行欄中會有個 Headers，裡面有配置的參數 Authorization，這個可以選擇是否勾選請求介面帶 Token 值，如不勾選該參數，請求使用者清單介面，查看會傳回什麼結果，如圖 11-16 所示。

▲圖 11-16 無 Token 請求使用者介面

再勾選 Header 參數，請求介面會報 403 錯誤，原因是已經認證通過了，只是該使用者沒有獲取使用者的許可權，需要連結相關選單才可以獲取，這裡先不考慮。這裡驗證了在登入的情況下，介面帶 Token 值是可以正常存取的，如圖 11-17 所示。

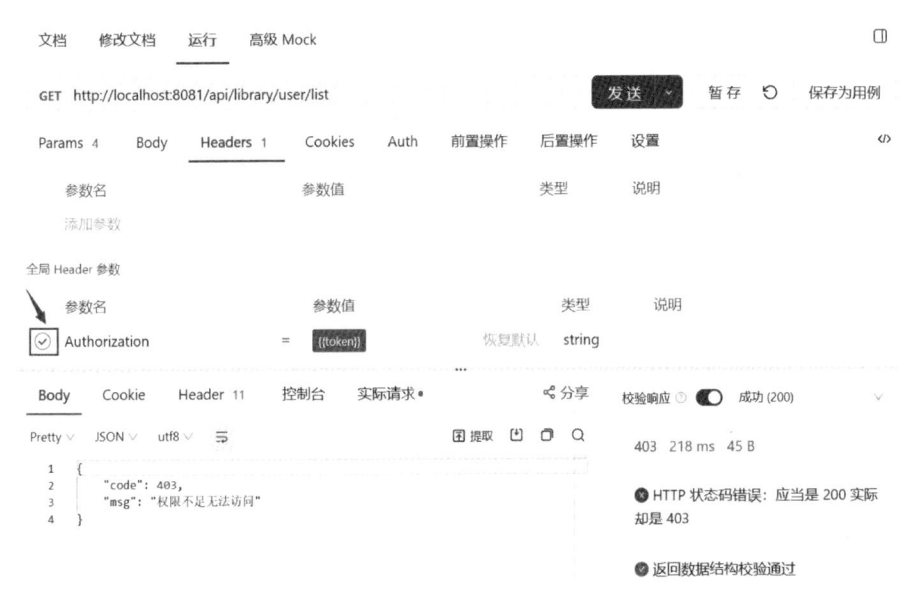

▲圖 11-17　帶 Token 請求使用者介面

3. 重置和修改密碼

在 Apifox 介面文件中的系統管理 / 使用者管理目錄下，新建一個重置密碼的介面，並設置 3 個請求參數，分別是手機號碼、使用者名稱和簡訊驗證碼。由於在此功能中也需要簡訊驗證碼進行驗證操作，所以將發送手機簡訊驗證碼介面中的 captchaType 請求參數設置為 1，然後獲取重置密碼的驗證碼。再填寫要重置密碼的使用者名稱和手機號碼，接著點擊「發送」請求重置密碼介面，如果傳回狀態為 200 且訊息為「初始密碼已透過簡訊方式發送到您的手機，請注意查收！」，則說明介面已經執行成功，再次查看是否密碼被發送到手機上，然後使用該密碼登入即可，如圖 11-18 所示。

▲ 圖 11-18 重置密碼介面測試

　　修改密碼要比重置密碼的實現相對簡單，但執行流程需要使用者在已登入的狀態下才可以執行修改密碼操作。在 Apifox 的使用者管理中增加一個修改登入密碼的介面，並根據後端接收物件增加相關的請求參數，在登入的狀態下，請求該介面，實現密碼修改，如果請求的介面為 403，則許可權不足，因為所有的介面都還沒配置相關許可權，所以可以暫時先在 ApplicationConfig 類別中設置所有的介面放行，等配置完許可權後再去掉即可，全部的介面可用「/**」表示，增加完成後再重新啟動專案，再次請求重置密碼的介面，此時介面就可以正常執行了，如圖 11-19 所示。

▲ 圖 11-19 修改密碼介面測試

4. 獲取登入使用者資訊

在 11.4.3 節中已實現了使用註解獲取當前登入的資訊，接下來測試一下在登入的狀態下是否可以獲取該使用者資訊，在介面文件的使用者管理目錄下，新建一個獲取當前登入使用者資訊的介面，然後在如使用者名為 xyh 的登入狀態下獲取該使用者資訊，如果有正確的使用者資訊傳回，則說明該註解的配置是正確的，如圖 11-20 所示。

▲ 圖 11-20 獲取當前登入使用者資訊

5. 退出登入

退出登入的功能很簡單，不需要獲取 Token，只要請求退出登入的介面即可。在登入管理中增加一個退出登入的介面，然後先登入，再請求退出的介面，查看是否成功退出，如圖 11-21 所示。

▲圖 11-21 退出登入

11.5.2 選單與角色測試

選單和角色這兩個功能在專案中佔有很重要的地位，不同的角色會看到不同的選單資訊，在本專案中，共分為 3 個角色。

(1) 超級管理員：可以查看和操作所有的功能，擁有最高的許可權。

(2) 管理員：可以發佈圖書、借閱審核等，還擁有發佈公告等許可權。

(3) 普通使用者：擁有借閱圖書、修改自己的密碼等功能。

1. 選單相關測試

在 Apifox 介面文件的系統管理中增加一個選單管理的子目錄，先來增加一個增加選單的介面，並根據後端接收物件中的屬性增加相應的請求參數。先以系統管理選單為例，將系統選單作為父節點，然後將使用者、角色、選單管理作為子節點，專案左側功能表列基本的層級劃分可以分為兩個層級。各個請求參數的詳情解釋如下。

(1) name：選單名稱。

(2) path：選單路徑，如果是父節點，則需要加上「/」，子節點不需要增加。

(3) component：元件路徑，實現該功能的前端頁面路徑，如果是父節點，則只需設置成 LAYOUT，在子節點設置分頁檔的路徑。

(4) url：後端介面位址。

(5) redirect：重定向位址。

(6) title：選單的標題，在背景管理系統的左側導覽列中的名稱展示。

(7) icon：選單圖示，用於選單標題前的圖示展示。

(8) orderNo：選單的排序序號，越小越靠前。

(9) parentId：選單的父選單 Id，透過 parentId 的值進而生成選單樹。

根據介面參數的要求，填寫系統管理的相關資訊，如圖 11-22 所示。

▲圖 11-22 增加系統管理選單

增加使用者的選單導覽，如圖 11-23 所示。

▲圖 11-23 增加使用者選單導覽

至此，已經增加好了增加選單的介面文件，其餘關於選單的修改、刪除等介面的文件這裡不再演示，介面文件可在本書的書附資源中查看。

在選單管理中，增加一個獲取所有選單樹的介面文件，如圖 11-24 所示。

▲ 圖 11-24　選單樹介面

在 MenuController 類別中增加一個根據當前使用者生成選單樹的 getMenuList 方法，該方法主要用於使用者登入成功後，根據該使用者的許可權獲取相應的功能表列，程式如下：

```java
// 第 11 章 /library/library-admin/MenuController.java
@GetMapping("/getMenuList")
public Result<List<MenuVO>> getMenuList(@CurrentUser CurrentLoginUser currentLoginUser) {
    List<MenuVO> menuList = menuService.getTreeMenu(currentLoginUser.getUserId());
    return Result.success(menuList);
}
```

2. 角色相關測試

由於在角色的資料表中有建立角色使用者的欄位，所以在建立角色的介面中可以先獲取當前登入使用者，然後儲存到建立角色的資料庫中，這樣可以方便後期查詢哪個使用者建立的該角色。

(1) 增加角色介面，開啟 RoleController 類別，並找到 insert 方法，增加 @CurrentUser 註解即可，程式如下：

```java
// 第 11 章 /library/library-admin/RoleController.java
@PostMapping("/insert")
public Result insert(@Valid @RequestBody RoleInsert param, @CurrentUser CurrentLoginUser currentLoginUser) {
    param.setCreateBy(currentLoginUser.getUsername());
    roleService.insert(param);
    return Result.success();
}
```

修改完成後需要重新啟動專案，然後在 Apifox 的系統管理中建立角色管理子目錄，並增加一個增加角色的介面文件，設置相關的請求參數，請求介面，如圖 11-25 所示。

▲ 圖 11-25　增加角色介面

(2) 在角色管理介面文件中增加一個分配角色許可權的介面，一個角色會對應多個選單 id，需要傳的參數為選單 id 的集合，如圖 11-26 所示。

▲ 圖 11-26 分配角色許可權介面

(3) 增加使用者和角色連結資料表的實現功能已經撰寫完成,但對接前端的介面位址還需要調整,然後獲取前端傳來的使用者 id,並賦值給 UserRoleInsert 類別中 userId 屬性,程式如下:

```java
// 第 11 章 /library/library-admin/UserRoleController.java
@PostMapping("insert/{userId}")
public Result insert(@PathVariable Integer userId, @Valid @RequestBody UserRoleInsert param) {
    param.setUserId(userId);
    userRoleService.insert(param);
    return Result.success();
}
```

在角色管理的介面文件中增加使用者和角色關係的介面文件,接下來進行測試,例如筆者將建立的超級管理員的角色賦給 xyh 使用者,在介面請求成功後,查看資料庫驗證是否增加成功,如圖 11-27 所示。

▲ 圖 11-27 綁定使用者角色

(4) 接下來實現根據使用者 id 查詢相關角色資訊的介面，主要用在使用者綁定介面的實現中，在 UserRoleController 類別中增加一個 getRelatedRoleIds 方法，並接收使用者 id 作為查詢參數，程式如下：

```java
// 第 11 章 /library/library-admin/UserRoleController.java
@GetMapping(value = "getRoleIdsByUserId/{userId}")
public Result getRelatedRoleIds(@PathVariable Integer userId) {
    List<Integer> roleIdsByUserId = userRoleService.getRoleIdsByUserId(userId);
    return Result.success(roleIdsByUserId);
}
```

在 UserRoleService 類別中增加 getRoleIdsByUserId 介面方法，程式如下：

```java
List<Integer> getRoleIdsByUserId(Integer userId);
```

將使用者 id 作為查詢準則，實現該功能，程式如下：

```java
// 第 11 章 /library/library-admin/UserRoleServiceImpl.java
@Override
public List<Integer> getRoleIdsByUserId(Integer userId) {
    LambdaQueryWrapper<UserRole> queryWrapper = new LambdaQueryWrapper<>();
    queryWrapper.eq(UserRole::getUserId, userId);
    List<Integer> collect = userRoleMapper.selectList(queryWrapper)
            .stream().map(UserRole::getRoleId).collect(Collectors.toList());
    return collect;
}
```

介面程式實現完成後，在角色管理介面檔案中增加該介面的文件，然後填寫使用者 id 測試是否可以查詢出使用者綁定的角色 id 集合，如圖 11-28 所示。

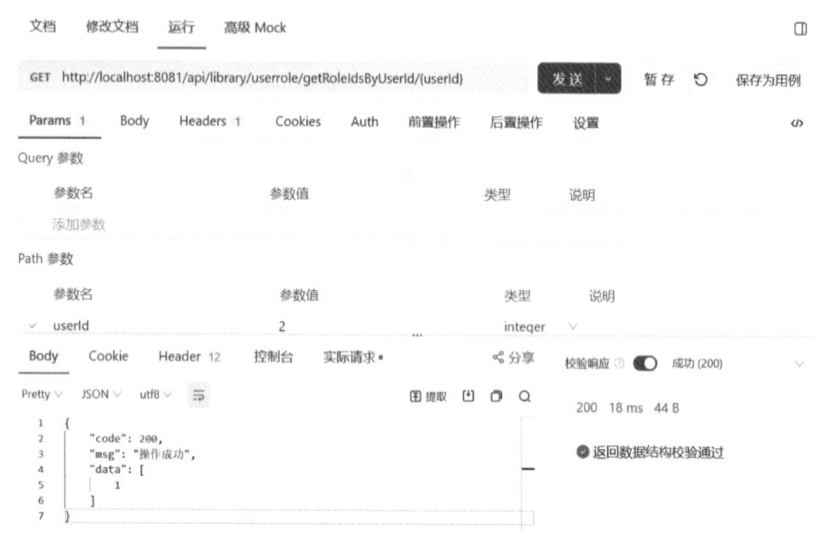

▲圖 11-28 根據使用者查詢相關角色

11.5.3 許可權測試

至此，大部分與許可權相關的介面已經完成了，下面來測試一下完整的許可權流程。在開始之前，先把專案的 ApplicationConfig 配置類別中的 「/**」URL 白名單去掉，然後重新啟動專案。

(1) 首先獲取登入驗證碼，然後實現帳號登入並獲取 Token 值，將 Token 設置為全域變數。接下來，筆者將以 xyh 帳號進行演示操作，如圖 11-29 所示。

▲ 圖 11-29 帳號登入

(2) 增加角色，在登入完成後，先來查看資料庫的角色表中是否有角色資料，如筆者的本地資料庫中存有一個超級管理員的角色，如果沒有，則需要增加一個超級管理員的角色。

(3) 增加選單，在選單資料表中增加系統管理父節點和系統使用者子節點兩筆資料，然後給超級管理員角色綁定這兩個選單。在介面文件的 Params 中填寫角色 id，然後在 Body 中填寫需要綁定的選單 id 的集合，如圖 11-30 所示。

▲ 圖 11-30 分配角色許可權

(4) 綁定使用者角色，在綁定使用者角色的介面文件中，舉例來說，如果需要將 xyh 使用者綁定為超級管理員的角色，則要在 Params 中填寫使用者 id，然後在 Body 中填寫需要綁定的角色 id 的集合，如圖 11-31 所示。

▲圖 11-31 綁定使用者角色

(5) 接下來還需要在選單資料表中增加一筆資料，例如筆者增加了一個檔案管理的選單，在選單資料表中的 url 值可以設置為「/file/**」，表示 file 下的所有位址都可以存取。現在該選單並沒有綁定任何角色，然後在登入的情況下去請求該介面會報許可權不足無法存取的錯誤，原因是筆者當前登入的使用者並沒有該選單的許可權，如圖 11-32 所示。

▲圖 11-32 無許可權存取檔案列表

使用者的列表是綁定該使用者的，現在再來請求一下使用者的列表，這樣就可以正常地查詢出資料，如圖 11-33 所示。

▲ 圖 11-33 有許可權存取使用者列表

那麼現在如何才能存取檔案清單這個介面呢，需要將當前的使用者角色綁定到該選單，但綁定角色許可權的介面也需要授權給該使用者才能存取，為了方便，可以直接修改資料庫原來已授權選單的 url，然後填寫好要綁定的選單 id，請求分配角色許可權的介面，這樣就可以正常存取了，如圖 11-34 所示。

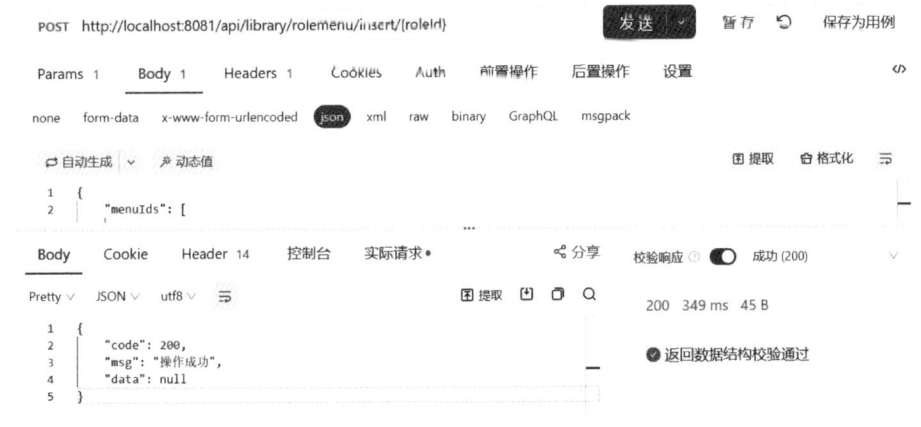

▲ 圖 11-34 角色綁定選單

本章小結

　　本章內容在專案開發中扮演著至關重要的角色，因為許可權管理是確保系統安全性的關鍵環節之一。許可權管理涉及複雜的流程，旨在確保只有獲得授權的使用者才可以執行特定操作，從而保護系統的完整性和安全性。我們學習了多個關鍵方面，包括使用者註冊、登入、退出、角色管理及選單管理。同時結合簡訊驗證碼實現使用者註冊，以及採用角色基礎存取控制 (RBAC) 的許可權管理模型實現介面許可權管理。這些操作組成了許可權管理的核心。最後，透過全面的介面測試來驗證許可權管理的功能和效果。這是確保許可權管理系統正常執行並發現潛在問題的關鍵步驟。

　　綜上所述，許可權管理是專案開發中不可或缺的一環，透過嚴謹的流程和有效的技術，確保系統的安全性和對使用者資料的保護。

第 12 章
Jenkins 自動化部署專案

自動化部署專案已經成為現代軟體開發的不可或缺的一部分。傳統的手動部署過程煩瑣且容易出錯，需要大量人力投入，並且耗費時間。這會導致上線或更新的速度緩慢，可能帶來管理混亂和錯誤的風險。傳統部署還需要使用工具（如 Xftp 或 Scp）手動傳輸執行套件，並執行命令來部署專案，這是一項重複且容易出錯的任務。

而自動化部署徹底改變了這一格局。所有部署操作都可以完全自動化，不再需要人工干預。這表示，軟體的建構、測試和部署都可以在自動化工作流中順利進行。這不僅提高了交付速度，還降低了人為錯誤的風險。自動化部署是現代軟體開發的一項關鍵技術，它加速了交付過程，提高了系統的可靠性，並釋放了開發團隊的時間，使他們能夠更專注於創新和問題解決。

12.1 伺服器基礎環境配置

在安裝 Jenkins 之前，先在伺服器中架設 JDK 和 Maven 環境，以方便接下來對 Jenkins 進行相關配置。

12.1.1 安裝 JDK

由於本專案使用的是 JDK 17 版本，所以在 Linux 系統中也要安裝 JDK 17 版本。先在官方網站 https://www.oracle.com/java/technologies/downloads/#java17 中下載 Linux 環境的安裝套件，如果下載失敗，則可在本書提供的書附資源中獲取該安裝套件，如圖 12-1 所示。

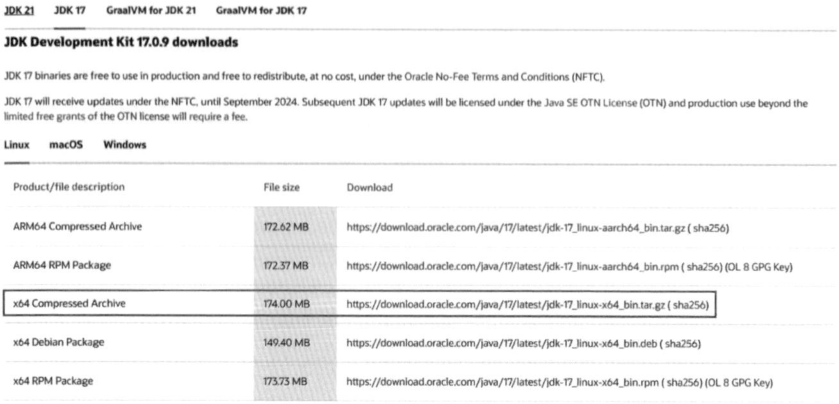

▲ 圖 12-1 下載 JDK 17

在伺服器 /usr/local 中建立一個 java 目錄，透過 Xftp 將 JDK 安裝套件上傳到該 java 目錄下，命令如下：

```
[root@xyh /]#mkdir /usr/local/java
```

在 java 目錄下解壓 JDK 的安裝套件，命令如下：

```
# 解壓安裝套件
tar -zxvf jdk-17_linux-x64_bin.tar.gz
```

在 Linux 和 Windows 系統中的操作一樣，在安裝完成 JDK 後，需要配置環境變數，將 JDK 的相關配置增加到 /etc/profile 檔案中，這樣就可以在任何一個目錄中存取 JDK 了。

使用以下命令即可開啟 profile 設定檔，開啟後按鍵盤上的 I 鍵進入編輯模式，命令如下：

```
vim /etc/profile
```

在配置中增加 JDK 環境變數，完成後按鍵盤上的 Esc 鍵退出，然後按 :wq 儲存並關閉 vim。配置環境變數命令如下，如圖 12-2 所示。

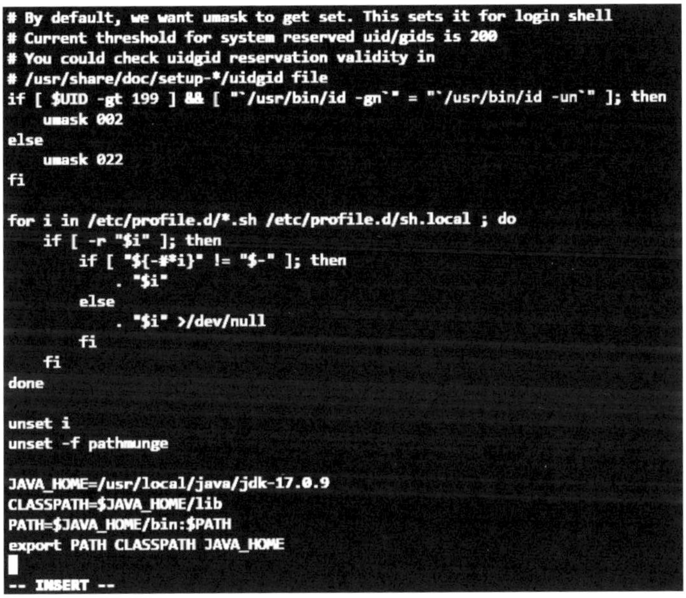

```
# By default, we want umask to get set. This sets it for login shell
# Current threshold for system reserved uid/gids is 200
# You could check uidgid reservation validity in
# /usr/share/doc/setup-*/uidgid file
if [ $UID -gt 199 ] && [ "`/usr/bin/id -gn`" = "`/usr/bin/id -un`" ]; then
    umask 002
else
    umask 022
fi

for i in /etc/profile.d/*.sh /etc/profile.d/sh.local ; do
    if [ -r "$i" ]; then
        if [ "${-#*i}" != "$-" ]; then
            . "$i"
        else
            . "$i" >/dev/null
        fi
    fi
done

unset i
unset -f pathmunge

JAVA_HOME=/usr/local/java/jdk-17.0.9
CLASSPATH=$JAVA_HOME/lib
PATH=$JAVA_HOME/bin:$PATH
export PATH CLASSPATH JAVA_HOME

-- INSERT --
```

▲圖 12-2 配置 JDK 環境變數

```
JAVA_HOME=/usr/local/java/jdk-17.0.9
CLASSPATH=$JAVA_HOME/lib
PATH=$JAVA_HOME/bin:$PATH
export PATH CLASSPATH JAVA_HOME
```

增加環境變數完成後，需要刷新設定檔才能生效，刷新設定檔後再查看 Java 的版本資訊，執行的命令如下：

```
# 刷新設定檔
source /etc/profile
# 查看版本
java -version
```

如果出現以下資訊，就說明 JDK 已經配置完成，如圖 12-3 所示。

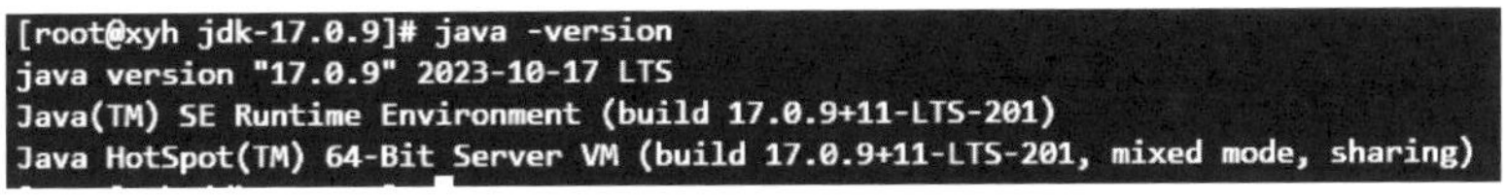

```
[root@xyh jdk-17.0.9]# java -version
java version "17.0.9" 2023-10-17 LTS
Java(TM) SE Runtime Environment (build 17.0.9+11-LTS-201)
Java HotSpot(TM) 64-Bit Server VM (build 17.0.9+11-LTS-201, mixed mode, sharing)
```

▲圖 12-3 查看 Java 版本

12.1.2 安裝 Maven

Maven 的安裝還是選擇和本地開發使用的 3.6.3 版本一致，現在需要下載 Liunx 版本的安裝套件，官方提供的下載網址為 https://archive.apache.org/dist/maven/maven-3/3.6.3/binaries/，選擇 apache-maven-3.6.3-bin.tar.gz 安裝套件下載，如圖 12-4 所示。

Index of /dist/maven/maven-3/3.6.3/binaries

Name	Last modified	Size	Description
Parent Directory		-	
apache-maven-3.6.3-bin.tar.gz	2019-11-19 21:50	9.1M	
apache-maven-3.6.3-bin.tar.gz.asc	2019-11-19 21:50	235	
apache-maven-3.6.3-bin.tar.gz.sha512	2019-11-19 21:50	128	
apache-maven-3.6.3-bin.zip	2019-11-19 21:50	9.2M	
apache-maven-3.6.3-bin.zip.asc	2019-11-19 21:50	235	
apache-maven-3.6.3-bin.zip.sha512	2019-11-19 21:50	128	

▲ 圖 12-4 下載 Maven 安裝套件

安裝套件下載完成後，透過 Xftp 將 Maven 安裝套件上傳到 /usr/local 檔案下，然後將壓縮檔解壓。解壓後將檔案重新命名為 maven，命令如下：

```
# 解壓
tar -zxvf apache-maven-3.6.3-bin.tar.gz
# 重新命名為 maven，在 /usr/local 檔案下執行該命令
mv apache-maven-3.6.3 maven
```

接著配置 Maven 的環境變數，和配置 JDK 環境變數的檔案一致，開啟 /etc/profile 設定檔，然後增加環境變數，配置如下：

```
export MAVEN_HOME=/usr/local/maven
export PATH=$PATH:$MAVEN_HOME/bin
```

配置完成後，刷新設定檔，然後查看 Maven 的版本，如圖 12-5 所示。

```
[root@xyh maven]# mvn -v
Apache Maven 3.6.3 (cecedd343002696d0abb50b32b541b8a6ba2883f)
Maven home: /usr/local/maven
Java version: 17.0.9, vendor: Oracle Corporation, runtime: /usr/local/java/jdk-17.0.9
Default locale: en_US, platform encoding: UTF-8
OS name: "linux", version: "3.10.0-1160.88.1.el7.x86_64", arch: "amd64", family: "unix"
```

▲ 圖 12-5 查看 Maven 版本

接下來還要配置 Maven 加速鏡像網址和本地倉庫目錄，在 /usr/local/maven 目錄下新建一個 maven-repository 倉庫目錄，並賦予許可權，命令如下：

```
# 建立倉庫檔案
mkdir maven-repository
# 賦予許可權
sudo chmod -R 777 /usr/local/maven/maven-repository/
```

然後在 maven 資料夾的 conf 目錄中下找到 settings.xml 設定檔，修改設定檔中的倉庫位址，並將 Maven 的加速鏡像網址增加到設定檔中，和 Windows 系統中的操作一樣，程式如下：

```
<!-- 倉庫位址 -->
<localRepository>/usr/local/maven/ck</localRepository>

<!-- Maven 的加速鏡像網址 -->
  <mirrors>
    <mirror>
        <id>alimaven</id>
        <name>aliyun maven</name>
         <url>http://maven.aliyun.com/nexus/content/groups/public/</url>
        <mirrorOf>central</mirrorOf>
    </mirror>
  </mirrors>
```

12.1.3 安裝 MySQL

對於 MySQL 的安裝，可以使用 Docker 或直接在伺服器上安裝，如果是自己學習，則可以使用 Docker 快速安裝，非常簡單。由於目前需要線上部署測試環境，所以筆者這裡建議測試及線上環境的資料庫 MySQL 不使用 Docker 架設環境。

資料庫涉及資料安全問題，不將資料儲存在容器中，這也是 Docker 官方容器使用技巧中的一筆。容器隨時可以停止或刪除。容器被刪除後，容器裡的資料將遺失。為了避免資料遺失，使用者可以使用資料卷冊掛載來儲存資料，但是容器的 Volumes 設計是圍繞 Union FS 鏡像層提供持久儲存，資料安全缺乏保證。如果容器突然崩潰，資料庫還未正常關閉，則可能會損壞資料。另外，容器裡共用資料卷冊群組，對物理機硬體損傷也比較大。

1. 檢查 MySQL 安裝環境

先在本地查看資料庫的版本資訊，開啟 Navicat 工具，新建一個查詢，輸入命令查詢版本資訊，以筆者使用的版本為例，由於查詢到的 MySQL 版本為 8.0.19，所以在伺服器上也下載該版本的鏡像，命令如下：

```
select version()
```

開啟伺服器，檢查 MySQL 是否在伺服器中已經安裝，如果安裝的版本和上述版本一致，則不需要重新安裝，如果版本不一致，則推薦卸載後重新安裝，在伺服器中執行以下命令檢查安裝情況，命令如下：

```
[root@xyh ~]#rpm -qa | grep mysql
```

2. 下載 MySQL 安裝套件

開啟 MySQL 官方網站 https://downloads.mysql.com/archives/community/，選擇版本 8.0.19，然後在 Operating System 中選擇 Linux-Generic，接著選擇 OS Version(作業系統版本)，如果伺服器是 64 位元的，則選擇 64-bit；否則選擇 32-bit。下面會根據選擇的配置，生成相應的安裝套件，選擇 Compressed TAR Archive 壓縮檔，點擊 Download 按鈕進行下載，如圖 12-6 所示。

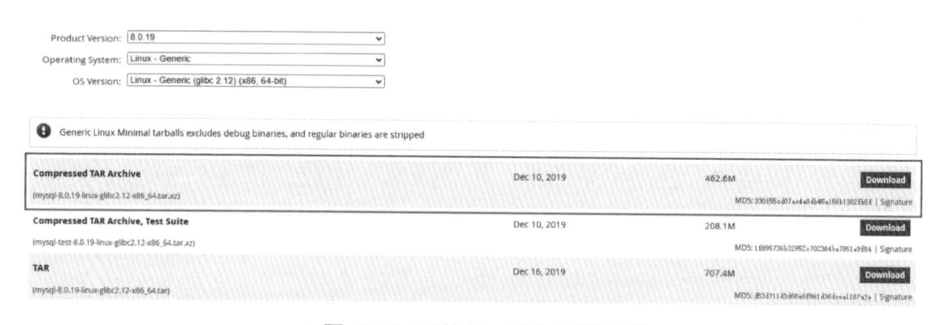

▲圖 12-6 下載 MySQL 安裝套件

3. 安裝 MySQL

(1) 下載完成後，將 MySQL 安裝套件上傳到伺服器的 /usr/local/src 目錄下，對安裝壓縮檔進行解壓。進入伺服器的安裝套件上傳的 src 目錄下，執行解壓操作，其中 tar -xvf 可以解壓 tar.xz 副檔名的壓縮檔；tar -zxvf 可以解壓 tar.gz 副檔

名的壓縮檔,命令如下:

```
tar -xvf mysql-8.0.19-linux-glibc2.12-x86_64.tar.xz
```

(2) 解壓完成後,將解壓後的資料夾重新命名為 mysql,並移動到 /usr/local 目錄下,命令如下:

```
mv mysql-8.0.19-linux-glibc2.12-x86_64 /usr/local/mysql
```

(3) 建立 MySQL 使用者群組和使用者,命令如下:

```
# 使用者群組
[root@xyh /]#groupadd mysql
# 使用者
[root@xyh /]#useradd -g mysql mysql
```

(4) 建立資料庫 data 資料檔案夾並賦予許可權,在 /usr/local/mysql 目錄下執行相應的命令,命令如下:

```
# 建立目錄
[root@xyh mysql]#mkdir data
# 賦予 mysql 資料夾許可權
chown -R mysql:mysql /usr/local/mysql
```

(5) 修改 my.cnf 檔案,在伺服器中開啟 my.cnf 設定檔,命令如下:

```
vim /etc/my.cnf
```

然後按 I 鍵開啟編輯模式,然後增加下方配置。增加完成後,按 Esc 鍵退出編輯,然後按 :wq 執行儲存退出,程式如下:

```
[mysqld]
bind-address=0.0.0.0
port=3306
user=mysql
basedir=/usr/local/mysql
datadir=/usr/local/mysql/data
socket=/tmp/mysql.sock
log-error=/usr/local/mysql/data/error.log
pid-file=/usr/local/mysql/data/mysql.pid
#character config
character_set_server=utf8mb4
symbolic-links=0
explicit_defaults_for_timestamp=true
```

4. 初始化資料庫

進入 mysql 下的 bin 目錄下，輸入以下命令初始化資料庫，命令如下：

```
# 進入 bin 目錄下
[root@xyh local]#cd /usr/local/mysql/bin
# 初始化 mysql
[root@xyh bin]#./mysqld --user=mysql --basedir=/usr/local/mysql --datadir=/usr/local/mysql/data/ --initialize
```

這時可以在 /usr/local/mysql/data/error.log 日誌中查看登入 MySQL 的密碼，命令如下：

```
cat /usr/local/mysql/data/error.log
```

執行後查看 MySQL 登入密碼，如圖 12-7 所示。

▲圖 12-7 查看 MySQL 登入密碼

5. 啟動資料庫

將 mysql.server 服務檔案移到 etc/init.d/mysql 檔案中，命令如下：

```
cp /usr/local/mysql/support-files/mysql.server /etc/init.d/mysql
```

然後啟動 MySQL 服務，等待啟動完成，然後會有「Starting MySQL…SUCCESS!」輸出在主控台中，說明啟動成功，啟動命令如下：

```
[root@xyh bin]#service mysql start
```

為了確保啟動成功，再查看 MySQL 的執行處理程序是否在執行，命令如下：

```
[root@xyh /]#ps -ef|grep mysql
```

6. 修改資料庫預設密碼

在伺服器中的 MySQL 的 bin 目錄下，登入 MySQL，然後使用從日誌中獲取的初始化的密碼進行登入，命令如下：

```
[root@xyh bin]#./mysql -u root -p
Enter password:
```

進入 mysql 中，使用命令修改資料庫登入密碼，然後刷新系統許可權相關資料表，否則會出現拒絕存取，命令如下：

```
# 修改密碼
mysql> ALTER USER 'root'@'localhost' IDENTIFIED WITH mysql_native_password BY
'ASDasd@123';
# 刷新
mysql> FLUSH PRIVILEGES;
```

在 MySQL 中配置遠端連接，如果不配置，則在使用 Navicat 連接時會拒絕連接，命令如下：

```
# 存取 mysql 資料庫
mysql> use mysql;
# 使 root 使用者能在任何地方存取
mysql> update user set host = '%' where user = 'root';
# 刷新
mysql> FLUSH PRIVILEGES;
```

7. Navicat 建立連接

接下來使用 Navicat 工具連接伺服器上的 MySQL，新建一個 MySQL 連接，並填寫伺服器 IP、MySQL 使用者名稱和密碼，然後點擊「測試連接」按鈕，如果顯示連接成功，則表示伺服器中的 MySQL 可以正常使用。建立連接成功後，需在伺服器上建立資料庫，並初始化已存在的資料表結構，如圖 12-8 所示。

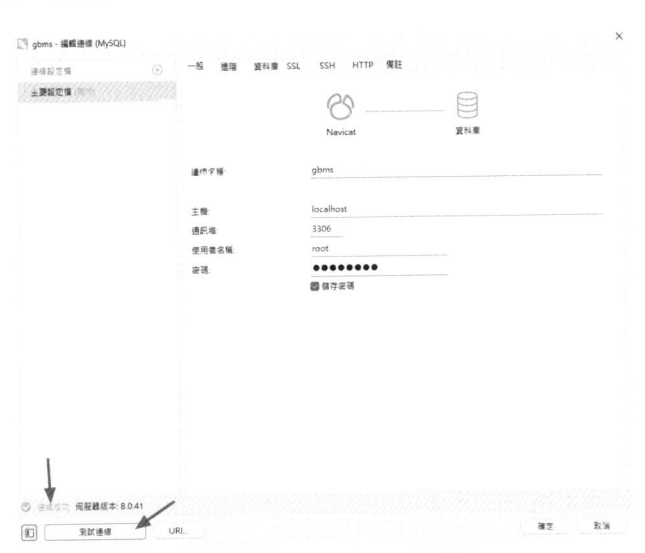

▲ 圖 12-8 新建 MySQL 連接

12.1.4 安裝 Redis

由於專案使用了 Redis 作為快取，所以在伺服器上部署專案時也要安裝 Redis 環境，同樣也使用 Docker 安裝，Redis 的版本使用當前最新的版本。在伺服器中下載 Reids 鏡像，無須指定版本資訊即可下載最新的版本，命令如下：

```
docker pull redis
```

在 /usr/local 目錄下新建一個 redis 資料夾，命令如下：

```
[root@xyh local]#mkdir redis
```

接著需要指定 redis.conf 設定檔啟動，並將該設定檔上傳到 redis 資料夾中。接下來下載 redis.conf 設定檔，下載網址為 https://redis.io/docs/management/config/，選擇 6.2 版本進行下載，點擊 redis.conf for Redis 6.2，然後跳躍到 Redis 的設定檔中，接著可以按右鍵空白處，點擊「另存為」選項，將檔案名稱副檔名 .txt 去掉，並修改為 redis.conf 儲存即可，如圖 12-9 所示。

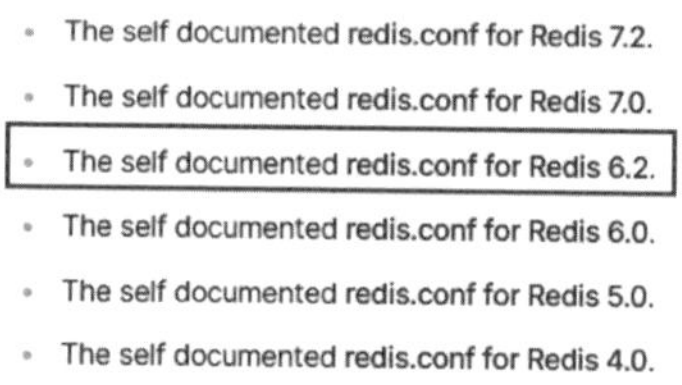

▲ 圖 12-9 下載 Redis 設定檔

開啟設定檔，這裡需要修改以下幾個重要的配置。

（1）#requirepass foobared：首先取消註釋 #，此時 foobared 就為 Redis 的連接密碼，然後可以自行修改密碼。

（2）將 bind 127.0.0.1 -::1 修改為 bind 0.0.0.0。

（3）logfile：記錄檔，增加 Redis 容器內的日誌位置 /var/log/redis.log。

然後將該設定檔上傳到伺服器的 redis 目錄下，接著在 redis 的目錄下分別建立 data 和 log 目錄。在 log 目錄下建立一個空的記錄檔 redis.log，並賦予讀寫許可權，依次執行的命令如下：

```
# 建立 log 和 data 資料夾
[root@xyh redis]#mkdir log
[root@xyh redis]#mkdir data
# 在 log 目錄下，新建 redis.log 記錄檔
[root@xyh log]#touch redis.log
# 將 redis.log 記錄檔的許可權設置為讀寫
chmod 777 redis.log
```

接下來配置 Redis 啟動資訊，參數解釋如下。撰寫完啟動命令後，在伺服器中執行該命令即可啟動 Redis。

（1） --name lib_redis: 指定該容器名稱，修改名稱方便後期對 Redis 容器進行查看和操作。

（2） --restart always: Redis 服務會跟隨 Docker 啟動，Docker 重新啟動之後，Redis 也會跟隨啟動。

（3） -p 6379: 6379 通訊埠映射：前通訊埠表示主機部分，後通訊埠表示容器部分。

（4） -v: 掛載設定檔目錄，其規則與通訊埠映射相同。

（5） -d redis: 表示背景啟動 Redis。

（6） redis-server /etc/redis/redis.conf: 以設定檔啟動 Redis，載入容器內的 conf 檔案。

（7） --appendonly yes: 開啟 Redis 持久化。

```
docker run --name lib_redis --restart always -p 6379:6379 -v
/usr/local/redis/redis.conf:/etc/redis/redis.conf -v
/usr/local/redis/data:/data -v
/usr/local/redis/log/redis.log:/var/log/redis.log --privileged=true -d redis redis-
server /etc/redis/redis.conf --appendonly yes
```

查看已啟動的容器，Redis 是否啟動成功，如圖 12-10 所示。

```
[root@xyh /]# docker ps
CONTAINER ID   IMAGE     COMMAND                  CREATED          STATUS          PORTS
                                                  NAMES
feec3ddaa3c8   redis     "docker-entrypoint.s…"   13 minutes ago   Up 13 minutes   0.0.0.0:6379
->6379/tcp, :::6379->6379/tcp                     lib_redis
```

▲圖 12-10 Redis 執行資訊

啟動成功後，在 RedisInsight 工具中連接伺服器的 Redis，如果沒有設置使用者名稱，則預設為空；如果設置了密碼，則需要填寫密碼。

12.2 Jenkins 入門

Jenkins 是一款備受歡迎的開放原始碼持續整合和交付工具。它擁有豐富的外掛程式生態系統，可用於自動化建構、測試和部署軟體專案，包括程式的編譯、打包和部署。Jenkins 的起源可以追溯到 Hudson(Hudson 是商用的)，主要用於持續自動建構和測試軟體專案，以及監控外部任務的執行情況。Jenkins 使用 Java 語言撰寫，支援在流行的 Servlet 容器（例如 Tomcat）中執行，也可以作為獨立應用執行。它通常與版本控制工具 (如 SVN、Git) 和建構工具 (如 Maven、Ant、Gradle) 結合使用。這使 Jenkins 成為自動化軟體開發和交付的不可或缺的工具。

12.2.1 Jenkins 特點

Jenkins 具有眾多功能和特點，下面介紹一些關鍵的功能和特點。

(1) Jenkins 允許開發團隊設置自動化建構作業，以在程式庫中進行更改時自動建構應用程式。這有助及早發現集成問題。

(2) Jenkins 提供了豐富的外掛程式生態系統，覆蓋了各種不同的用例，從版本控制到部署和通知。這使 Jenkins 非常靈活，適用於各種專案和技術堆疊。

(3) Jenkins 可以被配置為在多個建構代理上並行執行以建構任務，從而提高了建構的效率。

(4) Jenkins 提供了直觀的 Web 介面，方便使用者管理和監視建構作業、查看建構日誌及配置系統。

(5) Jenkins 可以與各種工具和服務整合，包括版本控制系統 (如 Git、Subversion)、建構工具 (如 Maven、Gradle)、測試框架、部署工具和通知通路 (如 Slack、Email)。

(6) Jenkins 可以被整合到開發工作流中，以確保程式的每次提交都經過建構和測試。這有助儘早發現問題並降低修復成本。

12.2.2 CI/CD 是什麼

持續整合 CI(Continuous Integration) 是一種軟體開發實踐，旨在確保程式的頻繁整合和自動化測試。在持續整合中，開發人員頻繁地將程式合併到共用的程式庫中，每次整合都會觸發自動化建構和測試，以便儘早發現和修復問題，降低整體風險。

持續交付 CD(Continuous Delivery) 是一種軟體交付實踐，它透過自動化和流程改進，使軟體的部署變得更加可靠、可重複和高效。在持續交付中，透過自動化部署流程，軟體可以隨時準備好進行部署到生產環境，但最終的部署決策仍然是人工作業。這使團隊能夠以較短的週期交付新功能，而不會犧牲品質或穩定性。

CI/CD 的目標是改進軟體開發和交付過程，透過自動化、持續整合和持續交付，提高品質、降低風險，加快交付速度，增加開發團隊的效率。這些實踐有助確保每次程式更改都是可靠的，從開發到生產環境的部署都更加可控和可重複。

12.2.3 Jenkins 版本與安裝介紹

1. Jenkins 版本

Jenkins 的版本類型分為以下兩種。

(1) LTS 版本，長期支援版本，每 12 周發佈一次。這些版本經過廣泛測試和驗證，並且提供長期支援，通常用於生產環境。由於 LTS 版本的發佈週期相對較長，因此相對穩定且可靠。

(2) Weekly 版本，定期 (每週) 發佈一次的版本。這些版本包含最新的功能和改進，但可能不如 LTS 版本穩定。Weekly 版本適合想要嘗試最新功能的使用者，但不建議在生產環境中使用。

2. Jenkins 安裝方式

在 Linux 系統中安裝 Jenkins 可以選擇使用 yum 命令安裝，但是這裡不推薦使用 yum 命令來安裝。或使用 WAR 套件安裝，需要在 Linux 系統中安裝 JDK 和 Tomcat 環境，然後執行 Jenkins 的 WAR 套件執行，整體的流程比較複雜，所以這裡推薦使用 Docker 來安裝 Jenkins，本書中的專案也使用 Docker 安裝 Jenkins。

12.3 Jenkins 的安裝

本專案將使用 Jenkins 2.414.3-lts-jdk17 版本的鏡像 (筆者創作本書時最新的版本) 進行安裝，如何快速地查看鏡像版本，可以造訪 https://hub.docker.com/r/jenkins/jenkins/tags 位址進行查詢不同版本的鏡像。

12.3.1 啟動 Jenkins

開啟 XShell 工具連接伺服器，此時的伺服器中已經安裝過 Docker 相關環境了。先來拉取 Jenkins 的鏡像，輸入的命令如下：

```
docker pull jenkins/jenkins:2.414.3-lts-jdk17
```

執行該命令後，等待下載鏡像完成，如圖 12-11 所示。

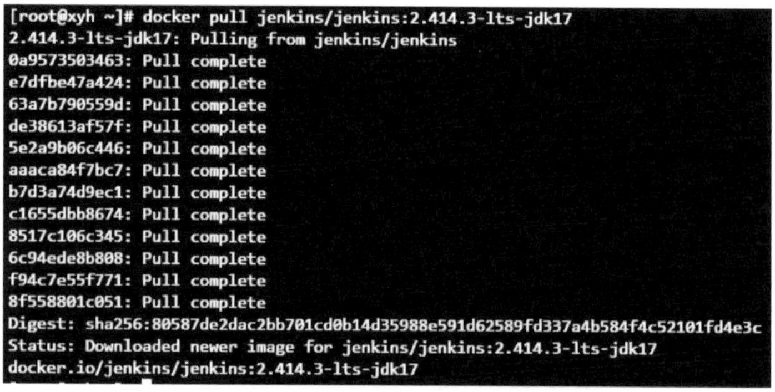

```
[root@xyh ~]# docker pull jenkins/jenkins:2.414.3-lts-jdk17
2.414.3-lts-jdk17: Pulling from jenkins/jenkins
0a9573503463: Pull complete
e7dfbe47a424: Pull complete
63a7b790559d: Pull complete
de38613af57f: Pull complete
5e2a9b06c446: Pull complete
aaaca84f7bc7: Pull complete
b7d3a74d9ec1: Pull complete
c1655dbb8674: Pull complete
8517c106c345: Pull complete
6c94ede8b808: Pull complete
f94c7e55f771: Pull complete
8f558801c051: Pull complete
Digest: sha256:80587de2dac2bb701cd0b14d35988e591d62589fd337a4b584f4c52101fd4e3c
Status: Downloaded newer image for jenkins/jenkins:2.414.3-lts-jdk17
docker.io/jenkins/jenkins:2.414.3-lts-jdk17
```

▲圖 12-11 下載 Jenkins 鏡像

建立 Jenkins 掛載目錄並授權許可權，在伺服器上建立一個 Jenkins 工作目錄 /home/ jenkins_home，賦予相應許可權。在執行時期將 Jenkins 容器目錄掛載到這個目錄上，這樣就可以很方便地對容器內的設定檔進行修改，命令如下：

```
mkdir /home/jenkins_home
```

為 jenkins_home 檔案賦予最高許可權，如果不賦予許可權，則會在啟動時報許可權錯誤，從而導致掛載失敗，命令如下：

```
chmod -R 777 /home/jenkins_home
```

接下來，啟動 Jenkins 容器，將鏡像的 8080 通訊埠映射到伺服器的 8080 通訊埠，在啟動命令中增加以下幾個配置。

（1）-v/home/jenkins_home:/var/jenkins_home：將硬碟上的目錄掛載到 /home/jenkins_home 中，方便後續更新鏡像後繼續使用原來的工作目錄。

（2）-v/usr/local/java/jdk-17.0.9:/usr/local/java/jdk-17.0.9： 把 Linux 下安裝的 JDK 和容器內的 JDK 進行連結。

（3）-v/usr/local/maven:/usr/local/maven: 把 Linux 下的 Maven 和容器內的 Maven 連結。

（4）-v $(which docker):/usr/bin/docker: 把 Linux 下的 Docker 和容器內的 Docker 連結。

（5）-v/var/run/docker.sock:/var/run/docker.sock: 在 Jenkins 容器裡使用 Linux 下的 Docker。

（6）-v/etc/localtime:/etc/localtime: 讓容器使用和伺服器同樣的時間設置。

啟動命令如下：

```
docker run -d --name=jenkins -p 8080:8080 --privileged=true \
-v /home/jenkins_home:/var/jenkins_home \
-v /usr/local/java/jdk-17.0.9:/usr/local/java/jdk-17.0.9 \
-v /usr/local/maven:/usr/local/maven \
-v $(which docker):/usr/bin/docker \
-v /var/run/docker.sock:/var/run/docker.sock \
-v /etc/localtime:/etc/localtime jenkins/jenkins:2.414.3-lts-jdk17
```

Jenkins 容器啟動完成後，需要授予 Docker 的操作許可權給 Jenkins 等容器使用，然後查看容器是否啟動成功，命令如下：

```
chmod a+rw /var/run/docker.sock
# 查看最後一個執行的容器
docker ps -l
```

該命令的執行結果如圖 12-12 所示。

```
[root@xyh ~]# docker ps -l
CONTAINER ID   IMAGE                               COMMAND                  CREATED          STATUS          PORTS
                    NAMES
1315901f82be   jenkins/jenkins:2.414.3-lts-jdk17   "/usr/bin/tini -- /u…"   43 minutes ago   Up 43 minutes   0.0.0.0:8080->8080/tcp, :::
8080->8080/tcp, 50000/tcp   jenkins
```

▲圖 12-12 Jenkins 啟動

輸入 docker logs jenkins 命令，查看 Jenkins 的開機記錄，如圖 12-13 所示。

```
2023-10-24 13:06:38.393+0000 [id=1]     INFO    o.e.j.s.s.DefaultSessionIdManager#doStart: Session workerName=node0
2023-10-24 13:06:39.298+0000 [id=1]     INFO    hudson.WebAppMain#contextInitialized: Jenkins home directory: /var/jenkins_home found at: En
vVars.masterEnvVars.get("JENKINS_HOME")
2023-10-24 13:06:39.544+0000 [id=1]     INFO    o.e.j.s.handler.ContextHandler#doStart: Started w.@ef1695a{Jenkins v2.414.3,/,file:///var/je
nkins_home/war/,AVAILABLE}{/var/jenkins_home/war}
2023-10-24 13:06:39.571+0000 [id=1]     INFO    o.e.j.server.AbstractConnector#doStart: Started ServerConnector@5e01a982{HTTP/1.1, (http/1.1
)}{0.0.0.0:8080}
2023-10-24 13:06:39.612+0000 [id=1]     INFO    org.eclipse.jetty.server.Server#doStart: Started Server@784b990c{STARTING}[10.0.17,sto=0] @4
110ms
2023-10-24 13:06:39.615+0000 [id=25]    INFO    winstone.Logger#logInternal: Winstone Servlet Engine running: controlPort=disabled
2023-10-24 13:06:39.937+0000 [id=32]    INFO    jenkins.InitReactorRunner$1#onAttained: Started initialization
2023-10-24 13:06:39.960+0000 [id=33]    INFO    jenkins.InitReactorRunner$1#onAttained: Listed all plugins
2023-10-24 13:06:41.446+0000 [id=33]    INFO    jenkins.InitReactorRunner$1#onAttained: Prepared all plugins
2023-10-24 13:06:41.454+0000 [id=33]    INFO    jenkins.InitReactorRunner$1#onAttained: Started all plugins
2023-10-24 13:06:41.475+0000 [id=31]    INFO    jenkins.InitReactorRunner$1#onAttained: Augmented all extensions
2023-10-24 13:06:41.825+0000 [id=32]    INFO    jenkins.InitReactorRunner$1#onAttained: System config loaded
2023-10-24 13:06:41.825+0000 [id=32]    INFO    jenkins.InitReactorRunner$1#onAttained: System config adapted
2023-10-24 13:06:41.826+0000 [id=32]    INFO    jenkins.InitReactorRunner$1#onAttained: Loaded all jobs
2023-10-24 13:06:41.832+0000 [id=32]    INFO    jenkins.InitReactorRunner$1#onAttained: Configuration for all jobs updated
2023-10-24 13:06:41.935+0000 [id=46]    INFO    hudson.util.Retrier#start: Attempt #1 to do the action check updates server
2023-10-24 13:06:42.735+0000 [id=33]    INFO    jenkins.install.SetupWizard#init:
```

▲圖 12-13 Jenkins 開機記錄

12.3.2 進入 Jenkins

目前已成功地在伺服器上部署了 Jenkins，接下來，可以在瀏覽器中存取 Jenkins 的管理平臺，舉例來說，筆者安裝 Jenkins 伺服器的網址為 http://49.234.46.199:8080/(伺服器 IP+ 通訊埠編號)。如果存取後介面顯示需要解鎖 Jenkins，則需要獲取初始的管理員密碼才可以執行下一步，如圖 12-14 所示。

管理員密碼的獲取方式有兩種，第 1 種方式是根據上述介面的提示，密碼在 /var/jenkins_home/secrets/initialAdminPassword 這個檔案中，注意這個路徑是 Jenkins 容器中的路徑，需要先進入容器中才能獲取，但是在執行時已經將資料映射到了本地資料卷冊 /home/jenkins_home/ 目錄中，所以也可以透過以下命令輸出密碼：

```
cat /home/jenkins_home/secrets/initialAdminPassword
```

第 2 種方式還可以透過在伺服器的 Jenkins 開機記錄中獲取，開啟伺服器，輸入 docker logs jenkins 命令，就可以查看開機記錄，從而獲取管理員密碼，如圖 12-15 所示。

獲取密碼並填到管理員密碼輸入框中，然後點擊「繼續」按鈕，進行下一步操作，即安裝外掛程式，這裡選擇安裝推薦的外掛程式，然後 Jenkins 會自動安裝相關外掛程式，只需等待，可能會有部分安裝失敗的情況，可以再次進入 Jenkins 中手動安裝，如圖 12-16 所示。

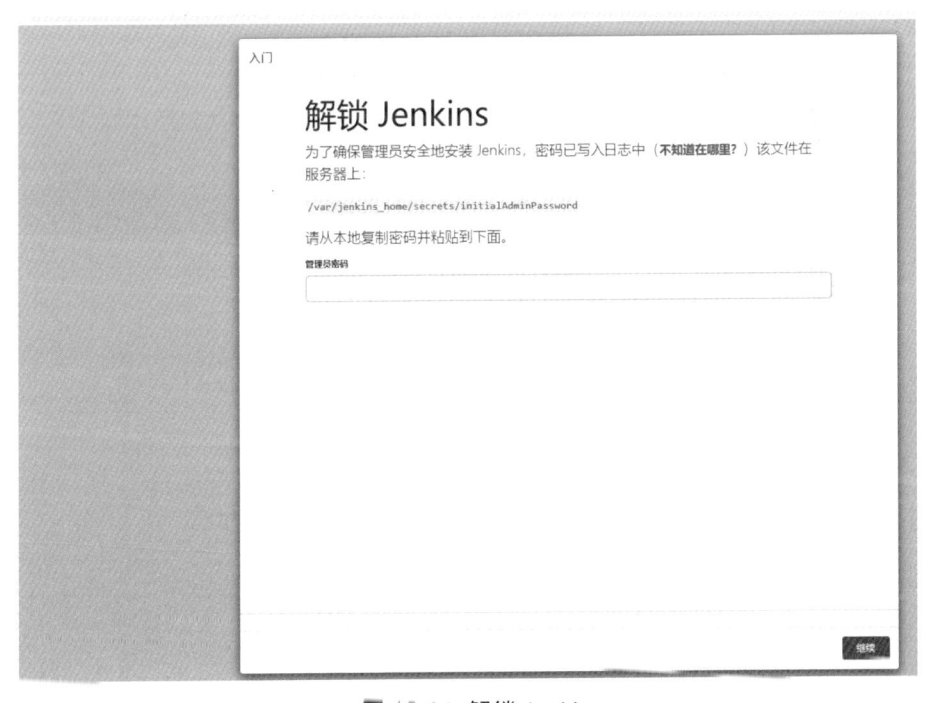

▲ 圖 12-14　解鎖 Jenkins

▲ 圖 12-15 獲取管理員密碼

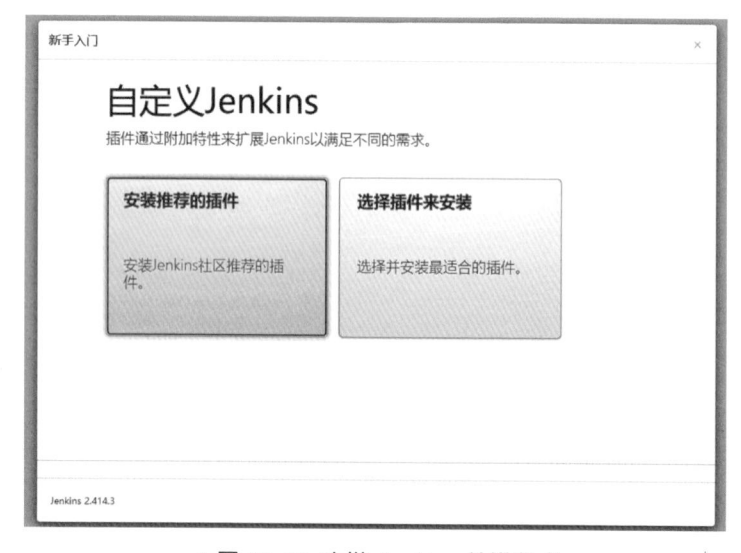

▲ 圖 12-16 安裝 Jenkins 外掛程式

安裝完成後會自動跳躍到建立管理員使用者的介面，在這裡填寫的使用者名稱和密碼就是以後登入 Jenkins 的帳號資訊，填寫完成後，點擊「儲存並完成」按鈕，進行下一步操作，如圖 12-17 所示。

▲圖 12-17 建立 Jenkins 管理員

接下來跳躍到實例配置介面，在該介面中保持預設的 Jenkins URL 網址，點擊「儲存並完成」按鈕，如圖 12-18 所示。

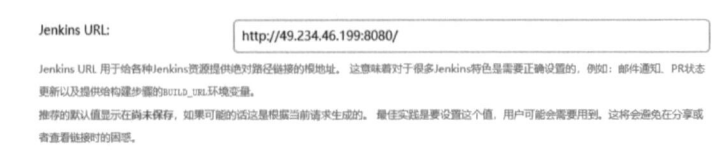

▲ 圖 12-18　Jenkins 實例配置

然後就可以進入 Jenkins 的主控台主頁了，如圖 12-19 所示。

▲ 圖 12-19　Jenkins 主控台介面

12.3.3 基礎配置

1. 安裝外掛程式

由於本專案是一個 Maven 專案，同時專案程式存放在 Gitee 倉庫中，所以後續需要 Jenkins 和 Gitee 倉庫相連結，實現程式的拉取等操作，因此需要下載相關外掛程式。在 Jenkins 的首頁選擇 Manage Jenkins，再點擊 Plugins(外掛程式管理) 選項，並在 Available plugins 中搜索需要安裝的外掛程式，然後在需要安裝的外掛程式的左側勾選該外掛程式，點擊右上角的「安裝」按鈕，即可實現下載外掛程式，如圖 12-20 所示。

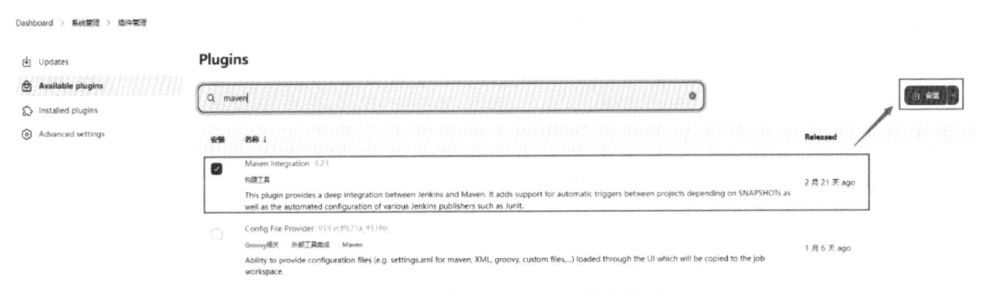

▲圖 12-20 安裝 Maven 外掛程式

接下來，要依次安裝以下外掛程式，直接搜索安裝即可。

(1) Maven Integration 外掛程式：用於 Java 專案的清理、打包、測試。

(2) Publish Over SSH 外掛程式：用於連接 SSH 伺服器，然後在該伺服器上執行一些操作。

(3) Gitee 外掛程式：用於配置 Jenkins 觸發器，接收 Gitee 平臺發送的 WebHook，觸發 Jenkins 進行自動化持續整合或持續部署，並可將建構狀態回饋回 Gitee 平臺。

(4) Git Server 外掛程式：為 Jenkins 專案提供了基本的 Git 操作。它可以輪詢、獲取、簽出、分支、列出、合併、標記和推送儲存庫。

2. 全域工具配置

進入 Jenkins 中，在系統管理中開啟全域工具配置，接下來，配置 Maven 和 JDK。在 Maven 配置的預設 settings 提供中選擇檔案系統中的 settings 檔案，然後在檔案路徑填寫 Maven 的設定檔路徑 /usr/local/maven/conf/settings.xml。預設全域 settings 提供中的路徑也一樣，如圖 12-21 所示。

▲ 圖 12-21 Maven 配置

接下來，需要新增 JDK 配置，在 JDK 安裝標題下，點擊「新增 JDK」按鈕會展示出填寫 JDK 的相關資訊，先取消自動安裝選項。填寫的別名為 JDK17，JAVA_HOME 需要填寫 JDK 的安裝位址 :/usr/local/java/jdk-17.0.9，如圖 12-22 所示。

▲ 圖 12-22 JDK 配置

在頁面的 Maven 安裝標題中點擊「新增 Maven」按鈕，取消自動安裝 Maven，然後設置一個 Maven 的名稱：maven-3.6.3，接著填寫 MAVEN_HOME 的值 /usr/local/maven，再點擊「應用」按鈕，最後點擊「儲存」按鈕即可配置成功，如圖 12-23 所示。

▲ 圖 12-23 Maven 安裝配置

在配置完成後，重新啟動 Jenkins 服務，由於使用新版的 Jenkins 容器在頁面上重新啟動會把容器停止而無法重新啟動，所以在每次安裝完外掛程式後，需要自己手動重新啟動 Jenkins 容器，命令如下：

```
#jenkins 為容器的名稱或換為 CONTAINER ID
docker restart jenkins
```

12.4 建構專案

在 Jenkins 中建構一個任務，用來執行從倉庫中拉取程式，然後執行相關命令進行專案的編譯、打包及執行等操作。使用 Jenkins 和 Gitee 實現自動化部署專案的相關流程，如圖 12-24 所示。

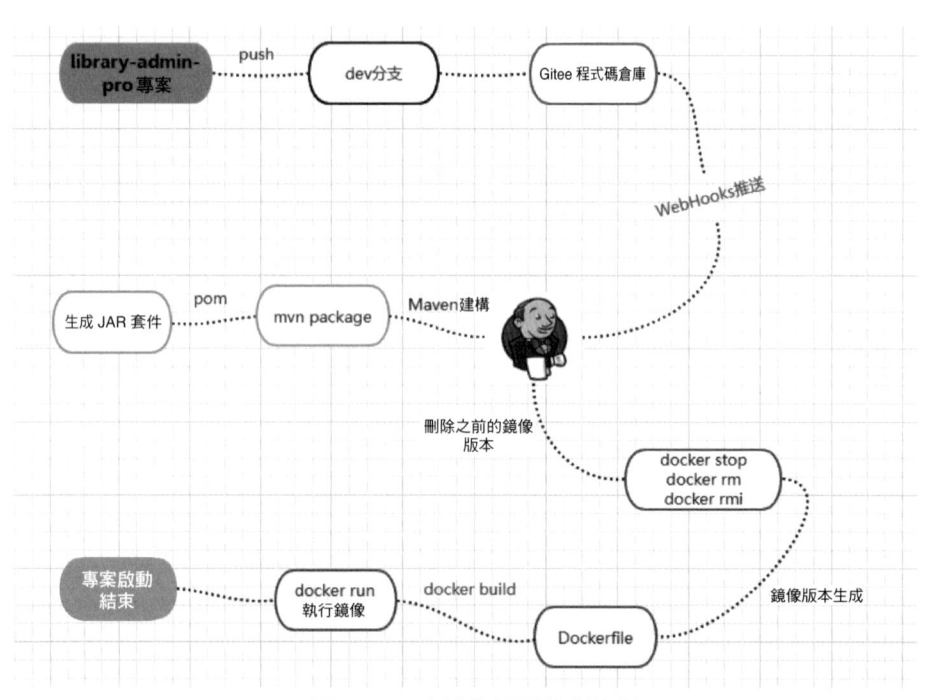

▲ 圖 12-24 自動化部署專案流程

12.4.1 新建倉庫分支

從自動化部署的流程中可以看到,當程式提交到 dev 分支就會觸發自動發佈專案的操作。當前專案的倉庫只有 dev 和 master 分支,為了更進一步地管理專案測試環境的發佈,再來建立一個新的 v1 分支,把 v1 作為開發分支,然後將 v1 的程式同步到 dev 上時才能觸發自動發佈操作。

在專案的根目錄資料夾下,開啟 Git Bash here,使用 git branch -a 命令查看倉庫的所有分支。建立的分支是以當前 dev 分支建立的,如果現在沒有在 dev 分支下,則使用 git checkout dev 命令先切換到 dev 分支,並使用 git pull 拉取最新的程式。建立新的 v1 分支的命令如下:

```
git checkout -b v1
```

然後將新建立的分支推送到遠端倉庫中,命令如下:

```
git push origin v1
```

接著對 v1 本地分支和遠端 v1 分支進行連結,如果不進行本地和遠端連結,則在之後提交程式時會失敗,命令如下:

```
git branch --set-upstream-to=origin/v1
```

連結成功後,當前專案的預設分支為 dev,需要在 Gitee 上改為 v1,以此作為預設的分支。

12.4.2 建立任務

開啟 Jenkins 管理平臺,在首頁的左側點擊「新建任務」,輸入任務名稱 library-pro,並選擇建構一個 Maven 專案,點擊「確定」按鈕,進行填寫相關配置資訊,如圖 12-25 所示。

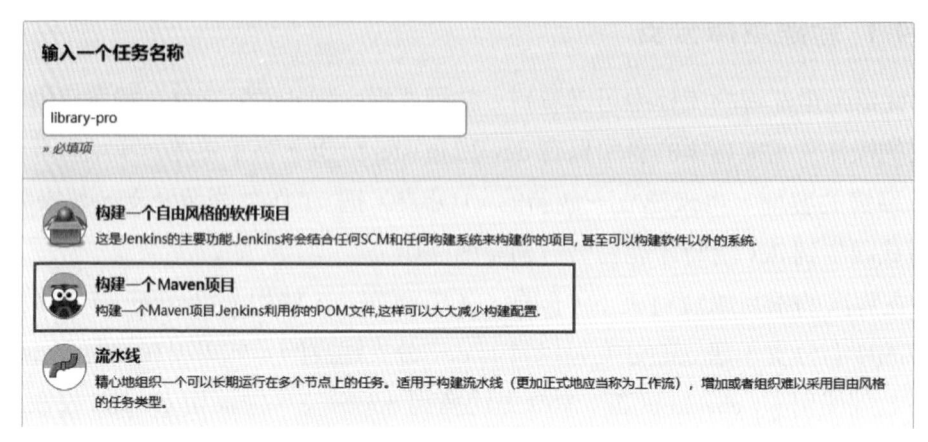

▲ 圖 12-25　建立 Jenkins 任務

1. 原始程式管理

在配置的原始程式管理中選擇 Git，然後需要填寫專案的倉庫位址，開啟 Gitee 上的專案倉庫，點擊「複製 / 下載」按鈕會出現 HTTPS 位址，並點擊「複製」按鈕即可複製位址，如圖 12-26 所示。

▲ 圖 12-26　獲取專案倉庫位址

在 Repository URL 中填寫倉庫位址，然後還要增加授權憑證，點擊「增加」按鈕，選擇 Jenkins(Jenkins 憑據提供者)，並填寫憑據資訊，其餘的資訊保持預設，只填寫使用者名稱、密碼和 ID 即可。這裡的使用者名稱和密碼為 Gitee 登入的使用者名稱和密碼，ID 可以自訂填寫，填寫完成後，點擊「增加」按鈕，儲存成功，如圖 12-27 所示。

▲ 圖 12-27 增加 Jenkins 憑據

下一步，填寫指定分支，選擇倉庫中的 dev 分支，這樣 Jenkins 就會從該倉庫的 dev 分支上拉取程式，如圖 12-28 所示。

▲ 圖 12-28 指定分支

2. Build 配置

在配置頁面的建構觸發器中，去掉 Jenkins 預設勾選的 Build whenever a SNAPSHOT dependency is built 選項，然後將下面 Build 配置中的 Goals and options 填寫為 X clean package -P test，填寫完成後，點擊頁面下方的「儲存」按鈕，即可建立任務成功，如圖 12-29 所示。

▲ 圖 12-29 Build 配置

3. 填寫 test 設定檔

在 library-admin 子模組的設定檔中需要填寫 application-test.yml 設定檔，將資料庫和 Redis 連接的資訊改為伺服器上的位址，需要注意的是，測試環境的通訊埠編號在設定檔中被修改為 8085，詳情見設定檔，可以從本書書附程式獲取。以下以 MySQL 資料庫配置為例，程式如下：

```
// 第11章 /library/library-admin/application-test.yml
datasource:
    # 當前資料來源操作類型
    type: com.alibaba.druid.pool.DruidDataSource
    # 資料庫驅動類別的名稱，這裡是 MySQL 的驅動類別
    driver-class-name: com.mysql.cj.jdbc.Driver
    druid:
        # 資料庫的連接 URL，包括本地的 IP 位址和資料庫名稱
        url: jdbc:mysql://49.234.46.199/library_v1?useUnicode=true&characterEncoding=UTF-8&allowMultiQueries=true&serverTimezone=Asia/Shanghai&rewriteBatchedStatements=true
        # 資料庫登入使用者名稱
        username: root
        # 資料庫登入密碼，如果後期沒有修改，則是安裝 MySQL 時設置的密碼
        password: ASDasd@123
```

4. 啟動 Jenkins 任務

配置增加完成後，在 v1 分支下提交程式完成後，切換到 dev 分支下，然後在 IDEA 的右下角找到 git 分支，並在 Local 下點擊 v1 分支，接著點擊 Merge 'v1' into 'dev'，將 v1 的分支程式同步到 dev 上，再將程式推送到倉庫中，這樣在執行 Jenkins 任務時才能拉取 dev 中最新提交的程式，如圖 12-30 所示。

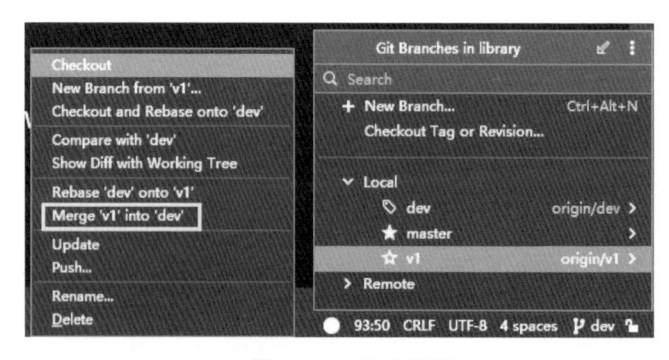

▲ 圖 12-30 分支切換

傳回 Jenkins 首頁中，在頁面右側就可以看到建立的任務了，點擊任務清單後邊的建構啟動按鈕，如圖 12-31 所示。在啟動過程中可以查看啟動的主控台，點擊建構的批次，查看主控台會有完整的日誌輸出，第 1 次拉取程式編譯會比較慢，耐心等待。如果在最後出現 Finished: SUCCESS，則說明專案已經打包完成，如圖 12-32 所示。

▲ 圖 12-31 啟動 Jenkins 任務

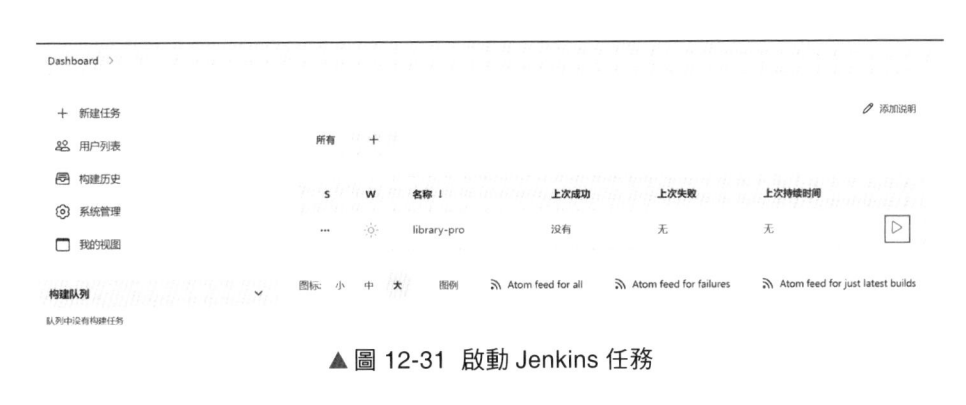

▲ 圖 12-32 Jenkins 任務執行日誌

12.4.3 增加執行專案命令

使用 Jenkins 建立的任務，執行專案的打包，那麼打包的 JAR 套件儲存在哪個資料夾中呢？在啟動 Jenkins 容器的命令中，如果將 Jenkins 中的資料映射到宿主機的 jenkins_home 檔案中，則可以在伺服器的 /home/jenkins_home/workspace/library-pro/library-admin/ci 檔案中找到專案 JAR 套件，其中 ci 檔案是在 library-admin 的 pom.xml 檔案中配置的專案打包位址檔案。

1. 撰寫 Dockerfile

有了專案的 JAR 套件，接下來需要在伺服器中執行該 JAR 套件，筆者選擇的是使用 Dockerfile 建構專案。Dockerfile 是用於建構 Docker 鏡像的文字檔。它是一個包含用於建構鏡像所需的指令和資料的檔案。可以透過 Docker build 命令從 Dockerfile 中建構鏡像。Dockerfile 通常包含基礎鏡像資訊。舉例來說，作業系統、Python 版本、維護者資訊、鏡像操作指令和容器啟動時執行的指令。

在 library-admin 子模組的 ci 目錄下，建立一個 Dockerfile 檔案，然後增加相關執行命令，命令如下：

```
FROM openjdk:17

EXPOSE 8085

ADD library-admin-pro-0.0.1-SNAPSHOT.jar root.jar
RUN bash -c 'touch /root.jar'

ENTRYPOINT ["java", "-jar", "-Duser.timezone=Asia/Shanghai", "/root.jar", "--spring.profiles.active=test"]
```

接著在 Jenkins 中開啟 library-pro 任務的配置，如圖 12-33 所示。

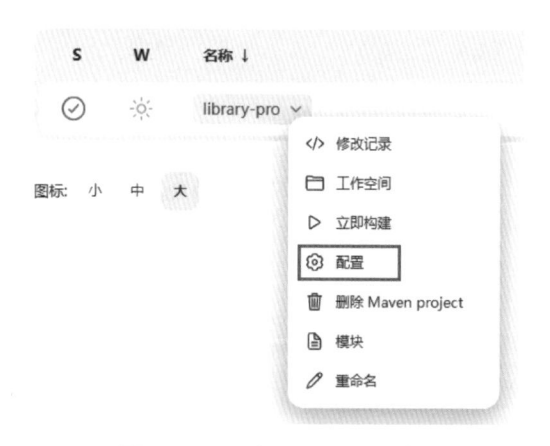

▲ 圖 12-33 開啟 Jenkins 任務配置

在 Post Steps 配置選項中，勾選 Run only if build succeeds(僅在生成成功時執行) 選項，然後點擊 Add post-build step 按鈕，選擇執行 Shell，在這裡可以增加建構專案的命令敘述，最後點擊「應用」按鈕，然後點擊「儲存」按鈕，執行的命令如下：

```bash
#!/bin/bash
echo "上傳遠端伺服器成功"
echo $(date "+%Y-%m-%d %H:%M:%S")
cd /var/jenkins_home/workspace/library-pro/library-admin/ci
image_name='library-admin-pro'
project_version=latest

chmod 755 library-admin-pro-0.0.1-SNAPSHOT.jar
echo "開始建構鏡像檔案"
echo "查看 Docker 版本"
docker -v

docker stop ${image_name} || true
echo "停止容器"
docker rm ${image_name} || true
echo "刪除容器"
docker rmi ${image_name} || true
echo "刪除鏡像"

echo "打包鏡像"
docker build -t ${image_name}:${project_version} .
echo "構築鏡像結束"
docker run -di --name=${image_name} --restart always -p 8085:8085 ${image_name}:${project_version}
echo "建立容器 library-admin-pro 成功"
```

　　儲存完成後，在 IDEA 專案的 v1 分支中將 Dockerfile 檔案提交到專案倉庫中，然後從 v1 分支合併到 dev 分支中並提交到倉庫。重新啟動 Jenkins 中的專案任務，等待任務執行完成後，如果出現 Finished: SUCCESS，則說明專案已經正常啟動了，如圖 12-34 所示。

```
Removing intermediate container 1ffc31d50d45
 ---> 225209523753
Step 5/5 : ENTRYPOINT ["java", "-jar", "-Duser.timezone=Asia/Shanghai", "/root.jar", "--spring.profiles.active=test"]
 ---> Running in 46d3a086f452
Removing intermediate container 46d3a086f452
 ---> 789d8ac25100
Successfully built 789d8ac25100
Successfully tagged library-admin-pro:latest
构筑镜像结束
31af4de9fd8479e3c408b5b38a2176a9cc5115c6a4bfeb92f1e40338c9b9f043
創建容器 library-admin-pro 成功
Finished: SUCCESS
```

▲ 圖 12-34　Jenkins 啟動專案主控台

啟動後，在伺服器中查看啟動的容器中是否有後端服務，如圖 12-35 所示。

```
[root@xyh ~]# docker ps
CONTAINER ID   IMAGE                     COMMAND                  CREATED          STATUS         PORTS                                       NAMES
31af4de9fd84   library-admin-pro:latest  "java -jar -Duser.ti…"   33 seconds ago   Up 32 seconds  0.0.0.0:8085->8085/tcp, :::8085->8085/tcp   library-admin-pro
```

▲ 圖 12-35　後端服務容器啟動

2. 修改 Jenkins 服務時間

在建構前後端專案時，除了需要關注最終的建構結果，也需要重視專案建構所花費的時間。建構時間的準確性對於後續問題排除和導回操作至關重要。如果 Jenkins 服務與伺服器時間不一致，則可能會導致錯誤的判斷，進而影響到專案的正常執行和管理，因此，確保 Jenkins 服務與伺服器時間的一致性對於專案的穩定性和可靠性具有重要意義。

先來檢查伺服器的時區是否正確，進入伺服器中，查看伺服器的時區是否為 Asia/Shanghai，執行的命令如下：

```
timedatectl | grep "Time zone"
```

如果主控台輸出以下結果，則表示伺服器的時區是正確的，無須改動。

```
Time zone: Asia/Shanghai (CST, +0800)
```

如果不是上述結果，則需要修改相關配置，執行的命令如下，然後再次查看是否配置成功。

```
rm -rf /etc/localtime
ln -s /usr/share/zoneinfo/Asia/Shanghai /etc/localtime
```

開啟 Jenkins 的網頁端，在系統管理的工具和動作中找到指令碼命令行，然後在輸入框中輸入以下命令。

```
System.setProperty('org.apache.commons.jelly.tags.fmt.timeZone','Asia/Shanghai')
```

點擊右下角的「執行」按鈕，執行完成後，Jenkins 的時間就和伺服器的時間同步了，如圖 12-36 所示。

```
Script Console
Type in an arbitrary Groovy script and execute it on the server. Useful for trouble-shooting and diagnostics. Use the 'println' command to see the output (if you use System.out, it will go to the
server's stdout, which is harder to see.) Example:
println(Jenkins.instance.pluginManager.plugins)

All the classes from all the plugins are visible. jenkins.*, jenkins.model.*, hudson.*, and hudson.model.* are pre-imported.

1 System.setProperty('org.apache.commons.jelly.tags.fmt.timeZone','Asia/Shanghai')
```

Result

Result: Asia/Shanghai

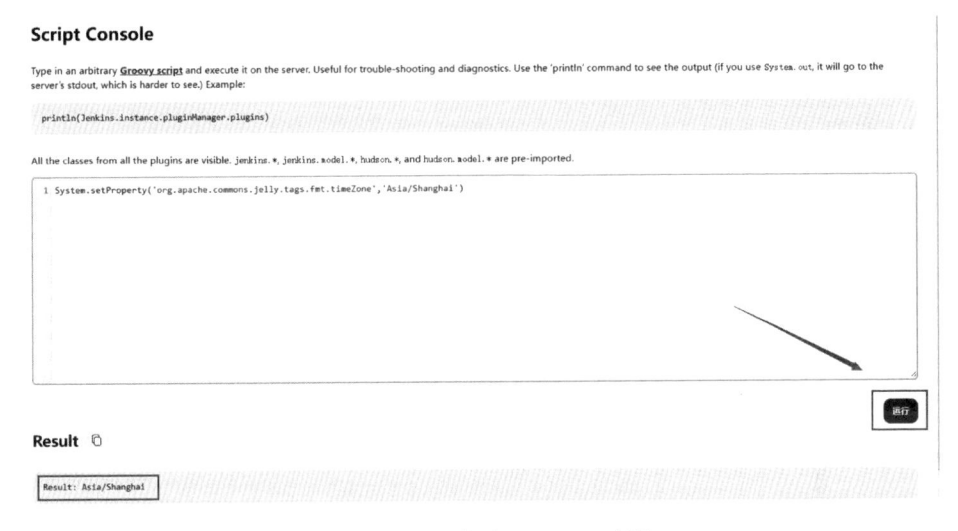

▲ 圖 12-36　修改 Jenkins 時間

12.4.4 WebHooks 管理

到目前為止，後端服務已經可以透過 Jenkins 自動部署到伺服器中了，那麼根據自動化部署的流程，還缺少主動拉取程式的操作。現在更新程式需要在 Jenkins 中手動啟動任務，這樣才會到程式倉庫中拉取程式。那麼接下來要做的就是，當提交程式後，Jenkins 就會自動拉取倉庫中的程式進行打包執行，無須人工干預操作。這就需要使用 WebHooks 實現該操作，WebHook 功能是幫助使用者推送程式後自動回呼一個設定的 http 位址，通知 Jenkins，然後就會自動拉取程式以執行更新專案操作。

開啟 Jenkins 的 library-pro 任務配置，然後找到建構觸發器配置並選擇 Gitee WebHook 觸發建構。在 Gitee 觸發建構策略中選擇推送程式策略，只有提交程式才能觸發重新建構任務操作及更新 Pull Requests 中選擇接收 Pull Requests，如圖 12-37 所示。

▲ 圖 12-37 建構觸發器配置

接下來在允許觸發建構的分支中選擇根據分支名稱過濾，在包括中填寫 dev，在排除中填寫 v1，如圖 12-38 所示。

▲ 圖 12-38 觸發建構分支名稱過濾

最後在 Gitee WebHook 密碼中點擊「生成」按鈕，獲取密碼，此密碼會在 Gitee 中填寫，然後儲存相關配置，如圖 12-39 所示。

▲ 圖 12-39 獲取 Gitee WebHook 密碼

開啟 Gitee 專案倉庫，在專案倉庫管理的左側導覽列中找到 WebHooks，然後點擊「增加 WebHook」按鈕，填寫 URL，該 URL 填寫的位址在圖 12-37 的 Gitee WebHook 觸發建構標題中獲取，密碼也已經獲取過了，然後選擇 Push 事件，預設選擇啟動，最後點擊「增加」按鈕，即可增加完成，如圖 12-40 所示。

▲ 圖 12-40 增加 WebHook

配置完成後，接下來在專案的 db 目錄中增加一個 dml.sql 檔案，用來存放初始化專案資料的 SQL 敘述。先提交到 v1 上，再提交到 dev 上，並提交到倉庫中，然後查看 Jenkins 有沒有重新建構專案，如果重新建構專案，則說明配置沒有問題，整個 Jenkins 自動化部署的流程就結束了。

本章小結

本章使用 Jenkins 實現了專案的自動化部署，簡化了專案部署到伺服器的流程，而且對專案版本的更新實現了視覺化管理，在實際開發專案中有著重要作用。

第 13 章
日誌管理與通知中心功能實現

實現日誌管理和通知中心等相關功能是應用程式開發中至關重要的任務之一，可以有助監控和維護應用程式的健康狀態，還可以提升即時通知和相關警告，使開發人員和運行維護團隊能夠快速回應問題並改進應用程式的性能和穩定性，並增加了平臺和使用者的友善互動性。

13.1 專案操作日誌功能實現

操作日誌和登入日誌是系統安全和管理的重要工具，在專案開發中起著至關重要的作用。操作日誌記錄了使用者對系統進行的各種操作，包括增、刪、改、查等。它可以用於追蹤使用者操作歷史，以便在出現問題時進行溯源和排除；登入日誌記錄了使用者的登入行為，包括登入時間、IP 位址、裝置資訊等。它可以用於監控和管理使用者的登入情況，以便及時發現異常登入活動，如未經授權的登入嘗試、暴力破解等。

13.1.1 初始化日誌程式

在第 6 章已經設計完成操作日誌的資料表結構並已增加到專案的資料庫中，接下來建立一個日誌的子模組，用來實現操作日誌功能。在父模組中建立一個 library-logging 子模組，如圖 13-1 所示。

刪除生成的多餘的專案檔案，並修改 pom.xml 設定檔，程式如下：

```
// 第13章/library/library-logging/pom.xml
<parent>
    <groupId>com.library</groupId>
```

```xml
    <artifactId>library</artifactId>
    <version>0.0.1-SNAPSHOT</version>
</parent>

<artifactId>library-logging</artifactId>
<version>0.0.1-SNAPSHOT</version>
<packaging>jar</packaging>
<name>library-logging</name>
<description>操作日誌模組</description>

<dependencies>
    <dependency>
        <groupId>com.library</groupId>
        <artifactId>library-common</artifactId>
    </dependency>
</dependencies>
```

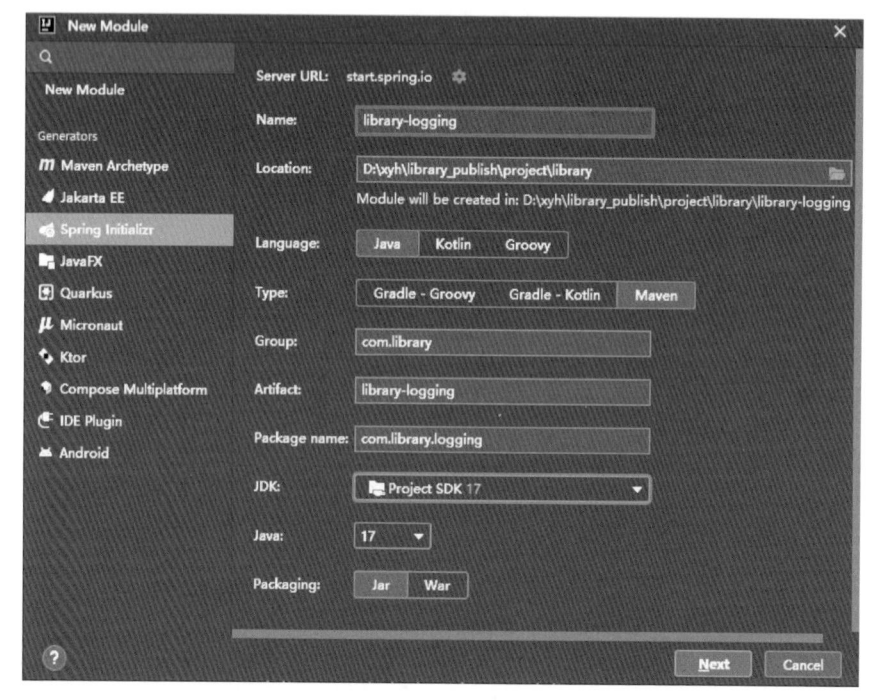

▲ 圖 13-1 建立 library-logging 子模組

　　然後在父模組的 pom.xml 檔案中增加日誌模組的相關配置，並在 library-admin 子模組中增加日誌模組相依。接下來，使用 EasyCode 工具生成操作日誌的基礎程式，其中程式選擇生成到 library-logging 子模組中，如圖 13-2 所示。

▲ 圖 13-2 初始化操作日誌基礎程式

13.1.2 自訂日誌註解

首先在 library-common 子模組的 enums 套件中建立一個日誌分類的 LogTypeEnum 列舉類別，主要分為系統操作、登入和登出類別的日誌，程式如下：

```java
// 第13章 /library/library-common/LogTypeEnum.java
@Getter
@AllArgsConstructor
public enum LogTypeEnum {
    DO_LOG(0, "系統操作"),
    LOGIN_SUCCESS(1, "登入"),
    LOGIN_OUT(2, "登出");
    private Integer code;
    private String desc;
    public static String getValue(Integer code) {
        LogTypeEnum[] logTypeEnums = values();
        for (LogTypeEnum logTypeEnum : logTypeEnums) {
            if (logTypeEnum.getCode().equals(code)) {
                return logTypeEnum.getDesc();
            }
        }
        return null;
    }
}
```

接著在 library-common 子模組的 pom.xml 檔案中增加解析用戶端、作業系統和瀏覽器資訊的相依，程式如下：

```xml
// 第 13 章 /library/library-common/pom.xml
<dependency>
    <groupId>nl.basjes.parse.useragent</groupId>
    <artifactId>yauaa</artifactId>
    <version>6.11</version>
</dependency>
```

在 util 套件中建立一個 SystemUtils 工具類別，主要解析使用者請求的 IP、IP 歸屬地和瀏覽器資訊等實現，程式如下：

```java
// 第 13 章 /library/library-common/SystemUtils.java
@Slf4j
public class SystemUtils {
private static final UserAgentAnalyzer USER_AGENT_ANALYZER = UserAgentAnalyzer
        .newBuilder()
        .hideMatcherLoadStats()
        .withCache(10000)
        .withField(UserAgent.AGENT_NAME_VERSION)
        .build();
/**
 * 獲取 IP 位址
 */
public static String getIp(HttpServletRequest request) {
    String ip = request.getHeader("x-forwarded-for");
    if (StrUtil.isEmpty(ip) || "unknown".equalsIgnoreCase(ip)) {
        ip = request.getHeader("X-Forwarded-For");
    }
    if (StrUtil.isEmpty(ip) || "unknown".equalsIgnoreCase(ip)) {
        ip = request.getHeader("Proxy-Client-IP");
    }
    if (StrUtil.isEmpty(ip) || "unknown".equalsIgnoreCase(ip)) {
        ip = request.getHeader("WL-Proxy-Client-IP");
    }
    if (StrUtil.isEmpty(ip) || "unknown".equalsIgnoreCase(ip)) {
        ip = request.getHeader("HTTP_CLIENT_IP");
    }
    if (StrUtil.isEmpty(ip) || "unknown".equalsIgnoreCase(ip)) {
        ip = request.getHeader("HTTP_X_FORWARDED_FOR");
    }
    if (StrUtil.isEmpty(ip) || "unknown".equalsIgnoreCase(ip)) {
        ip = request.getRemoteAddr();
```

```java
        }
        if (StrUtil.isEmpty(ip) || "unknown".equalsIgnoreCase(ip)) {
            ip = request.getRemoteAddr();
            if ("127.0.0.1".equals(ip)) {
                InetAddress inet = null;
                try {
                    inet = InetAddress.getLocalHost();
                } catch (UnknownHostException e) {
                    e.printStackTrace();
                }
                ip = inet.getHostAddress();
            }
        }
        if (ip != null && ip.length() > 15) {
            if (ip.indexOf(",") > 0) {
                ip = ip.substring(0, ip.indexOf(","));
            }
        }
        return ip;
    }
    /**
     * 根據 IP 獲取位址資訊
     */
    public static String getAddressInfo(String ip) {
        String api = "http://whois.pconline.com.cn/ipJson.jsp"
                + "?ip=%s&json=true";
        String info = String.format(api, ip);
        CloseableHttpClient httpClient = HttpClients.createDefault();
        HttpGet httpGet = new HttpGet(info);
        String result = null;
        try {
            CloseableHttpResponse response = httpClient.execute(httpGet);
            HttpEntity entity = response.getEntity();
            if (entity != null) {
                result = EntityUtils.toString(entity);
            }
        } catch (Exception e) {
            e.printStackTrace();
        } finally {
            try {
                // 關閉 HttpClient 連接
                httpClient.close();
            } catch (IOException e) {
                e.printStackTrace();
            }
        }
```

```
    JSONObject object = JSONUtil.parseObj(result);
    return object.get("addr", String.class);
}
/**
 * 獲取瀏覽器資訊
 * @param request
 * @return
 */
public static String getBrowser(HttpServletRequest request) {
        UserAgent.ImmutableUserAgent userAgent = USER_AGENT_ANALYZER.parse(request.getHeader("User-Agent"));
    return userAgent.get(UserAgent.AGENT_NAME_VERSION).getValue();
    }
}
```

1. 自訂非同步方法

在 library-common 子模組的 config 套件中建立一個 AsyncConfiguration 配置類別，用於自訂實現非同步作業。Spring Boot 提供了 AsyncConfigurer 介面，讓開發人員可以自訂執行緒池執行器，在該介面中提供的方法都是空實現，在實現時需要開發人員自訂實現相關程式。

在 AsyncConfiguration 類別中實現 AsyncConfigurer 介面中的所有方法，先來查看一下 AsyncConfigurer 介面的原始程式碼，在介面中共有兩種方法，即 getAsyncExecutor 和 getAsyncUncaughtExceptionHandler，程式如下：

```
// 第13章 /library/library-common/AsyncConfiguration.java
public interface AsyncConfigurer {
  /**
   * 方法傳回一個實際執行執行緒的執行緒池
   */
  @Nullable
  default Executor getAsyncExecutor() {
      return null;
  }
  /**
   * 當執行緒池執行非同步任務時會拋出 AsyncUncaughtExceptionHandler 異常
   * 此方法會捕捉該異常
   */
  @Nullable
  default AsyncUncaughtExceptionHandler getAsyncUncaughtExceptionHandler(){
    return null;
  }
}
```

先在配置類別中定義一個執行緒池並加上 @Bean 註解交給容器管理，程式如下：

```java
// 第 13 章 /library/library-common/AsyncConfiguration.java
/**
 * 定義執行緒池，由於 ThreadPoolTaskExecutor 不是完全被 IOC 容器管理的 bean，所以可以在方法上加上
@Bean 註解交給容器管理
 * @return
 */
@Bean(name = "taskExecutor")
public ThreadPoolTaskExecutor taskExecutor() {
    final String threadNamePrefix = "taskExecutor-";
    // 定義執行緒池
    ThreadPoolTaskExecutor executor = new ThreadPoolTaskExecutor();
    // 核心執行緒池大小，預設為 8
    executor.setCorePoolSize(cpus);
    // 最大執行緒數，預設為 Integer.MAX_VALUE 的值
    executor.setMaxPoolSize(cpus * 2);
    // 佇列容量，預設為 Integer.MAX_VALUE 的值
    executor.setQueueCapacity(Integer.MAX_VALUE);
    // 拒絕策略
    executor.setRejectedExecutionHandler(new ThreadPoolExecutor.CallerRunsPolicy());
    // 執行緒名稱首碼
    executor.setThreadNamePrefix(threadNamePrefix);
    // 執行緒池中執行緒最大閒置時間，預設為 60，單位為秒
    executor.setKeepAliveSeconds(60);
    //IOC 容器關閉時是否阻塞等待剩餘的任務執行完成，預設為 false
    executor.setWaitForTasksToCompleteOnShutdown(true);
    // 阻塞 IOC 容器關閉的時間，預設為 10s
    executor.setAwaitTerminationSeconds(10);
    executor.initialize();
    return executor;
}
```

實現 getAsyncExecutor 方法，主要是將配置好的執行緒池傳回，程式如下：

```java
@Override
public Executor getAsyncExecutor() {
    return this.taskExecutor();
}
```

實現 getAsyncUncaughtExceptionHandler 方法，傳回一個非同步執行異常處理器，用於記錄非同步執行中發生的異常。這裡使用了 lambda 運算式實現了一個簡單的異常處理器，將異常資訊和方法記錄到日誌中，程式如下：

```
// 第 13 章 /library/library-common/AsyncConfiguration.java
@Override
public AsyncUncaughtExceptionHandler getAsyncUncaughtExceptionHandler() {
    return (throwable, method, objects) -> {
        log.error("[ 非同步任務執行緒池 ] 執行非同步任務【{}】時出錯 >> 堆疊 \t\n", method.getDeclaringClass(), throwable);
    };
}
```

2. 定義註解

在 library 父模組的 pom.xml 檔案中增加 Spring Boot 提供的 spring-boot-starter-aop 自動配置模組，程式如下：

```
// 第 13 章 /library/pom.xml
<dependency>
    <groupId>org.springframework.boot</groupId>
    <artifactId>spring-boot-starter-aop</artifactId>
    <Excelusions>
        <Excelusion>
            <groupId>org.springframework.boot</groupId>
            <artifactId>spring-boot-starter</artifactId>
        </Excelusion>
    </Excelusions>
</dependency>
```

接著在日誌模組中新建一個 annotation 套件，然後定義一個名為 @LogSys 的註解，在這裡，@LogSys 註解被定義為用於標記方法 (ElementType.METHOD)，並且它在執行時期保留 (Retention.RUNTIME)。該註解定義了以下兩個屬性。

（1）value: 是一個字串類型的屬性，用於描述操作的內容，例如查詢使用者清單，該屬性用於提供關於註解標記的方法執行的更多資訊。

（2）logType: 是一個列舉類型的屬性，名為 LogTypeEnum，預設值為 LogTypeEnum.DO_LOG(系統操作) 類型，該屬性用於指定操作的類型分類。

定義該註解的相關程式如下：

```
// 第 13 章 /library/library-logging/LogSys
@Target(ElementType.METHOD)
@Retention(RetentionPolicy.RUNTIME)
@Documented
public @interface LogSys {
```

```
    /**
     * 操作內容 ( 例如查詢使用者 )
     * @return
     */
    String value() default "";
    /**
     * 操作類型分類 ( 操作、登入、登出 )
     *
     * @return
     */
    LogTypeEnum logType() default LogTypeEnum.DO_LOG;
}
```

接下來完成 LogSys 註解的切面實現類別,在日誌模組中建立一個 aspect 套件,然後在套件中建立一個 LogAspect 切面,用於攔截被 @LogSys 註解標記的方法。在獲取請求資訊後,使用自訂的非同步方法執行日誌的入庫工作,程式如下:

```
// 第 13 章 /library/library-logging/LogAspect
@Slf4j(topic = "operaErr")
@Aspect
@Component
public class LogAspect {
    @Resource
    private OperationLogService operationLogService;
    /**
     * 配置切入點
     */
    @Pointcut("@annotation(com.library.logging.annotation.LogSys)")
    public void logPointcut() {
        // 該方法無方法區塊,主要為了讓同類中的其他方法使用此切入點
    }
    /**
     * 方法用途:在 AnnotationDemo 註解之前執行,標識一個前置增強方法,相當於 BeforeAdvice 的功能
     */
    @Before("logPointcut()")
    public void doBefore(JoinPoint joinPoint) {
        log.info(" 進入方法前執行 ...");
    }
    @AfterReturning(value = "logPointcut()", returning = "result")
    public void logAround(JoinPoint joinPoint, Object result) throws Throwable {
        // 獲取 RequestAttributes
        RequestAttributes requestAttributes = RequestContextHolder.getRequestAttributes();
        if (requestAttributes != null) {
```

```
            // 從獲取 RequestAttributes 中獲取 HttpServletRequest 的資訊
            HttpServletRequest request = (HttpServletRequest) Objects.requireNonNull
(requestAttributes).resolveReference(RequestAttributes.REFERENCE_REQUEST);
            saveSysLogAsync(request, joinPoint, result);
        } else {
            // 未登入請求，計入記錄檔
            log.error("未登入請求，請求資訊為 {}", joinPoint);
        }
    }
    /**
     * 非同步儲存系統日誌
     */
    @Async(value = "taskExecutor")
    public void saveSysLogAsync(HttpServletRequest request, final JoinPoint joinPoint,
Object ret) {
        log.info("非同步儲存日誌 start ====> {}, 傳回資訊：{}", joinPoint, ret);
        operationLogService.insert(request, joinPoint, JSON.toJSONString(ret));
    }
}
```

接下來需要完善日誌入庫的介面和 operaErr 記錄檔。在 LogAspect 類別上定義了一個 @Slf4j(topic = "operaErr")，這裡自訂了一個日誌配置，指定了日誌的主題，然後在記錄檔的配置中增加一個 opera_err.log 記錄檔，只要在 LogAspect 類別中的日誌都會在該記錄檔中列印。開啟 library-admin 子模組下的 resource 檔案，然後找到 log4j2.xml 檔案。在 Appenders 標籤中增加一個操作日誌記錄檔案，記錄檔名為 library_opera_err.log，程式如下：

```
// 第13章 /library/library-admin/log4j2.xml
<RollingRandomAccessFile name="OPERA_ERR"
        fileName="${log_path}/${filename}_opera_err.log"
        filePattern="${log_path}/${filename}_opera_err_%d{yyyy-MM-dd}_%i.log.gz">
    <PatternLayout pattern="[%d{yyyy-MM-dd HH:mm:ss.SSS}][%-5p][%t][%c{1}] %m%n"/>
    <Policies>
        <SizeBasedTriggeringPolicy size="${library_log_size}"/>
    </Policies>
</RollingRandomAccessFile>
```

然後在 Loggers 標籤中配置一個日誌記錄器，這樣便會非同步地將日誌訊息傳遞給日誌附加器，程式如下：

```
<AsyncLogger name="operaErr" level="INFO" additivity="false">
    <AppenderRef ref="OPERA_ERR"/>
</AsyncLogger>
```

3. 日誌入庫和查詢實現

在 OperationLogService 介面類別中，只保留分頁查詢和增加的介面，其餘的基礎程式全部刪除。接著修改新增操作日誌的 insert 介面，將接收的參數更改為 HttpServletRequest、JoinPoint、result，以下是對 3 個參數的具體說明。

(1) HttpServletRequest：一個 HttpServletRequest 物件，它包含了關於當前 HTTP 請求的資訊。在操作日誌中，通常會記錄請求的相關資訊，如請求的 URL、請求方法、請求標頭、請求參數等，以便能夠追蹤操作的來源。

(2) JoinPoint：Spring AOP 中的物件，用於表示正在執行的方法。它包含了方法的相關資訊，如方法名稱、參數等。在操作日誌中，JoinPoint 通常用於記錄哪種方法執行了操作，以便能夠追蹤操作的具體來源。

(3) result：一個字串，通常用於記錄操作的結果。

介面定義的具體的程式如下：

```
void insert(HttpServletRequest request, JoinPoint joinPoint, String result);
```

接下來完成實現類別，實現類別中根據參數獲取日誌相關資訊，並將資訊組裝到 OperationLog 物件中，完成日誌資料的入庫操作，程式如下：

```java
// 第13章 /library/library-logging/OperationLogServiceImpl.java
@Override
@Transactional(rollbackFor = Exception.class)
public void insert(HttpServletRequest request, JoinPoint joinPoint, String result) {
    // 從切面織入點處透過反射機制獲取織入點處的方法
    MethodSignature signature = (MethodSignature) joinPoint.getSignature();
    LogSys annotation = signature.getMethod().getAnnotation(LogSys.class);
    Principal principal = request.getUserPrincipal();
    OperationLog log = new OperationLog();
    log.setRequestIp(SystemUtils.getIp(request));
    log.setAddress(SystemUtils.getAddressInfo(log.getRequestIp()));
    log.setLogType(annotation.logType().getCode());
    log.setBrowser(SystemUtils.getBrowser(request));
    log.setDescription(annotation.value());
    log.setParams(composeString(joinPoint.getArgs()));
    // 方法位址
    String methodName = joinPoint.getTarget().getClass().getName() + "." + signature.getName() + "()";
    log.setMethods(methodName);
    if (principal != null) {
```

```
        log.setUsername(principal.getName());
    }
    log.setReturnValue(result);
    save(log);
}
```

在 OperationLogController 類別中，對分頁查詢的基礎程式進行修改，拆分成兩個介面，一個是查詢操作日誌的 queryDoLogByPage 方法；另一個是查詢登入 / 登出列表的 queryLoginLogByPage 方法，程式如下：

```
// 第 13 章 /library/library-logging/OperationLogController.java
/**
 * 操作日誌分頁查詢清單
 *
 * @return 資料
 */
@GetMapping("/dolog/list")
public Result<IPage<OperationLogVO>> queryDoLogByPage(OperationLogPage page) {
    return Result.success(operationLogService.queryByPage(page));
}
/**
 * 登入 / 登出日誌分頁查詢清單
 *
 * @return 資料
 */
@GetMapping("/loginlog/list")
public Result<IPage<OperationLogVO>> queryLoginLogByPage(OperationLogPage page) {
    return Result.success(operationLogService.queryLoginLogByPage(page));
}
```

將 OperationLogPage 類別中的屬性只保留 IP 位址和操作人兩個查詢準則，其餘的都刪除，然後在 OperationLogServiceImpl 實現類別中實現操作日誌清單查詢，登入 / 登出的日誌可查看專案書附的原始程式碼獲取，程式如下：

```
// 第 13 章 /library/library-logging/OperationLogServiceImpl.java
@Override
public IPage<OperationLogVO> queryByPage(OperationLogPage page) {
    // 查詢準則
    LambdaQueryWrapper<OperationLog> queryWrapper = new LambdaQueryWrapper<>();
    if (StrUtil.isNotEmpty(page.getRequestIp())) {
        queryWrapper.eq(OperationLog::getRequestIp, page.getRequestIp());
    }
    if (StrUtil.isNotEmpty(page.getUsername())) {
```

```
        queryWrapper.eq(OperationLog::getUsername, page.getUsername());
    }
    queryWrapper.eq(OperationLog::getLogType, LogTypeEnum.DO_LOG.getCode());
    queryWrapper.orderByDesc(OperationLog::getCreateTime);
    // 查詢分頁資料
    Page<OperationLog> operationLogPage = new Page<OperationLog>(page.getCurrent(), page.getSize());
    IPage<OperationLog> pageData = baseMapper.selectPage(operationLogPage, queryWrapper);
    // 轉換成 VO
    IPage<OperationLogVO> records = PageCovertUtil.pageVoCovert(pageData, OperationLogVO.class);
    return records;
}
```

13.1.3 介面測試

日誌註解相關程式已基本實現完成，接下來測試該註解是否可以攔截介面相關資訊。開啟 LoginController 類別，在登入的方法上增加該日誌註解，並將日誌類型指定為登入，程式如下：

```
@LogSys(value = "登入", logType = LogTypeEnum.LOGIN_SUCCESS)
@PostMapping("/login")
public Result<Object> login(@Valid @RequestBody UserLoginBO bo) {
}
```

然後到使用者清單的請求介面中增加該日誌註解，獲取使用者的請求的操作日誌。因為註解預設的日誌類型是系統操作日誌，所以這裡就不需要增加日誌分類的屬性了，程式如下：

```
// 第 13 章 /library/library-logging/OperationLogController.java
@LogSys(value = "使用者分頁查詢列表")
@GetMapping("/list")
public Result<IPage<UserVO>> queryByPage(@Valid UserPage page) {
    return Result.success(userService.queryByPage(page));
}
```

開啟 Apifox 介面文件，在文件的根目錄下建立一個系統監控的子目錄，然後在該目錄下再建立登入日誌和操作日誌兩個子目錄，接著分別建立兩個查詢日誌的介面文件，介面參數為 requestIp(IP 位址) 和 username(操作使用者)。

首先測試登入介面的日誌，請求登入介面，然後使用登入日誌清單的介面查看是否有資料，如果有，則說明登入日誌已經可以獲取，如圖 13-3 所示。

▲ 圖 13-3 登入日誌分頁查詢

接下來再請求使用者清單的介面，然後使用查詢操作日誌清單的介面查詢資料，如果有，則系統的操作日誌可以正常獲取了，如圖 13-4 所示。

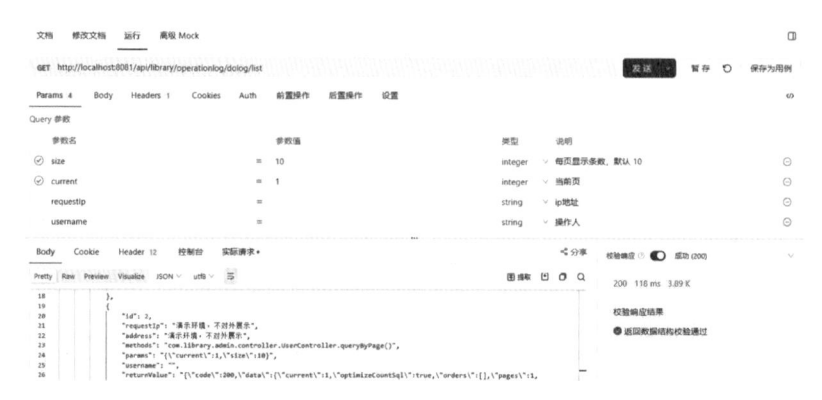

▲ 圖 13-4 系統操作日誌分頁查詢

13.2 系統審核功能實現

系統審核模組主要包括通知公告和圖書歸還審核，在專案需求中，系統審核是一項不可或缺的任務，它有助確保資料資訊的合法性和保障未知的公告風險等。以下是對通知公告和圖書歸還審核的流程說明。

(1) 通知公告審核流程：圖書管理員發佈通知公告後需要被提交到超級管理員處進行內容審核，只有超級管理員審核通過了才能使所有的使用者查看，否則駁回通知公告，再次回到圖書管理員處進行修改，然後再次提交審核操作。

(2) 圖書歸還審核流程：讀者在借閱列表中提交還書申請，然後圖書管理員會對該書借閱的記錄進行審核，查看讀者是否欠費、書是否損壞等工作，如果都符合還書的要求，則會提交審核透過，這樣讀者便完成了還書的流程。

13.2.1 審核資料表設計並建立

在專案 db 目錄下的 init.sql 檔案中增加審核資料表的 SQL 建資料表語句，並在資料庫中執行該敘述完成資料表的增加，SQL 程式如下：

```sql
// 第13章 /library/db/init.sql
DROP TABLE IF EXISTS `lib_examine`;
CREATE TABLE `lib_examine`
(
    `id`               INT           NOT NULL PRIMARY KEY AUTO_INCREMENT COMMENT '主鍵',
    `title`            VARCHAR(255)  NOT NULL COMMENT '審核標題',
    `content`          text          NOT NULL COMMENT '審核內容',
    `submit_username`  VARCHAR(50)   NOT NULL COMMENT '提交審核人',
    `classify`         INT           NOT NULL COMMENT '模組分類',
    `classify_id`      INT           NOT NULL COMMENT '模組內容 id',
    `username`         VARCHAR(50)   DEFAULT NULL COMMENT '審核人',
    `examine_status`   INT           NOT NULL DEFAULT 0 COMMENT '狀態,預設為0, 0:審核中; 1:審核透過; 2:審核不通過',
    `advice`           VARCHAR(255)  DEFAULT NULL COMMENT '審核意見',
    `create_time`      DATETIME NULL DEFAULT CURRENT_TIMESTAMP COMMENT '建立時間',
    `finish_time`      DATETIME NULL DEFAULT NULL COMMENT '審核完成時間',
    `remark`           VARCHAR(255)  DEFAULT NULL COMMENT '備註'
) ENGINE = InnoDB CHARACTER SET = utf8mb4 COLLATE = utf8mb4_general_ciROW_FORMAT = Dynamic
    COMMENT='審核資料表';
```

13.2.2 審核功能程式實現

審核功能模組的程式存放在 library-system 子模組中，使用 EasyCode 生成審核資料表的基礎程式，如圖 13-5 所示。

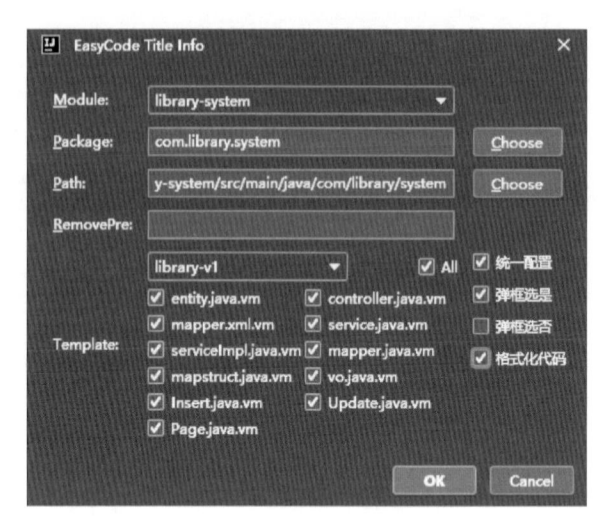

▲ 圖 13-5 生成審核基礎程式

1. 審核分頁列表查詢

在審核模組中分為通知公告審核和圖書歸還審核，那麼查詢審核清單，則需要單獨展示，所以需要寫兩個查詢清單的介面，但在實現的方法中只需區分查詢的類型。首先在 library-common 子模組的 enums 列舉套件中建立一個區分審核類型的 ClassifyEnum 列舉類別，程式如下：

```java
// 第13章 /library/library-common/ClassifyEnum.java
@Getter
@AllArgsConstructor
public enum ClassifyEnum {
    NOTICE(0, "通知公告"),
    SYSTEM_NOTICE(1, "系統訊息"),
    RETURN_BOOK(2, "歸還圖書");
    private Integer code;
    private String desc;
    public static String getValue(Integer code) {
        ClassifyEnum[] classifyEnums = values();
        for (ClassifyEnum classifyEnum : classifyEnums) {
            if (classifyEnum.getCode().equals(code)) {
                return classifyEnum.getDesc();
            }
        }
        return null;
    }
}
```

在 ExamineController 類別中將分頁查詢列表的方法拆分為兩種，一種方法為 noticeQueryByPage 的分頁查詢，另一種方法為 returnBookByPage 分頁查詢，程式如下：

```java
// 第13章 /library/library-system/ExamineController.java
/**
 * 公告審核分頁查詢列表
 *
 * @return 資料
 */
@GetMapping("/list")
public Result<IPage<ExamineVO>> noticeQueryByPage(@Valid ExaminePage page) {
    return Result.success(examineService.queryByPage(page));
}
/**
 * 圖書歸還審核分頁查詢列表
 *
 * @return 資料
 */
@GetMapping("/bookaudit/list")
public Result<IPage<ExamineVO>> returnBookByPage(@Valid ExaminePage page) {
    page.setClassify(ClassifyEnum.RETURN_BOOK.getCode());
    return Result.success(examineService.queryByPage(page));
}
```

ExaminePage 作為列表查詢的參數類別，查詢準則包括審核標題、提交審核人員、模組分類。該類別其餘的屬性可以刪除，僅保留這 3 個查詢準則。接著為了前端方便展示模組分類名稱，還需要在 ExamineVO 傳回類別中增加一個 classifyName 模組分類的名稱，然後實現 queryByPage 方法，對實現不同的查詢準則及按照建立時間進行排序等操作，程式如下：

```java
// 第13章 /library/library-system/ExamineServiceImpl.java
@Override
    public IPage<ExamineVO> queryByPage(ExaminePage page) {
        // 查詢準則
        LambdaQueryWrapper<Examine> queryWrapper = new LambdaQueryWrapper<>();
        if (StrUtil.isNotEmpty(page.getTitle())) {
            queryWrapper.like(Examine::getTitle, page.getTitle());
        }
        if (StrUtil.isNotEmpty(page.getSubmitUsername())) {
            queryWrapper.like(Examine::getSubmitUsername, page.getSubmitUsername());
        }
```

```
            if (page.getClassify() != null) {
                queryWrapper.eq(Examine::getClassify, page.getClassify());
            } else {
                queryWrapper.in(Examine::getClassify, ClassifyEnum.NOTICE.getCode(),
ClassifyEnum.SYSTEM_NOTICE.getCode());
            }
            queryWrapper.orderByDesc(Examine::getCreateTime);
            // 查詢分頁資料
            Page<Examine> examinePage = new Page<Examine>(page.getCurrent(), page.getSize());
            IPage<Examine> pageData = baseMapper.selectPage(examinePage, queryWrapper);
            // 轉換成 VO
            IPage<ExamineVO> records = PageCovertUtil.pageVoCovert(pageData, ExamineVO.class);
            if (CollUtil.isNotEmpty(records.getRecords())) {
                records.getRecords().forEach(r -> {
                    r.setClassifyName(ClassifyEnum.getValue(r.getClassify()));
                });
            }
    return records;
}
```

2. 審核透過或失敗介面

先來定義一個 AuditStatusEnum 審核列舉類別，主要包括審核中、審核透過、審核不通過、定時發佈、取消定時、發佈成功及發佈失敗等審核狀態，程式如下：

```
// 第 13 章 /library/library-common/AuditStatusEnum.java
@Getter
@AllArgsConstructor
public enum AuditStatusEnum {
    REVIEWING(0, "審核中"),
    AUDIT_SUCCESS(1, "審核透過"),
    REJECT(2, "審核不通過"),
    TIME_SEND(3, "定時發佈"),
    CANCEL_TIME(4, "取消定時"),
    SEND_SUCCESS(5, "發佈成功"),
    SEND_FAIL(6, "發佈失敗");

    private Integer code;
    private String desc;
    public static String getValue(Integer code) {
        AuditStatusEnum[] statusEnums = values();
        for (AuditStatusEnum statusEnum : statusEnums) {
            if (statusEnum.getCode().equals(code)) {
                return statusEnum.getDesc();
            }
```

```
        }
        return null;
    }
}
```

　　審核透過公告，無外乎兩種情況，即透過或不通過，接下來需要在 ExamineController 類別中增加一個審核透過的方法 examineSuccess 和審核失敗的方法 examineFail，程式如下：

```
// 第13章 /library/library-system/ExamineController.java
@PutMapping("/success")
public Result examineSuccess(@Valid @RequestBody ExamineUpdate param, @CurrentUser CurrentLoginUser currentLoginUser) {
        if (Objects.isNull(param.getId())) {
            return Result.error("ID不能為空 ");
        }
        param.setUsername(currentLoginUser.getUsername());
        param.setExamineStatus(AuditStatusEnum.AUDIT_SUCCESS.getCode());
        param.setFinishTime(LocalDateTime.now());
        examineService.examineUpdate(param);
        return Result.success();
}
@PutMapping("/fail")
public Result examineFail(@Valid @RequestBody ExamineUpdate param, @CurrentUser CurrentLoginUser currentLoginUser) {
        if (Objects.isNull(param.getId())) {
            return Result.error("ID不能為空 ");
        }
        if (StrUtil.isEmpty(param.getAdvice())) {
            return Result.error(" 審核失敗，失敗原因不能為空 !");
        }
        param.setUsername(currentLoginUser.getUsername());
        param.setExamineStatus(AuditStatusEnum.REJECT.getCode());
        param.setFinishTime(LocalDateTime.now());
        examineService.examineUpdate(param);
        return Result.success();
}
```

　　修改 ExamineUpdate 類別中的屬性，只保留使用的部分，程式如下：

```
// 第13章 /library/library-system/ExamineUpdate.java
@Data
public class ExamineUpdate implements Serializable {
    @TableField(exist = false)
    private static final long serialVersionUID = 288367184047783521L;
```

```java
    /**
     * 主鍵
     */
    private Integer id;
    /**
     * 審核人
     */
    private String username;
    /**
     * 狀態，預設為0，0：審核中； 1：審核透過； 2：審核不通過
     */
    private Integer examineStatus;
    /**
     * 審核意見
     */
    private String advice;
    /**
     * 審核完成時間
     */
    @JsonFormat(pattern = "yyyy-MM-dd HH:mm:ss")
    private LocalDateTime finishTime;
}
```

接下來實現更新審核狀態的介面，當審核員審核透過後會先更新審核資料表的狀態，然後去更新公告或圖書歸還中的狀態，由於目前還沒有完成通知公告和圖書歸還功能，所以在這裡先寫個更新的框架，等其餘程式功能完成後再來補充，程式如下：

```java
// 第13章 /library/library-system/ExamineServiceImpl.java
@Override
@Transactional(rollbackFor = Exception.class)
public boolean examineUpdate(ExamineUpdate examineUpdate) {
    Examine examine = examineStructMapper.updateToExamine(examineUpdate);
    updateById(examine);
    // 修改公告審核透過的狀態
    ExamineVO examineVO = queryById(examineUpdate.getId());
    switch (examineVO.getClassify()) {
        case 0:
        case 1:
        default:
            return false;
    }
}
```

3. 增加審核

在 ExamineService 類別中增加一個 insertExamine 增加審核的介面，供通知公告和圖書歸還提供增加審核的介面，並獲取相關資料，審核的初始狀態為審核中。修改 ExamineInsert 接收類別中的屬性，程式如下：

```java
// 第13章 /library/library-system/ExamineInsert.java
@Data
public class ExamineInsert implements Serializable {
    @TableField(exist = false)
    private static final long serialVersionUID = -30258139209697025L;
    /**
     * 審核標題
     */
    private String title;
    /**
     * 審核內容
     */
    private String content;
    /**
     * 提交審核人
     */
    private String submitUsername;
    /**
     * 模組內容 id
     */
    private Integer classifyId;
}
```

然後實現 insertExamine 介面的相關功能，程式如下：

```java
// 第13章 /library/library-system/ExamineServiceImpl.java
@Override
public boolean insertExamine(ExamineInsert examineInsert, ClassifyEnum classifyEnum) {
    Examine examine = examineStructMapper.insertToExamine(examineInsert);
    examine.setExamineStatus(AuditStatusEnum.REVIEWING.getCode());
    examine.setClassify(classifyEnum.getCode());
    save(examine);
    return true;
}
```

13.2.3 功能測試

審核功能的相關測試需要結合公告或其他實際資料進行測試，這裡先對介面文件進行維護，開啟 Apifox 介面文件，在根目錄下建立一個審核管理子目錄，先來建立一個通知公告分頁查詢的列表，然後啟動專案，點擊「執行」按鈕，進行介面請求。由於還沒有增加審核記錄，所以目前先保證介面可以正常存取，如圖 13-6 所示。

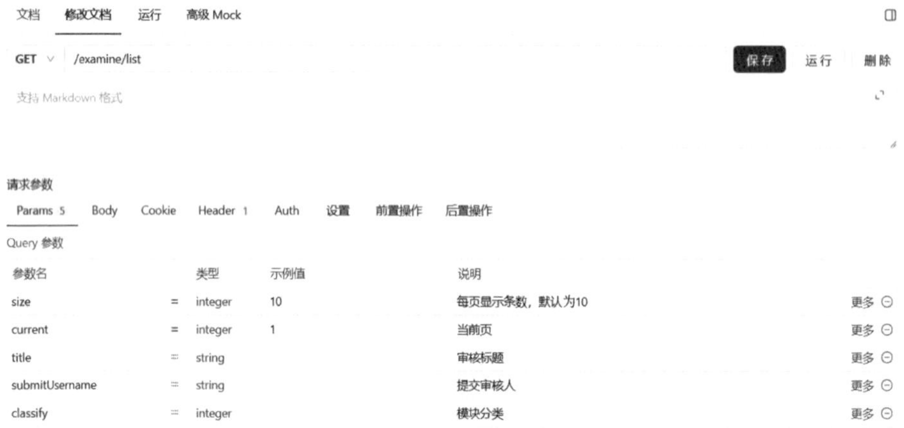

▲ 圖 13-6 通知公告審核分頁列表

圖書歸還的審核分頁清單和通知審核介面基本一致，只是換了介面的位址，請求參數保持不變，如圖 13-7 所示。

▲ 圖 13-7 圖書歸還審核分頁列表

接下來，增加審核成功和審核失敗的介面文件，通知公告和圖書歸還的審核共用這兩個審核介面，同時只需傳遞審核記錄的 ID 和審核建議。這裡先不進行該介面的測試，後面會和通知公告聯合測試，審核成功與失敗的介面文件如圖 13-8 和圖 13-9 所示。

▲圖 13-8 審核透過

▲圖 13-9 審核失敗

最後還有刪除審核記錄和根據審核 id 查詢該審核記錄這兩個介面文件，這裡不再展示，可以在本書的書附資源中獲取。

13.3 通知公告功能實現

通知功能用於由管理員向使用者推送公告通知和圖書歸還相關通知等，並需要相關的人員進行審核，確保資訊的準確性和可讀性。

13.3.1 公告資料表設計並建立

在專案db目錄下的init.sql檔案中增加通知公告資料表的SQL建資料表語句，並在資料庫中執行該敘述完成資料表的增加，SQL程式如下：

```sql
// 第13章 /library/db/init.sql
DROP TABLE IF EXISTS `lib_notice`;
CREATE TABLE `lib_notice`
(
    `id`              INT             NOT NULL PRIMARY KEY AUTO_INCREMENT COMMENT '主鍵',
    `notice_title`    VARCHAR(255) NOT NULL COMMENT '公告標題',
    `notice_type`     int             NOT NULL DEFAULT 0 COMMENT '公告類型，預設為 0, 0: 通知公告； 1: 系統訊息',
    `notice_status`   int             NOT NULL DEFAULT 0 COMMENT '狀態，預設為0, 0:審核中; 1:審核透過； 2:審核不通過； 3:定時發佈； 4:取消定時； 5: 發送成功； 6: 發送失敗',
    `open`            int             NOT NULL DEFAULT 0 COMMENT '是否公開，預設為0, 0:公開； 1:不公開',
    `notice_content`  text NULL COMMENT '公告內容',
    `user_name`       VARCHAR(128) NOT NULL COMMENT '建立者',
    `user_id`         INT NULL        COMMENT '使用者id',
    `result`          VARCHAR(255)    DEFAULT NULL COMMENT '審核意見',
    `create_time`     DATETIME NULL DEFAULT CURRENT_TIMESTAMP COMMENT '建立時間',
    `finish_time`     DATETIME NULL DEFAULT NULL COMMENT '審核完成時間',
    `send_time`       DATETIME        DEFAULT NULL COMMENT '定時發送時間'
) ENGINE = InnoDB CHARACTER SET = utf8mb4 COLLATE = utf8mb4_general_ciROW_FORMAT = Dynamic
    COMMENT='通知公告資料表';
```

13.3.2 公告功能程式實現

開啟IDEA工具，使用EasyCode程式生成工具生成通知公告基礎程式，程式存放在library-system子模組中，如圖13-10所示。

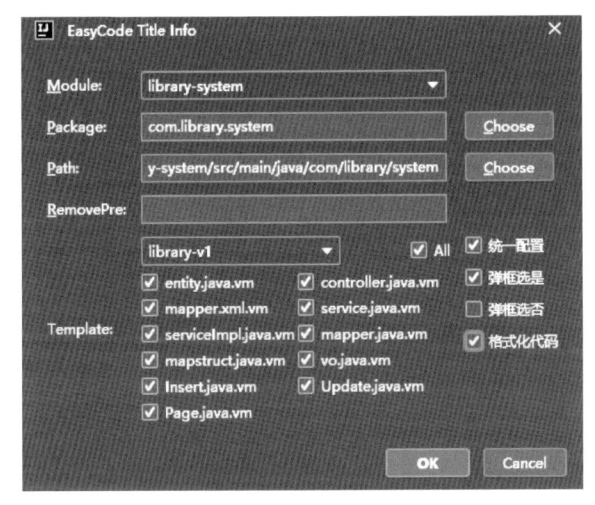

▲ 圖 13-10 生成通知公告基礎程式

將通知功能列表查詢的請求參數設為功能標題、公告類型、狀態和使用者 id，NoticePage 分頁查詢類別只保留這 4 個查詢參數，其餘的屬性都刪除，程式如下：

```java
// 第13章 /library/library-system/NoticePage.java
@Data
public class NoticePage extends BasePage implements Serializable {
    @TableField(exist = false)
    private static final long serialVersionUID = -78575331041759482L;
    /**
     * 公告標題
     */
    private String noticeTitle;
    /**
     * 公告類型，預設為0, 0：公告； 1： 通知； 2： 提醒
     */
    private Integer noticeType;
    /**
     * 狀態，預設為0, 0:審核中； 1:審核透過； 2:審核不通過； 3:定時發佈； 4:取消定時
     */
    private Integer noticeStatus;
    /**
     * 使用者 id
     */
    private Integer userId;
}
```

在 NoticeController 類別中，修改 queryByPage 方法，在方法的接收參數中增加獲取當前使用者資訊的註解。在通知公告的列表中，由於普通使用者可以查看自己的系統訊息，所以公告清單需要根據使用者的不同許可權展示不同的資料，程式如下：

```java
// 第 13 章 /library/library-system/NoticeController.java
    @GetMapping("/list")
public Result<IPage<NoticeVO>> queryByPage(@CurrentUser CurrentLoginUser currentLoginUser, @Valid NoticePage page) {
    List<Integer> roleIds = currentLoginUser.getRoleIds();
    if (roleIds.contains(RoleTypeEnum.SUPER_ADMIN.getCode()) || roleIds.contains(RoleTypeEnum.LIBRARY_ADMIN.getCode())) {
        page.setUserId(null);
    } else {
        page.setUserId(currentLoginUser.getUserId());
    }
    return Result.success(noticeService.queryByPage(page));
}
```

接下來實現通知公告列表的 queryByPage 實現類別，對查詢準則進行判斷，如果不為空，則為列表所展示的查詢準則，程式如下：

```java
// 第 13 章 /library/library-system/NoticeServiceImpl.java
@Override
public IPage<NoticeVO> queryByPage(NoticePage page) {
    // 查詢準則
    LambdaQueryWrapper<Notice> queryWrapper = new LambdaQueryWrapper<>();
    if (page.getNoticeStatus() != null) {
        queryWrapper.eq(Notice::getNoticeStatus, page.getNoticeStatus());
    }
    if (StrUtil.isNotEmpty(page.getNoticeTitle())) {
        queryWrapper.like(Notice::getNoticeTitle, page.getNoticeTitle());
    }
    if (page.getNoticeType() != null) {
        queryWrapper.eq(Notice::getNoticeType, page.getNoticeType());
    }
    if (page.getUserId() != null) {
        queryWrapper.eq(Notice::getUserId, page.getUserId());
    }
    // 查詢分頁資料
    Page<Notice> noticePage = new Page<Notice>(page.getCurrent(), page.getSize());
    IPage<Notice> pageData = baseMapper.selectPage(noticePage, queryWrapper);
    // 轉換成 VO
```

```
    IPage<NoticeVO> records = PageCovertUtil.pageVoCovert(pageData, NoticeVO.class);
    return records;
}
```

13.3.3 定時發佈公告

在文章或通告發佈時，通常會提供一個定時功能來發佈相關內容，定時的主要功能是在未來的某個時間發佈相關資訊，接下來在專案中整合定時功能。

1. 任務排程配置

在 library-system 子模組的 config 套件中建立一個 TaskSchedulerConfig 任務排程配置類別，並使用 @Configuration 和 @EnableScheduling 註解來告訴 Spring 容器，這個類別是一個配置類別，並且啟用了任務排程功能。

在這個類別中，首先透過 Runtime.getRuntime().availableProcessors() 方法獲取當前系統的 CPU 核心數，並將結果值設定給變數 cpus，然後透過 @Bean 註解宣告一個名為 threadPoolTaskScheduler 的 ThreadPoolTaskScheduler 類型的 bean，用於管理任務排程。透過 @Bean 註解宣告一個名為 threadPoolTaskScheduler 的 ThreadPoolTaskScheduler 類型的 bean，用於管理任務排程。

在 threadPoolTaskScheduler 方法的內部建立一個 ThreadPoolTaskScheduler 實例，並進行一系列設置，其中，setPoolSize(cpus) 方法用於設置執行緒池的大小，使用之前獲取的 CPU 核心數；setThreadNamePrefix("TaskScheduler-") 方法用於將執行緒名稱的首碼設置為 TaskScheduler-；setAwaitTerminationSeconds(60) 方法用於設置等待終止的時間，即在關閉應用程式時等待任務完成的最長時間；最後，呼叫 initialize() 方法初始化任務排程器，程式如下：

```java
// 第 13 章 /library/library-system/TaskSchedulerConfig.java
@Configuration
@EnableScheduling
public class TaskSchedulerConfig {
    private final int cpus = Runtime.getRuntime().availableProcessors();
    @Bean
    public ThreadPoolTaskScheduler threadPoolTaskScheduler() {
        ThreadPoolTaskScheduler taskScheduler = new ThreadPoolTaskScheduler();
        // 根據需要進行相關設置
        // 設置執行緒池大小
```

```
            taskScheduler.setPoolSize(cpus);
            // 設置執行緒名稱首碼
            taskScheduler.setThreadNamePrefix("TaskScheduler-");
            taskScheduler.setAwaitTerminationSeconds(60);
            // 初始化任務排程器
            taskScheduler.initialize();
            return taskScheduler;
        }
    }
```

2. 定時任務排程

首先在通知公告程式模組中建立一個 task 套件，然後在套件中建立一個 NoticeScheduler 任務排程器類別，用於定時發送公告，接下來實現該類別的相關程式。

首先，定義一個 NoticeTaskSenderJson 類別，這是任務處理類別，用於實現 Runnable 介面，這樣便可作為執行緒執行器，其任務主要分為兩部分：查詢該公告是否為定時發送狀態，如果是，則將狀態更新為已發送成功；如果不是，則將狀態更新為發送失敗，並將原因設置為審核逾時或審核失敗，程式如下：

```
// 第13章 /library/library-system/NoticeTaskSender.java
public static class NoticeTaskSender implements Runnable {
    private final Notice notice;
    private final NoticeService noticeService;
    public NoticeTaskSender(Notice notice, NoticeService noticeService) {
        this.notice = notice;
        this.noticeService = noticeService;
    }
    @Override
    public void run() {
        // 到了發佈時間，進行發佈處理
        Notice nc = noticeService.getById(notice.getId());
        if (AuditStatusEnum.TIME_SEND.getCode().equals(nc.getNoticeStatus())) {
            nc.setNoticeStatus(AuditStatusEnum.SEND_SUCCESS.getCode());
        } else {
            nc.setNoticeStatus(AuditStatusEnum.SEND_FAIL.getCode());
            nc.setResult(" 審核逾時或審核失敗 ");
        }
        noticeService.updateById(nc);
    }
}
```

其次，定義一個 scheduleArticle 方法，並在該方法上增加 @PostConstruct 註解，用於專案啟動時要執行該方法。在方法中透過呼叫 NoticeService 中的 getNoticeSendTime 方法獲取狀態為定時發送狀態的公告清單，並使用執行緒池任務排程器 ThreadPoolTaskScheduler 將任務加入等待執行的任務佇列中，到達指定時間後再執行具體的發送操作，程式如下：

```java
// 第13章 /library/library-system/NoticeScheduler.java
@PostConstruct
public void scheduleArticle() {
    // 查詢狀態為定時發送狀態的公告清單
    List<Notice> noticeSendTimes = noticeService.getNoticeSendTime();
    try {
        if (CollUtil.isNotEmpty(noticeSendTimes)) {
            noticeSendTimes.forEach(s -> {
                threadPoolTaskScheduler.schedule(new NoticeTaskSenderJson(s, noticeService),
Date.from(s.getSendTime().atZone(ZoneId.systemDefault()).toInstant())); 
            });
        }
        log.info("定時發送狀態的公告清單加入任務排程載入完成！");
    } catch (Exception e) {
        log.error("定時發送狀態的公告加入任務排程載入失敗：", e);
    }
}
```

首先在 NoticeService 類別中定義一個 getNoticeSendTime 介面，然後只查詢公告為定時發送的狀態，程式如下：

```java
// 第13章 /library/library-system/NoticeServiceImpl.java
@Override
public List<Notice> getNoticeSendTime() {
    return lambdaQuery().eq(Notice::getNoticeStatus, AuditStatusEnum.TIME_SEND.getCode()).list();
}
```

3. 增加公告

在 NoticeController 類別的 insert 增加公告方法中修改相關程式，首先使用 @CurrentUser 註解獲取當前登入的使用者資訊，同時將修改公告的功能也整合到 insert 方法中。接著在方法中先來檢查一下接收的參數，如果是定時發佈功能，則使用 Duration 類別判斷發送時間與當前時間是否相差 10min 以上；如果在 10min 以內，則不能定時發佈資訊，否則可以正常發送定時資訊，程式如下：

```java
// 第 13 章 /library/library-system/NoticeController.java
@PostMapping("/insert")
public Result insert(@Valid @RequestBody NoticeInsert param, @CurrentUser CurrentLoginUser currentLoginUser) {
    String s = checkParam(param);
    if (s != null) {
        return Result.error(s);
    }
    param.setUserName(currentLoginUser.getUsername());
    param.setUserId(currentLoginUser.getUserId());
    noticeService.insertOrUpdate(param);
    return Result.success();
}
private String checkParam(NoticeInsert insert) {
    if (insert.getSendTime() != null) {
        LocalDateTime currentTime = LocalDateTime.now();
        Duration duration = Duration.between(currentTime, insert.getSendTime());
        if (duration.toMinutes() < 10) {
            return "當前選擇的發佈時間在 10min 以內，不能定時發佈，請重新修改發佈時間！";
        }
    }
    return null;
}
```

在 insert 實現類別中對通知公告進行審核，系統訊息的公告不需要審核。在提交審核後判斷是否為定時公告，如果是定時公告，則需要將公告增加到定時任務排程器中，等待公告的發佈，程式如下：

```java
// 第 13 章 /library/library-system/NoticeServiceImpl.java
@Override
public boolean insertOrUpdate(NoticeInsert noticeInsert) {
    Notice notice = noticeStructMapper.insertToNotice(noticeInsert);
    if (noticeInsert.getId() != null) {
        // 只有審核失敗的公告才能修改
        updateById(notice);
    } else {
        save(notice);
    }
    // 提交審核公告
    if (Objects.equals(notice.getNoticeType(), ClassifyEnum.NOTICE.getCode())) {
        noticeExamine(notice, ClassifyEnum.NOTICE);
    }
```

```
    if (notice.getSendTime() != null) {
        taskScheduler.schedule(new NoticeScheduler.NoticeTaskSenderJson(notice, this),
Date.from(notice.getSendTime().atZone(ZoneId.systemDefault()).toInstant()));
    }
        return true;
}
```

從上述程式可知，公告是透過 noticeExamine 方法提交審核的，接下來定義一個 noticeExamine 方法，然後在注入 ExamineService 時需要注意循環相依問題，只需在注入該類別時增加 @Lazy 註解介面，程式如下：

```
// 第13章/library/library-system/NoticeServiceImpl.java
private void noticeExamine(Notice notice, ClassifyEnum classifyEnum) {
    ExamineInsert examineInsert = new ExamineInsert();
    examineInsert.setTitle(notice.getNoticeTitle());
    examineInsert.setContent(notice.getNoticeContent());
    examineInsert.setClassifyId(notice.getId());
    examineInsert.setSubmitUsername(notice.getUserName());
    examineService.insertExamine(examineInsert, classifyEnum);
    log.info("通知公告已提交審核，審核標題：{}", notice.getNoticeTitle());
}
```

4. 取消定時公告

有了定時發佈公告功能，現在還需要有取消公告定時的功能，但在公告下發前的 10min 內不允許取消定時發佈。在 NoticeController 類別中增加一個 cancelNoticeTime 取消定時的方法，程式如下：

```
// 第13章/library/library-system/NoticeController.java
@PostMapping("/cancel/{id}")
public Result cancelNoticeTime(@PathVariable("id") Integer id) {
    NoticeVO vo = noticeService.queryById(id);
    if (vo != null) {
        LocalDateTime currentTile = LocalDateTime.now();
        if (currentTile.isAfter(vo.getSendTime().minusMinutes(10))) {
            return Result.error("當前公告定時任務已不支援取消！");
        }
    }
    noticeService.cancelNoticeTime(id);
    return Result.success();
}
```

然後完成取消定時 cancelNoticeTime 介面實現類別，如果是已經審核過的定時公告，則在取消定時後會直接發佈該公告，程式如下：

```java
// 第13章 /library/library-system/NoticeServiceImpl.java
@Override
public void cancelNoticeTime(Integer id) {
    Notice notice = getById(id);
    if (notice.getSendTime() != null) {
        if (AuditStatusEnum.TIME_SEND.getCode().equals(notice.getNoticeStatus())) {
            notice.setNoticeStatus(AuditStatusEnum.SEND_SUCCESS.getCode());
        } else {
            notice.setNoticeStatus(AuditStatusEnum.CANCEL_TIME.getCode());
        }
    }
    baseMapper.updateById(notice);
    log.info("取消定時成功，公告id為{}", id);
}
```

5. 審核修改狀態

當提交或修改公告後會將審核提交到平臺中，當審核透過或不通過後，需要修改更改公告的審核狀態。

首先，在通知公告的 NoticeService 中增加一個修改狀態的介面，共接收 3 個參數，包括公告 ID、審核狀態列舉和審核結果，程式如下：

```java
/**
 * 審核修改公告狀態
 * @param id 公告 ID
 * @param statusEnum 審核狀態
 * @param result 結果
 */
void updateNoticeStatus(Integer id, AuditStatusEnum statusEnum, String result);
```

然後實現該介面的相關功能，先根據公告的 id 從資料庫中查詢出公告的相關資訊，查詢的公告資訊此時的狀態是審核中。接下來判斷公告的審核結果，如果審核結果是審核透過，則再來判斷該公告是否為定時發送，其中如果是定時發佈，則需要將狀態更改為定時發送，等待到達設定的時間進行發佈；否則直接更改為發佈成功。如果審核結果是審核不通過，則直接採用頁面傳來的狀態，最後增加審核的結果，程式如下：

```java
// 第 13 章 /library/library-system/NoticeServiceImpl.java
@Override
public void updateNoticeStatus(Integer id, AuditStatusEnum statusEnum, String result) {
    Notice notice = getById(id);
    if (notice != null) {
        if (AuditStatusEnum.AUDIT_SUCCESS.getCode().equals(statusEnum.getCode())) {
            if (notice.getSendTime() != null) {
                notice.setNoticeStatus(AuditStatusEnum.TIME_SEND.getCode());
            } else {
                notice.setNoticeStatus(AuditStatusEnum.SEND_SUCCESS.getCode());
            }
        } else {
            notice.setNoticeStatus(statusEnum.getCode());
        }
        notice.setResult(result);
        notice.setFinishTime(LocalDateTime.now());
        updateById(notice);
    }
}
```

接下來，在審核的 ExamineServiceImpl 實現類別中修改 examineUpdate 方法，在 case 1 中呼叫公告的 updateNoticeStatus 方法，修改審核過後的結果，程式如下：

```java
// 第 13 章 /library/library-system/ExamineServiceImpl.java
@Override
@Transactional(rollbackFor = Exception.class)
public boolean examineUpdate(ExamineUpdate examineUpdate) {
    Examine examine = examineStructMapper.updateToExamine(examineUpdate);
    updateById(examine);
    // 修改公告審核透過的狀態
    ExamineVO examineVO = queryById(examineUpdate.getId());
    switch (examineVO.getClassify()) {
        case 0:
        case 1:
            if (AuditStatusEnum.AUDIT_SUCCESS.getCode().equals(examineVO.getExamineStatus())) {
                noticeService.updateNoticeStatus(examineVO.getClassifyId(), AuditStatusEnum.AUDIT_SUCCESS, examineVO.getAdvice());
            } else {
                noticeService.updateNoticeStatus(examineVO.getClassifyId(), AuditStatusEnum.REJECT, examineVO.getAdvice());
            }
            break;
        default:
            return false;
    }
```

```
    return true;
}
```

13.3.4 功能測試

通知公告的相關功能開發基本完成，接下來需要增加介面文件進行測試。

1. 通知公告列表

開啟 Apifox 介面文件，在系統工具中增加一個公告管理的子目錄，先來增加一個公告分頁查詢的介面，並在 Params 中設置公告標題、公告類型和狀態作為清單的查詢準則。首先啟動專案，然後請求該介面，查看介面是否可以正常存取，如圖 13-11 所示。

▲圖 13-11 通知公告分頁查詢介面文件

2. 發佈通知公告 (無定時)

接下來測試發佈公告，在公告管理目錄中增加一個增加公告的介面，然後使用 POST 請求，並以 JSON 的格式將參數傳遞給後端介面，如圖 13-12 所示。

▲ 圖 13-12　增加通知公告介面文件

先登入系統，然後獲取 Token，並修改介面文件中的全域變數的 Token 值，接著在增加公告介面中填寫相關公告資訊，最後點擊「發送」按鈕，請求增加介面。在公告儲存成功後會被提交並進行審核，只有審核透過才能發佈成功，然後使用者才能看到發佈過的公告資訊，如圖 13-13 所示。

▲ 圖 13-13　增加公告

增加公告介面請求成功後，這時資料庫的通知公告資料表中會有該公告的相關記錄，其中 notice_status 公告的狀態為 0(審核中) 狀態碼。同時公告也已經提交審核了，在審核資料表中也會有該公告的相關資訊。

接下來，請求審核透過的介面，其介面參數 id 為資料表中審核記錄的 id，審核意見為審核透過，如圖 13-14 所示。

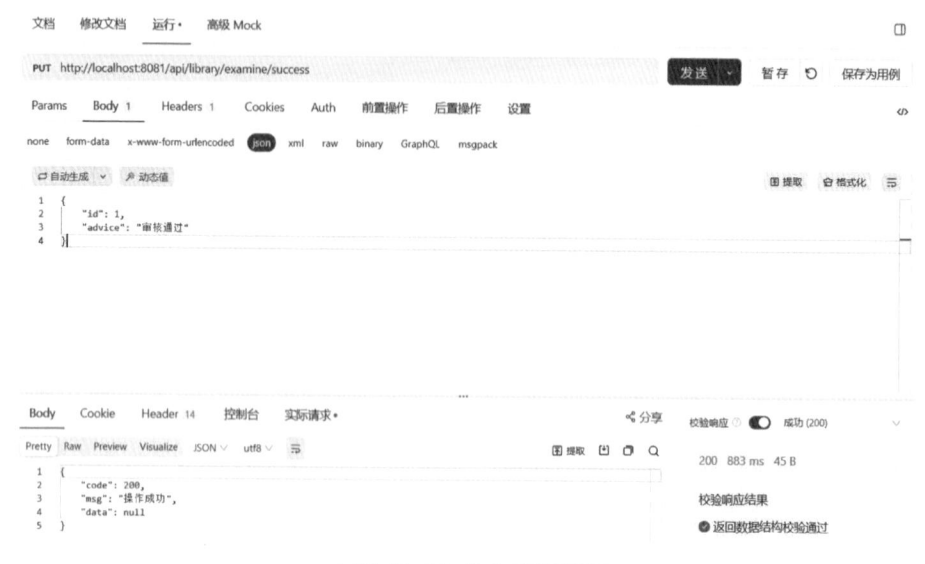

▲ 圖 13-14　公告審核透過

在審核透過後，該公告資料表中的狀態變成了 5(發佈成功) 狀態碼，說明公告已經發佈成功了。審核失敗的介面這裡不再測試，可根據本書書附資源自行測試。

3. 發佈通知公告 (定時)

下面測試定時發佈通知公告流程，目前專案中設置的定時時間，最少要在當前時間的 10min 後發佈。在測試時可根據自己的實際情況適當地調整時間，方便測試。舉例來說，筆者將時間限制調整到了 3min，以便節省測試時間。

接下來，在增加公告的介面文件中填寫公告相關資訊，在 sendTime 欄位需要填寫正確的時間格式，然後點擊「發送」按鈕，請求該介面，如圖 13-15 所示。

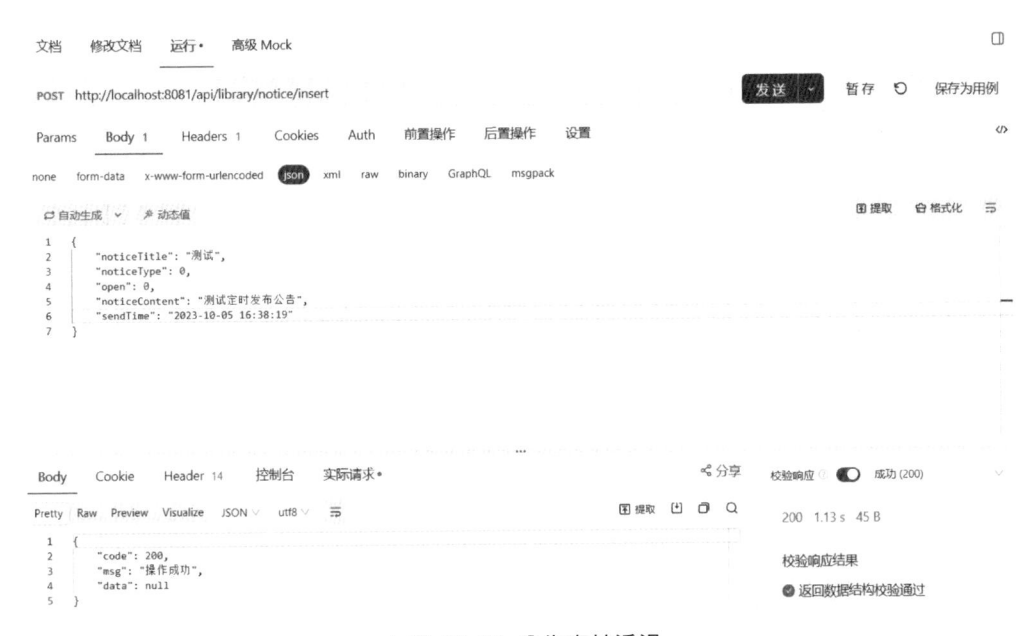

▲ 圖 13-15 公告審核透過

　　增加完成後，如果不對其進行審核，則此時公告的狀態應該為發佈失敗。對當前增加的公告進行審核，審核透過後再查看公告資料表中的記錄會發現公告狀態欄位為 3(定時發佈) 狀態碼，說明還沒到該公告設置的發佈時間。等到設置的發佈時間，再次查看公告資料表中的狀態會發現狀態碼變為 5，說明到了發佈時間後，狀態已經變為發佈成功。

4. 取消定時發佈

　　在定時公告建立成功後，如果不想定時發佈，例如需要立即發佈，則可直接取消定時發佈公告。首先在公告管理中增加一個取消定時的介面，然後建立一個定時的公告，並審核透過，接著請求取消定時介面，並查看公告資料表中的狀態是否變為發佈成功的狀態，如圖 13-16 所示。

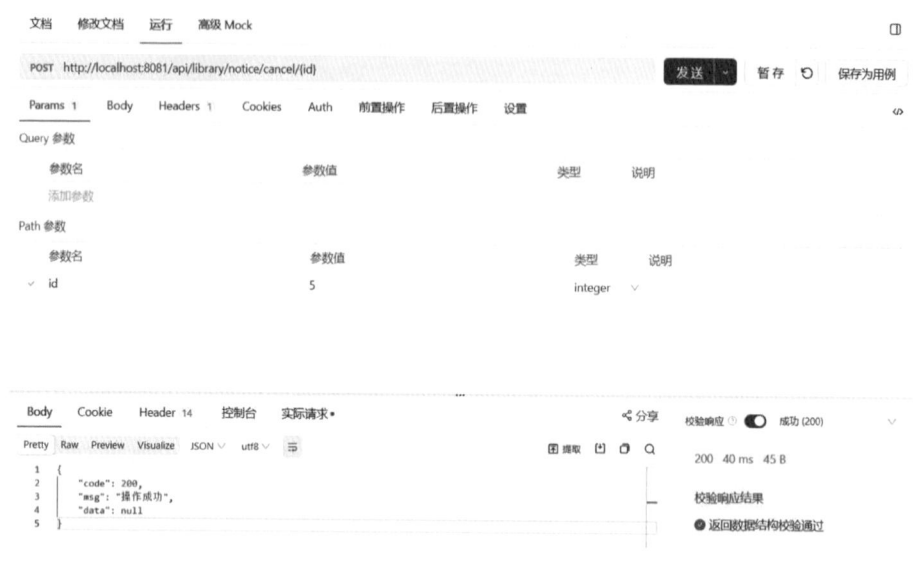

▲ 圖 13-16 取消定時公告

本章小結

本章實現了專案的操作日誌相關功能，進一步監控專案的相關操作和安全性。同時還實現了系統的通知公告的發佈和審核相關功能的開發，可以更進一步地提高系統的使用體驗。

第 14 章

圖書管理系統功能實現

本章主要實現圖書管理的相關功能，包括圖書分類、圖書管理及借閱管理等功能。在本專案中，以提供一種高效、現代化的方式來管理圖書資源、改善使用者體驗和提供更廣泛的服務，並結合實際的圖書管理需求和相關基礎功能，以此來完成一個全功能的圖書管理系統。

14.1 圖書分類功能實現

圖書分類功能是圖書管理系統中的重要組成部分，它允許圖書根據特定的分類標準進行組織和檢索，以便使用者更容易找到他們感興趣的圖書。分類功能主要採用層級分類的方式，可以實現多級分類展示，讓使用者可以逐級展開瀏覽分類結構，以便更加細緻地找到所需的圖書分類。

14.1.1 圖書分類資料表設計並建立

在專案db目錄下的init.sql檔案中增加圖書分類資料表的SQL建資料表語句，並在資料庫中執行該敘述以完成資料表的增加，SQL程式如下：

```sql
// 第 14 章 /library/db/init.sql
DROP TABLE IF EXISTS `lib_book_type`;
CREATE TABLE `lib_book_type`
(
    `id`         INT          NOT NULL AUTO_INCREMENT COMMENT '主鍵',
    `title`      VARCHAR(255) NOT NULL COMMENT '分類名稱',
    `username`   VARCHAR(50)  DEFAULT NULL COMMENT '建立者',
    `parent_id`  int(11) NULL DEFAULT 0 COMMENT '父類別 ID',
    `order_no`   int(11) NULL DEFAULT 0 COMMENT '排序，越小越靠前',
```

```
    `description`   text               DEFAULT NULL COMMENT '分類描述',
    `create_time`   DATETIME NULL DEFAULT CURRENT_TIMESTAMP COMMENT '建立時間',
    PRIMARY KEY (`id`) USING BTREE
) ENGINE = InnoDB CHARACTER SET = utf8mb4 COLLATE = utf8mb4_general_ciROW_FORMAT = Dynamic
    COMMENT='圖書分類資料表';
```

14.1.2 分類功能程式實現

開啟 IDEA 工具，使用 EasyCode 程式生成工具生成圖書分類的基礎程式，程式存放在 library-admin 子模組中，如圖 14-1 所示。

▲圖 14-1 生成圖書分類基礎程式

首先，修改圖書分類的分頁查詢清單的介面，改為不分頁查詢，因為圖書分類在前端的展示為樹形，所以無須分頁列表。開啟 BookTypeController 類別，將 queryByPage 方法改為 getList，並去掉分頁的傳回格式，程式如下：

```
// 第 14 章 /library/library-admin/BookTypeController.java
@GetMapping("/list")
public Result<List<BookType>> getList() {
    return Result.success(bookTypeService.bookTypeList());
}
```

修改 BookTypeService 介面類別的分頁查詢方法，程式如下：

```
/**
 * 獲取全部資料
```

```
 */
List<BookType> bookTypeList();
```

完成 bookTypeList 介面的實現後，只需使用 MyBatis-Plus 中的 selectList 查詢方法進行批次查詢，程式如下：

```
// 第14章 /library/library-admin/BookTypeServiceImpl.java
@Override
public List<BookType> bookTypeList() {
    List<BookType> list = baseMapper.selectList(new QueryWrapper<>());
    return list;
}
```

接下來完善增加圖書分類的介面，在 BookTypeController 類別中修改 insert 方法，在方法的接收參數中增加獲取使用者資訊的註解，然後獲取使用者名稱並賦值給 BookTypeInsert 物件，程式如下：

```
// 第14章 /library/library-admin/BookTypeController.java
@PostMapping("/insert")
public Result insert(@Valid @RequestBody BookTypeInsert param, @CurrentUser
CurrentLoginUser currentLoginUser) {
    param.setUsername(currentLoginUser.getUsername());
    bookTypeService.insert(param);
    return Result.success();
}
```

再來完善 insert 的介面實現類別，分類的名稱要確保系統唯一，在增加分類時需要驗證名稱是否已存在，如果存在，則抛出分類名稱存在的例外資訊，程式如下：

```
// 第14章 /library/library-admin/BookTypeServiceImpl.java
@Override
public boolean insert(BookTypeInsert bookTypeInsert) {
    BookType bookType = bookTypeStructMapper.insertToBookType(bookTypeInsert);
    checkBookTypeName(bookType);
    save(bookType);
    return true;
}
private void checkBookTypeName(BookType bookType) {
    BookType type = lambdaQuery().eq(BookType::getTitle, bookType.getTitle())
            .select(BookType::getId)
            .last("limit 1")
            .one();
```

```
        if (type != null && !type.getId().equals(bookType.getId())) {
            throw new BaseException("該分類名稱已經存在,不能重複增加!");
        }
    }
```

在修改分類的實現方法中也要驗證分類名稱是否存在,這和增加操作一致,程式如下:

```
// 第 14 章 /library/library-admin/BookTypeServiceImpl.java
@Override
public boolean update(BookTypeUpdate bookTypeUpdate) {
    BookType bookType = bookTypeStructMapper.updateToBookType(bookTypeUpdate);
    checkBookTypeName(bookType);
    updateById(bookType);
    return true;
}
```

現在需要實現生成圖書分類樹的介面,首先在傳回 BookTypeVO 類別中增加一個子分類的清單屬性 children,程式如下:

```
/**
 * 子分類列表
 */
private List<BookTypeVO> children;
```

然後在 BookTypeController 類別中增加一個獲取分類樹的 getBookTypeTree 方法,返給前端一個 List 分類集合,在 BookTypeService 定義一個傳回分類樹的介面,程式如下:

```
// 第 14 章 /library/library-admin/BookTypeController.java
/**
 * 獲取圖書分類樹
 *
 * @return
 */
@GetMapping("/tree")
public Result<List<BookTypeVO>> getBookTypeTree() {
    List<BookTypeVO> bookTypeTree = bookTypeService.getBookTypeTree();
    return Result.success(bookTypeTree);
}
```

接下來,在 BookTypeServiceImpl 實現類別中實現 getBookTypeTree 方法,生成樹的業務程式和開發選單樹的程式基本一致。先獲取分類的全部資訊,接著遍歷查詢父節點的分類進行整合，然後查詢父節點下的子節點進行整合，最後拼成一個圖書分類展示的樹，程式如下：

```java
// 第 14 章 /library/library-admin/BookTypeServiceImpl.java
@Override
public List<BookTypeVO> getBookTypeTree() {
    List<BookType> list = list(new QueryWrapper<>());
    List<BookTypeVO> bookTypeVOS = bookTypeStructMapper.bookTypeToTypeListVO(list);
    List<BookTypeVO> bookTypes = buildBookTypeTree(bookTypeVOS);
    // 排序
    // 對子功能表排序
    if (CollUtil.isNotEmpty(bookTypes)) {
        bookTypes.forEach(m -> {
            if (CollUtil.isNotEmpty(m.getChildren())) {
                Collections.sort(m.getChildren(), Comparator.comparing(BookTypeVO::getOrderNo));
            }
        });
        // 對父選單排序
        Collections.sort(bookTypes, Comparator.comparing(BookTypeVO::getOrderNo));
    }
    return bookTypes;
}
public List<BookTypeVO> buildBookTypeTree(List<BookTypeVO> list) {
    List<BookTypeVO> topBookType = new ArrayList<>();
    if (CollUtil.isNotEmpty(list)) {
        // 首先找到所有頂層分類（parentId 為 null 或 0 的分類）
        for (BookTypeVO vo : list) {
            if (vo.getParentId() == null || vo.getParentId() == 0) {
                topBookType.add(vo);
            }
        }
        // 為頂層分類遞迴建構子分類樹
        for (BookTypeVO vo : topBookType) {
            childBookTypeTree(vo, list);
        }
    }
    return topBookType;
}
public void childBookTypeTree(BookTypeVO parentBookType, List<BookTypeVO> topList) {
    List<BookTypeVO> childBookType = new ArrayList<>();
    // 找到當前父分類的子分類
    for (BookTypeVO vo : topList) {
        if (vo.getParentId() != null && vo.getParentId().equals(parentBookType.getId())) {
```

```
            childBookType.add(vo);
        }
    }
    // 遞迴建構子分類樹
    for (BookTypeVO vo : childBookType) {
        childBookTypeTree(vo, topList);
    }
    // 將子分類列表設置到父分類中
    if (CollUtil.isNotEmpty(childBookType)) {
        parentBookType.setChildren(childBookType);
    }
}
```

14.1.3 功能測試

圖書分類的相關程式已開發完成，接下來測試相關請求介面，測試介面是否有明顯的 Bug 資訊。開啟 Apifox，在根目錄下新建一個名為圖書分類的子目錄，並在該目錄下增加一個增加圖書分類的介面，在介面的 Body 中設置參數，包括 title(分類名稱)、description(分類描述)、orderNo(排序號) 和 parentId(父類別 ID)，如果分類是最頂層的，則向父類別 Id 填寫 0 即可，如圖 14-2 所示。

▲圖 14-2 設計增加圖書分類介面文件

首先使用帳號登入系統，然後填寫分類的相關資訊，舉例來說，讀者建立了一個名為電腦資訊類別的分類，再將排序設置為 1，因為該分類為最頂層，所以將父類別 ID 設置為 0。接著點擊「發送」按鈕，請求增加圖書分類的介面，如圖 14-3 所示。

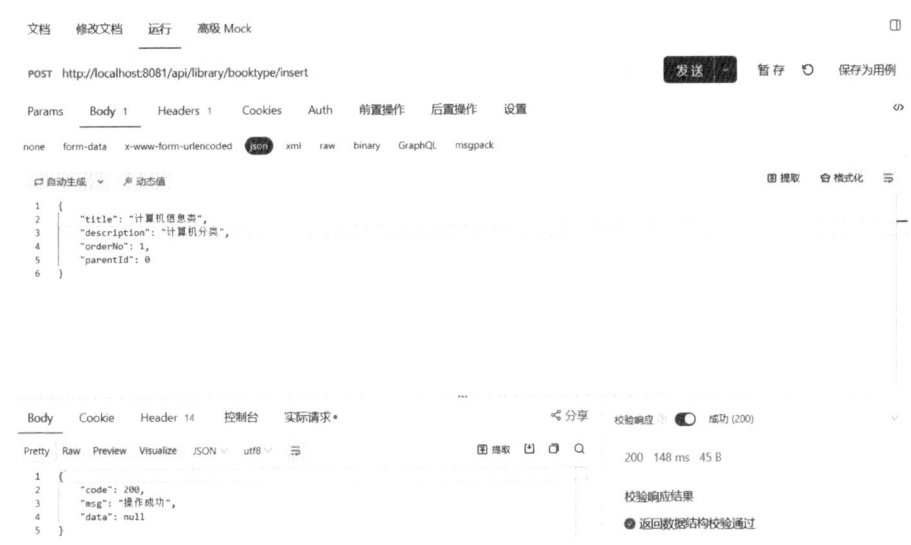

▲ 圖 14-3 增加圖書頂級父分類

電腦資訊類別增加完成後，接著建立一個該分類的子類別，這時父類別 ID 就要變為電腦資訊類別儲存在資料庫資料表中的 id，如圖 14-4 所示。

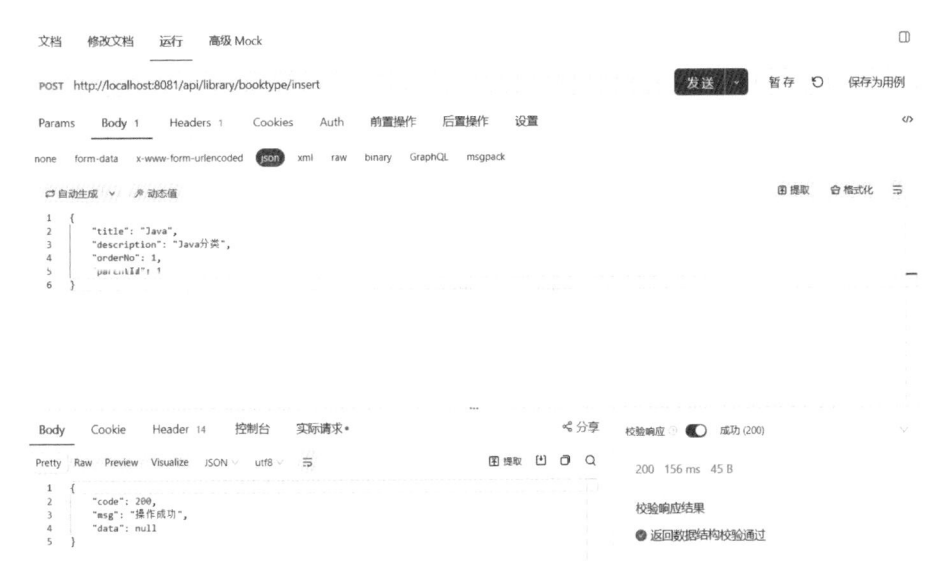

▲ 圖 14-4 增加圖書分類子分類

在圖書分類中增加一個查詢所有圖書分類清單的介面文件，該介面不需要傳任何參數，直接存取即可，如圖 14-5 所示。

▲ 圖 14-5 獲取圖書分類的所有資料

接著在圖書分類中增加一個獲取圖書分類樹的介面文件，在測試增加分類時已經增加了兩個父子結構的分類，接下來請求分類樹的介面，查看是否是以父子節點展示的資料，如圖 14-6 所示。

▲ 圖 14-6 獲取圖書分類樹

圖書分類的編輯、刪除和根據分類 ID 的介面文件這裡不再展示，介面文件可以在本書的書附資源中獲取。

14.2 圖書管理功能實現

圖書管理的存在主要是為了有效地管理和組織圖書資源，讀者可以便捷地查詢到所需的圖書，從而借閱和歸還圖書，提高了圖書借閱的效率和便利性。透過圖書管理，可以對圖書的借閱情況、流通情況等資料進行統計和分析，為圖書館的決策提供資料支援，包括採購決策、借閱規則調整等，提升圖書館的管理效率和服務品質。

14.2.1 圖書資料表設計並建立

在專案 db 目錄下的 init.sql 檔案中增加圖書資料表的 SQL 建資料表語句，並在資料庫中執行該敘述以完成資料表的增加，SQL 程式如下：

```sql
// 第 14 章 /library/db/init.sql
DROP TABLE IF EXISTS `lib_book`;
CREATE TABLE `lib_book`
(
    `id`                INT            NOT NULL PRIMARY KEY AUTO_INCREMENT COMMENT '圖書 id',
    `name`              VARCHAR(255)   NOT NULL COMMENT '圖書名稱',
    `author`            VARCHAR(50)    NOT NULL COMMENT '作者名稱',
    `publisher`         VARCHAR(100)   NOT NULL COMMENT '出版社',
    `isbn`              VARCHAR(50)    NOT NULL COMMENT '國際標準 ISBN 書號',
    `book_type`         INT            NOT NULL COMMENT '書籍分類 id',
    `quantity`          INT(11)        NOT NULL DEFAULT 0 COMMENT '總數量，預設為 0',
    `position`          VARCHAR(100)            DEFAULT NULL COMMENT '圖書位置',
    `description`       text                    DEFAULT NULL COMMENT '圖書描述',
    `username`          VARCHAR(50)             DEFAULT NULL COMMENT '建立者',
    `book_status`       INT            NOT NULL DEFAULT 0 COMMENT '圖書狀態,0:可借; 1:不可借',
    `del_flag`          tinyint UNSIGNED NOT NULL DEFAULT 0 COMMENT '邏輯刪除標識;1·刪除',
    `unit_price`        decimal(10, 2) NOT NULL COMMENT '單價',
    `book_img_url`      varchar(255)   NOT NULL COMMENT '圖書封面 URL',
    `borrowed_quantity` INT            UNSIGNED NOT NULL DEFAULT 0 COMMENT '被借閱數量',
    `create_time`       DATETIME       NULL DEFAULT CURRENT_TIMESTAMP COMMENT '建立時間',
    `update_time`       DATETIME       NOT NULL DEFAULT CURRENT_TIMESTAMP ON UPDATE CURRENT_TIMESTAMP COMMENT '修改時間',
    `remark`            VARCHAR(255)            DEFAULT NULL COMMENT '備註',
    INDEX               `book_name`(`name`) USING BTREE
) ENGINE = InnoDB CHARACTER SET = utf8mb4 COLLATE = utf8mb4_general_ciROW_FORMAT = Dynamic
    COMMENT='圖書資料表';
```

14.2.2 圖書功能程式實現

在 IDEA 開發工具中，使用 EasyCode 程式生成工具生成圖書管理的基礎程式，程式存放在 library-admin 子模組中，如圖 14-7 所示。

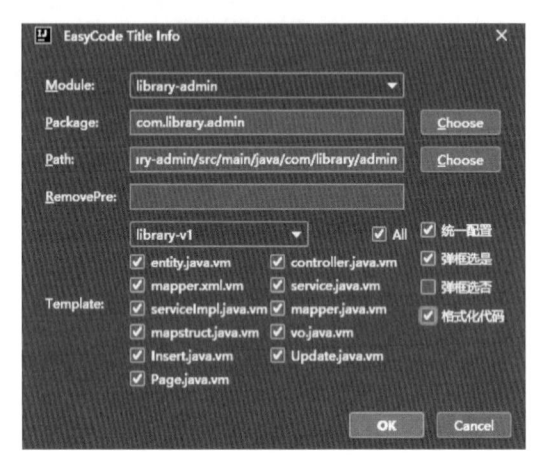

▲圖 14-7 生成圖書管理基礎程式

1. 圖書分頁查詢實現

圖書分頁查詢共設置了圖書名、作者名稱和書籍分類 3 個查詢準則，將 BookPage 類別中多餘的屬性去掉，僅保留這 3 個屬性即可，然後在 BookServiceImpl 實現類別中修改 queryByPage 分頁查詢的實現方法，增加這 3 個查詢準則，並根據建立時間排序，其中需要注意的是圖書管理做了假刪除操作，以及在頁面上點擊刪除圖書後並沒有在圖書的資料表中刪除，只是修改了該書資料表中的 del_flag 欄位的值，所以在查詢列表時，只需查詢 del_flag 為 0 的圖書，表示沒有被刪除，程式如下：

```
//第14章/library/library-admin/BookServiceImpl.java
@Override
public IPage<BookVO> queryByPage(BookPage page) {
    //查詢準則
    LambdaQueryWrapper<Book> queryWrapper = new LambdaQueryWrapper<>();
    if (StrUtil.isNotEmpty(page.getAuthor())) {
        queryWrapper.eq(Book::getAuthor, page.getAuthor());
    }
```

```
    if (StrUtil.isNotEmpty(page.getName())) {
        queryWrapper.like(Book::getName, page.getName());
    }
    if (page.getBookType() != null) {
        queryWrapper.eq(Book::getBookType, page.getBookType());
    }
    queryWrapper.orderByDesc(Book::getCreateTime);
    queryWrapper.eq(Book::getDelFlag, 0);
    //查詢分頁資料
    Page<Book> bookPage = new Page<Book>(page.getCurrent(), page.getSize());
    IPage<Book> pageData = baseMapper.selectPage(bookPage, queryWrapper);
    //轉換成 VO
    IPage<BookVO> records = PageCovertUtil.pageVoCovert(pageData, BookVO.class);
    return records;
}
```

2. 增加和修改圖書

　　首先在 BookController 類別中的 insert 方法的接收參數中增加獲取當前登入使用者的註解，然後將所獲取的使用者名稱賦值給 BookInsert 物件的 username 屬性，主要用來儲存哪個使用者建立的該圖書的資訊，程式如下：

```
//第14章/library/library-admin/BookController.java
@PostMapping("/insert")
public Result insert(@Valid @RequestBody BookInsert param, @CurrentUser
CurrentLoginUser currentLoginUser) {
    param.setUsername(currentLoginUser.getUsername());
    bookService.insert(param);
    return Result.success();
}
```

　　在實現 insert 方法的業務實現之前，需要向圖書資訊增加一個本地的快取，將圖書資訊存放在本地記憶體中，以減少對資料庫的操作。

　　(1) 首先在 BookServiceImpl 類別中增加一個存放圖書的 Map 集合，其中 Map 的 key 為圖書 ID，值 value 為圖書的物件資訊，程式如下：

```
/**
 * 快取
 * key: bookId
 * value: book
 */
Map<Integer, Book> bookMap = new LinkedHashMap<>();
```

(2) 在 BookService 介面類別中定義一個 init 介面，程式如下：

```
void init();
```

然後在 InitDataApplication 類別中呼叫該介面，即實現在專案啟動時執行該 init 的業務程式，程式如下：

```
// 第 14 章 /library/library-admin/InitDataApplication.java
private void init() {
    // 使用者快取初始化
    userService.init();
    // 圖書初始化
    bookService.init();
}
```

在 BookServiceImpl 實現 init 介面，將查詢出所有的圖書資訊，在不為空的情況下遍歷圖書資訊，加入 bookMap 快取中，以實現本地記憶體的儲存，程式如下：

```
// 第 14 章 /library/library-admin/BookServiceImpl.java
@Override
public void init() {
    List<Book> bookList = bookMapper.selectList(new QueryWrapper<>());
    try {
        if (CollUtil.isNotEmpty(bookList)) {
            for (Book book : bookList) {
                bookMap.put(book.getId(), book);
            }
        }
        log.info("圖書增加快取成功！");
    } catch (Exception e) {
        log.error("圖書增加快取失敗！", e);
    }
}
```

(3) 實現圖書的 insert 增加介面，首先根據圖書的 ISBN 書號查詢庫中的圖書，查看圖書是否存在被重複增加的情況，如果存在被重複增加的情況，則拋出錯誤資訊進行提示，程式如下：

```
// 第 14 章 /library/library-admin/BookServiceImpl.java
private void checkBookName(Book book) {
    Book one = lambdaQuery().eq(Book::getIsbn, book.getIsbn())
            .select(Book::getId)
```

```
                .last("limit 1")
                .one();
    if (one != null && !one.getId().equals(book.getId())) {
        throw new BaseException("該書籍已經存在,不能重複增加!");
    }
}
```

如果不存在需要被增加的圖書,則進行入庫操作,然後增加到 bookMap 快取中,程式如下:

```
// 第 14 章 /library/library-admin/BookServiceImpl.java
@Override
public boolean insert(BookInsert bookInsert) {
    Book book = bookStructMapper.insertToBook(bookInsert);
    checkBookName(book);
    save(book);
    bookMap.put(book.getId(), book);
    return true;
}
```

(4) 圖書的修改和增加一樣,先檢查修改後的圖書是否存在,如果驗證通過,則修改 bookMap 快取,程式如下:

```
// 第 14 章 /library/library-admin/BookServiceImpl.java
@Override
public boolean update(BookUpdate bookUpdate) {
    Book book = bookStructMapper.updateToBook(bookUpdate);
    checkBookName(book);
    updateById(book);
    bookMap.put(book.getId(), book);
    return true;
}
```

3. 刪除圖書

這裡圖書的刪除並不是實際意義上刪除資料表中的資料,而是採用邏輯刪除的方式,即只需修改該圖書記錄中的刪除標識,然後刪除本地快取中的圖書資訊,程式如下:

```
// 第 14 章 /library/library-admin/BookServiceImpl.java
@Override
public void deleteById(Integer id) {
    Book book = bookMap.get(id);
```

```
    book.setDelFlag((byte) 1);
    updateById(book);
    bookMap.remove(id);
}
```

在 resources 資原始目錄下的 mapper 中開啟 BookMapper.xml 檔案，然後修改 delFlag 欄位的 jdbcType 的類型，在 jdbc 中沒有 BYTE 的類型，將其改為 TINYINT 類型，程式如下：

```
<result property="delFlag" column="del_flag" jdbcType="TINYINT"/>
```

4. 獲取單筆圖書資訊

根據圖書 Id 獲取該圖書的相關資訊，先從本地快取中獲取，如果不存在，則從資料庫中查詢，然後根據查詢到的圖書，判斷是否為已刪除，如果已被刪除，則傳回值為 null，程式如下：

```java
// 第14章 /library/library-admin/BookServiceImpl.java
@Override
public BookVO queryById(Integer id) {
    Book book = bookMap.get(id);
    if (book == null) {
        book = baseMapper.selectById(id);
    }
    if (book != null) {
        if (book.getDelFlag() == 1) {
            return null;
        }
    }
    return bookStructMapper.bookToBookVO(book);
}
```

5. 圖書單價類型修改

在圖書的實體類別 Book 中可以看到 unitPrice 單價的類型為 Double，使用 Double 在後續的運算中可能會出現精度遺失的問題。現在將 Double 換成 BigDecimal 類別，它是 Java 中的類別，用於精確計算浮點數，在 Java 1.1 版本中就已經存在了。使用 BigDecimal 可以有效地解決精度遺失的問題，它提供了任意精度的浮點數運算，並且不會出現四捨五入或截斷的情況。

使用 BigDecimal 可以避免由於浮點數表示誤差而引起的計算錯誤，特別適用於財務計算等對精度要求較高的場景。同時，BigDecimal 還提供了豐富的方法進行加、減、乘、除、取絕對值、比較大小等操作。接下來將關於圖書單價的 Double 類型全部轉換成 BigDecimal 類別，程式如下：

```java
/**
 * 單價
 */
private BigDecimal unitPrice;
```

同時也將使用者的相關類別中的餘額 balance 的類型轉換成 BigDecimal 類別修飾，程式如下：

```java
/**
 * 餘額
 */
private BigDecimal balance;
```

6. 使用者帳號充值

目前有了逾期扣款的功能，那麼使用者的帳號餘額也應有對應的充值功能，接下來要完成使用者帳號充值功能，開啟 UserController 類別，增加一個充值的 setInvestMoney 介面方法，並增加驗證充值的金額不能為負數或 0，程式如下：

```java
// 第 14 章 /library/library-admin/UserController.java
@PostMapping("/invest/money")
public Result<?> investMoneyByUserId(@Valid @RequestBody UserUpdate param) {
    if (param.getBalance() != null) {
        if (param.getBalance().compareTo(BigDecimal.ZERO) == -1 ||
                param.getBalance().compareTo(BigDecimal.ZERO) == 0) {
            return Result.error("充值金額不能為 0 或負數 ");
        }
    }
    userService.setInvestMoney(param);
    return Result.success();
}
```

然後在 UserServiceImpl 的實現類別中實現 setInvestMoney 充值的業務介面，使用 BigDecimal 的 add 加法運算，對帳號餘額進行累加，程式如下：

```
// 第 14 章 /library/library-admin/UserServiceImpl.java
@Override
public void setInvestMoney(UserUpdate userUpdate) {
    User user = userMap.get(userUpdate.getId());
    BigDecimal decimal = user.getBalance().add(userUpdate.getBalance());
    user.setBalance(decimal);
    updateById(user);
    userMap.put(user.getId(), user);
}
```

14.2.3 功能測試

圖書的相關介面已基本完成，接下來測試圖書的相關功能，主要包括圖書的增、刪、改、查等介面的功能。

1. 增加圖書測試

開啟 Apifox 介面文件，首先在介面的根目錄下增加一個圖書管理的子目錄，然後建立一個增加圖書的介面，並在介面文件的 Body 中填寫增加圖書的相關欄位，如圖 14-8 所示。

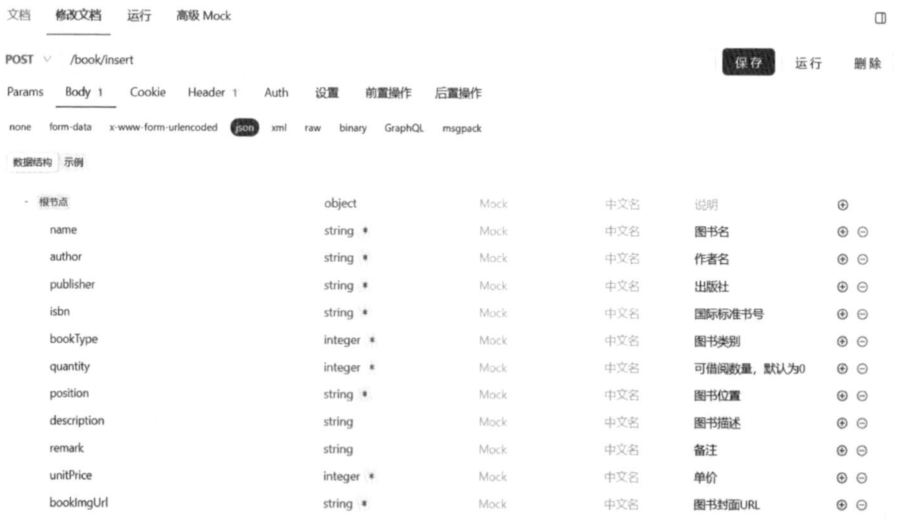

▲圖 14-8 增加圖書介面設計

在介面文件的執行欄中填寫圖書的相關資訊，然後點擊「發送」按鈕，請求圖書的增加介面。增加成功後，可以查看資料庫的 book 資料表中是否有該圖書資料，如圖 14-9 所示。

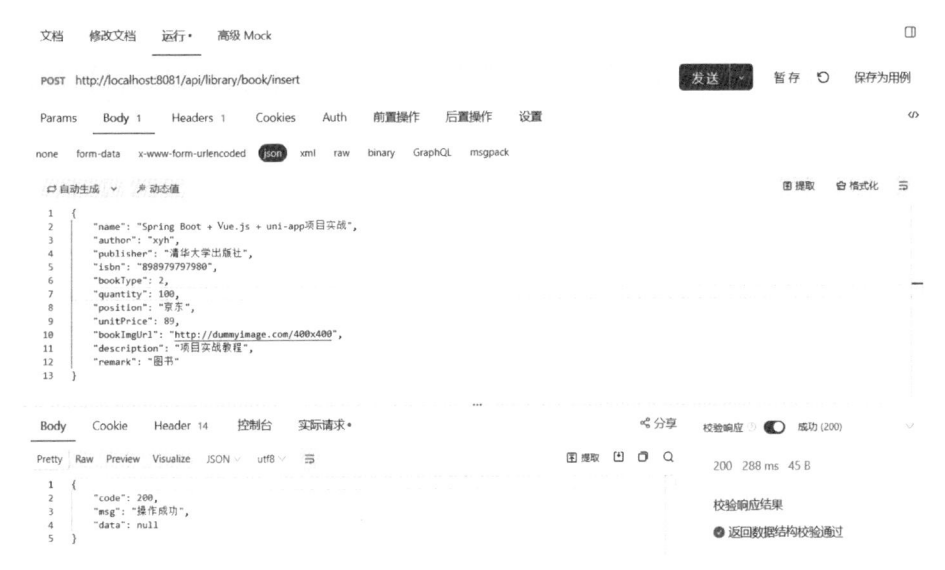

▲圖 14-9 請求圖書增加介面

2. 分頁查詢圖書介面測試

在圖書管理目錄中新建一個分頁查詢的介面文件，因為介面是 GET 請求，所以需要在 Params 中增加相關的查詢準則，查詢準則包括每頁顯示的筆數、當前頁數、圖書名、作者名稱和圖書分類，如圖 14-10 所示。

▲ 圖 14-10 分頁查詢圖書介面

3. 修改圖書介面測試

在圖書管理中增加一個修改圖書的介面文件，其中介面的參數和增加圖書的參數多了一個圖書 id，其餘的都相同。接著在執行選項中填寫之前增加的圖書資訊，並稍做改變，id 為 1，然後請求修改的介面，如圖 14-11 所示。

▲ 圖 14-11 修改圖書介面

4. 刪除圖書介面測試

在圖書管理中增加一個刪除圖書的介面文件，傳遞一個要刪除的圖書的 id 即可。在請求刪除介面後，查看資料庫中的 del_flag 欄位是否變為 1，如果變成了 1，則表示已經刪除了該圖書，如圖 14-12 所示。

▲ 圖 14-12　刪除圖書介面

5. 獲取單筆圖書介面測試

現在來測試根目錄據圖書 id 獲取圖書的單筆資訊，接下來，筆者將之前刪除的圖書直接在資料表中將 del_flag 欄位的值修改為 0，然後重新啟動專案。這裡需要注意，如果功能中有存入快取的資料，則在修改資料庫中的資料後需要重新開機專案才可以生效。

在圖書管理中增加一個根據 id 獲取圖書的介面，請求參數為圖書的 id，然後點擊「發送」按鈕，即可獲取該圖書的資訊，如圖 14-13 所示。

▲ 圖 14-13 根據 id 獲取圖書介面

14.3 圖書借閱管理功能實現

圖書借閱管理的設計目標是提高圖書館的工作效率，為讀者提供方便快捷的借閱服務，並透過統計分析為圖書館決策提供資料支援。圖書借閱管理主要負責圖書的借閱流程的管理，包括借書、還書、續借等操作，同時追蹤借閱情況和期限管理。同時監控借閱者是否超過規定的借閱期限，對逾期者進行提醒或罰款處理，並提供借閱資料的統計和分析功能，如借閱量統計、讀者借閱情況分析等，幫助圖書管理員了解圖書館的使用情況。

14.3.1 圖書借閱資料表設計並建立

在專案 db 目錄下的 init.sql 檔案中增加圖書借閱資料表的 SQL 建資料表語句，並在資料庫中執行該敘述以完成資料表的增加，SQL 程式如下：

```
// 第 14 章 /library/db/init.sql
DROP TABLE IF EXISTS `lib_borrowing`;
CREATE TABLE `lib_borrowing`
(
```

```
    `id`                INT             NOT NULL PRIMARY KEY AUTO_INCREMENT COMMENT '主鍵',
    `book_id`           INT(20)         NOT NULL  COMMENT '借閱圖書 id',
    `book_name`         VARCHAR(255)    NOT NULL  COMMENT '圖書名',
    `isbn`              VARCHAR(50)     NOT NULL  COMMENT '國際標準 ISBN 書號',
    `user_id`           INT(20)         NOT NULL  COMMENT '讀者 id',
    `job_number`        VARCHAR(50)     NOT NULL  COMMENT '使用者編號',
    `real_name`         VARCHAR(255)    NOT NULL  COMMENT '讀者姓名',
    `borrow_date`       DATETIME                  DEFAULT NULL COMMENT '借閱日期',
    `end_date`          DATETIME                  DEFAULT NULL COMMENT '借閱到期日期',
    `return_date`       DATETIME                  DEFAULT NULL COMMENT '最終歸還日期',
    `fee`               DECIMAL(10, 2)  NOT NULL  DEFAULT 0.00 COMMENT '餘額',
    `quantity_num`      INT(11)         NOT NULL  DEFAULT 0 COMMENT '借閱數量,預設為 0',
    `borrow_duration`   INT(11)         NOT NULL  DEFAULT 0 COMMENT '借閱天數',
    `borrow_status`     int             NOT NULL  DEFAULT 0 COMMENT '借閱狀態,0:借閱中;
1:已歸還';  2: 已逾期',
    `create_time`       DATETIME NULL DEFAULT CURRENT_TIMESTAMP COMMENT '建立時間',
    `remark`            VARCHAR(255)              DEFAULT NULL COMMENT '備註'
) ENGINE = InnoDB CHARACTER SET = utf8mb4 COLLATE = utf8mb4_general_ciROW_FORMAT = Dynamic
    COMMENT='借閱記錄資料表';
```

14.3.2 圖書借閱功能程式實現

開啟 IDEA 工具，使用 EasyCode 程式生成工具生成圖書借閱的基礎程式，程式存放在 library-admin 子模組中，如圖 14-14 所示。

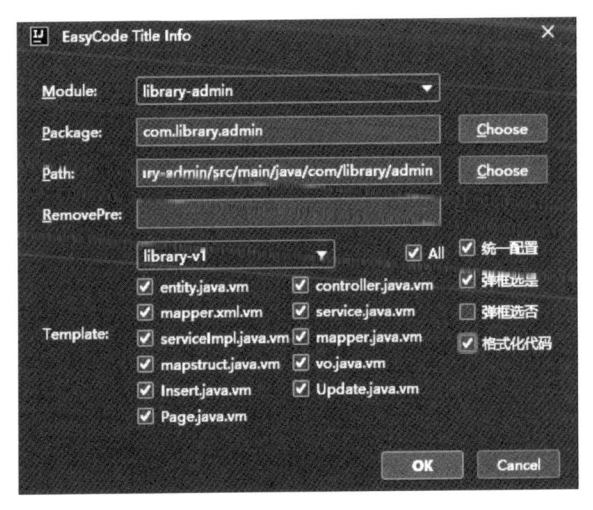

▲圖 14-14 生成圖書借閱基礎程式

1. 增加圖書借閱功能實現

讀者在系統中先查詢到需要借閱的圖書，然後選擇借閱，並填寫相關的借閱資訊，如借閱圖書的數量、借閱到期日期及備註資訊。

(1) 在 BorrowingController 類別中修改 insert 方法，先在接收參數上增加獲取當前使用者的註解，從中獲取借閱人的帳號、使用者 ID 和使用者編號並賦值給 BorrowingInsert 物件中對應的屬性，程式如下：

```java
// 第 14 章 /library/library-admin/BorrowingController.java
@PostMapping("/insert")
public Result insert(@Valid @RequestBody BorrowingInsert param, @CurrentUser Current
LoginUser currentLoginUser) {
    param.setRealName(currentLoginUser.getUsername());
    param.setUserId(currentLoginUser.getUserId());
    param.setJobNumber(currentLoginUser.getJobNumber());
    if (param.getQuantityNum() == null) {
        return Result.error(" 借閱數量不能為空 ");
    }
    borrowingService.insert(param);
    return Result.success();
}
```

(2) 在增加借閱記錄時，需要先扣除該圖書的可借閱數量，然後執行增加借閱記錄的操作，並在該方法上增加事務，如果有異常出現，則資料會導回，資料庫中的資料不會被改變。在 BookService 介面類別中定義一個 updateBookNum 介面，用來修改圖書數量，程式如下：

```java
// 第 14 章 /library/library-admin/BookService.java
/**
 * 修改圖書數量
 * @param bookId 圖書 id
 * @param num 借閱的數量
 * @param borrowingOrReturn true: 借閱；false：歸還
 */
boolean updateBookNum(Integer bookId, Integer num, Boolean borrowingOrReturn);
```

(3) 在 BookServiceImpl 類別中實現該方法，首先判斷請求該介面的是否為借閱，如果是借閱的請求，則需要再判斷目前的可借閱數量是否大於 0，如果可借閱數量小於 0，則直接將圖書的狀態修改為停止借閱狀態；如果是歸還圖書的呼叫，則需要修改該書的可借閱數量，程式如下：

```java
// 第 14 章 /library/library-admin/BookServiceImpl.java
@Override
public boolean updateBookNum(Integer bookId, Integer num, Boolean borrowingOrReturn) {
    Book book = bookMapper.selectById(bookId);
    if (borrowingOrReturn) {
        Integer bookNum = book.getBorrowedQuantity() + num;
        if (book.getQuantity() > bookNum) {
            book.setBorrowedQuantity(book.getBorrowedQuantity() + num);
            log.info("圖書借閱數量扣除成功！圖書 id:{}", bookId);
        } else {
            book.setBookStatus(StatusEnum.STOP.getCode());
            return false;
        }
    } else {
        book.setBorrowedQuantity(book.getBorrowedQuantity() - num);
    }
    updateById(book);
    return true;
}
```

(4) 每個讀者最多可以借閱 2 本相同的圖書，可以 15 天免費閱讀，過期後將進行收取費用操作，然後扣除圖書的可借閱數量，再執行借閱記錄入庫操作，程式如下：

```java
// 第 14 章 /library/library-admin/BookServiceImpl.java
@Override
@Transactional(rollbackFor = Exception.class)
public boolean insert(BorrowingInsert borrowingInsert) {
    Borrowing borrowing = borrowingStructMapper.insertToBorrowing(borrowingInsert);
    BookVO bookVO = bookService.queryById(borrowingInsert.getBookId());
    // 每次限制借閱 2 本
    if (borrowing.getQuantityNum() > 2) {
        throw new BaseException(ErrorCodeEnum.BORROWING_NUM.getCode(), "每人最多只能借閱 2 本書！");
    }
    if (bookVO == null) {
        log.error("借閱的圖書不存在或系統出現問題，請聯繫圖書管理員，圖書 id 為 {}", borrowingInsert.getBookId());
        throw new BaseException("借閱的圖書不存在或系統出現問題，請聯繫圖書管理員！");
    }
    borrowing.setIsbn(bookVO.getIsbn());
    // 免費借閱 15 天
    borrowing.setBorrowDate(LocalDateTime.now());
    borrowing.setEndDate(LocalDateTime.now().plusDays(15));
    borrowing.setBookName(bookVO.getName());
```

```
    // 借閱後，圖書數量扣除
    if (bookService.updateBookNum(borrowing.getBookId(), borrowing.getQuantityNum())) {
        save(borrowing);
        log.info("圖書扣除數量成功！圖書 id：{}", borrowing.getBookId());
        return true;
    } else {
        throw new BaseException("該圖書已被借閱完，目前不可借！");
    }
}
```

2. 圖書借閱分頁查詢記錄功能實現

在查詢借閱記錄時，需要根據使用者許可權展示，讀者只能查看自己的圖書借閱情況，管理員可以查看全部的借閱記錄資訊，可以使用使用者 ID 實現該需求。當許可權為圖書管理員和超級管理員時，使用者 ID 為空，否則將使用者 ID 賦值為當前登入使用者的 ID，這樣就可以實現根據許可權的不同展示不同的資料資訊了。

(1) 在 BorrowingController 類別中修改 queryByPage 分頁查詢的方法，程式如下：

```
// 第14章/library/library-admin/BorrowingController.java
@GetMapping("/list")
public Result<IPage<BorrowingVO>> queryByPage(@Valid BorrowingPage page, @CurrentUser
CurrentLoginUser currentLoginUser) {
    List<Integer> roleIds = currentLoginUser.getRoleIds();
    if (roleIds.contains(RoleTypeEnum.SUPER_ADMIN.getCode()) || roleIds.contains
(RoleTypeEnum.LIBRARY_ADMIN.getCode())) {
        page.setUserId(null);
    } else {
        page.setUserId(currentLoginUser.getUserId());
    }
    return Result.success(borrowingService.queryByPage(page));
}
```

(2) 在 library-common 子模組的 enums 套件中定義一個圖書借閱狀態的 BookBorrowingEnum 列舉類別，共分為 5 種狀態，包括借閱中、已歸還、已逾期、還書審核中和還書不通過狀態，程式如下：

```
// 第14章/library/library-common/BookBorrowingEnum.java
@Getter
```

```
@AllArgsConstructor
public enum BookBorrowingEnum {
      BORROWING(0, "借閱中"),
      RETURN(1, "已歸還"),
      OVERDUE(2, "已逾期"),
      RETURN_AUDIT(3, "還書審核中"),
      RETURN_FAIL(4, "還書不通過");

      private Integer code;
      private String desc;
      public static String getValue(Integer code) {
          BookBorrowingEnum[] borrowingEnums = values();
      for (BookBorrowingEnum borrowingEnum : borrowingEnums) {
          if (borrowingEnum.getCode().equals(code)) {
              return borrowingEnum.getDesc();
          }
      }
      return null;
   }
}
```

　　(3) 在 BorrowingServiceImpl 實現類別中實現 queryByPage 查詢的介面，其中在傳回借閱記錄時，需要在 BorrowingVO 類別中增加一個 borrowStatusName 屬性，返給前端，方便前端頁面展示圖書借閱狀態的中文名稱。根據不同的查詢準則查詢借閱記錄資訊，並根據建立時間進行排序，實現程式如下：

```
// 第14章 /library/library-admin/BorrowingServiceImpl.java
@Override
public IPage<BorrowingVO> queryByPage(BorrowingPage page) {
    // 查詢準則
    LambdaQueryWrapper<Borrowing> queryWrapper = new LambdaQueryWrapper<>();
    if (StrUtil.isNotEmpty(page.getBookName())) {
        queryWrapper.eq(Borrowing::getBookName, page.getBookName());
    }
    if (StrUtil.isNotEmpty(page.getJobNumber())) {
        queryWrapper.eq(Borrowing::getJobNumber, page.getJobNumber());
    }
    if (StrUtil.isNotEmpty(page.getRealName())) {
        queryWrapper.eq(Borrowing::getRealName, page.getRealName());
    }
    if (page.getBorrowStatus() != null) {
        queryWrapper.eq(Borrowing::getBorrowStatus, page.getBorrowStatus());
    }
    if (page.getUserId() != null) {
```

```
            queryWrapper.eq(Borrowing::getUserId, page.getUserId());
        }
        queryWrapper.orderByDesc(Borrowing::getCreateTime);
        // 查詢分頁資料
        Page<Borrowing> borrowingPage = new Page<Borrowing>(page.getCurrent(),
page.getSize());
        IPage<Borrowing> pageData = baseMapper.selectPage(borrowingPage, queryWrapper);
        // 轉換成 VO
        IPage<BorrowingVO> records = PageCovertUtil.pageVoCovert(pageData, BorrowingVO.
class);
        if (CollUtil.isNotEmpty(records.getRecords())) {
            records.getRecords().forEach(r -> {
    r.setBorrowStatusName(BookBorrowingEnum.getValue(r.getBorrowStatus()));
            });
        }
        return records;
}
```

3. 還書功能實現

讀者還書的操作需要審核員進行審核，審核透過後，還書操作流程才能結束，其中還涉及扣款、逾期等相關操作，相對於其他功能比較複雜一些。

（1）首先在 BorrowingController 類別中定義一個還書的 returnBook 方法，接收的參數為該借閱記錄的 ID，程式如下：

```
// 第 14 章 /library/library-admin/BorrowingController.java
@PostMapping ("/return/{id}")
public Result returnBook(@PathVariable("id") Integer id) {
    borrowingService.returnBook(id);
    return Result.success();
}
```

然後在 BorrowingService 介面類別中增加一個還書的 returnBook 介面，程式如下：

```
void returnBook(Integer id);
```

（2）接著實現 returnBook 介面，先從資料表中查詢出要還書的借閱記錄，然後判斷是否已經逾期歸還。如果逾期歸還，則根據 1 本書 1 天 1 元的費用計算收費總額。最後提交還書審核，程式如下：

```java
// 第14章 /library/library-admin/BorrowingServiceImpl.java
private static final BigDecimal OVERDUE_FEE_PER_DAY BigDecimal.valueOf(1.00);
@Override
public void returnBook(Integer id) {
    Borrowing borrowing = getById(id);
    borrowing.setReturnDate(LocalDateTime.now());
    // 判斷有沒有逾期
    if(borrowing.getReturnDate().isAfter(borrowing.getEndDate())) {
        // 計算費用
        long days = ChronoUnit.DAYS.between(borrowing.getEndDate(), borrowing.getReturnDate());
        BigDecimal overdueFee = BigDecimal.valueOf(borrowing.getQuantityNum())
                .multiply(OVERDUE_FEE_PER_DAY.multiply(BigDecimal.valueOf(days)));
        borrowing.setFee(overdueFee);
        borrowing.setBorrowDuration((int) days);
    }
    // 提交審核
    returnBookAudit(borrowing);
    log.info("還書提交審核，使用者帳號：{}，圖書名稱：{}", borrowing.getJobNumber(), borrowing.getBookName());
    borrowing.setBorrowStatus(BookBorrowingEnum.RETURN_AUDIT.getCode());
    updateById(borrowing);
}
```

(3) 在 BorrowingServiceImpl 中定義一個 returnBookAudit 提交審核的方法，在注入 ExamineService 類別時需要注意會發生循環相依，可以直接在注入時加入 @Lazy 註解，然後拼接審核物件的內容，程式如下：

```java
// 第14章 /library/library-admin/BorrowingServiceImpl.java
private void returnBookAudit(Borrowing borrowing) {
    ExamineInsert insert = new ExamineInsert();
    insert.setSubmitUsername(borrowing.getRealName());
    insert.setTitle(borrowing.getBookName());
    insert.setContent("使用者編號:" + borrowing.getJobNumber() + "," + "ISBN 書號:" + borrowing.getIsbn());
    insert.setClassifyId(borrowing.getId());
    examineService.insertExamine(insert, ClassifyEnum.RETURN_BOOK);
    log.info("圖書歸還提交審核成功！使用者：{}", borrowing.getRealName());
}
```

(4) 在圖書歸還審核透過或不通過後會呼叫借閱的相關方法修改狀態，由於審核功能和圖書借閱不在一個模組中，所以可以先在 library-system 子模組中定義一個修改圖書借閱狀態的介面，然後在 library-admin 子模組中實現該介面。在 examine 套件的 service 中建立一個 BorrowingAuditService 介面類別，並定義一個審核修改借閱狀態的介面，程式如下：

```java
// 第14章/library/library-system/BorrowingAuditService.java
/**
 * 審核修改還書狀態
 *
 * @param id 借閱記錄 id
 * @param statusEnum 審核狀態
 * @param result 結果
 */
void updateBorrowingStatus(Integer id, AuditStatusEnum statusEnum, String result);
```

(5) 在 library-admin 子模組的 config 套件中建立一個 BorrowingAuditConfig 配置類別，並將 BorrowingAuditService 宣告為一個 Bean，主要用來實現 updateBorrowingStatus 介面。在實現方法中，判斷是否審核透過，如果審核透過，則判斷有沒有逾期歸還而產生的費用，如果沒有，則直接更新為已歸還狀態。如果有費用，則需要先扣除使用者餘額裡的費用，再執行其餘的操作。如果審核失敗，則只修改狀態，其餘的操作不需要執行，程式如下：

```java
// 第14章/library/library-admin/BorrowingAuditConfig.java
@Log4j2
@Configuration
public class BorrowingAuditConfig {
    @Resource
    private BorrowingService borrowingService;
    @Bean
    public BorrowingAuditService borrowingAuditService() {
        return new BorrowingAuditService() {
            @Override
            public void updateBorrowingStatus(Integer id, AuditStatusEnum statusEnum, String result) {
                Borrowing borrowing = borrowingService.getById(id);
                if (borrowing != null) {
                    // 如果成功，則扣款，如果失敗，則不扣款
                    if(AuditStatusEnum.AUDIT_SUCCESS.getCode().equals(statusEnum.getCode())) {
                        if (borrowing.getFee().compareTo(BigDecimal.ZERO) != 0){
                            borrowingService.updateUserBalance(borrowing.getFee(),
                                borrowing.getUserId());
                        }
                        borrowing.setBorrowStatus(BookBorrowingEnum.RETURN.getCode());
                        bookService.updateBookNum(borrowing.getBookId(),
```

```
                    borrowing.getQuantityNum(), false);
                } else {
                    borrowing.setBorrowStatus(BookBorrowingEnum.RETURN_FAIL.getCode());
                }
                borrowing.setRemark(result);
                borrowingService.updateById(borrowing);
                log.info("還書流程結束： 使用者帳號： {}",
                    borrowing.getJobNumber());
            }
        }
    };
}
```

（6）在 BorrowingService 介面類別中定義一個更新使用者費用的介面，程式如下：

```
/**
 * 更新使用者費用
 *
 * @param fee
 * @param userId
 */
void updateUserBalance(BigDecimal fee, Integer userId);
```

在 BorrowingServiceImpl 類別中實現該介面，如果使用者餘額不足，則拋出例外資訊，程式如下：

```
// 第14章 /library/library-admin/BorrowingServiceImpl.java
@Override
public void updateUserBalance(BigDecimal fee, Integer userId) {
    User user = userService.getById(userId);
    if (user != null) {
        if (user.getBalance() != null) {
            if (user.getBalance().compareTo(fee) >= 0) {
                BigDecimal subtract = user.getBalance().subtract(fee);
                user.setBalance(subtract);
                userService.updateById(user);
                log.info("圖書借閱扣款成功！使用者： {}", user.getUsername());
                return;
            }
        }
    }
    throw new BaseException("帳戶餘額不足，扣款失敗！");
}
```

(7) 修改 ExamineServiceImpl 審核實現類別中的 examineUpdate 方法。加入借閱圖書的審核結果，修改借閱資料表中的相關狀態。在 switch 中增加 case 2，代表借閱圖書的審核結果的執行，程式如下：

```
// 第14章 /library/library-system/ExamineServiceImpl.java
switch (examineVO.getClassify()) {
    case 0:
    case 1:
        if(AuditStatusEnum.AUDIT_SUCCESS.getCode().equals(examineVO.getExamineStatus())) {
            noticeService.updateNoticeStatus(examineVO.getClassifyId(),
                AuditStatusEnum.AUDIT_SUCCESS, examineVO.getAdvice());
            log.info("通知公告審核透過，公告 id 為 {}", examineVO.getClassifyId());
        } else {
            noticeService.updateNoticeStatus(examineVO.getClassifyId(),
                AuditStatusEnum.REJECT, examineVO.getAdvice());
            log.info("通知公告審核不通過，公告 id 為 {}",
                examineVO.getClassifyId());
        }
        break;
    case 2:
        if(AuditStatusEnum.AUDIT_SUCCESS.getCode().equals(examineVO.getExamineStatus())) {
            borrowingAuditService.updateBorrowingStatus(examineVO.getClassifyId(),
AuditStatusEnum.AUDIT_SUCCESS, examineVO.getAdvice());
            log.info("圖書歸還審核透過，提交審核人為 {}",
                examineVO.getSubmitUsername());
        } else{
            borrowingAuditService.updateBorrowingStatus(examineVO.getClassifyId(),
AuditStatusEnum.REJECT, examineVO.getAdvice());
            log.info("通知公告審核不通過，提交審核人為 {}",
                examineVO.getSubmitUsername());
        }
        break;
    default:
        return false;
}
```

14.3.3 功能測試

下面測試借閱圖書的相關功能，首先開啟 Apifox 介面文件，在根目錄下建立一個借閱管理的子目錄。

1. 圖書借閱介面測試

增加一個圖書借閱的介面，介面設置需要圖書 id、借閱數量和備註等參數，如圖 14-15 所示。

▲圖 14-15　設計圖書借閱介面文件

在系統登入的情況下，在介面中點擊「發送」按鈕進行請求，請求成功後查看借閱資料表中是否有借閱的相關記錄存入，如圖 14-16 所示。

▲圖 14-16　圖書借閱介面測試

2. 借閱記錄分頁查詢介面測試

在借閱管理目錄下，新建一個分頁查詢借閱記錄的介面文件，查詢準則包括圖書名、讀者姓名、使用者編號和借閱狀態，如圖 14-17 所示。

▲ 圖 14-17 設計查詢借閱記錄介面文件

在登入的情況下，可選擇性地填寫查詢參數，點擊「執行」按鈕，請求該分頁介面。這裡可以根據不同的角色進行查詢，以便完成測試工作。舉例來說，用讀者的帳號登入並存取該介面，或使用圖書管理員、超級管理員進行登入並測試該介面會得到不一樣的結果，在這裡就不一一進行測試了。筆者這裡只使用了管理員登入，測試查詢借閱的記錄，如圖 14-18 所示。

▲ 圖 14-18 借閱記錄查詢介面測試

3. 還書功能測試

還書的測試流程相對比較複雜，同時需要連結審核模組進行測試。

(1) 在借閱管理中增加一個圖書歸還的介面，在介面的位址中直接傳遞借閱記錄的 id，如圖 14-19 所示。

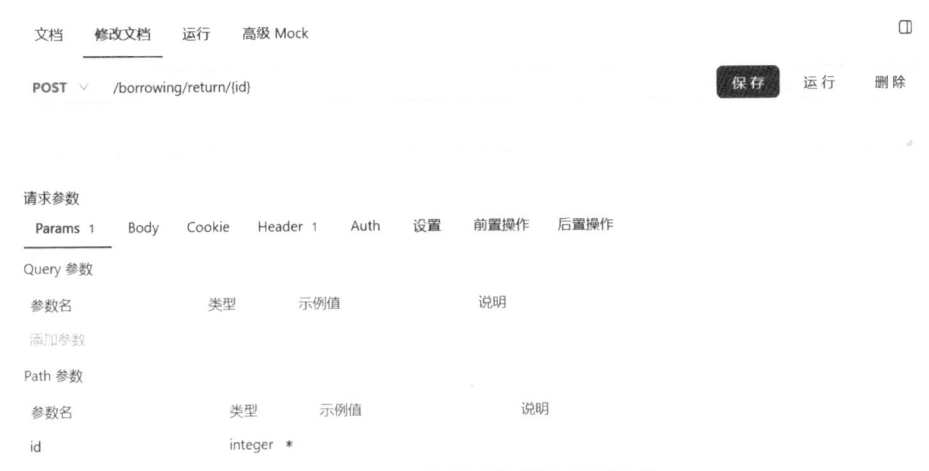

▲圖 14-19　設計圖書歸還介面文件

(2) 在介面的執行一欄中，填寫借閱記錄的 id，舉例來說，筆者資料庫中有一筆借閱記錄，id 為 1，然後點擊「執行」按鈕，請求該介面，如圖 14-20 所示。

▲圖 14-20　圖書歸還介面測試

(3) 此時可在借閱資料表中看到 borrow_status 借閱狀態欄位的值為 3，並結合後端定義的圖書借閱狀態的列舉資料表中的狀態，可知道現在的狀態為還書審核中，接下來請求審核透過的介面，介面中參數 id 可以在審核資料表中查看提交的歸還圖書的審核記錄。例如筆者的審核資料表中關於該圖書歸還的審核記錄 id 為 7，所以在審核透過的介面中 id 填寫 7 即可，如圖 14-21 所示。

▲ 圖 14-21　圖書歸還審核透過

再次查看借閱資料表中該使用者圖書的借閱記錄，此時 borrow_status 借閱狀態欄位的值變為 1，表示已歸還。

4. 逾期還書功能測試

專案程式中設置的免費借閱日期為 15 天，如果超過 15 天，則開始按一天 1 元的收費標準進行收費，不滿一天也算一天的時間，接下來測試逾期還書功能。

(1) 首先確保登入的使用者中帳戶餘額充足，其次是圖書有可借閱的庫存，然後創造測試逾期還書的條件，修改 returnBook 實現類別中的還書日期，在獲取當前的時間後加 17 天，這時當借閱圖書後在還書時就會顯示逾期 2 天，程式如下：

```
borrowing.setReturnDate(LocalDateTime.now().plusDays(17));
```

(2) 啟動專案，並使用使用者資訊登入，請求借閱圖書的介面，再請求還書的操作，並審核透過。然後查看借閱資料表中的費用 fee 欄位是否為 2，再查看使用者資料表中的帳戶餘額是否已經扣款成功。

14.4 任務排程功能實現

在現實生活中，經常會收到會員或充值的簡訊提醒。在該專案中也將使用相關功能，在圖書借閱即將到期時會發送簡訊或郵件提醒讀者需要還書了，否則會產生額外的費用。如果要實現該功能，則需要定時執行相關程式，例如一天執行一次查詢即將到期的記錄。在 Spring Boot 環境中，實現定時任務有兩種方案，一種是使用 Spring 附帶的定時任務處理器 @Scheduled 註解；另一種是使用第三方框架實現。為了後期方便維護定時的相關任務，本專案選擇企業使用比較多的 XXL-JOB 分散式任務排程平臺來管理定時任務。

14.4.1 XXL-JOB 簡介

XXL-JOB 是一個輕量級、易擴充的分散式任務排程平臺，旨在提供快速開發和學習簡單的核心設計目標。現程式已開放原始碼，並被融入多家公司的線上產品線中，使用比較廣泛。

最主要的好處是在專案中寫完的定時任務可以交給它來管理，具體什麼時候執行、定時任務的規則、執行次數和日誌執行情況等都可以在視覺化的介面中進行管理和操作，更加人性化。

1. 系統組成

排程模組 (排程中心): 負責管理排程資訊，按照排程配置發出排程請求，其自身不承擔業務程式。排程系統與任務解耦，提高了系統可用性和穩定性。同時排程系統性能不再受限於任務模組；支援視覺化、簡單且動態地對排程資訊進行管理，包括任務新建、更新、刪除、啟動 / 停止和任務警告等。所有上述操作都會即時生效，同時支援監控排程結果及支援以 Rolling 方式即時查看執行器輸出的完整的執行日誌。

執行模組 (執行器): 負責接收排程請求並執行任務邏輯。任務模組專注於任務的執行等操作，開發和維護更加簡單和高效；接收排程中心的執行請求、終止請求和日誌請求等。

2. 下載

XXL-JOB 是一個開放原始碼的專案，使用時需要下載該原始程式，並根據專案修改它的配置資訊才可以整合到所開發的專案中。提供的官方文件網址為 https://www.xuxueli.com/xxl-job，原始程式的倉庫儲存在 Gitee 和 GitHub 中。為了方便下載，使用的 Gitee 進行下載，在和專案同級的檔案中，按右鍵滑鼠，然後點擊「Git Bash here」開啟 Git 命令列視窗，然後下載 XXL-JOB 專案，筆者在開發本專案時最新的版本為 2.4.0，這裡直接下載最新的版本，命令如下：

```
git clone -b 2.4.0 https://gitee.com/xuxueli0323/xxl-job.git
```

等待下載完成，如果最後出現 done，則說明下載完成，將專案名稱重新命名為 library-xxl-job，如圖 14-22 所示。

▲ 圖 14-22 下載 XXL-JOB 專案

14.4.2 快速入門

在 IDEA 中開啟 XXL-JOB 專案，並刪除 .git 和 .github 檔案。在 IDEA 左側目錄中可以看到專案分為 4 個模組，如圖 14-23 所示。模組詳情如下：

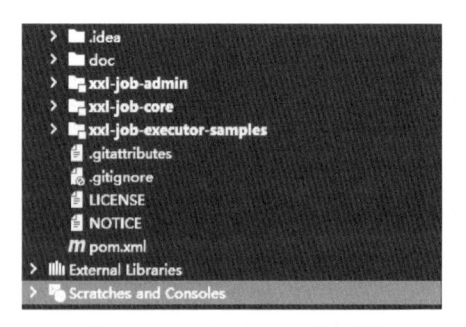

▲ 圖 14-23 XXL-JOB 專案模組

（1）doc: 存放專案的相關文件。

（2）xxl-job-admin: 排程中心的管理背景。

（3）xxl-job-core: 框架的核心套件。

（4）xxl-job-executor-samples: 整合不同執行器的案例程式，可供學習者學習參考。

1. 初始化資料庫

XXL-JOB 專案的資料庫存放在本書專案的資料庫中，排程資料庫將 SQL 指令稿初始化在 XXL-JOB 的 doc/db/table_xxl-job.sql 中，SQL 指令稿內容比較長，這裡不展示，可在本書的書附資源中獲取，將 SQL 的指令稿在 library_v1 資料庫中執行，增加相關資料表，並初始化資料，各排程資料庫資料表的說明如下。

（1）xxl_job_info: 儲存 XXL-JOB 排程任務的擴充資訊，如任務分組、名稱、執行器、機器地址、執行參數和警告郵件等。

（2）xxl_job_group: 維護任務執行器資訊。

（3）xxl_job_lock: 任務排程鎖資料表。

（4）xxl_job_log: 儲存 XXL-JOB 任務排程的歷史資訊，包括排程結果、執行結果、排程參數、排程機器和執行器等。

（5）xxl_job_logglue: 用於儲存 GLUE 更新歷史，支援 GLUE 的版本回溯功能。

（6）xxl_job_log_report: 儲存 XXL-JOB 任務排程日誌的報表，為排程中心報表功能頁面提供支援。

（7）xxl_job_registry: 維護線上的執行器和排程中心機器地址資訊。

（8）xxl_job_user: 系統使用者資料表。

2. 專案版本升級

在 library-xxl-job 專案中，刪除範例模組 xxl-job-executor-samples，先按右鍵 xxl-job-executor-samples 模組，選擇 Remove Module 刪除模組，然後按右鍵該模組，選擇 Delete 按鈕就可以刪除該模組了。

(1) 首先修改 library-xxl-job 專案的 Maven 倉庫，修改成之前本地配置好的倉庫，例如筆者的 Maven 配置，如圖 14-24 所示。

▲ 圖 14-24　XXL-JOB 專案 Maven 配置

（2）本書專案中使用的是 Spring Boot 3.1.3 版本和 JDK 17，而 XXL-JOB 專案使用的是 JDK 1.8+ 的版本，所以接下來將 library-xxl-job 升級到和專案一樣的版本。

開啟父模組的 pom.xml，刪除 modules 中的 xxl-job-executor-samples 模組，然後修改 properties 中的相關套件的版本資訊。將 spring.version 的版本升級到 6.0.11 版本，將 spring-boot.version 的版本升級到 3.1.3 版本，程式如下：

```
<spring.version>6.0.11</spring.version>
<spring-boot.version>3.1.3</spring-boot.version>
```

（3）在版本升級到 3.0 以上後，Java EE 已經變更為 Jakarta EE，套件名稱以 javax 開頭的需要相應地變更為 jakarta，將 javax.annotation-api.version 修改為 jakarta.annotation-api.version，程式如下：

```
<jakarta.annotation-api.version>2.1.1</jakarta.annotation-api.version>
```

開啟 xxl-job-core 子模組的 pom.xml 檔案，將 javax.annotation-api 替換成 jakarta.annotation-api，程式如下：

```
// 第 14 章 /library-xxl-job/xxl-job-core/pom.xml
<!-- jakarta.annotation-api -->
<dependency>
    <groupId>jakarta.annotation</groupId>
    <artifactId>jakarta.annotation-api</artifactId>
    <version>${jakarta.annotation-api.version}</version>
    <scope>compile</scope>
</dependency>
```

（4）修改 maven-source-plugin、maven-javadoc-plugin、maven-gpg-plugin 相依的版本，程式如下：

```
<maven-source-plugin.version>3.1.0</maven-source-plugin.version>
<maven-javadoc-plugin.version>3.1.0</maven-javadoc-plugin.version>
<maven-gpg-plugin.version>1.6</maven-gpg-plugin.version>
```

（5）接下來需要將 javax 套件全域替換成 jakarta 套件，其中在 XxlJobRemotingUtil 類別中的 import javax.net.ssl.*; 不要替換，由於 Jakarta EE 並不提供 jakarta.net.ssl 套件及 XxlJobAdminConfig 類別中的 import javax.sql.DataSource，所以不要替換。下面在 IDEA 中使用快速鍵 Ctrl+Shift+R 查詢 javax，並替換成 jakarta。如果點擊右下角的 Replace All，則可全部替換，如果點擊 Replace 則可替換當前選中的程式，如圖 14-25 所示。

▲ 圖 14-25 替換 javax 套件

（6）開啟 xxl-job-admin 了模組 resource 目錄下的 application.properties 設定檔，web 的通訊埠編號預設為 8080，筆者這裡將通訊埠編號改為 8088，程式如下：

```
###web
server.port=8088
```

將 management.server.servlet.context-path=/actuator 配置在 Spring Boot 3 的版本中已經過期，要修改為 management.server.base-path=/actuator。同樣 spring.resources.static-locations=classpath:/static/ 也已經過期，需要修改成 spring.web.resources.static-locations=classpath:/static/，程式如下：

```
###actuator
management.server.base-path=/actuator
###resources
spring.web.resources.static-locations=classpath:/static/
```

（7）XXL-JOB 專案的記錄檔的輸出位址需要和圖書管理系統的記錄檔存放在一起，修改 logback.xml 日誌設定檔，修改 property 的 value 值，將位址改為 /library/logs，程式如下：

```
<property name="log.path" value="/library/logs/xxl-job-admin.log"/>
```

3. 修改資料庫連接

將 XXL-JOB 專案的資料庫整合到圖書管理系統的資料庫中，在設定檔中的資料庫連接需要換成 library_v1，然後修改資料庫連接密碼，程式如下：

```
// 第14章 /library-xxl-job/xxl-job-admin/application.properties
###xxl-job, datasource
spring.datasource.url=jdbc:mysql://127.0.0.1:3306/library_v1?useUnicode=true&characterEncoding=UTF-8&autoReconnect=true&serverTimezone=Asia/Shanghai
spring.datasource.username=root
spring.datasource.password=123456
spring.datasource.driver-class-name=com.mysql.cj.jdbc.Driver
```

4. 修改前端頁面相容問題

由於在 Spring 6 以上的版本中移除了對 Freemarker 和 JSP 的支援，所以會導致無法使用 ${Request}，頁面也會報相應的錯誤資訊。現在可以在 PermissionInterceptor 類別中增加一個攔截器 postHandle。

開啟 xxl-job-admin 子模組的 interceptor 套件中的 PermissionInterceptor 類別，在類別中實現 HandlerInterceptor 介面類別中的 postHandle。在實現方法中從請求中獲取名為 XXL_JOB_LOGIN_IDENTITY 的屬性，並將其值賦給 loginIdentityKey 變數，程式如下：

```
// 第14章 /library-xxl-job/xxl-job-admin/PermissionInterceptor.java
    /**
     * @param request request
     * @param response response
     * @param handler handler
```

```
     * @param modelAndView modelAndView
     * @throws Exception
     */
    @Override
    public void postHandle(HttpServletRequest request, HttpServletResponse re
sponse, Object handler, ModelAndView modelAndView) throws Exception {
        Object loginIdentityKey = request.getAttribute("XXL_JOB_LOGIN_IDENTITY");
        if (null != modelAndView && null != loginIdentityKey) {
            modelAndView.addObject("XXL_JOB_LOGIN_IDENTITY", loginIdentityKey);
        }
    }
}
```

進入 xxl-job-admin 子模組的 resources/templates/common 目錄下，開啟 common.macro.ftl 檔案，找到 ${Request["XXL_JOB_LOGIN_IDENTITY"].username} 並修改為 ${XXL_JOB_LOGIN_IDENTITY.username}，程式如下：

```
// 第 14 章 /library-xxl-job/xxl-job-admin/common.macro.ftl
<a href="javascript:" class="dropdown-toggle" data-toggle="dropdown" aria-expanded=
"false">
    ${I18n.system_welcome} ${XXL_JOB_LOGIN_IDENTITY.username}
    <span class="caret"></span>
</a>
```

在該檔案中找到 Request["XXL_JOB_LOGIN_IDENTITY"].role 並修改為 XXL_JOB_LOGIN_IDENTITY.role，程式如下：

```
<#if XXL_JOB_LOGIN_IDENTITY.role == 1>
```

然後在 joblog.index.ftl 檔案中將 Request["XXL_JOB_LOGIN_IDENTITY"].role 修改為 XXL_JOB_LOGIN_IDENTITY.role。

5. 執行 XXL-JOB 專案

在啟動前，先在 xxl-job 中進行編譯，編譯透過後，啟動專案。如果在專案啟動的主控台中出現 c.x.job.admin.XxlJobAdminApplication - Started XxlJobAdminApplication in…，則說明已經啟動成功。開啟瀏覽器，在網址欄中請求 http://localhost:8088/xxl-job-admin/ 便可出現 XXL-JOB 管理的登入介面，如圖 14-26 所示。

▲圖 14-26　XXL-JOB 管理的登入介面

預設登入帳號為 admin，密碼為 123456，登入後執行介面如圖 14-27 所示。

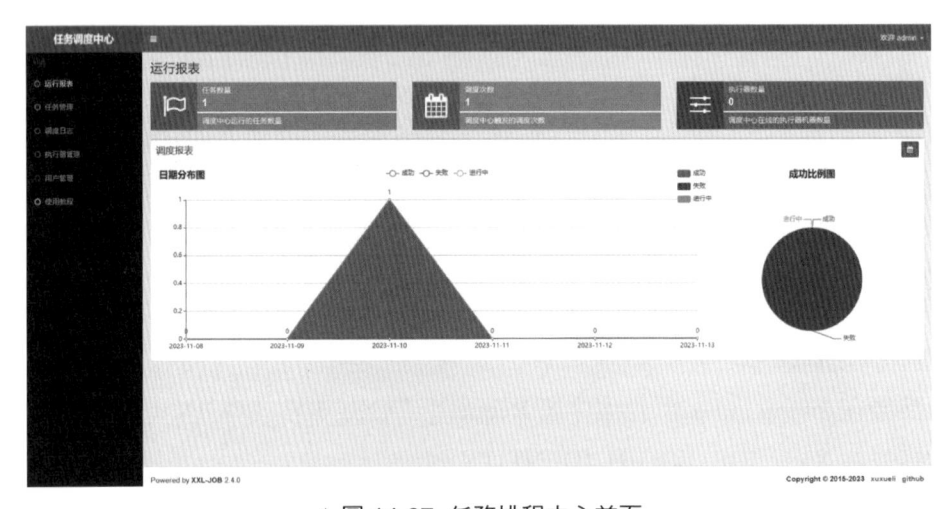

▲圖 14-27　任務排程中心首頁

到此 XXL-JOB 專案已經正式架設完成。

14.4.3　管理 XXL-JOB 版本

在 Gitee 倉庫中新建一個存放 XXL-JOB 程式的倉庫，倉庫名為 Library Xxl Job，如圖 14-28 所示。

▲ 圖 14-28 新建 XXL-JOB 倉庫

進入 library-xxl-job 檔案目錄中，開啟 Git Bash here 主控台視窗，初始化本地環境，把該專案變成可被 Git 管理的倉庫，命令如下：

```
git init
```

對倉庫和本地專案進行連結，獲取 Library Xxl Job 倉庫的 HTTPS 位址，然後使用命令進行連結，命令如下：

```
git remote add origin 遠端倉庫位址
```

先來將遠端倉庫的 master 分支拉取過來，然後和本地的當前分支進行合併，命令如下：

```
git pull origin master
```

執行完命令後參照 4.4.1 節將程式提交到遠端倉庫中，接著開啟 IDEA 查看右下角是否已經有 Git 程式管理功能，如果沒有，則關閉 IDEA 重新啟動即可。

14.4.4 借閱到期提醒功能實現

開啟圖書管理系統專案，連結 library-xxl-job 專案，負責接收「排程中心」的排程並執行。

1. 引入 Maven 相依

在父模組的 pom.xml 檔案中引入 xxl-job-core 的 Maven 相依，先在 properties 中將版本定義為 2.4.0，然後引入相依配置，程式如下：

```
// 第14章 /library/pom.xml
<!-- 版本 -->
<xxl.job.version>2.4.0</xxl.job.version>
```

```xml
<!-- xxl-job -->
<dependency>
    <groupId>com.xuxueli</groupId>
    <artifactId>xxl-job-core</artifactId>
    <version>${xxl.job.version}</version>
</dependency>
```

2. 執行器配置

在 library-admin 子模組的 application-dev.yml 配置中增加本地執行器配置，配置中的 appname 為執行器的應用名稱，稍後在排程中心配置執行器時會使用，程式如下：

```
// 第 14 章 /library/library-admin/application-dev.yml
xxl:
  job:
    admin:
        # 排程中心部署跟位址 [選填]：如果排程中心叢集部署存在多個位址，則用逗點分隔。執
# 器將使用該位址進行 " 執行器心跳註冊 " 和 " 任務結果回呼 "；如果為空，則關閉自動註冊
        addresses: http://localhost:8088/xxl-job-admin
    # 執行器通訊 TOKEN [選填]：不可為空時啟用系統預設 default_token
    accessToken: default_token
    executor:
        # 執行器的應用名稱
        appname: library-xxl-job
        # 執行器註冊 [選填]：優先使用該配置作為註冊位址，當為空時使用內嵌服務 "IP:PORT" 作
# 為註冊位址
        address: ""
        # 執行器 IP [選填]：預設為空，表示自動獲取 IP，多網路卡時可手動設置指定 IP，該 IP 不會綁
# 定 Host，僅作為通訊使用
        ip: ""
        # 執行器通訊埠編號 [選填]：如果小於或等於 0，則自動獲取；預設通訊埠為 9999
        port: 0
        # 執行器執行記錄檔儲存磁碟路徑 [選填]：需要對該路徑擁有讀寫許可權；如果為空，則使
# 用預設路徑
        logpath:/library/xxlJob/log
        # 執行器記錄檔儲存天數 [選填]：過期日誌自動清理，當限制值大於或等於 3 時生效；否
# 則關閉自動清理功能
        logretentiondays: 30
```

3. 執行器元件配置

在 library-admin 子模組的 config 套件中新建一個 XxlJobConfig 配置類別，在該配置類別中透過 @Value 註解將設定檔中的值注入欄位中，然後就可以使用這

些欄位了，初始化 XXL-JOB 的執行器物件，把這個執行器物件交給 Spring 託管就可以了。最終會使用 XxlJobSpringExecutor 生成一個 Bean 並被註冊到 Spring 中，這個就是當前服務節點中的執行器物件，執行器物件會充當指揮官的角色，由它來呼叫不同的定時任務，程式如下：

```java
// 第 14 章 /library/library-admin/XxlJobConfig.java
@Configuration
public class XxlJobConfig {
    private Logger logger = LoggerFactory.getLogger(XxlJobConfig.class);
    @Value("${xxl.job.admin.addresses}")
    private String adminAddresses;
    @Value("${xxl.job.accessToken}")
    private String accessToken;
    @Value("${xxl.job.executor.appname}")
    private String appname;
    @Value("${xxl.job.executor.address}")
    private String address;
    @Value("${xxl.job.executor.ip}")
    private String ip;
    @Value("${xxl.job.executor.port}")
    private int port;
    @Value("${xxl.job.executor.logpath}")
    private String logPath;
    @Value("${xxl.job.executor.logretentiondays}")
    private int logRetentionDays;
    @Bean
    public XxlJobSpringExecutor xxlJobExecutor() {
        logger.info(">>>>>>>>>>> xxl-job config init.");
        XxlJobSpringExecutor xxlJobSpringExecutor = new XxlJobSpringExecutor();
        xxlJobSpringExecutor.setAdminAddresses(adminAddresses);
        xxlJobSpringExecutor.setAppname(appname);
        if (StrUtil.isNotEmpty(address)) {
            xxlJobSpringExecutor.setAddress(address);
        }
        if (StrUtil.isNotEmpty(ip)) {
            xxlJobSpringExecutor.setIp(ip);
        }
        xxlJobSpringExecutor.setPort(port);
        xxlJobSpringExecutor.setAccessToken(accessToken);
        xxlJobSpringExecutor.setLogPath(logPath);
        xxlJobSpringExecutor.setLogRetentionDays(logRetentionDays);
        return xxlJobSpringExecutor;
    }
}
```

4. 新增執行器

首先啟動 XXL-JOB 專案，然後進入排程中心，在執行器管理中點擊「新增」按鈕，增加執行器。填寫執行器資訊，AppName 是之前在 application-dev.yml 檔案中配置的 xxl 資訊時指定的執行器的應用名稱；名稱可填寫具體的實現功能，如圖書借閱到期提醒任務；註冊方式預設為自動註冊；機器地址不用填寫，會自動獲取，然後點擊「儲存」按鈕，這樣就會新增一個執行器，如圖 14-29 所示。

▲ 圖 14-29 新增執行器

如果沒有啟動圖書管理系統的專案，則此時在執行器管理列表中會發現建立的執行器中 OnLine 機器地址為空，並沒有發現當前執行器的註冊實例的 IP 位址，啟動後，註冊完成的執行器實例會每隔 30s 更新一次註冊資訊，等待大概 30s 再進行查詢，就會發現有位址註冊進來，如圖 14-30 所示。

▲ 圖 14-30 OnLine 機器地址

5. 定時提醒功能實現

在 BorrowingService 介面類別中，宣告一個定時通知的抽象方法 scheduledNotice，程式如下：

```
/**
 * 定時通知還書
 */
void scheduledNotice();
```

在 BorrowingServiceImpl 類別中實現該方法，首先獲取所有狀態為借閱中的借閱記錄，然後在不為空的情況下遍歷查詢到的借閱記錄，並呼叫 isDueSoon 方法進行通知的發送，程式如下：

```
// 第14章 /library/library-admin/BorrowingServiceImpl.java
@Override
public void scheduledNotice() {
    // 獲取所有圖書借閱資訊
    List<Borrowing> borrowingList = lambdaQuery()
            .eq(Borrowing::getBorrowStatus, BookBorrowingEnum.BORROWING.getCode())
            .list();
    if (CollUtil.isNotEmpty(borrowingList)) {
        for (Borrowing borrowing : borrowingList) {
            isDueSoon(borrowing);
        }
    }
}
```

實現 isDueSoon 方法，首先定義一個 Set 集合來儲存已發送提醒的借閱記錄的 id，防止出現重複發送現象，程式如下：

```
/**
 * 儲存已發送提醒的借閱記錄 id
 */
private static final Set<Integer> sentReminders = new HashSet<>();
```

接著實現 isDueSoon 方法，先透過當前時間和圖書借閱到期時間的對比來判斷是否到期。如果已經到期，則將借閱記錄的狀態修改為已逾期，然後發送郵件和訊息通知提醒。如果沒有到期，但還有 2 天的時間到期，則要提前發通知提醒讀者，借閱的圖書即將到期，以便及時歸還，程式如下：

```java
// 第 14 章 /library/library-admin/BorrowingServiceImpl.java
private void isDueSoon(Borrowing borrowing) {
    LocalDate currentDate = LocalDate.now();
    LocalDate endDate = borrowing.getEndDate().toLocalDate();
    // 先判斷是否到期，如果到期，則更新狀態。對於當天到期的，第 2 天變為到期
    if (!sentReminders.contains(borrowing.getId()) && currentDate.isAfter(endDate)) {
        // 過期
        borrowing.setBorrowStatus(BookBorrowingEnum.OVERDUE.getCode());
        updateById(borrowing);
        // 發送通知
        String content = "親愛的編號為 :" + borrowing.getJobNumber() + "的讀者，您借閱的圖書名為" + "《" + borrowing.getBookName() + "》" + "已經到期，為了不產生必要的費用請及時歸還，感謝您的支援！";
        String title = "圖書逾期提醒";
        sendMessages(borrowing, content, title);
        sentReminders.add(borrowing.getId());
    } else {
        Period period = Period.between(currentDate, endDate);
        if (period.getDays() == 2) {
            // 發送通知
            String content = "親愛的編號為 :" + borrowing.getJobNumber() + "的讀者，您借閱的圖書名為" + "《" + borrowing.getBookName() + "》" + "還有 2 天到期，為了不產生必要的費用需要注意還書時間，感謝您的支援！";
            String title = "還書提醒";
            sendMessages(borrowing, content, title);
        }
    }
}
```

建立 sendMessages 發送通知的方法，專案中使用了郵件和系統內部訊息來通知借閱到期的相關通知。如果使用者沒有完善郵件資訊，則不發送郵件，只發送系統訊息，並且系統訊息不需要進行審核，直接發送，程式如下：

```java
// 第 14 章 /library/library-admin/BorrowingServiceImpl.java
private void sendMessages(Borrowing borrowing, String content, String title) {
    // 這裡選擇發送郵件、訊息通知
    User user = userService.getById(borrowing.getUserId());
    if (user != null) {
        if (StrUtil.isNotEmpty(user.getEmail())) {
            emailUtil.sendFromEmail(user.getEmail(), content, title);
        }
        NoticeInsert noticeInsert = new NoticeInsert();
        noticeInsert.setUserId(user.getId());
noticeInsert.setNoticeStatus(AuditStatusEnum.SEND_SUCCESS.getCode()); noticeInsert.
```

```
setNoticeType(ClassifyEnum.SYSTEM_NOTICE.getCode());
        noticeInsert.setNoticeContent(content);
        noticeInsert.setNoticeTitle(title);
        noticeInsert.setUserName("圖書管理員");
        noticeService.insertOrUpdate(noticeInsert);
    }
}
```

此時，在還書 returnBook 實現方法中，需要修改判斷逾期的程式，改成根據借閱狀態來判斷，程式如下：

```
// 判斷有沒有逾期
if(borrowing.getBorrowStatus().equals(BookBorrowingEnum.OVERDUE.getCode()))
```

6. 建立任務類別

在 library-admin 子模組中建立一個 task 套件，並在套件中新建一個 BookTask 類別，然後建立一個 bookJobHandler 方法，為該方法增加註解 "@XxlJob(value=" 自訂 jobhandler 名稱 ", init="JobHandler 初始化方法 ",destroy="JobHandler 銷毀方法 ")"，註解 value 的值將對應排程中心新建任務的 JobHandler 屬性的值。

首先透過 XxlJobHelper.log 列印執行日誌，然後採用非同步方式執行逾期提醒的方法，程式如下：

```
// 第14章 /library/library-admin/BookTask.java
@Component
public class BookTask {
    @Resource
    private BorrowingService borrowingService;
    @XxlJob("bookJobHandler")
    public void bookJobHandler() {
        XxlJobHelper.log("borrowing book start... ");
        try {
            // 非同步執行，逾時最大 30s
            ThreadUtil.execAsync(() -> borrowingService.scheduledNotice())
                    .get(30L, TimeUnit.SECONDS);
            XxlJobHelper.handleSuccess("圖書借閱提醒使用者資訊執行完成！");
        } catch (Exception e) {
            XxlJobHelper.log("圖書借閱提醒使用者資訊執行失敗，錯誤資訊：", e);
            XxlJobHelper.handleFail();
        }
    }
}
```

7. 任務管理

登入排程中心，首先進入任務管理，點擊「新增」按鈕，然後填寫基本的任務資訊，配置屬性的說明如下。

(1) 執行器：任務綁定的執行器，任務觸發排程時將自動地發現註冊成功的執行器，實現任務自動發現功能，舉例來說，筆者這裡選擇在執行器管理中建立的執行器，即圖書借閱到期提醒任務。

(2) 任務描述：任務的描述資訊，便於任務管理。

(3) 負責人：任務的負責人。

(4) 警告郵件：任務排程失敗時郵件通知的電子郵件位址，支援配置多電子郵件位址，當配置多個電子郵件位址時用逗點分隔，郵件配置在實際開發中佔有很重要的地位。

(5) 排程類型。

無：該類型不會主動觸發排程。

CRON: 該類型將透過 CRON 觸發任務排程。

固定速度：該類型將以固定速度觸發任務排程；按照固定的間隔時間週期性地觸發。

固定延遲：該類型將以固定延遲觸發任務排程；按照固定的延遲時間，從上次排程結束後開始計算延遲時間，到達延遲時間後觸發下次排程。

(6) CRON: 觸發任務執行的 Cron 運算式，可以在填寫 Cron 的輸入框的後邊選擇執行的時間，本專案中選擇每天上午 10 點觸發任務排程。

(7) 執行模式：這裡只介紹一種 BEAN 模式。

BEAN 模式：任務以 JobHandler 方式維護在執行器端；需要結合 JobHandler 屬性匹配執行器中的任務。

(8) JobHandler: 當執行模式為「BEAN 模式」時生效，對應執行器中新開發的 JobHandler 類別「@JobHandler」註解自訂的 value 值。

其餘的任務配置保持預設即可，如圖 14-31 所示。

▲ 圖 14-31 新增任務

在該任務列表的操作列中點擊「啟動」選項，啟動任務，如圖 14-32 所示。

▲ 圖 14-32 新增任務

啟動成功後，該任務就可以在以後的每天上午 10 點執行逾期的借閱通知了。接下來，為了測試定時任務的程式是否正確，這裡可手動觸發一次任務執行，通常情況下，透過配置 Cron 運算式進行任務排程觸發。

在操作列中，點擊「執行一次」選項後會彈出填寫執行任務參數和機器地址，這裡直接預設為空即可，然後點擊「儲存」按鈕，這樣就可以執行該任務了，如圖 14-33 所示。

▲圖 14-33 執行一次任務

在排程日誌中查看任務執行是否有顯示出錯資訊，在日誌清單中找到剛執行的任務的日誌，在操作列中點擊「執行日誌」選項，這樣就會顯示日誌的資訊，也就是在圖書管理系統專案的任務類別中輸出的日誌，可以看到日誌顯示成功了，如圖 14-34 所示。

```
[com.xxl.job.core.thread.JobThread#run]-[133]-[xxl-job, JobThread-2-1700010451775]
job execute start -----------

[com.library.admin.task.BookTask#bookJobHandler]-[24]-[xxl-job, JobThread-2-1700010451775] borrowing book start...
[com.xxl.job.core.thread.JobThread#run]-[179]-[xxl-job, JobThread-2-1700010451775]
job execute end(finish) ----------
handleCode=200, handleMsg = 图书借阅提醒用户信息执行完成！
[com.xxl.job.core.thread.TriggerCallbackThread#callbackLog]-[197]-[xxl-job, executor TriggerCallbackThread]
job callback finish.
```

▲圖 14-34 任務日誌

8. 測試逾期提醒功能

首先保證資料庫的使用者資料表中的使用者電子郵件是可以正常使用的，並且在郵件配置中有可以發送的郵件配置，然後在介面文件中請求借閱圖書的介面，並修改實現逾期通知的 isDueSoon 方法，在方法獲取的當前時間後再增加 17 天，這樣就可以模擬逾期 2 天的測試了。修改完成後需要重新開機專案，程式如下：

```
LocalDate currentDate = LocalDateTime.now().toLocalDate().plusDays(17);
```

準備工作完成後，首先在排程中心的任務列表中執行一次該任務，然後查看電子郵件是否有收到標題為圖書逾期提醒的郵件通知，如果收到郵件，則說明該功能流程已經透過。如果沒有收到郵件，則需要查看專案主控台和記錄檔，以此定位到相關的問題進行修改，如圖 14-35 所示。

▲ 圖 14-35 圖書借閱逾期郵件提醒

逾期通知的業務流程已經測試成功，可以修改排程中心的任務時間，改成一分鐘執行一次進行測試，查看定時是否生效，並進行相關測試。

14.4.5 部署 XXL-JOB 服務

在伺服器中部署 XXL-JOB 專案可以使用 Jenkins 部署或直接在伺服器中執行專案的 JAR，由於該專案基本上不會改動，所以這裡使用執行 JAR 的方式執行專案。

1. nohup 簡介

nohup 命令是一個 UNIX/Linux 下的常用命令，用於在背景執行命令或程式，使命令在退出終端或關閉 SSH 後依舊可以執行。也就是說，nohup 命令可以讓命令或程式「靜默」地在背景執行，而不受終端或 SSH 影響。在啟動 Java 程式時，使用 nohup 命令可以讓程式在背景執行，隨時可以關閉 SSH 而不導致程式停止執行。

2. 修改配置並打包服務

修改 xxl-job-admin 子模組中的 application.properties 設定檔，將資料庫的連接資訊修改成測試環境的資訊，並在測試環境的資料庫中增加關鍵 XXL-JOB 專案的資料表。舉例來說，筆者修改的線上資料庫的測試環境配置，程式如下：

```
// 第 14 章 /library-xxl-job/xxl-job-admin/application.properties
spring.datasource.url=jdbc:mysql://49.234.46.199:3306/library_v1?useUnicode
=true&characterEncoding=UTF-8&autoReconnect=true&serverTimezone=Asia/Shanghai
spring.datasource.username=root
spring.datasource.password=ASDasd@123
spring.datasource.driver-class-name=com.mysql.cj.jdbc.Driver
```

在 IDEA 工具的右側欄中開啟 Maven 選單，在 xxl-job 下先清除專案，然後執行 compile 編譯，最後執行 package 打包專案的 JAR 套件，這樣在 xxl-job-admin 子模組的 target 資料夾中就可以找到生成的專案 JAR 套件，JAR 套件名為 xxl-job-admin-2.4.0.jar，如圖 14-36 所示。

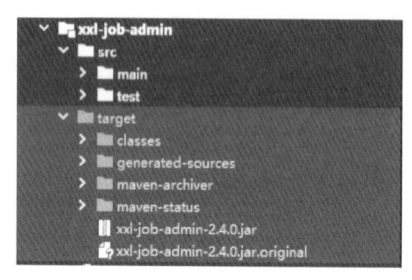

▲ 圖 14-36 打包 XXL-JOB 專案

開啟伺服器，在根目錄下使用命令新建一個 library 資料夾，並在 library 資料夾中再建立一個 xxl_job 資料夾，用來儲存 XXL-JOB 專案的 JAR 套件，按循序執行的命令如下：

```
[root@xyh /]#mkdir library
[root@xyh /]#cd library/
[root@xyh library]#mkdir xxl_job
```

首先進入 xxl_job 資料夾中，然後將專案的 JAR 套件上傳到該檔案下，並執行啟動專案的命令。在使用命令啟動 Java 程式中，-jar 用於指定執行的 JAR 類別檔案，然後將程式的標準輸出和標準錯誤輸出全部重定向到 /dev/null(不輸出任何日誌資訊，專案已經有日誌生成，啟動這裡不再需要日誌)。最後一個 & 符號表示將程式在背景執行，即使關閉 SSH 連接，程式也會在背景持續執行，命令如下：

```
nohup java -jar xxl-job-admin-2.4.0.jar /dev/null 2>&1 &
```

執行完命令後，專案就啟動成功了，在 library 資料夾下多了一個 logs 檔案，然後在 logs 資料夾中有 xxl-job-admin.log 記錄檔，裡面將記錄專案的啟動和操作相關日誌。

3. 修改圖書管理系統測試環境

在 library-admin 子模組中開啟 application-test.yml 設定檔，增加 XXL-JOB 專案測試環境的配置，並將排程中心部署的位址修改為測試環境的位址，然後提交程式並更新測試環境的圖書管理系統專案，程式如下：

```
// 第14章 /library/library-admin/application-test.yml
xxl:
  job:
    admin:
      # 排程中心部署根位址 [選填]： 如果排程中心叢集部署存在多個位址，則用逗點分隔
      addresses: http://49.234.46.199:8088/xxl-job-admin
    # 執行器通訊 TOKEN [選填]： 不可為空時啟用系統預設 default_token
    accessToken: default_token
    executor:
      # 執行器的應用名稱
      appname: library-xxl-job
      # 執行器註冊 [選填]： 優先使用該配置作為註冊位址，當為空時使用內嵌服務 "IP:PORT" 作
# 為註冊位址
      address: ""
      # 執行器 IP [選填]： 預設為空，表示自動獲取 IP，多網路卡時可手動設置指定 IP，該 IP 不會綁
# 定 Host，僅作為通訊使用
      ip: ""
      # 執行器通訊埠編號 [選填]： 如果小於或等於 0，則自動獲取； 預設通訊埠為 9999
      port: 0
      # 執行器執行記錄檔儲存磁碟路徑 [選填]： 需要對該路徑擁有讀寫許可權； 如果為空，則使
# 用預設路徑
      logpath:/library/xxlJob/log
      # 執行器記錄檔儲存天數 [選填]： 過期日誌自動清理，當限制值大於或等於 3 時生效； 否
# 則關閉自動清理功能
      logretentiondays: 30
```

4. 配置測試環境的排程中心

開啟瀏覽器，輸入測試環境的任務排程中心的造訪網址，舉例來說，筆者測試環境的排程中心的網址為 http://49.234.46.199: 8088/xxl-job-admin，由於測試環境使用的是原始的資料表資料庫，所以這裡的登入帳號和密碼都是預設的。進

入任務呼叫中心主控台，先建立一個任務執行器，其中 AppName 的名稱和本地的名稱一致。建立完成後，查看列表中的 OnLine 機器地址是否有 IP 位址連接上，如果有，則說明執行器已經和圖書管理系統連結上了，如圖 14-37 所示。

▲ 圖 14-37　註冊節點

然後建立一個排程任務，並執行一次任務進行測試，查看是否會顯示出錯，如果日誌資訊不顯示出錯，則說明 XXL-JOB 測試環境部署成功了。

本章小結

本章實現了圖書管理系統的相關功能，如圖書管理、圖書借閱、圖書分類及圖書逾期提醒等相關功能。尤其是借閱功能比較複雜，同時結合了第三方的開放原始碼專案 XXL-JOB 實現定時任務開發功能。

Vue.js 篇

第 15 章
探索 Vue.js 的世界，開啟前端之旅

　　專案整體架構採用前後端分離的方式，截至目前，後端功能已基本完成。前端部分則採用開放原始碼的框架進行延伸開發，可以節省前端開發的時間，節約成本。前端的開發主要是資料的展示，以及實現友善的互動頁面。前端採用目前最新的版本 Vue.js 3.0(簡稱 Vue) 進行開發，充分迎合了企業對未來技術的要求，但需要一定的 JavaScript、Vue 的基礎知識，這樣才能更進一步地完成本專案的開發工作。

15.1 Vue.js 快速入門

　　在開發前端專案之前，先來學習 Vue 的基礎知識，對於沒有學習過 Vue 或前端的學習者來講，還是有點難度的，所以這裡需要了解一些 Vue 相關的知識，以便能處理一些常見的問題，這會對專案理解非常有幫助，才能更進一步地為接下來的開發做準備。

15.1.1 Vue.js 簡介

　　Vue 是一款用於建構使用者介面的 JavaScript 框架，它基於標準 HTML、CSS 和 JavaScript 建構，並提供了一套宣告式的元件化的程式設計模型，幫助我們高效率地開發使用者介面。無論是簡單的還是複雜的介面，Vue 都可以勝任。

　　Vue 可以說是 MVVM 架構的最佳實踐，是一個 JavaScript MVVM 函數庫，是一套建構使用者介面的漸進式框架。Vue 的特性主要包括以下幾點。

(1) 響應式資料綁定：資料變化會被自動更新到對應元素中，無須手動操作 DOM，這種行為稱為單向資料綁定。對輸入框等可輸入元素，可設置雙向資料綁定。讓開發者有更多的時間去思考業務邏輯。

(2) 組件化：Vue 採用元件化開發方式，將應用程式劃分為一系列可重複使用的元件，每個元件可以獨立開發、測試和維護，並且可以重複使用。降低了整個系統的耦合性，大大提高了開發的效率和可維護性。

(3) MVVM 架構：Vue 採用了 MVVM 架構，將視圖層和資料層分離，透過 ViewModel 連接 Model 和 View。Model 層負責處理業務邏輯，以及與伺服器端進行互動；View 層負責將資料模型轉為 UI 進行展示，ViewModel 層負責連接 Model 和 View，它是 Model 和 View 之間的通訊橋樑。

(4) 路由管理：Vue 擁有路由管理功能，可以實現 SPA(Single Page Application) 應用。透過路由管理，可以在單頁面應用中實現頁面之間的切換和跳躍。

15.1.2 為什麼選擇 Vue.js

隨著前端技術的高速發展，很多開發者在選擇適合專案的框架時面臨著諸多的選擇，在許多的前端框架中，Vue 以其簡潔、靈活和高效的特徵成為許多開發者鍾愛的選擇。尤其是在專案資料互動比較多，並且採用前後端分離的結構，選擇 Vue 是開發專案的不二選擇。下面將討論為何選擇 Vue 成為前端專案開發的選擇。

1. 輕量級但功能強大

Vue 是一個輕量級的框架，這表示它不會引入過多的複雜性和容錯。儘管它體積小巧，但功能卻十分強大。Vue 包含了易於使用的 API，使開發人員能夠快速地建構可擴充的使用者介面。

2. 響應式資料綁定

Vue 引入了響應式資料綁定的概念，使視圖與資料之間的關係更加緊密。當資料發生變化時，視圖會自動更新，無須手動操作 DOM。這種響應式的特性減少了開發者的工作量，提高了程式的可維護性。同時，Vue 還提供了豐富的指令和生命週期鉤子，使開發者能夠更靈活地控制應用的行為。

3. 元件化開發

Vue 採用了元件化的開發方式，這表示可以將使用者介面分解為一系列可重用的元件。這種架構可以使程式更加模組化和可維護，從而降低專案複雜度和開發成本。

4. 社區支援

Vue 擁有一個龐大而活躍的社區，開發者可以在社區中獲得豐富的資源和支援。社區貢獻了大量外掛程式、元件和工具，豐富了 Vue 生態系統。此外，Vue 的文件清晰易懂，對於開發者來講是一個強大的學習和查詢工具。

5. 虛擬 DOM 的高效性

Vue 採用了虛擬 DOM 的概念，這是現代前端框架中的一項關鍵技術。虛擬 DOM 允許框架在記憶體中維護一份虛擬的 DOM 樹，透過與實際 DOM 進行比對，找出最小的更新集合，然後只更新需要變化的部分。這樣的最佳化能夠顯著地提高應用的性能，尤其在大型和複雜的應用中。

6. 性能的優越性

由於虛擬 DOM 的存在，Vue 可以更精確地追蹤資料的變化，並最小化 DOM 操作，從而提高性能。Vue 的著色過程經過最佳化，使頁面的更新更加迅速，使用者體驗更加流暢。這對於要求高性能和快速回應的現代應用來講是至關重要的。

15.1.3 Ant Design Vue 簡介

Ant Design Vue 是螞蟻金服 Ant Design 官方唯一推薦的 Vue 版 UI 組件庫，是遵循 Ant Design 的 Vue 組件庫。它被認為是 Ant Design 的 Vue 實現，組件的風格與 Ant Design 保持同步，元件的 html 結構和 css 樣式也保持一致。在前端專案中，使用的 Ant Design Vue 元件為 4.0 以上版本。

Ant Design Vue 是使用 Vue 實現的遵循 Ant Design 設計標準的高品質 UI 元件庫，用於開發和服務於企業級背景產品，其特性包括提煉自企業級背景產品的互動語言和視覺風格，以及開箱即用的高品質 Vue 組件。此外，它也支援現代瀏覽器和 IE9 及以上 (需要 polyfills)，並且支援伺服器端著色。

1. 特性

(1) 高品質的 UI 組件： Ant Design Vue 提供了一系列高品質的 UI 元件，可以滿足各種不同的需求。

(2) 響應式設計： Ant Design Vue 的元件都是響應式的，可以適應不同的裝置和螢幕尺寸。

(3) 包含豐富的元件和範本：可以幫助開發者快速地建構出自己的頁面。

(4) 支援動態路由和選單：可以根據後端傳回的資料自動著色出選單和路由，使開發工作更加高效便捷。

(5) 擁有良好的文件和社區支援： 可以快速掌握框架的使用方法，並解決遇到的問題。

2. 引入 Ant Design Vue

接下來，介紹 Ant Design Vue 的安裝，共有 3 種安裝方式。

1) 使用 npm 或 yarn 安裝

在專案開發中，推薦使用 npm 或 yarn 的方式進行開發，其中的好處是不僅可以在開發環境中輕鬆偵錯，還可以在生產環境中打包部署，享受整個生態圈和工具鏈帶來的諸多好處，安裝命令如下：

```
# 使用 npm 安裝
npm install ant-design-vue -save
# 使用 yarn 安裝
yarn add ant-design-vue
```

2) 瀏覽器引用

在瀏覽器中使用 script 和 link 標籤直接引入檔案，並使用全域變數 antd。在 npm 發佈套件內的 ant-design-vue/dist 目錄下提供了 antd.js、antd.css、antd.min.js 及 antd.min.css，範例程式如下：

```
import 'ant-design-vue/dist/antd.css';
// 或
import 'ant-design-vue/dist/antd.less'
```

3) 隨選載入

　　隨選載入有兩種方式，它們都可以只載入用到的元件，一種是使用 babel-plugin-import 進行隨選載入，加入該外掛程式後，可以省去 style 的引入，但這種方式仍然需要手動引入元件，而且還要使用 babel，程式如下：

```
import { Button } from 'ant-design-vue';
```

　　另一種如果使用的是 Vite，則官方推薦使用 unplugin-vue-components 實現隨選載入，可以不需要手動引入元件，能夠讓開發者就像通用元件那樣進行開發，但實際上又是隨選引入，並且不限制打包工具，不需要使用 babel，安裝命令如下：

```
npm install unplugin-vue-components -D
```

範例程式如下：

```
import { defineConfig } from 'vite';
import Components from 'unplugin-vue-components/vite';
import { AntDesignVueResolver } from 'unplugin-vue-components/resolvers';
export default defineConfig({
  plugins: [
    //...
    Components({
      resolvers: [
        AntDesignVueResolver({
          importStyle: false, //css in js
        }),
      ],
    }),
  ],
});
```

　　舉例來說，使用按鈕的元件可以在程式中直接引入 ant-design-vue 的 Button 元件，外掛程式會自動將程式轉為 import { Button } from 'ant-design-vue' 的形式，程式如下：

```
<template>
  <a-button> 按鈕 </a-button>
</template>
```

15.2 Vue.js 專案環境準備

Node.js 是一個能夠在伺服器端執行 JavaScript 的開放原始程式碼，是一個跨平臺 JavaScript 執行環境。在執行 Vue 專案時，需要安裝 Node.js 環境。在開發前端專案時，還需要開發工具，目前企業用得比較多的是 Visual Studio Code 和 WebStorm，其中 WebStorm 和 IDEA 是由一家公司研發的，風格幾乎一致，所以這裡選用 WebStorm 作為前端開發工具。

15.2.1 安裝 Node.js

筆者這裡推薦安裝 20.x 及以上版本，如果本地電腦已經安裝過 Node.js，則需要檢查版本是否符合專案的要求，最低要求在 16.x 以上。

開啟瀏覽器，輸入 Node.js 官方下載的位址 https://nodejs.org/en/download/，然後根據本地電腦的配置，選擇相對應的安裝套件進行下載，筆者在創作本書時，官方提供的最新的穩定版本是 20.9.0，所以這裡選擇 Windows 系統 64 位元的安裝套件進行下載，如圖 15-1 所示。

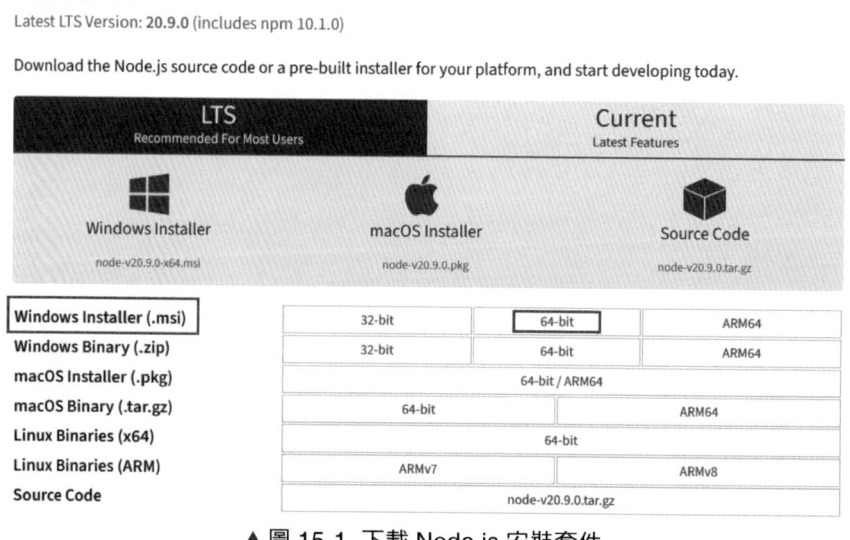

▲ 圖 15-1 下載 Node.js 安裝套件

下載完成之後，雙擊下載的安裝套件 node-v20.9.0-x64.msi 進行安裝，然後根據安裝精靈，點擊 Next 按鈕，一步一步地進行安裝。安裝完成後開啟命令提示視窗，查看 Node.js 的版本資訊，如果可以查到，則說明已安裝成功，如圖 15-2 所示。

```
C:\Users\Administrator>node -v
v20.9.0
```

▲圖 15-2　查看 Node.js 版本資訊

15.2.2　安裝 WebStorm

WebStorm 是 JetBrains 公司旗下的一款 JavaScript 開發工具。目前已經被廣大前端開發者譽為「Web 前端開發神器」。它與 IntelliJ IDEA 開發工具同源，繼承了 IntelliJ IDEA 強大的 JavaScript 部分功能。

筆者以 Windows 系統為例進行安裝，在瀏覽器中輸入 WebStorm 的下載網址 https://www.jetbrains.com.cn/webstorm/，並點擊「下載」按鈕，下載 WebStorm 安裝套件，這裡直接下載當前最新的版本即可，官方提供了 30 天免費試用，如圖 15-3 所示。

▲圖 15-3　下載 WebStorm 安裝套件

雙擊 WebStorm 安裝套件，並按照安裝導覽進行安裝，直到安裝完成，安裝完成後，開啟 WebStorm 開發工具，就會發現和使用的 IntelliJ IDEA 介面風格幾乎差不多，方便開發中快速入手。

15.3 前端專案架設

在 15.2 節中，前端專案執行的環境和開發工具都已經安裝完成，接下來架設前端專案，前端專案使用開放原始碼的框架進行延伸開發，這會節約大量的開發時間。本書中使用的前端框架是 Vue-Vben-Admin，在前端開發者中此框架是比較受歡迎的開放原始碼框架。

15.3.1 Vue-Vben-Admin 專案簡介

Vue-Vben-Admin 是一個基於 Vue 3.0、Vite、Ant Design Vue 和 TypeScript 的背景解決方案，目標是為開發中大型專案提供開箱即用的解決方案，其中專案還可以二次封裝元件、utils、hooks、動態選單及許可權驗證等功能，並使用了前端比較流行的技術堆疊，幫助開發者快速架設企業級中背景產品原型。

1. 版本介紹

在官方文件中，提供了兩個版本，版本區別如下。

1) vue-vben-admin 版本

在該版本中，提供了比較全面的 Demo 前端頁面範例及外掛程式的使用整合方式，可以供開發者參考。使用該版本進行開發需要對專案目錄比較熟悉，否則延伸開發會相對比較困難，同時也是作者還在維護的版本，所以本專案選擇在此基礎上進行開發。

2) vue-vben-admin-thin 版本

該版本是 vue-vben-admin 的精簡版本。在程式中刪除了相關範例、多餘的檔案和功能。這裡可以根據自身的需求安裝對應的相依。在原始程式倉庫中看到，作者已經很久沒有維護該版本的程式了，所以這裡不選擇精簡版的版本進行開發。

2. 下載

獲取 vue-vben-admin 專案需要從 GitHub 中下載，在存放前端專案檔案夾中 (存放程式的目錄及所有父級目錄不能存在中文、韓文、日文及空格，否則安裝相依後啟動會出錯)。首先按右鍵滑鼠，開啟 Git Bash here 命令列視窗，然後使用 Git 命令將程式檔案從 GitHub 倉庫中下載下來，其下載的版本為當前最新版本，命令如下：

```
git clone https://github.com/vbenjs/vue-vben-admin.git
```

等待程式檔案下載完成，如果 Git 命令列視窗中出現以下內容，則說明已經下載完成。如果下載失敗，則可在本書的書附資源中獲取，如圖 15-4 所示。

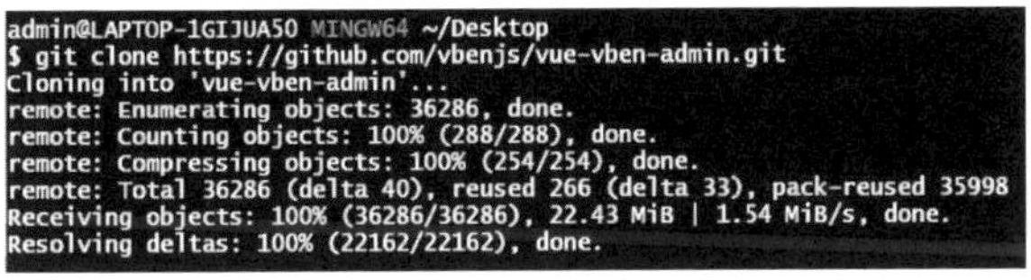

▲圖 15-4 下載 vue-vben-admin 專案程式

將下載的程式檔案名稱改為 library-admin-web，並將程式檔案中的 .git、.github、.husky 和 .vscode 檔案刪除。

3. 程式管理

開啟 Gitee 程式託管平臺，新建一個管理前端程式的倉庫 Library Admin Web，在選擇分支模型時，可以選擇生產 / 開發模型 (支援 master/develop 類型分支)，這樣在建立程式倉庫時會建立 master 和 develop 兩個程式分支。在專案開發的過程中使用 develop 分支作為開發，這樣可以更加有效地管理程式的版本資訊，如圖 15-5 所示。

▲ 圖 15-5　建立前端程式倉庫

接下來，可參照第 4.4 節的內容，將本地前端程式提交到 Gitee 倉庫中，筆者這裡不再演示連接的過程。提交完成後修改分支的配置，將 develop 作為預設分支，同時程式要從 master 分支同步到 develop 分支中。

15.3.2　啟動專案

前端專案程式已經準備完成，在 WebStorm 中開啟專案執行之前還需要安裝前端相關相依，否則會出現各種相關問題，從而導致啟動失敗。

1. 安裝相依

使用 pnpm 安裝相依，如果電腦沒有安裝過 pnpm，則需要開啟命令提示視窗，並使用下面命令進行全域安裝。安裝完成後，再使用 pnpm -v 查詢對應的版本來驗證是否安裝成功，命令如下：

```
# 全域安裝 pnpm
npm install -g pnpm
# 驗證
pnpm -v
```

如果已經安裝過了，則再執行安裝命令時會執行更新版本操作，如圖 15-6 所示。

▲圖 15-6　全域安裝 pnpm

2. WebStorm 匯入專案

開啟 WebStorm 開發工具，在工具的首頁中點擊 Open 選擇，然後選擇該專案檔案，點擊 OK 按鈕，這樣就可以將專案匯入進來了，如圖 15-7 所示。

▲圖 15-7　WebStorm 匯入前端專案

在專案的根目錄下，以管理員身份執行命令列視窗，並執行安裝相依的操作，命令如下：

```
# 安裝相依
pnpm i
```

執行完命令後，耐心地等待安裝完成，如圖 15-8 所示。

▲ 圖 15-8　安裝專案相依

3. 執行專案

在 WebStorm 開發工具中，開啟 Terminal 主控台，在專案的根目錄下，執行啟動命令，命令如下：

```
pnpm serve
// 或
npm run dev
```

等待啟動，如果出現 ready in …ms，則說明已經啟動成功了，其中 Local 的值是存取前端頁面的網址，如圖 15-9 所示。

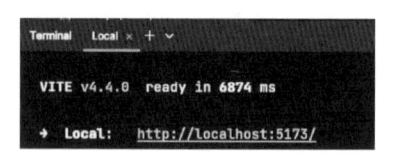

▲ 圖 15-9　啟動前端專案

開啟瀏覽器，在網址欄中輸入 https://localhost: 5173/，存取前端頁面，等待前端載入完成，然後便可以進入登入介面，如圖 15-10 所示。

▲ 圖 15-10 登入介面

帳號和密碼是預設的，無須改動，然後點擊「登入」按鈕，進入後端管理的首頁，如圖 15-11 所示。

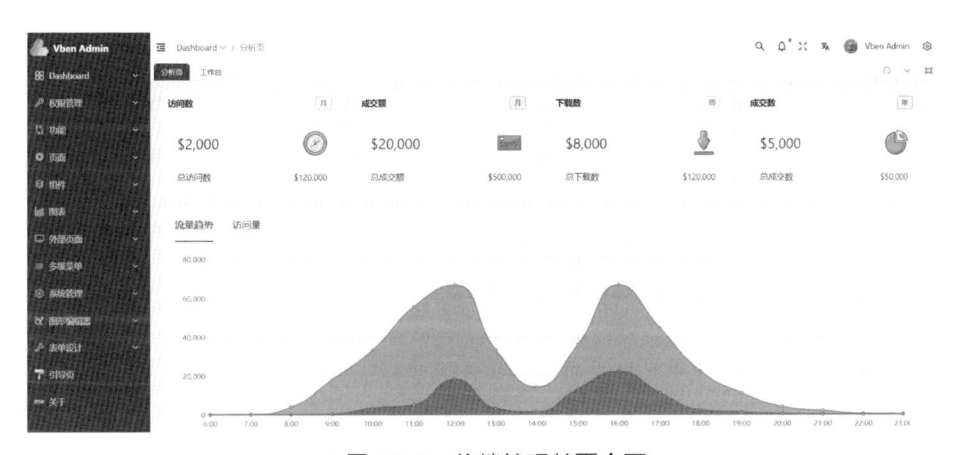

▲ 圖 15-11 後端管理首頁介面

本章小結

本章主要介紹了 Vue 相關的基礎知識，並了解了為什麼選擇 Vue 作為背景管理專案的開發語言，同時還介紹了專案使用的元件 Ant Design Vue。架設了前端專案執行的環境和開發工具的安裝。最後將專案原始程式下載到本地並成功執行。從第 16 章開始，就開始前端的功能開發，相對於後端開發會稍微比較簡單。

第 16 章
前端基礎功能實現

本章將對前端專案的程式進行修改,並根據圖書管理系統相關功能進行完善。舉例來說,環境變數配置、專案頁面的配置、Logo 圖片和頁面配置等操作,然後根據介面文件對接後端專案的介面完成登入、登出等功能。

16.1 修改前端專案相關配置項

專案的配置項用於修改專案的配色、版面配置、快取、多語言、元件預設配置。專案的環境變數配置位於專案根目錄下的 .env、.env.development 和 .env.production 設定檔,其中還有 .env.analyze 和 .env.docker 環境配置在本專案中不需要,可以刪除。

在專案中使用了 ESLint 語法規則和程式風格檢查,它的目標是保證程式的一致性和避免錯誤,這裡筆者推薦使用該工具約束程式的撰寫。如果不想進行程式檢查,則可以在專案根目錄的 .eslintignore 檔案中增加一個 /src 的配置,此時 ESLint 就不會對 src 檔案下的所有程式進行檢查了。

16.1.1 環境變數配置

使用 WebStorm 開發工具開啟前端專案,修改專案執行相關配置項。

1. 修改 .env 全域配置

該檔案適用於專案所有的環境,可以設置網站標題,結合本專案的實際需求,修改如下:

16-1

```
# 網站標題
VITE_GLOB_APP_TITLE = 圖書管理
```

2. 修改 .env.development 本地環境配置

在本地環境 (開發環境) 配置中，提供了是否啟用模擬資料的開關、資源公共路徑、對接後端介面位址的配置。現在需要對接後端介面的資料，不需要使用模擬的資料支撐，將 VITE_USE_MOCK 改為 false，關閉 mock 資料。

接著，對接後端的介面位址，使用 VITE_GLOB_API_URL 配置後端介面位址。全域的檔案上傳也可以在 VITE_GLOB_UPLOAD_URL 中配置上傳檔案介面位址，程式如下：

```
// 第16章 /library-admin-web/.env.development
# 是否開啟 mock 資料，關閉時需要自行對接後端介面
VITE_USE_MOCK = false
# 資源公共路徑，需要以 / 開頭和結尾
VITE_PUBLIC_PATH = /
#Basic interface address SPA
# 背景介面父位址 ( 必填 )
VITE_GLOB_API_URL=/api/library
#File upload address，optional
# 全域通用檔案上傳介面
VITE_GLOB_UPLOAD_URL=/api/library/file/upload
#Interface prefix
# 介面位址首碼，有些系統所有介面位址都有首碼，可以在這裡統一增加，方便切換
VITE_GLOB_API_URL_PREFIX=
```

3. 修改 .env.test 測試環境配置

在測試環境中，只需關閉 mock 資料的開關和修改測試環境介面位址。舉例來說，筆者將 VITE_GLOB_API_URL 和 VITE_GLOB_UPLOAD_URL 修改為伺服器的介面位址，程式如下：

```
VITE_GLOB_API_URL=http://49.234.46.199:8085/api/library
VITE_GLOB_UPLOAD_URL=http://49.234.46.199:8085/api/library/file/upload
```

4. 配置前端跨域

在專案的根目錄下的 vite.config.ts 檔案中配置前端請求後端介面位址和跨域的相關操作，開啟該設定檔，然後在 server 中修改相關請求位址，程式如下：

```
// 第16章/library-admin-web/vite.config.ts
server: {
  proxy: {
    '/api/library': {
      target: 'http://localhost:8081/api/library',
      changeOrigin: true,
      ws: true,
      rewrite: (path) => path.replace(new RegExp(`^/api/library`), ''),
      //only https
      //secure: false
    },
    '/api/library/file/upload': {
      target: 'http://localhost:8081/api/library/file/upload',
      changeOrigin: true,
      ws: true,
      rewrite: (path) => path.replace(new RegExp(`^/api/library/file/upload`), ''),
    },
  },
},
```

16.1.2 修改前端接收資料結構

由於前端專案中提供接收後端資料的結構和圖書管理系統中介面傳回的資料不一致，所以需要修改配置以符合後端介面傳回資料的格式。

1. Axios 簡介

Axios 是一個基於 Promise 用於瀏覽器和 Node.js 的 HTTP 用戶端，它本身具有以下特徵。

(1) 從瀏覽器中建立 XMLHttpRequest。

(2) 從 Node.js 檔案中建立 http 請求。

(3) 支援 Promise API。

(4) 攔截請求和回應。

(5) 轉換請求和回應資料。

(6) 取消請求。

(7) 自動轉換 JSON 資料。

(8) 用戶端支援防止 XSRF 攻擊。

2. 介面傳回統一處理

先修改介面以傳回統一 Result 中的資料，開啟專案 types 資料夾下的 axios.d.ts 檔案，將 Result 中的參數改為後端介面傳回的參數，程式如下：

```
export interface Result<T = any> {
  code: number;
  msg: string;
  data: T;
}
```

在前端專案中，Axios 請求封裝存放於 src/utils/http/axios 資料夾的內部，只需修改資料夾中的 index.ts 檔案，其餘的檔案無須修改。開啟 index.ts 檔案，找到用來處理請求資料的 transformResponseHook 鉤子函數，然後將 Axios 回應物件中的 data 屬性賦值給一個名為 responseBody 的常數。

接著，對介面傳回的狀態碼進行處理，如果介面的 code 傳回的值為 200，則表示介面請求成功，直接傳回 data 裡的資料；如果傳回的 code 值為 401，則清除 token 值並退出系統；如果有其他的錯誤，則提示顯示出錯資訊。在程式中將 hasSuccess 整合到 switch 中，程式如下：

```
// 第16章 /library-admin-web/src/utils/http/axios/index.ts
    //data 與後端傳回欄位名稱衝突，映射為 responseBody
    const { data: responseBody } = res;
    if (!responseBody) {
      //return '[HTTP] Request has no return value';
      throw new Error(t('sys.api.apiRequestFailed'));
    }
    // 對接後端傳回格式，將 result 改為 data，將 message 改為 msg，需要在 types.ts 內修改為專案
// 自己的介面傳回格式
    const { code, data, msg } = responseBody;
    // 如果不希望中斷當前請求，則傳回資料，否則直接拋出例外
    let timeoutMsg = '';
    switch(code) {
      case ResultEnum.SUCCESS:
      //200 OK，直接傳回結果
        return data;
      case ResultEnum.TIMEOUT:
        timeoutMsg = t('sys.api.timeoutMessage');
        const userStore = useUserStoreWithOut();
        userStore.setToken(undefined);
        userStore.logout(true);
```

```
      break;
    default:
      // 其他所有錯誤，必須有 msg
      if (msg) {
        timeoutMsg = msg;
      }
      break;
  }
  //errorMessageMode='modal' 時會顯示 modal 錯誤彈窗，而非訊息提示，用於一些比較重要的錯誤
  //errorMessageMode='none' 一般在呼叫時明確表示不希望自動彈出錯誤訊息
  if (options.errorMessageMode === 'modal') {
    createErrorModal({ title: t('sys.api.errorTip'), content: timeoutMsg });
  } else if (options.errorMessageMode === 'message') {
    createMessage.error(timeoutMsg);
  }
  throw new Error(timeoutMsg || t('sys.api.apiRequestFailed'));
},
```

在 switch 中的判斷條件用到了 ResultEnum 列舉，但列舉中屬性對應的值要改成後端提供的值。例如後端介面的成功狀態碼為 200，這裡需要將 SUCCESS 的值改為 200，將 ERROR 改為 500，程式如下：

```
export enum ResultEnum {
  SUCCESS = 200,
  ERROR = 500,
  TIMEOUT = 401,
}
```

16.2 登入 / 退出功能實現

在前端專案中實現登入和退出功能，只需對接後端的介面和修改相關的配置。可以參考介面文件進行介面對接或參照後端專案的介面進行對接，這裡筆者推薦使用介面文件對接介面。

在前端專案中，已經提供了介面對接的相關標準，介面將統一存放於 src/api/ 資料夾下面進行管理，統一管理 api 請求函數。專案中提供了一些介面管理的範例，這裡可以將其刪除，只保留 api/demo 資料夾中的 error.ts 檔案和 sys 資料夾，如圖 16-1 所示。

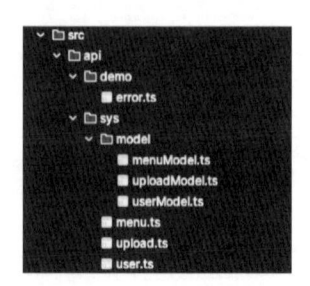

▲ 圖 16-1 介面管理目錄

16.2.1 使用者登入

在登入業務流程中，由於使用者登入需要先獲取圖形驗證碼的值，然後填寫帳號、密碼和驗證碼的值並將它們一起提交到後端登入介面中，所以這裡需要先獲取圖形驗證碼。開啟 src/api/sys 資料夾下的 user.ts 介面檔案，在該檔案中主要存放對接後端介面的請求位址。

1. 增加圖形驗證碼

在 Api 列舉中增加一個獲取圖形驗證碼的介面位址，程式如下：

```
enum Api {
  // 獲取圖形驗證碼
  GetLoginCode = '/web/captcha',
}
```

在該檔案中增加一個圖形驗證碼匯出的 getLoginCode 函數，用於獲取登入驗證碼，該函數呼叫了 defHttp.get 方法，並傳入一個配置物件作為參數，其中包含請求的 URL，將一個 GET 請求發送到指定的 Api.GetLoginCode 介面，並傳回一個 Promise 物件，用於非同步處理回應資料，程式如下：

```
export function getLoginCode() {
  return defHttp.get<string[]>({ url: Api.GetLoginCode });
}
```

在登入介面中，增加一個填寫驗證碼的輸入框，並將圖形驗證碼放在輸入框的尾部，供使用者查看。在 src/views/sys/login 的資料夾中新建一個 LoginCode.vue 實現圖形驗證碼的檔案。在該檔案中實現驗證碼的獲取，使用 onMounted 鉤子，在元件載入時立即執行 fetchLoginCode 函數，從而在刷新頁面時會請求該介面獲取驗證碼。同時，點擊圖片時也會執行相同的請求。這樣就能確保無論是刷新頁面還是點擊圖片都能及時地獲取最新的驗證碼資訊。以下是部分實現的程式，詳細程式可在本書提供的書附資源中獲取，程式如下：

```ts
// 第 16 章 /library-admin-web/src/views/sys/login/LoginCode.vue
<template>
  <a-input v-bind="$attrs" :class="prefixCls" :size="size" :value="state">
    <template #suffix>
        <span></span>
        <img id="canvas" @click="onClickImage" :src="imgurl" />
    </template>
  </a-input>
</template>
<script lang="ts">
  import { defineComponent, onMounted, ref } from 'vue';
  import { useDesign } from '@/hooks/web/useDesign';
  import { useRuleFormItem } from '@/hooks/component/useFormItem';
  import { getLoginCode } from '@/api/sys/user';

  const props = {
    value: { type: String },
size: { type: String, validator: (v) => ['default', 'large', 'small'].includes(v) },
};
export default defineComponent({
  name: 'CaptchaInput',
  props,
  setup: function (props) {
    const { prefixCls } = useDesign('countdown-input');
    const [state] = useRuleFormItem(props);
    const imgurl = ref();
    const fetchLoginCode = () => {
        getLoginCode().then((data: any) => {
            imgurl.value = data;
        });
    };
    onMounted(fetchLoginCode);
    const onClickImage = () => {
        fetchLoginCode();
    };
    return { prefixCls, state, onClickImage, imgurl };
  },
});
```

開啟 src/locales/lang/en 資料夾下的 sys.json 檔案，在檔案的最後增加一個驗證程式碼區段，然後在 en 資料夾同級的 zh-CN 資料夾下的 sys.json 檔案中增加該欄位的中文名稱，程式如下：

```
//src/locales/lang/en 檔案下的 login 物件中
"captcha": "Captcha",
//src/locales/lang/zh-CN 檔案下的 login 物件中
"captcha": " 驗證碼 ",
```

開啟 LoginForm.vue 登入檔案，在 template 標籤中的密碼輸入框下面增加驗證碼的元件，程式如下：

```
// 第 16 章 /library-admin-web/src/views/sys/login/LoginForm.vue
    <!-- 圖形驗證碼 -->
    <FormItem name="code" class="enter-x">
     <Captcha
       size="large"
       class="fix-auto-fill"
       v-model:value="formData.code"
       :placeholder="t('sys.login.captcha')"
     />
    </FormItem>
```

接著，在 script 標籤中引入圖形驗證碼的元件，並在 formData 物件中刪除預設的 account(帳號) 和 password(密碼) 屬性預設的值，並再增加一個 code 屬性，用於儲存驗證碼資訊，程式如下：

```
import Captcha from "./LoginCode.vue"
const formData = reactive({
  account: '',
  password: '',
  code: '',
});
```

在請求登入的介面參數中，將從頁面獲取的驗證碼的值賦值給 verifyCode，該參數是對應後端登入介面的驗證碼，程式如下：

```
// 第 16 章 /library-admin-web/src/views/sys/login/LoginForm.vue
    const userInfo = await userStore.login({
        password: data.password,
        username: data.account,
        verifyCode: data.code,
        mode: 'none', // 不要預設的錯誤訊息
    })
```

然後在 userModel.ts 檔案中請求傳參的 LoginParams 中增加 verifyCode 欄位，程式如下：

```
export interface LoginParams {
    username: string;
    password: string;
    verifyCode: string;
}
```

然後修改在登入成功後彈出的使用者登入成功的資訊，將 realName 換成 username，程式如下：

```
notification.success({
  message: t('sys.login.loginSuccessTitle'),
  description: `${t('sys.login.loginSuccessDesc')}: ${userInfo.username}`,
  duration: 3,
});
```

啟動後端專案，如果不啟動 XXL-JOB 專案，則在圖書管理系統啟動時主控台會顯示出錯，但是不影響專案的執行。重新啟動前端專案，然後在瀏覽器中存取管理平臺會發現圖形驗證碼已經生成，刷新頁面或點擊驗證碼也會重新生成新的圖形驗證碼。到此，驗證碼的功能已經完成，如圖 16-2 所示。

▲圖 16-2　登入圖形驗證碼獲取

2. 登入介面對接

有了驗證碼之後，就可以實現登入功能了，首先需要對接後端登入的介面。

(1) 開啟使用者 Api 管理的 user.ts 介面檔案，在 Api 列舉中修改登入介面和獲取當前使用者資訊的位址，程式如下：

```
// 登入
Login = '/web/login',
// 獲取當前使用者
GetUserInfo = '/user/info',
```

修改 loginApi 方法中接收登入後傳回資料的 LoginResultModel 介面，只保留 token 屬性。params 作為參數傳遞給後端，程式如下：

```
// 第 16 章 /library-admin-web/src/api/sys/user.ts
export function loginApi(params: LoginParams, mode: ErrorMessageMode = 'modal') {
  return defHttp.post<LoginResultModel>({
      url: Api.Login,
      params: params,
    },
    {
      errorMessageMode: mode,
    },
  )
}
```

(2) 修改 getUserInfo 方法，當介面請求失敗時，使用 try-catch 方法捕捉異常並執行相應的回呼函數。在該回呼函數中，首先判斷異常是否因為介面逾時或未授權而導致的。如果是由這些原因導致的，則表示使用者登入狀態已過期或無效，需要跳躍到登入介面進行重新登入。

為了實現登入狀態的跳躍，呼叫 useUserStoreWithOut 方法獲取一個 userStore 物件，然後透過該物件的 setToken 方法來清空使用者的登入權杖。同時，還呼叫 setAuthCache 方法來清空本地快取中的登入權杖。最後，使用 router.push 方法實現頁面的跳躍，將路由位址設置為登入頁面的網址，程式如下：

```
// 第 16 章 /library-admin-web/src/api/sys/user.ts
export function getUserInfo() {
  return defHttp.get({ url: Api.GetUserInfo }, {}).catch((e) => {
    // 捕捉介面逾時異常，跳躍到登入介面
    if (e && (e.message.includes('timeout') || e.message.includes('401'))) {
```

```
      // 當介面不通時跳躍到登入介面
      const userStore = useUserStoreWithOut();
      userStore.setToken('');
      setAuthCache(TOKEN_KEY, null);
      router.push(PageEnum.BASE_LOGIN);
    }
  });
}
```

（3）開啟 src/store/modules 資料夾下的 user.ts 介面檔案，修改 getUserInfoAction 非同步函數，刪除關於角色的相關程式，程式如下：

```
// 第16章 /library-admin-web/src/store/modules/user.ts
  async getUserInfoAction(): Promise<UserInfo | null> {
    if (!this.getToken) return null
    const userInfo = await getUserInfo()
    this.setUserInfo(userInfo)
    return userInfo
  },
```

3. 登入頁面設置

在登入頁面可以看到原專案中提供了很多登入方式，但在本專案中並沒有實現那麼多功能，現在先將這些功能隱藏或刪除。開啟 LoginForm.vue 檔案，在 template 標籤中刪除記住我、手機登入、二維碼登入及其他登入方式等功能，然後將各功能對應的檔案也都刪除。

修改註冊按鈕，使註冊的按鈕和登入的按鈕大小保持一致，並將註冊的按鈕放在和登入同一級的 FormItem 標籤中，程式如下：

```
// 第16章 /library-admin-web/src/views/sys/login/LoginForm.vue
<Button
    class="mt-4 enter-x"
    size="large"
    block
    @click="setLoginState(LoginStateEnum.REGISTER)"
>
  {{ t('sys.login.registerButton') }}
</Button>
```

在進入系統的主介面中，左側的功能表列提供了很多範例功能，現在需要去掉範例選單。在 /src/views 目錄中只保留 dashboard 主控台和 sys 資料夾，將其餘的檔案都刪除，並將 /src/router/routes/modules 目錄下模擬資料的 demo 和 formdesign 資料夾刪除。資料夾目錄如圖 16-3 所示。

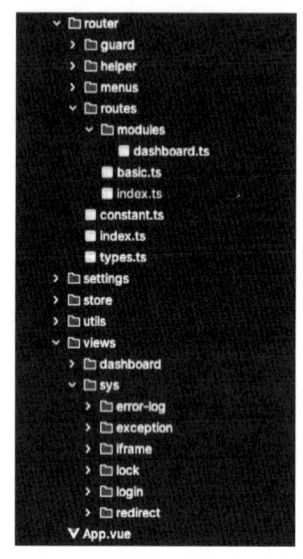

▲ 圖 16-3 刪除左側選單目錄

4. 測試登入

首先啟動前端專案，然後開啟背景管理的登入介面，輸入正確的帳號、密碼和驗證碼，然後點擊「登入」按鈕，這樣就可以正常地進入背景的首頁中了。先將密碼故意輸錯，然後進行登入操作，這時頁面會彈出密碼錯誤訊息框，如圖 16-4 所示。

▲ 圖 16-4 登入密碼錯誤測試

輸入正確的帳號和密碼，然後輸入錯誤的驗證碼，執行登入操作，此時登入介面中會彈出「驗證碼不正確或已過期」的提示，這說明後端的驗證是正確的，如圖 16-5 所示。

▲圖 16-5 登入驗證碼錯誤測試

16.2.2 使用者退出

退出功能相對於登入比較簡單，只需修改 API 管理中的退出介面的位址，開啟 user.ts 介面檔案，修改退出的介面位址，程式如下：

```
// 退出
Logout = '/web/logout',
```

先執行登入操作，進入背景管理中，當將滑鼠浮上系統右上角的圖示或帳號時會出現退出系統的選項，然後點擊「退出系統」選項。隨後在頁面中央會彈出提示框，提示是否確認退出系統，如果點擊「確定」按鈕，則會傳回登入介面，退出系統成功，如圖 16-6 所示。

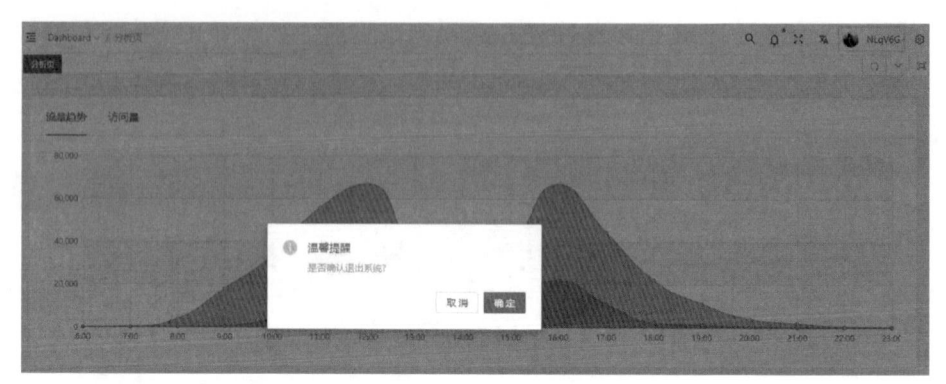

▲圖 16-6 退出系統

16.3 使用者註冊與忘記密碼功能實現

在實際系統開發的需求中，使用者註冊和忘記密碼的功能是必不可少的，是系統獲取使用者資訊的最直接的方式，只有透過註冊後，才能實現使用者的相關登入和操作，確保了使用者和系統的資訊安全。

16.3.1 使用者註冊前端實現

在使用者註冊的過程中，需要進行手機簡訊驗證碼的驗證，每個手機號碼只能註冊一個使用者。在該功能中首先要連線發送簡訊的介面，當點擊「獲取驗證碼」按鈕時會請求發送驗證碼的介面，然後頁面上就會出現過期時間一分鐘計時的顯示。

1. 獲取註冊驗證碼

開啟 src/api/sys 資料夾下的 user.ts 介面檔案，在 Api 列舉中增加一個獲取簡訊驗證碼和註冊使用者的介面位址，程式如下：

```
// 獲取簡訊驗證碼
GetSmsLoginCode = '/web/sms/captcha',
// 註冊使用者
RegisterApi = '/user/register',
```

首先，在該檔案中定義一個名為 getSmsLoginCode 的函數，使用者請求獲取手機驗證碼的介面，如果請求介面傳回的狀態碼為 200，則說明發送驗證碼成功，呼叫 resolve(true) 將 Promise 物件的狀態設置為已解決，並將 true 作為結果傳遞給後續的處理函數，程式如下：

```
// 第 16 章 /library-admin-web/src/api/sys/user.ts
export function getSmsLoginCode(params) {
  return new Promise((resolve, reject) => {
    defHttp.post({ url: Api.GetSmsLoginCode, params }, { isTransformResponse: false }).
then((res) => {
        console.log(res);
        if (res.code == 200) {
           resolve(true);
        } else {
           createErrorModal({ title: '錯誤訊息', content: res.msg || '未知問題' });
           reject();
        }
    });
  });
}
```

然後增加一個名為 register 的註冊使用者的函數，並使用 params 接收註冊資訊的參數，程式如下：

```
export function register(params) {
  return defHttp.post({ url: Api.RegisterApi, params },
  { isReturnNativeResponse: true });
}
```

在 src/views/sys/login 資料夾下的 RegisterForm.vue 註冊檔案中，建立一個發送驗證碼的函數，呼叫發送的介面，並傳入手機號碼和驗證碼的類型，程式如下：

```
// 第 16 章 /library-admin-web/src/views/sys/login/RegisterForm.vue
   // 發送驗證碼的函數
   function sendCodeApi() {
   const extraParam = 0;
   return getSmsLoginCode({ phone: formData.mobile, captchaType: extraParam });
}
```

在 CountdownInput 封裝的元件中增加一個 :sendCodeApi 屬性，然後呼叫 sendCodeApi 函數，程式如下：

```
// 第 16 章 /library-admin-web/src/views/sys/login/RegisterForm.vue
  <FormItem name="sms" class="enter-x">
    <CountdownInput
      size="large"
      class="fix-auto-fill"
      v-model:value="formData.sms"
      :placeholder="t('sys.login.smsCode')"
      :sendCodeApi="sendCodeApi"
    />
  </FormItem>
```

2. 使用者註冊

接下來，完善 handleRegister 註冊的函數，首先呼叫一個名為 validForm 的非同步函數，並等待其傳回結果，如果 validForm 傳回 false，則直接傳回。否則會非同步呼叫 register 註冊函數進行下一步操作，並使用 toRaw 函數將帳號、密碼、手機號碼和驗證碼發送到後端介面中，進行註冊操作，其作用是將一個響應式物件轉為其對應的普通物件。這樣做的目的是在需要使用原始資料而非響應式資料的情況下，獲取正確的物件。

在 register 註冊函數執行完成後會根據傳回結果進行不同操作。如果傳回的結果物件中的狀態 code 屬性值為 200，則呼叫名為 notification.success 的函數顯示一個成功的提示訊息，並呼叫 handleBackLogin 函數跳躍到登入頁面。否則呼叫名為 notification.warning 的函數顯示一個警告資訊，並提示錯誤資訊，程式如下：

```
// 第 16 章 /library-admin-web/src/views/sys/login/RegisterForm.vue
  // 匯入的套件
  import {getSmsLoginCode, register} from '/@/api/sys/user';
  import {useMessage} from "/@/hooks/web/useMessage";
  const { notification } = useMessage();
  /**
   * 註冊功能
   */
async function handleRegister() {
    const data = await validForm()
    if (!data) return
    try {
        // 更新響應式引用的值
```

```
            loading.value = true;
            const resultInfo = await register(
                // 可以幫助你在需要使用原始資料而非響應式資料的情況下獲取正確的物件
                toRaw({
                    username: data.account,
                    password: data.password,
                    phone: data.mobile,
                    smsCode: data.sms,
                })
            );
            if (resultInfo && resultInfo.data.code == 200) {
                notification.success({
                    message: t('sys.login.registerMsg'),
                    duration: 3,
                });
                handleBackLogin();
            } else {
                notification.warning({
                    message: t('sys.api.errorTip'),
                    description: resultInfo.data.msg || t('sys.api.networkExceptionMsg'),
                    duration: 3,
                });
            }
        } catch (e) {
            notification.error({
                message: t('sys.api.errorTip'),
                description: (e as unknown as Error).message || t('sys.api.networkExceptionMsg'),
                duration: 3,
            });
        } finally {
            loading.value = false;
        }
    }
```

在 /src/locales/lang/zh-CN 資料夾下的 sys.json 檔案的 login 物件中增加一個註冊成功的提示訊息 registerMsg，程式如下：

```
"registerMsg": "註冊成功"
```

3. 測試註冊

首先，啟動前後端專案，在瀏覽器中存取系統的背景登入頁面，然後在登入介面中點擊「註冊」按鈕。此時會切換到使用者註冊的介面，在手機號碼輸入框中輸入註冊的手機號碼，再點擊「獲取驗證碼」按鈕。查看手機上的驗證碼，並填寫到驗證碼輸入框中。接著，填寫帳號、密碼和確認密碼，並勾選隱私政策。最後點擊「註冊」按鈕，實現使用者的註冊功能。舉例來說，筆者註冊了一個 admin 帳號，並填寫了手機號碼、驗證碼和密碼等資訊，如圖 16-7 所示。

▲圖 16-7 使用者註冊

在註冊介面中隱私政策提示可以修改，開啟 /src/locales/lang/zh-CN 資料夾下的 sys.json 檔案，將 policy 的值修改為「我同意圖書管理平臺隱私政策」的字樣，程式如下：

```
policy: '我同意圖書管理平臺隱私政策',
```

到此，使用者註冊功能已經實現。

16.3.2 忘記密碼前端實現

1. 增加忘記密碼介面

開啟 src/api/sys 資料夾下的 user.ts 介面檔案，在 Api 列舉中增加一個忘記密碼的介面位址，程式如下：

```
// 忘記密碼
ForgetPasswordApi = '/user/forget/password',
```

然後增加一個名為 forgetPassword 忘記密碼的函數，實現忘記密碼的操作，程式如下：

```
export function forgetPassword(params) {
  return defHttp.post({ url: Api.forgetPasswordApi, params },
    { isReturnNativeResponse: true });
}
```

2. 實現忘記密碼功能

開啟 src/views/sys/login 資料夾下的 ForgetPasswordForm.vue 檔案，該檔案是封裝的實現忘記密碼功能的元件。在忘記密碼的功能中，也用到了簡訊驗證碼功能，只有驗證通過後才可以重置密碼。

首先在 ForgetPasswordForm 檔案中增加一個獲取簡訊驗證碼的函數，將傳遞的驗證碼類型的值設置為 1，程式如下：

```
function sendCodeApi() {
  const extraParam = 1;
  return getSmsLoginCode({ phone: formData.mobile, captchaType: extraParam });
}
```

然後在獲取驗證的輸入框中呼叫該函數，實現驗證碼獲取操作，程式如下：

```
// 第16章 /library-admin-web/src/views/sys/login/ForgetPasswordForm.vue
    <FormItem name="sms" class="enter-x">
      <CountdownInput
        size="large"
        v-model:value="formData.sms"
        :placeholder="t('sys.login.smsCode')"
        :sendCodeApi="sendCodeApi"
      />
    </FormItem>
```

最後實現 handleReset 重置密碼的函數，定義一個 getFormRules 變數從 useFormRules 中獲取的函數，用於獲取表單的驗證規則。然後定義一個 validForm 從 useFormValid 中獲取的函數，用於進行表單驗證。

接著，在 handleReset 非同步函數中，透過呼叫 validForm 函數來驗證表單資料，並將結果儲存在 data 中。如果驗證不通過，則直接傳回，並將 loading.value 設置為 true，表示正在載入中，然後呼叫 forgetPassword 函數來發送重置密碼的請求。在這裡，使用 toRaw 函數將 formData 轉為普通的 JavaScript 物件，以便正確地傳遞原始資料而非響應式資料。再根據傳回的結果判斷，如果狀態 code 的值等於 200，則表示重置密碼成功，將顯示成功的提示訊息，並呼叫 handleBackLogin 函數傳回登入介面。最後，無論是成功還是失敗，將 loading.value 設置為 false，表示載入結束。實現程式如下：

```
// 第 16 章 /library-admin-web/src/views/sys/login/ForgetPasswordForm.vue
  const { getFormRules } = useFormRules(formData)
  const getShow = computed(() => unref(getLoginState) === LoginStateEnum.RESET_PASSWORD)
  const { validForm } = useFormValid(formRef);
  async function handleReset() {
    const data = await validForm();
    if (!data) return;
    try {
      // 更新響應式引用的值
      loading.value = true;
      const resultInfo = await forgetPassword(
        // 可以幫助你在需要使用原始資料而非響應式資料的情況下獲取正確的物件
        toRaw({
          username: data.account,
          phone: data.mobile,
          verifyCode: data.sms,
        })
      );
      if (resultInfo && resultInfo.data.code == 200) {
        notification.success({
          message: resultInfo.data.msg,
          duration: 3,
        });
        handleBackLogin();
      } else {
        notification.warning({
          message: t('sys.api.errorTip'),
          description: resultInfo.data.msg || t('sys.api.networkExceptionMsg'),
          duration: 3,
        });
      }
    } catch (e) {
      notification.error({
        message: t('sys.api.errorTip'),
        description: (e as unknown as Error).message || t('sys.api.networkExceptionMsg'),
        duration: 3,
      });
    } finally {
      loading.value = false;
```

```
    }
}
```

修改 src/utils/http/axios 資料夾下的 checkStatus.ts 檔案，在 500 錯誤碼中將 errMessage 的值設置為 msg，如果 msg 不存在，則使用 t('sys.api.errMsg500') 來作為預設的錯誤資訊，程式如下：

```
case 500:
    errMessage = msg || t('sys.api.errMsg500');
    break;
```

3. 測試忘記密碼

在瀏覽器中開啟背景管理系統的登入介面，點擊「忘記密碼」字樣，接著需要填寫重置密碼的帳號、手機號碼及使用手機號碼獲取的簡訊驗證碼，最後點擊「重置」即可完成帳號和密碼的重置操作。重置的密碼會以簡訊的形式發送到手機中。

如果沒有接收到重置後的密碼簡訊，則需檢查範本變數 JSON 格式是否錯誤或 JSON 變數屬性與範本預留位置是否一致，由於筆者申請的簡訊範本中的變數為純數字，所以沒有發送成功，只需重新修改範本變數格式或申請一個新的範本，如圖 16-8 所示。

▲ 圖 16-8　重置密碼

16.4 前端專案部署

前端專案的部署通常需要先將專案打包，然後將打類別檔案上傳到伺服器中進行部署，然而在團隊多人開發時部署問題比較麻煩，每次提交程式都要手動到伺服器上發佈，降低了工作效率，而且很容易出錯，所以在本專案中依舊使用 Jenkins 自動化部署前端專案，更加符合企業專案開發的需求。

16.4.1 前端專案部署環境配置

在 Jenkins 中部署前端專案需要做一些準備工作，例如外掛程式的安裝、Node.js 環境的配置及一些全域變數的配置等操作，在配置完準備工作後，就可以在 Jenkins 中新建前端專案的任務了。

1. 安裝 Node.js 外掛程式

進入 Jenkins 的主頁，首先在左邊功能表列中點擊「系統管理」，然後在系統管理中找到外掛程式管理，進入外掛程式管理頁後，選擇 Available plugins(可用外掛程式)，並在搜索欄中輸入 Node.js 就可查詢到該外掛程式，並進行安裝即可，如圖 16-9 所示。

▲圖 16-9 安裝 Node.js 外掛程式

2. 全域配置 Node.js

緊接著要在 Jenkins 中配置 Node.js，在 Jenkins 主頁點擊「系統管理」，然後找到全域工具配置，點擊後進入配置頁中。在介面的最下方找到 Node.js 的配置，點擊「新增 Node.js」按鈕，先給 Node.js 起一個別名。例如筆者起了一個 nodejs v20.9.0，表示 Node.js 為 20.9.0 版本。接著選擇安裝的版本，根據自己本地的 Node.js 的版本進行選擇，其餘的選項保持預設即可，如圖 16-10 所示。

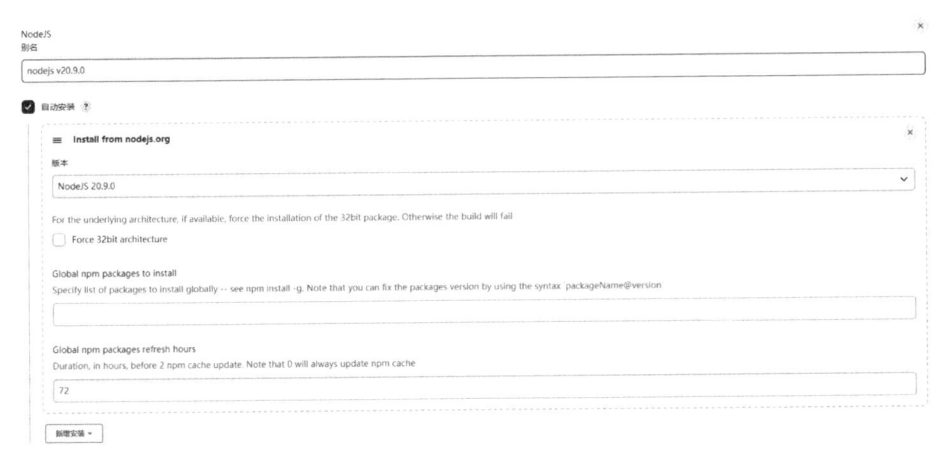

▲ 圖 16-10 全域配置 Node.js

3. 配置遠端伺服器

首先,檢查有沒有安裝 Publish Over SSH 外掛程式,如果沒有安裝,則應先安裝該外掛程式。安裝好之後需要配置 SSH,開啟系統管理中的系統組態,找到 Publish Over SSH 配置項,並在 SSH Servers 中依次填寫伺服器別名、伺服器 IP、使用者名稱及指定進入的目錄資訊,如圖 16-11 所示。

▲ 圖 16-11 配置遠端伺服器

接著還需要配置連接伺服器的密碼 (登入伺服器使用的密碼) 操作,在 SSH Servers 資訊下方點擊「高級」按鈕,勾選 Use password authentication, or use a different key,選擇 Passphrase / Password 使用密碼驗證的方式。還有一種是使用金鑰的方式,這裡不選擇。填寫完成後,在右下角點擊 Test Configuration 按鈕,測試連接是否正常，如果顯示 Success，則說明配置正確，如圖 16-12 所示。

▲ 圖 16-12　測試遠端服務連接

4. 自訂 npm 配置

在建構環境時需要選擇 npm 相關的設定檔，可以選擇自訂的或預設的配置，筆者這裡選擇自訂的配置，使用阿里雲的 npm 鏡像，下載前端相關相依套件時速度比較快。在系統管理中找到 Managed files，進入檔案配置介面中，點擊左側選單的 Add a new Config 選項，然後在右側選項中選擇 Npm config file，點擊 Next 按鈕，如圖 16-13 所示。

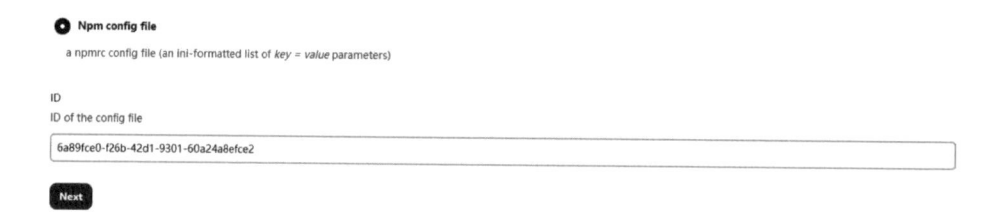

▲ 圖 16-13　增加 npm 配置

接著將 Content 輸入框中的配置全都刪除，然後增加相關配置資訊，填寫完成後，點擊 Submit 按鈕，儲存配置即可，配置資訊如下：

```
registry = https://registry.npm.taobao.org
```

16.4.2　新建任務

Jenkins 部署前端專案的基礎環境已經配置完成，接下來可以新建一個 Jenkins 任務了。

1. 新建 Jenkins 任務

在主介面的左側點擊「新建任務」，定義一個名為 library-admin-web 的任務，然後選擇建構一個自由風格的軟體專案，並點擊「確定」按鈕，如圖 16-14 所示。

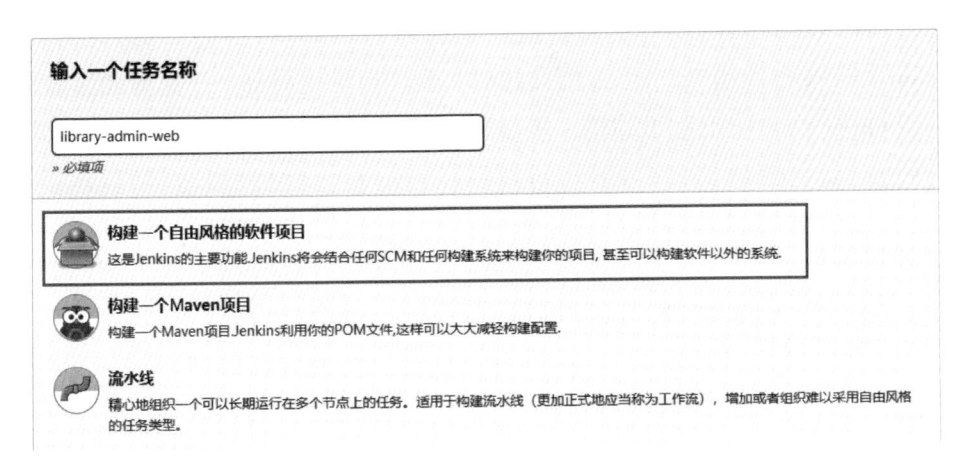

▲ 圖 16-14　建立前端自動化部署任務

2. 任務原始程式管理

在任務配置中找到原始程式管理，並選擇 Git 方式獲取專案程式，在 Repository URL 中填寫前端程式倉庫的位址，對於 Credentials 授權可選擇之前部署後端時增加過的帳號。倉庫的分支選擇 develop 開發分支，如圖 16-15 所示。

▲ 圖 16-15　原始程式管理

3. 建構觸發器

前端專案的自動化執行流程和後端一致，在前端程式被提交到倉庫的 develop 分支後會透過 WebHook 觸發建構，實現自動化發佈。在建構觸發器配置中勾選 Gitee WebHook 觸發建構，觸發建構策略選擇推送程式，其餘的項保持預設，如圖 16-16 所示。

▲ 圖 16-16 選擇觸發建構

開啟 Gitee 程式倉庫，在前端倉庫中找到管理中的 WebHooks 管理，並增加一個 WebHook，其中 URL 網址在勾選 Gitee WebHook 觸發建構時獲取，WebHook 密碼是在 Jenkins 建構觸發器中生成的，接著選擇 Push 事件，最後點擊「增加」按鈕即可增加成功。舉例來說，筆者在倉庫中配置的 WebHook 資訊，如圖 16-17 所示。

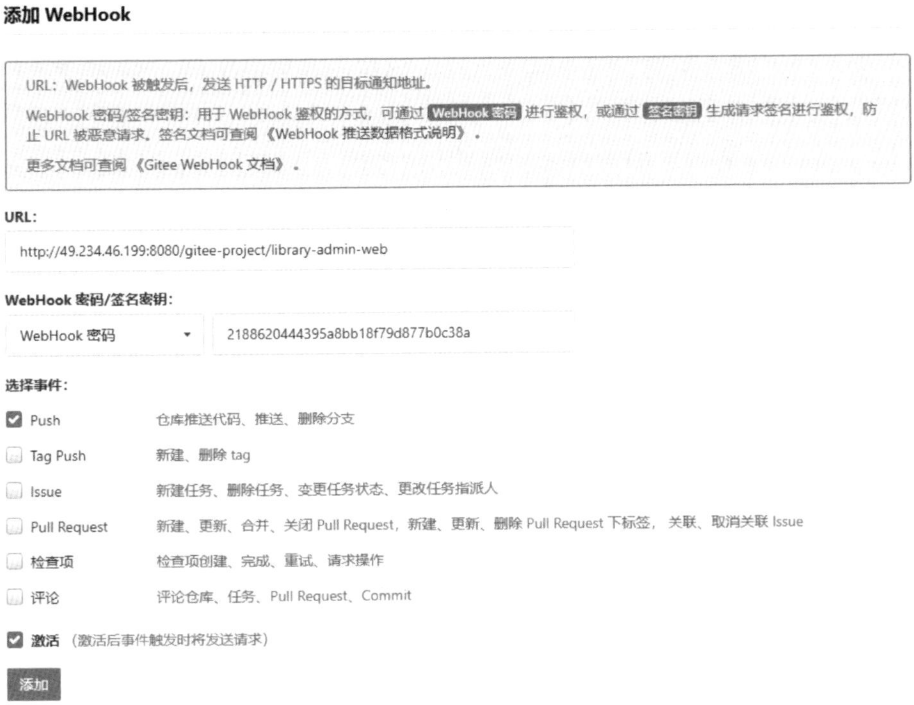

添加 WebHook

URL：WebHook 被觸發後，發送 HTTP / HTTPS 的目標通知地址。
WebHook 密碼/簽名密鑰：用於 WebHook 鑑權的方式，可通過 WebHook密碼 進行鑑權，或通過 簽名密鑰 生成請求簽名進行鑑權，防止 URL 被惡意請求。簽名文檔可查閱《WebHook 推送數據格式說明》。
更多文檔可查閱《Gitee WebHook 文檔》。

URL：
http://49.234.46.199:8080/gitee-project/library-admin-web

WebHook 密碼/簽名密鑰：
WebHook 密碼   2188620444395a8bb18f79d877b0c38a

選擇事件：
- ☑ Push　　　　　倉庫推送代碼、推送、刪除分支
- ☐ Tag Push　　　新建、刪除 tag
- ☐ Issue　　　　新建任務、刪除任務、變更任務狀態、更改任務指派人
- ☐ Pull Request　新建、更新、合併、關閉 Pull Request，新建、更新、刪除 Pull Request 下標籤，關聯、取消關聯 Issue
- ☐ 檢查項　　　　檢查項創建、完成、重試、請求操作
- ☐ 評論　　　　　評論倉庫、任務、Pull Request、Commit
- ☑ 激活　（激活後事件觸發時將發送請求）

添加

▲圖 16-17　增加 WebHook

4. 建構觸發器

在建構環境中勾選 Provide Node & npm bin/ folder to PATH 選項，並提供 Node.js 和 npm 的相關配置。在 Node.js Installation 中選擇安裝好的 Node.js，然後選擇自訂的 npm 設定檔，如圖 16-18 所示。

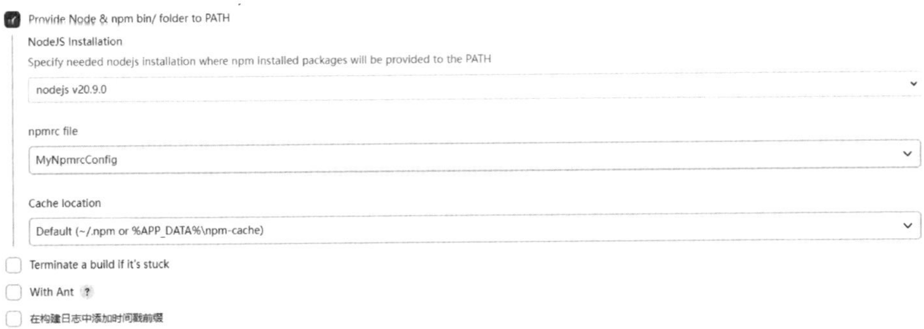

☑ Provide Node & npm bin/ folder to PATH
　NodeJS Installation
　Specify needed nodejs installation where npm installed packages will be provided to the PATH
　nodejs v20.9.0

　npmrc file
　MyNpmrcConfig

　Cache location
　Default (~/.npm or %APP_DATA%\npm-cache)

☐ Terminate a build if it's stuck
☐ With Ant ?
☐ 在構建日誌中添加時間戳前綴

▲圖 16-18　建構環境

5. Build Steps

增加建構步驟，點擊「增加建構步驟」按鈕，先選擇執行 Shell 選項，然後填寫獲取程式後執行的相關命令。首先檢查 npm 和 Node.js 的版本資訊，然後全域安裝 pnpm，接著安裝前端專案的相關相依套件，再使用 pnpm 進行打包並將打包的環境指定為 test，最後將打類別檔案 dist 壓縮為 library-admin-web.tar.gz 壓縮檔，命令如下：

```bash
#!/bin/bash
echo "前端上傳遠端伺服器成功"
echo $(date "+%Y-%m-%d %H:%M:%S")
cd /var/jenkins_home/workspace/library-admin-web
npm -v
node -v
# 全域安裝 pnpm
npm install -g pnpm
# 驗證
pnpm -v
# 安裝相依
pnpm install
echo "************* 專案相依下載完成 ****************"
echo "************* 開始打包前端專案 ****************"
rm -rf ./dist
pnpm build:test
tar -zcvf ./library-admin-web.tar.gz ./dist
echo "************* 前端專案打包完成 ****************"
```

6. 建構後操作

建立任務的最後一步操作，增加建構後的操作步驟，將使用 SSH 的方式將打包的檔案上傳至伺服器中。點擊「增加建構後操作步驟」，選擇 Send build artifacts over SSH，然後填寫相關資訊。

(1) SSH Server Name 中選擇全域配置中自訂的遠端伺服器。

(2) Transfer Set Source files 為目的檔案所在的位置，這裡直接增加前端打包後的壓縮檔名稱即可，舉例來說，library-admin-web.tar.gz。

(3) Remove prefix 為刪除指定的首碼，這裡預設為空。

(4) Remote directory 為遠端伺服器的目錄，即目的檔案會被推送到指定的目錄下。由於在之前配置遠端伺服器中指定進入的目錄為 /data，所以這裡將目

錄配置為 /library-admin-web，最後上傳的專案壓縮檔會被放在伺服器的 /data/library-admin-web 目錄下。

（5）Exec command 為專案檔案推送到遠端伺服器後需要執行的操作，例如解壓縮檔、執行專案等操作，執行的命令如下：

```
cd /data/library-admin-web
echo '將過時的版本重新命名'
if [ -d "dist" ]; then
    # 如果 dist 資料夾存在，則將舊的專案重新命名為 old_dist_ 時間戳記
    timestamp=$(date +%s)
    mv dist old_dist_${timestamp}
fi
# 解壓新的專案檔案
tar -xvf library-admin-web.tar.gz -C /data/library-admin-web
# 刪除專案壓縮檔
rm -rf library-admin-web.tar.gz
# 刪除多餘的舊專案，只保留前 5 個版本
old_projects=$(ls -d old_dist_* | sort -r | tail -n +6)
for project in $old_projects; do
    rm -rf "$project"
done
echo '前端 library 專案部署完畢'
```

整體的建構後的操作如圖 16-19 所示，然後點擊「應用」按鈕，再點擊「儲存」按鈕即可完成配置。

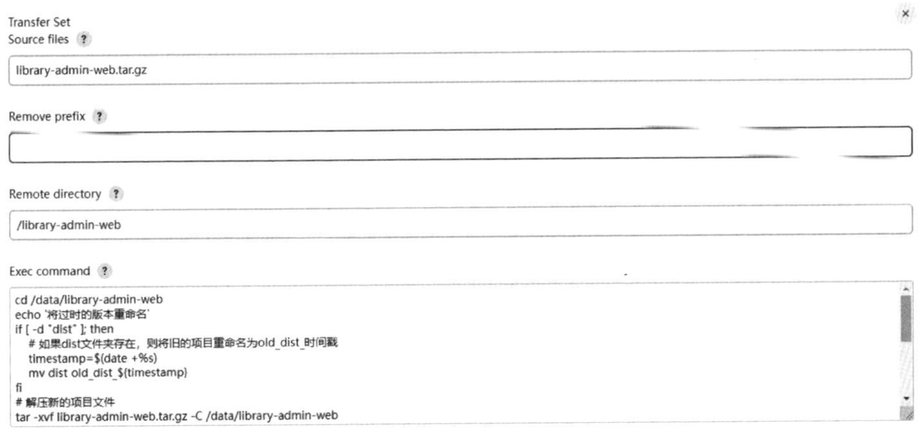

▲ 圖 16-19　建構環境

16.4.3 測試前端專案建構

在 Jenkins 的主介面中先找到 library-admin-web 任務，然後點擊該任務清單後的啟動建構按鈕，執行任務建構操作。等待任務執行完成，然後進入該建構任務的主控台中查看建構日誌，當日誌最後出現 Finished: SUCCESS 資訊時，說明使用 Jenkins 建構前端專案已經部署成功，如圖 16-20 所示。

```
ls: cannot access old_dist_*: No such file or directory
前端library項目部署完毕
SSH: EXEC: completed after 415 ms
SSH: Disconnecting configuration [图书系统服务-server] ...
SSH: Transferred 1 file(s)
Finished: SUCCESS
```

▲圖 16-20 前端專案建構日誌

開啟 XShell 工具，連接到伺服器中，在 /data/library-admin-web 目錄下，可以看到前端打包後的 dist 檔案，如圖 16-21 所示。

```
[root@xyh library-admin-web]# ll
total 4
drwxr-xr-x 4 lighthouse lighthouse 4096 Nov 27 15:32 dist
```

▲圖 16-21 查看伺服器前端打類別檔案

16.4.4 部署 Nginx

Nginx 是一個高性能的 HTTP 和反向代理伺服器，也可以用作郵件代理伺服器。它的特點是佔有記憶體少，併發能力強，事實上 Nginx 的併發能力在同類型的網頁伺服器中表現較好，能支援高達 50000 個併發連接數的回應。Nginx 專為性能最佳化而開發，是一個輕量級、高性能、免費的及可商業化的 Web 伺服器／反向代理伺服器。

1. 下載 Nginx

在瀏覽器中開啟 Nginx 官方下載網站 http://nginx.org/en/download.html，選擇 Stable version(穩定版本) 中的安裝套件下載，筆者這裡選擇創作本書時最新的版本 nginx-1.24.0，直接點擊「nginx-1.24.0」即可下載到本地，如圖 16-22 所示。

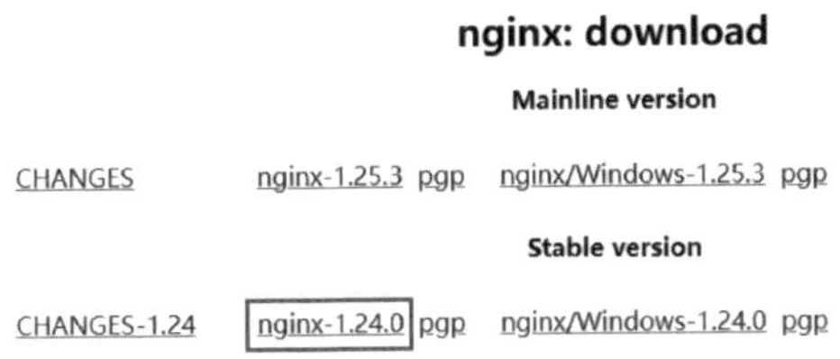

```
                        nginx: download
                        Mainline version
    CHANGES        nginx-1.25.3 pgp    nginx/Windows-1.25.3 pgp
                         Stable version
    CHANGES-1.24   nginx-1.24.0 pgp    nginx/Windows-1.24.0 pgp
```

▲ 圖 16-22 選擇 Nginx 下載的版本

2. 安裝 Nginx

（1）開啟伺服器，在 usr/local 目錄下新建名為 nginx 的資料夾，執行的命令如下：

```
[root@xyh local]#mkdir nginx
# 查看 local 資料夾下的 nginx 資料夾
[root@xyh local]#ls
bin etc games include java lib lib64 libexec maven mysql nginx qcloud redis sbin share src
```

（2）將本地下載的 Nginx 安裝套件透過 sftp 工具上傳到伺服器的 /usr/local/nginx 目錄下，先進入 nginx 目錄下，然後進行解壓操作，命令如下：

```
# 查看 nginx 資料夾下的安裝套件
[root@xyh nginx]#ls
nginx-1.24.0.tar.gz
# 解壓
[root@xyh nginx]#tar -zxvf nginx-1.24.0.tar.gz
# 查看解壓後的檔案
[root@xyh nginx]#ls
nginx-1.24.0nginx-1.24.0.tar.gz
```

（3）進入 nginx-1.24.0 目錄中，檢查相關安裝環境，命令如下：

```
# 進入 nginx 中
[root@xyh /]#cd /usr/local/nginx/nginx-1.24.0/
# 檢查環境
[root@xyh nginx-1.24.0]#./configure
```

如果檢查安裝環境顯示出錯，則需要安裝相關配置，依次執行以下命令，安裝完成之後，再檢查相關環境，就不會有顯示出錯資訊了，命令如下：

```
# 安裝 gcc 函數庫
yum install -y gcc
# 安裝 pcre 函數庫
```

```
yum install -y pcre pcre-devel
# 安裝 zlib 函數庫
yum install -y zlib zlib-devel
# 安裝 openssl 函數庫
yum install -y openssl openssl-devel
```

(4) 接下來編譯 nginx 檔案和安裝，在 nginx-1.24.0 目錄下進行編譯操作，命令如下：

```
[root@xyh nginx-1.24.0]#make
[root@xyh nginx-1.24.0]#make install
```

(5) 編譯執行完成後，檢查是否安裝成功，如果出現以下資訊，則說明已經安裝完成，命令如下：

```
[root@xyh nginx-1.24.0]#whereis nginx
nginx:/usr/local/nginx
```

3. 配置 Nginx

在 nginx 的資料夾中找到 conf 目錄下的 nginx.conf 設定檔，然後使用 vim 編輯 nginx.conf 檔案。首先修改的是存取的通訊埠，Nginx 預設的通訊埠為 80，由於本專案中設置的前端存取的通訊埠為 8083，所以現將 80 通訊埠修改成 8083，然後將 location 中的 root 的值配置為指向前端打類別檔案 dist 的位址，配置如下：

```
server {
      listen        8083;
      server_name   localhost;
      #charset koi8-r;
      #access_loglogs/host.access.logmain;
      location / {
         root    /data/library-admin-web/dist;
         index   index.html index.htm;
      }
      #error_page   404              /404.html;
      #redirect server error pages to the static page /50x.html
      #
      error_page   500 502 503 504  /50x.html;
      location = /50x.html {
         root    html;
      }
   }
}
```

4. 啟動 Nginx

首先進入 /usr/local/nginx/sbin 目錄下,然後在該目錄中啟動 Nginx,命令如下:

```
[root@xyh sbin]#./nginx
```

除此之外,還有 Nginx 關閉、重新載入配置等操作,命令如下:

```
# 停止
[root@xyh sbin]#./nginx -s stop
# 在退出前完成已經接受的連接請求
[root@xyh sbin]#./nginx -s quit
# 重新載入配置
[root@xyh sbin]#./nginx -s reload
```

5. 開啟系統服務

在系統的 nginx.service 中建立啟動服務的指令稿,使用 vim 命令開啟檔案,命令如下:

```
vim /usr/lib/systemd/system/nginx.service
```

然後在該檔案中增加指令檔的內容,增加完成之後,按 :wq 儲存並退出即可,命令如下:

```
[Unit]
# 增加守護,不然會顯示出錯
Description=nginx -web server
# 指定啟動 Nginx 之前需要的其他服務,如 network.target 等
After=network.target remote-fs.target nss-lookup.target

[Service]
#Type 為服務的類型,僅啟動一個主處理程序的服務為 simple,需要啟動若干子處理程序的服務為 forking
Type=forking
PIDFile=/usr/local/nginx/logs/nginx.pid
ExecStartPre=/usr/local/nginx/sbin/nginx -t -c /usr/local/nginx/conf/nginx.conf
# 設置執行 systemctl start nginx 後需要啟動的具體命令
ExecStart=/usr/local/nginx/sbin/nginx -c /usr/local/nginx/conf/nginx.conf
# 設置執行 systemctl reload nginx 後需要執行的具體命令
ExecReload=/usr/local/nginx/sbin/nginx -s reload
# 設置執行 systemctl stop nginx 後需要執行的具體命令
ExecStop=/usr/local/nginx/sbin/nginx -s stop
ExecQuit=/usr/local/nginx/sbin/nginx -s quit
```

```
PrivateTmp=true

[Install]
# 設置在什麼模式下被安裝，設置開機啟動時需要有這個
WantedBy=multi-user.target
```

接下來重新載入系統服務，在伺服器中執行的命令如下：

```
[root@xyh /]#systemctl daemon-reload
```

然後查看 Nginx 目前是否在執行，如果正在執行，則應先停止執行，命令如下：

```
# 查看 Nginx 處理程序
[root@xyh nginx]#ps -ef | grep nginx
# 停止
[root@xyh sbin]#./nginx -s stop
```

停止執行完成後，再使用系統服務啟動 Nginx，然後查看 Nginx 的啟動狀態，命令如下：

```
# 啟動 Nginx
[root@xyh /]#systemctl start nginx.service
# 查看 Nginx 狀態
[root@xyh /]#systemctl status nginx.service
```

當出現 Active: active (running) since……輸出時，說明已經啟動成功，如圖 16-23 所示。

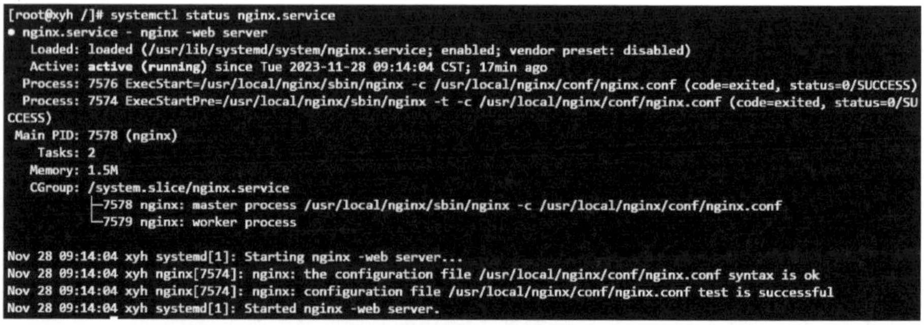

▲圖 16-23　查看 Nginx 的執行狀態

最後配置 Nginx 開機自啟的配置，命令如下：

```
# 開機自啟
[root@xyh /]#systemctl enable nginx
# 檢查開機自啟
[root@Captian ~]#systemctl is-enabled nginx
enabled
```

6. 測試

先檢查伺服器的 /data/library-admin-web 目錄下有沒有 dist 檔案，如果沒有，則應先到 Jenkins 中執行以下前端建構任務，等建構完成後再次檢查 dist 檔案是否存在。如果存在，則開啟瀏覽器，在網址欄輸入伺服器的 IP 和在 Nginx 中配置的通訊埠編號，舉例來說，筆者的存取網址為 http://49.234.46.199: 8083，此時進行存取，就會出現背景管理的登入頁面。這樣前端自動化部署也就完成了，如圖 16-24 所示。

▲圖 16-24 測試環境的登入介面

在之後的開發中，只需將程式提交到 develop 倉庫分支中，就會觸發自動發佈，從而會及時地發佈前端服務。可以在前端專案中建立一個 v1 分支，用來提交開發中的程式，等待合併到 develop 分支後才發佈，從而有效地管理前端服務的版本，這裡不再過多闡述。

本章小結

　　本章開啟了前端功能開發的序幕，首先在本地配置了前端專案啟動的環境，並實現了前端和後端介面的連接和偵錯。同時實現了登入和登出、使用者註冊和忘記密碼等功能的實現。還有對專案至關重要的前端自動化部署工作，目前已成功地將前端專案部署到伺服器中。接下來，將繼續開發背景管理介面和資料的相關對接等功能。

第 17 章
系統管理功能實現

本章將實現前用戶端、選單和角色相關的功能對接,以及系統許可權相關的分配等操作,其中系統的許可權是前後端對接的困難,業務邏輯相對比較複雜一些,對於前端基礎比較薄弱的初學者,要多嘗試動手操作,這樣才能更快地深入學習。

17.1 動態選單生成

前端展示前端左側選單導覽採用的是動態路由的方式,後端會根據使用者的不同許可權分配不同的選單資訊供前端頁面展示。這裡需要注意的是後端許可權的設計只涉及選單目錄層次,並沒有設置按鈕操作等相關的許可權。

17.1.1 系統左側導覽列實現

首先檢查後端專案白名單的介面 URL,在 ApplicationConfig 配置類別中,查看 WHITE_LIST_URL 白名單陣列中的 URL,去掉「/**」全域過濾介面路徑。對除了白名單中的介面位址以外的位址進行許可權管理,程式如下:

```
private static final String[] WHITE_LIST_URL = {
        "/css/**",
        "/js/**",
        "/index.html",
        "/img/**",
        "/fonts/**",
        "/favicon.ico",
        "/web/captcha",
        "/user/register",
        "/user/forget/password",
```

```
            "/web/logout",
            "/web/login",
            "/web/sms/captcha"
    };
```

開啟前端專案，在 src/api/sys 資料夾下的 menu.ts 介面檔案中修改查詢側邊導覽列的介面位址，該介面是根據當前登入使用者查詢所擁有的選單資訊，即為動態選單的實現，程式如下：

```
GetMenuList = '/menu/getMenuList',
```

然後修改根據當前使用者獲取側邊功能表列的 getMenuList 函數，程式如下：

```
export const getMenuList = () => {
  return defHttp.get({ url: Api.GetMenuList });
};
```

17.1.2 許可權處理

背景動態獲取選單，在前端實現的原理是透過介面動態生成路由表，並且遵循一定的資料結構傳回。前端根據需要將該資料處理為可辨識的結構，再透過 router.addRoutes 增加到路由實例，實現許可權的動態生成。

1. 專案配置

首先在專案配置中將系統內許可權模式修改為 BACK 模式。開啟 /src/settings 目錄下的 projectSetting.ts 檔案，然後將 setting 中的 permissionMode 修改為 BACK，程式如下：

```
const setting: ProjectConfig = {
  ......
  // 許可權模式
  permissionMode: PermissionModeEnum.BACK,
};
```

2. 修改路由攔截

首先去掉按鈕等級的路由控制，開啟 src/api/sys 資料夾下的 user.ts 介面檔案，刪除獲取按鈕等級的介面，並刪除相對應的請求介面的 getPermCode 和 testRetry 函數，介面列舉程式如下：

```
GetPermCode = '/getPermCode',
TestRetry = '/testRetry',
```

開啟 /src/store/modules 目錄下的 permission.ts 檔案，刪除 changePermissionCode 非同步函數，程式如下：

```
async changePermissionCode() {
  const codeList = await getPermCode()
  this.setPermCodeList(codeList)
},
```

在該檔案的背景動態許可權選項中刪除獲取許可權碼的方法，程式如下：

```
await this.changePermissionCode();
```

3. 測試選單許可權

在測試許可權之前，先準備資料庫中的模擬資料，首先需要在角色表中建立一個角色，舉例來說，超級管理員；其次在使用者資料表中有使用者資料，例如 admin 使用者，並在角色和使用者連結資料表中進行連結，然後在選單資料表中增加 3 筆資料，分別為系統管理父節點、使用者、選單子節點，並將角色和選單相連結。該模擬資料的 SQL 敘述放在本章節書附的檔案資源中，可以獲取 SQL 檔案並執行相應的資料插入。

在前端的 /src/views/sys 目錄下新建一個 user 資料夾，先增加一個 index.vue 檔案，然後在該檔案中增加頁面輸出的敘述，程式如下：

```
<template>
  <div>
    這是使用者頁面
  </div>
</template>
```

接著以同樣的方式，和 user 檔案同級建立一個 menu 資料夾，並建立一個 index.vue 檔案，並在頁面輸出「這是選單頁面」。

重新啟動後端專案，先清除瀏覽器的快取，然後重新存取圖書背景管理，使用已被賦予許可權的使用者進行登入，進入背景主介面中，此時在左側就會看到系統管理的功能表列，以及系統使用者和系統選單兩個子功能表，如圖 17-1(a) 系統使用者介面和 17-1(b) 系統選單介面所示。

(a) 系統用戶界面　　　　　　　　(b) 系統菜單界面

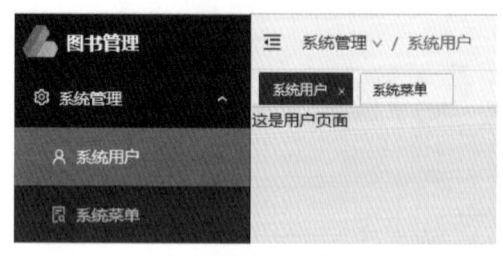

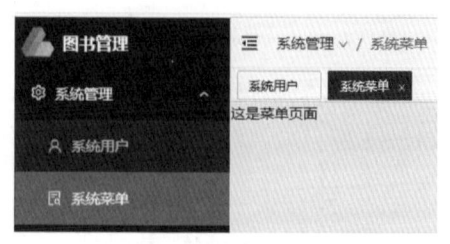

▲圖 17-1　測試使用者選單許可權

4. 快取配置修改

在前端專案中配置了本地快取，主要存放 Token 及一些資料資訊，這裡的快取時間需要和後端的 Token 過期時間基本保持一致。否則後端的 Token 過期，前端的快取沒有過期，在請求介面時還會繼續使用過期的 Token 進行請求，在這種情況下介面就會顯示出錯，所以需要修改前端快取時間。開啟 src/settings 目錄下的 encryptionSetting.ts 檔案，修改快取預設的過期時間，時間是以秒為單位的，改為過期時間為 1h 即可，程式如下：

```
export const DEFAULT_CACHE_TIME = 60 * 60
```

17.2 使用者管理功能實現

在使用者管理中，主要實現的是使用者的增、刪、改、查操作，以及使用者角色授權等操作。在接下來的前端業務開發中，主要遵循以下開發順序。

(1) 在前端 API 管理中對接後端介面，並建立介面請求與傳回相關參數。

(2) 建立功能頁面，以及設計頁面資料結構，其中資料結構的相關程式不再展示，可以在本書書附資源中獲取相關程式。

(3) 維護選單資料庫資訊，增加對應的選單許可權。

(4) 測試業務功能。

17.2.1 增加介面

在使用者管理介面中，主要有使用者列表展示、編輯使用者、刪除使用者、使用者帳號充值和綁定角色等功能實現。

1. 使用者介面實現

首先在 API 管理的 user.ts 檔案中增加以上相關介面，程式如下：

```
// 第 17 章 /library-admin-web/src/api/sys/user.ts
  // 分頁獲取使用者列表
  GetUserList = '/user/list',
  // 刪除使用者
  DeleteUserById = '/user/delete',
  // 根據使用者 id 獲取使用者資訊
  GetUserInfoById = '/user/queryById',
  // 更新使用者
  UpdateUser = '/user/update',
  // 使用者充值
  SetInvestMoney = '/user/invest/money',
```

然後在 sys/model 資料夾中建立一個 sysUserModel.ts 檔案，用來存放介面請求參數和介面回應等程式，並在建立介面呼叫的函數中使用，接下來建立介面呼叫的函數，程式如下：

```
// 第 17 章 /library-admin-web/src/api/sys/user.ts
export const listSysUserApi = (queryForm: any) => {
  return defHttp.get<SysUserApiResult[]>({
    url: Api.GetUserList,
    params: queryForm,
  });
};
export const deleteSysUserApi = (id: number) => {
  return defHttp.delete<void>({
    url: `${Api.DeleteUserById}/${id}`,
  });
};
export const getSysUserInfoApi = (id: number) => {
  return defHttp.post<SysUserApiResult>({
    url: `${Api.GetUserInfoById}/${id}`,
  });
};
export const updateSysUserApi = (updateForm: SysUserUpdateForm) => {
  return defHttp.put<void>({
    url: Api.UpdateUser,
    params: updateForm,
  });
};
```

```
    };
    export const setInvestMoneyApi = (updateForm: UserInvestMoneyForm) => {
      return defHttp.post<void>({
        url: Api.SetInvestMoney,
        params: updateForm,
      });
    };
```

2. 使用者與角色介面實現

在使用者管理中，由於使用者綁定角色功能需要修改使用者和角色的連結資料表實現，因此還要增加使用者和角色的相關介面，功能實現分為以下步驟。

(1) 在綁定角色時，需要獲取全部的角色資訊。

(2) 根據選擇的使用者獲取該使用者綁定的角色。

(3) 查詢到綁定的角色，在列表中預設勾選，如果需要新增或刪除綁定的角色，則再呼叫修改使用者綁定角色的介面進行修改。

在 /src/api/sys 目錄下，首先新建一個 role.ts 檔案，用來管理與角色功能相關的介面，然後將上述步驟中描述的介面增加到該檔案中，程式如下：

```
// 第17章 /library-admin-web/src/api/sys/role.ts
enum Api {
  // 獲取角色列表
  GetRoleList = '/role/list',
  // 綁定使用者角色資訊
  InsertRolesByUserID = '/userrole/insert',
  // 獲取使用者角色資訊
  GetRoleIdsByUserId = '/userrole/getRoleIdsByUserId',
}
```

在 /src/api/sys/model 目錄下新建一個 sysUserModel.ts 請求或回應的參數檔案，並在 role.ts 檔案中實現角色相關介面的呼叫函數，程式如下：

```
// 第17章 /library-admin-web/src/api/sys/role.ts
export const listSysRoleApi = (queryForm: any) => {
  return defHttp.get<SysRoleApiResult[]>({
    url: Api.GetRoleList,
    params: queryForm,
  });
};
export const bindUserRolesApi = (userId: number, roleIds: number[]) => {
```

```
  return defHttp.post<void>({
    url: `${Api.InsertRolesByUserID}/${userId}`,
    params: {
        roleIds: roleIds,
    },
  });
};
export const listRelatedRoleIdsApi = (userId: number) => {
  return defHttp.get<number[]>({
    url: '${Api.GetRoleIdsByUserId}/${userId}',
  });
};
```

17.2.2 功能實現

在使用者管理介面中，每個使用者的資料都採用一行展示的方式，並在使用者最後一列中增加該使用者相關功能的操作。這樣針對每個使用者都可以簡單操作，接下來將逐一實現相關功能，如圖 17-2 所示。

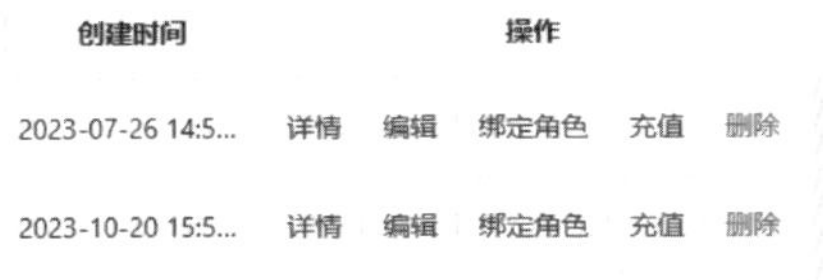

▲ 圖 17-2 使用者列表操作功能

1. 使用者詳情

在 /src/views/sys/user 目錄下新建一個展示使用者詳情介面的 detail-drawer.vue 檔案，當在使用者列表的操作列中點擊「詳情」時會從瀏覽器右側出現一個抽屜元件，在抽屜元件中展示使用者的詳情資訊。抽屜元件的實現使用了 antv 中的 drawer 元件，使用專案框架對該元件進行了封裝，並擴充了一些功能。現在將使用者詳情單獨寫成一個獨立的元件進行開發，呼叫 GetSysUserInfoApi 函數獲取使用者的資訊，介面接收的參數為使用者 id，可使用 data.record.id 獲取當前使用者清單的使用者 id，部分程式如下：

```
// 第 17 章 /library-admin-web/src/views/sys/user/detail-drawer.vue
  export default defineComponent({
    name: 'SysUserDetailDrawer',
```

```
    components: { BasicDrawer, Description },
    emits: ['success', 'register'],
    setup(_) {
        const [registerDrawer] = useDrawerInner(async (data) => {
            record.value = await getSysUserInfoApi(data.record.id);
        });
        return {
            registerDrawer,
            record,
            retrieveDetailFormSchema,
        };
    },
});
```

在詳情抽屜中展示的資料，可以先在 user 目錄下建立一個 data.ts 資料檔案，然後定義一個詳情列表以展示資料的 retrieveDetailFormSchema 陣列，在該陣列中定義的欄位都會在詳情抽屜中展示，部分程式如下：

```
// 第 17 章 /library-admin-web/src/views/sys/user/data.ts
export const retrieveDetailFormSchema: DescItem[] = [
  {
    field: 'username',
    label: '使用者帳號',
  },
  {
    field: 'realName',
    label: '使用者姓名',
  },
  {
    field: 'statusName',
    label: '狀態',
  },
];
```

2. 編輯使用者

與使用者詳情功能實現一致，在 user 目錄下新建一個編輯使用者介面的 update-drawer.vue 檔案，同樣也以在瀏覽器右側彈出抽屜的形式展現。先在 data.ts 檔案中定義哪些資料需要修改，然後在使用者編輯元件中實現使用者編輯的業務流程，並呼叫 updateSysUserAPI 函數實現使用者的修改操作，部分實現程式如下：

```
// 第17章 /library-admin-web/src/views/sys/user/update-drawer.vue
    async function handleSubmit() {
        try {
            //values 的欄位定義,見 ./data.ts 的 updateFormSchema
            const values = await validate();
            setDrawerProps({ confirmLoading: true });
            if (recordId) {
                await updateSysUserApi(values);
            }
            closeDrawer();
            emit('success');
        } finally {
            setDrawerProps({ confirmLoading: false });
        }
    }
```

3. 使用者充值

使用者充值使用彈窗的形式,在點擊「充值」按鈕後會在介面中彈出一個視窗,可以對帳戶進行充值。在 user 目錄下新建一個使用者充值介面的 invest-money-modal.vue 檔案,該彈窗的實現是對 antv 的 modal 元件進行封裝,同樣採用單獨的元件形式實現該功能,這裡需要注意的是 v-bind="$attrs" 應在 BasicModal 中寫,用於將彈窗組件的 attribute 傳入 BasicModal 組件。先獲取彈窗中表單的資料,然後請求使用者充值的介面函數,並關閉彈窗刷新使用者列表資料,程式如下:

```
// 第17章 /library-admin-web/src/views/sys/user/invest-money-modal.vue
    async function handleSubmit() {
      try {
        const values = await validate();
        setModalProps({ confirmLoading: true });
        // 提交表單
        await setInvestMoneyApi(values);
        // 關閉彈窗
        closeModal();
        // 刷新列表
        emit('success');
      } finally {
        setModalProps({ confirmLoading: false });
      }
    }
```

4. 綁定角色

在系統許可權中，由於角色是和使用者綁定在一起的，所以在使用者管理中需要給使用者分配相應的角色。在本專案中使用者註冊時需要統一分配普通使用者的角色，在 user 目錄下新建一個使用者充值介面的 bind-role-drawer.vue 檔案，並以抽屜的方式進行展現。

在綁定許可權的功能中，首先獲取系統的全部角色，然後呼叫 listRelatedRoleIdsApi 函數查詢使用者對應的角色資訊進行勾選，程式如下：

```
// 第17章 /library-admin-web/src/views/sys/user/bind-role-drawer.vue
  const [registerDrawer, { setDrawerProps, closeDrawer }] = useDrawerInner(async (data) => {
    await resetFields();
    setDrawerProps({ confirmLoading: false });
    isUpdateView.value = !!data?.isUpdateView;
    if (unref(isUpdateView)) {
      await setFieldsValue({
        ...data.record,
      });
    }
    // 使用者 ID
    userId = data.record?.id || null;
    // 從列表頁帶來的角色下拉資料
    roleData.value = data.roleData.map((item) => ({ key: item.id, ...item }));
    // 獲取當前使用者連結角色
    listRelatedRoleIdsApi(userId).then((apiResult: number[]) => {
      selectedRoleIds.value = apiResult;
    });
  });
```

最後根據賦予使用者相關角色的資訊修改使用者和角色的連結資料表，完成角色綁定，程式如下：

```
// 第17章 /library-admin-web/src/views/sys/user/bind-role-drawer.vue
  async function handleSubmit() {
    try {
      await validate();
      setDrawerProps({ confirmLoading: true });
      if (userId) {
        await bindUserRolesApi(userId, selectedRoleIds.value);
      }
      closeDrawer();
      emit('success');
```

```
      } finally {
        setDrawerProps({ confirmLoading: false });
      }
    }
```

5. 使用者列表

(1) 使用者列表承載了使用者資訊不同的操作，其中使用者列表採用的是分頁查詢列表，這裡先修改框架附帶的分頁欄位名稱，改成專案自訂的分頁欄位名稱。開啟 /src/settings 目錄下的 componentSetting.ts 檔案，在 fetchSetting 中修改當前頁碼、當前頁的筆數及列表資料欄位名稱，程式如下：

```
// 第 17 章 /library-admin-web/src/settings/componentSetting.ts
  fetchSetting: {
    // 將當前頁碼修改為後端欄位 current
    pageField: 'current',
    // 將當前頁筆數修改為後端欄位 size
    sizeField: 'size',
    // 將列表資料修改為後端欄位 records
    listField: 'records',
    totalField: 'total',
  },
```

(2) 開啟 user 下的 index.vue 檔案，首先使用 TableAction 操作列元件在表格的右側操作列中著色相關功能，操作列中的各個功能再使用自訂的元件實現相關功能。操作列的實現，程式如下：

```
// 第 17 章 /library-admin-web/src/views/sys/user/index.vue
  <template #bodyCell="{ column, record }">
    <template v-if="column.key === 'action'">
      <!-- 每行最右側一列的工具列 -->
      <TableAction
        :actions="[
          {
            label: '詳情',
            onClick: handleRetrieveDetail.bind(null, record),
          },
          {
            label: '編輯',
            onClick: handleUpdate.bind(null, record),
          },
          {
```

```
              label: '綁定角色',
              onClick: handleBindRole.bind(null, record),
            },
            {
              label: '充值',
              onClick: handInvestMoney.bind(null, record),
            },
            {
              label: '刪除',
              color: 'error',
              popConfirm: {
                title: '是否確認刪除',
                confirm: handleDelete.bind(null, record),
              },
            },
          ]"
        />
  </template>
</template>
```

(3) 在頁面中引用自訂的彈出和抽屜組件，程式如下：

```
// 第 17 章 /library-admin-web/src/views/sys/user/index.vue
  <!-- 詳情側邊抽屜 -->
  <SysUserDetailDrawer @register="registerDetailDrawer" />
  <!-- 編輯側邊抽屜 -->
  <SysUserUpdateDrawer @register="registerUpdateDrawer" @success="handleSuccess" />
  <!-- 綁定角色側邊抽屜 -->
  <BindRoleDrawer @register="registerBindRoleDrawer" @success="handleSuccess" />
  <!-- 充值彈窗 -->
  <InvestMoneyModal @register="registerInvestMoneyModal" @success="handleSuccess" />
```

(4) 使用 useDrawer 來操作元件，例如操作使用者詳情的元件，registerDetailDrawer 用於註冊 useDrawer，如果需要使用 useDrawer 提供的 api，則必須將 registerDetailDrawer 傳入元件的 onRegister。原理其實很簡單，就是 vue 的元件子傳父通訊，內部透過 emit("register", instance) 實現。同時，獨立出去的元件需要將 attrs 綁定到 Drawer 的上面，程式如下：

```
// 第 17 章 /library-admin-web/src/views/sys/user/index.vue
  // 查看詳情
  const [registerDetailDrawer, { openDrawer: openDetailDrawer }] = useDrawer();
  // 新增 / 編輯
  const [registerUpdateDrawer, { openDrawer: openUpdateDrawer }] = useDrawer();
```

```
// 綁定角色
const [registerBindRoleDrawer, { openDrawer: openBindRoleDrawer }] = useDrawer();
// 充值
const [registerInvestMoneyModal, { openModal: openInvestMoneyModal }] = useModal();
```

（5）接下來使用元件附帶的 useTable 來使用表單並配置相關屬性，在元件中使用 api 獲取使用者分頁查詢列表的資料。還可以設置表格展示的一些配置，舉例來說，使用 showTableSetting 來控制表格設置工具的展示；使用 bordered 來控制是否顯示表格邊框；使用 useSearchForm 來控制是否啟用搜索表單，預設為不啟用；使用 actionColumn 來設置表格右側操作列的配置等相關配置，程式如下：

```
// 第 17 章 /library-admin-web/src/views/sys/user/index.vue
const [registerTable, { reload }] = useTable({
  title: '背景使用者',
  api: listSysUserApi,
  columns,
  formConfig: {
     labelWidth: 120,
     schemas: queryFormSchema,
  },
  useSearchForm: true,
  showTableSetting: true,
  bordered: true,
  showIndexColumn: false,
  actionColumn: {
     width: 160,
     title: '操作',
     dataIndex: 'action',
     slots: { customRender: 'action' },
     fixed: undefined,
  },
});
```

到此，使用者管理前端相關功能已基本完成，完整的程式可以在本書提供的書附資源中獲取。

17.2.3 測試

啟動前後端專案，在瀏覽器中存取專案背景管理並登入到系統中，在系統管理中點擊系統使用者選單，這樣就會將資料庫中的使用者展示出來，如圖 17-3 所示。

▲ 圖 17-3 使用者列表展示

在操作類別中點擊詳情，可以查看該使用者的詳情資訊，如圖 17-4 所示。

▲ 圖 17-4 使用者詳情展示

測試一下綁定角色功能，先保證在角色表中至少增加兩個角色資料，舉例來說，在筆者的資料庫中有超級管理員和普通使用者兩個角色，登入的使用者並沒有綁定普通使用者的許可權。接下來，首先點擊「綁定角色」，然後勾選普通使用者，並在右下方點擊「確認」按鈕，完成綁定，如圖 17-5 所示。

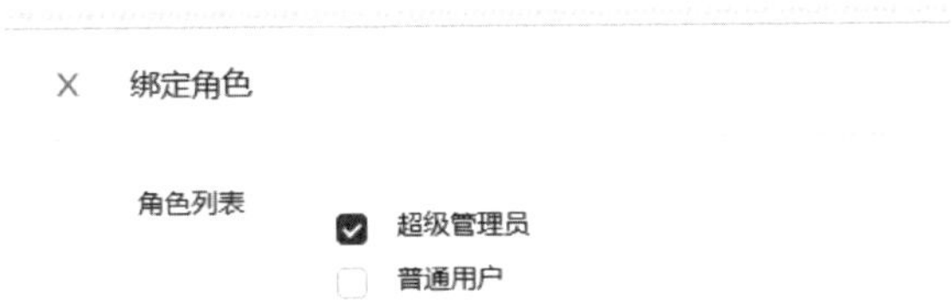

▲ 圖 17-5 使用者綁定角色

17.3 角色管理功能實現

在前端專案中實現角色管理，主要實現的功能為查看角色詳情、編輯角色資訊、刪除角色及最重要的綁定選單功能。基本的業務程式實現和系統使用者差不多。如果選單資料庫中沒有角色選單資訊，則需要先增加一個角色的選單，然後賦值給登入系統使用者相關的角色，能夠在系統左側進行展示系統角色的選單。

(1) 在 src/api/sys 目錄下的 role.ts 介面檔案中，增加角色相關介面，主要包括以下功能，刪除角色、查詢單一角色資訊、更新角色資訊、增加角色及綁定角色與選單，程式如下：

```
// 第 17 章 /library-admin-web/src/api/sys/role.ts
  // 刪除角色
  DeleteRoleById = '/role/delete',
  // 查詢單一角色資訊
  GetRoleInfoById = '/role/queryById',
  // 更新角色資訊
  UpdateRole = '/role/update',
  // 增加角色
  CreateRole = '/role/insert',
  // 綁定角色與選單
  SetRoleMenuInfo = '/rolemenu/insert',
```

(2) 實現對介面的封裝，在開發函數功能時，可以對照介面文件中的介面，並注意介面的請求方法和接收的參數，程式如下：

```
// 第 17 章 /library-admin-web/src/api/sys/role.ts
export const deleteRoleApi = (id: number) => {
  return defHttp.delete<void>({
    url: `${Api.DeleteRoleById}/${id}`,
  });
};
```

```
export const getRoleInfoApi = (id: number) => {
  return defHttp.post<SysRoleInsertOrUpdateForm>({
    url: `${Api.GetRoleInfoById}/${id}`,
  });
};
export const updateSysRoleApi = (updateForm: SysRoleInsertOrUpdateForm) => {
  return defHttp.put<void>({
    url: Api.UpdateRole,
    params: updateForm,
  });
};
export const createSysRoleApi = (insertForm: SysRoleInsertOrUpdateForm) => {
  return defHttp.post<void>({
    url: Api.CreateRole,
    params: insertForm,
  });
};
export const bindRoleMenusApi = (roleId: number, menuIds: number[]) => {
  return defHttp.post<void>({
    url: '${Api.SetRoleMenuInfo}/${roleId}',
    params: {
      menuIds: menuIds,
    },
  });
};
```

(3) 在 src/views/sys 目錄下，首先新建一個 role 資料夾，然後新建角色詳情、角色編輯及綁定選單的功能組件檔案，並在角色的 index.vue 檔案中使用這些元件進行整合。生成角色清單的表格配置，程式如下：

```
// 第 17 章 /library-admin-web/src/views/sys/role/index.vue
  // 查看詳情
  const [registerDetailDrawer, { openDrawer: openDetailDrawer }] = useDrawer();
  // 新增 / 編輯
  const [registerUpdateDrawer, { openDrawer: openUpdateDrawer }] = useDrawer();
  // 綁定角色
  const [registerBindMenuDrawer, { openDrawer: openBindMenuDrawer }] = useDrawer();
  const [registerTable, { reload }] = useTable({
    api: listSysRoleApi,
    columns,
    formConfig: {
      labelWidth: 120,
      autoSubmitOnEnter: true,
      schemas: queryFormSchema,
```

```
    },
    useSearchForm: true,
    showTableSetting: false,
    bordered: false,
    showIndexColumn: false,
    actionColumn: {
        width: 80,
        title: '操作',
        dataIndex: 'action',
        fixed: 'right',
    },
});
```

17.4 選單管理功能實現

系統選單功能的實現是對系統選單頁面進行統一管理，選單是分層級結構的，一個選單可以作為另一個選單的上級。選單中配置了請求後端介面的相關位址，透過角色綁定相應的選單，實現動態管理選單的展示。

(1) 開啟前端專案，在 api 下的 menu.ts 檔案中增加選單的增、刪、改、查介面，程式如下：

```
// 第 17 章 /library-admin-web/src/api/sys/menu.ts
    // 選單刪除
    DeleteMenuById = '/menu/delete',
    // 獲取單筆選單詳情
    GetMenuInfoById = '/menu/queryById',
    // 更新選單
    UpdateMenu = '/menu/update',
    // 增加選單
    CreateMenu = '/menu/insert',
```

(2) 在該 menu.ts 檔案中增加相關介面的呼叫函數並建立存放介面請求和傳回資料的 sysMenuModel.ts 檔案，程式如下：

```
// 第 17 章 /library-admin-web/src/api/sys/menu.ts
export const deleteSysMenuApi = (id: number) => {
    return defHttp.delete<void>({
        url: '${Api.DeleteMenuById}/${id}',
    });
};
export const retrieveSysMenuApi = (id: number) => {
```

```
    return defHttp.post({
      url: '${Api.GetMenuInfoById}/${id}',
    });
  };
  export const updateSysMenuApi = (updateForm: SysMenuInsertOrUpdateForm) => {
    return defHttp.put<void>({
      url: Api.UpdateMenu,
      params: updateForm,
    });
  };
  export const createSysMenuApi = (insertForm: SysMenuInsertOrUpdateForm) => {
    return defHttp.post<void>({
      url: Api.CreateMenu,
      params: insertForm,
    });
  };
```

(3) 接下來實現增加選單的功能，在 src/views/sys/menu 目錄下，新建一個 update-drawer.vue 檔案，用於更新和增加選單操作。在新增選單中，其中選單標識對應的是後端介面的位址；導覽路徑為瀏覽器網址導覽，一般父節點設置導覽路徑時會以 / 開頭，而子節點不以 / 開頭；元件為前端該功能檔案的位址，舉例來說，將選單功能設置為 /sys/menu/index，如圖 17-6 所示。

▲ 圖 17-6 增加選單

選單增加或修改的實現程式如下：

```
// 第 17 章 /library-admin-web/src/views/sys/menu/update-drawer.vue
  async function handleSubmit() {
    try {
      //values 的欄位定義，見 ./data.ts 的 insertOrUpdateFormSchema
      const values = await validate();
      setDrawerProps({ confirmLoading: true });
      if (recordId) {
        await updateSysMenuApi(values);
      } else {
        await createSysMenuApi(values);
      }
      closeDrawer();
      emit('success');
    } finally {
      setDrawerProps({ confirmLoading: false });
    }
  }
```

在選單 data.ts 檔案的 insertOrUpdateFormSchema 中，如果在前端頁面中將該欄位標識為必填項，則需要將 required 的值設置為 true，否則為 false，程式如下：

```
// 第 17 章 /library-admin-web/src/views/sys/menu/data.ts
{
    field: 'id',
    label: 'id',
    component: 'Input',
    show: false,
},
{
    field: 'name',
    label: '選單名稱',
    required: true,
    component: 'Input',
    componentProps: {
    placeholder: '例如 User',
    },
},
```

本章小結

本章實現了對系統導覽選單、使用者、角色及選單功能的實現,這些是開發前端專案中的困難,其中重點是選單樹的生成,以及選單相關資訊的展示和增加。

第 18 章

系統工具和監控功能實現

系統工具和監控前端相關功能的實現,主要是對資料的展示操作,其中系統工具包括檔案管理、郵件配置、公告管理及審核管理,在系統左側導覽中。審核管理和公告管理為單獨的導覽選單,這樣方便進行角色選單的許可權管理;監控功能目前只針對登入和操作日誌的實現,可以擴充增加伺服器及各項服務的監控。

18.1 通知公告功能實現

如果在前端專案中實現通知公告功能,則連結著審核和定時等相關功能,先實現功能的增、刪、改、查,等審核功能對接完成後,再進行公告和審核的聯動測試。

1. 增加公告選單許可權

在對接公告前端的功能之前,先增加左側導覽功能表列,將對公告的介面和選單的展示進行許可權管理。

首先在 /src/views 目錄下新建一個 tool 資料夾,用來管理系統工具相關的程式,然後在該檔案中建立一個 notice 資料夾,用來實現通知公告功能,並在 notice 中增加一個 index.vue 檔案。

公告目錄建立後,進入背景管理系統中,開啟系統選單,並增加一個通知管理的父選單。在增加父選單時,上級選單預設為空,後端的預設初始為 0,如圖 18-1 所示。

*菜單名稱	Notice
*菜單標題（展示）	通知管理
上級菜單	0
*權限標識	/
*導航路徑	/tool
*圖標	ant-design:bell-outlined
*排序	116
是否導航欄	● 是　○ 否
*組件	LAYOUT
備註	通知管理

▲ 圖 18-1　增加通知公告父選單

　　然後增加公告的子功能表，用來展示公告的相關功能頁面，其中許可權標識為 /notice/**，在 notice 目錄下的介面都可以存取，然後配置公告主頁面的網址 /tool/notice/index，如圖 18-2 所示。

　　接下來開啟系統角色選單，例如筆者在開發時會將超級管理員作為開發測試的帳號，所以這裡給超級管理員角色綁定全部選單。在超級管理員列表的操作中，點擊「綁定選單」選項，然後勾選「通知管理」，點擊「確認」按鈕進行綁定，如圖 18-3 所示。

　　如果在綁定選單時，介面報「使用者得到授權，但是存取是被禁止的！」錯誤資訊，並且介面的狀態碼為 403，則說明介面沒有請求的許可權，需要增加相關許可權，綁定選單的介面請求的是角色和選單的連結資料表的介面，所以還需要在系統選單中增加相關選單和許可權標識，然後設置為不為導覽列，增加完成後，需要手動修改資料庫的資料表，對角色和選單進行綁定，並在前端的 sys 目錄下，新建一個 role-menu 檔案和在該目錄下建立 index.vue 檔案。截至目前，完整的選單目錄如圖 18-4 所示。

菜單名稱	Bulletin
菜單標題（展示）	公告
上級菜單	通知管理
權限標識	/notice/**
導航路徑	notice
圖標	ant-design:notification-outlined
排序	117
是否導航欄	● 是　○ 否
組件	/tool/notice/index
備註	平台公告

▲ 圖 18-2　增加通知公告子功能表

配置菜單

菜單分配：
- ☑ ⚙ 系統管理
- ☑ 🔔 通知管理
  - ☑ 📢 公告

▲ 圖 18-3　綁定角色選單

菜單標題	菜單名	圖標	后端權限地址	組件	導航路徑	排序	是否導航欄	備註	創建時間	操作
− 系統管理	System	⚙		LAYOUT	/sys	1	是	父節點-系統管理	2023-10-23 13:26:43	詳情 編輯 刪除
+ 系統用戶	User	👤	/user/**	/sys/user/index	user	2	是	子節點-系統管理-用户	2023-10-23 13:42:13	詳情 編輯 刪除
+ 系統角色	Role	🎭	/role/**	/sys/role/index	role	3	是		2023-11-30 15:24:00	詳情 編輯 刪除
+ 系統菜單	Menu	📋	/menu/**	/sys/menu/index	menu	4	是		2023-08-02 21:41:26	詳情 編輯 刪除
+ 用戶-角色	UserRole	🔗	/userrole/**	/sys/user-role/index	userRole	5	否	用戶和角色關聯信息	2023-11-30 15:30:51	詳情 編輯 刪除
+ 角色-菜單	RoleMenu	🔗	/rolemenu/**	/sys/role-menu/index	roleMenu	6	否	角色和視單關聯信息	2023-12-04 11:14:30	詳情 編輯 刪除
+ 通知管理	Notice	🔔	/	LAYOUT	/tool	116	是	通知類	2023-12-04 11:08:14	詳情 編輯 刪除

▲ 圖 18-4　系統選單目錄

增加完成後，經再次綁定後便可以正常請求了，刷新瀏覽器，左側的導覽列中就會出現通知管理的導覽選單了，如圖 18-5 所示。

▲圖 18-5 通知管理導覽選單

2. 公告功能

(1) 在 /src/api 的目錄下新建一個 tool 資料夾，用於存放系統工具相關的介面，在資料夾中增加一個 notice.ts 檔案，實現公告的介面請求，程式如下：

```
// 第18章 /library-admin-web/src/api/tool/notice.ts
export const getNoticeList = () => {
  return defHttp.get({ url: Api.GetNoticeList });
};
export const deleteNoticeApi = (id: number) => {
  return defHttp.delete<void>({
    url: '${Api.DeleteNoticeById}/${id}',
  });
};
export const createNoticeApi = (params) => {
  return defHttp.post<void>({
    url: Api.CreateNotice,
    params,
  });
};
export const getNoticeInfoApi = (id: number) => {
  return defHttp.post({
    url: '${Api.GetNoticeInfoById}/${id}',
  });
};
export const removeTimeNoticeApi = (id: number) => {
  return defHttp.post<void>({
    url: '${Api.RemoveTimeById}/${id}',
  });
};
```

18.1 通知公告功能實現 | 18-5

(2) 公告的增加和編輯使用的是一個介面位址，在增加公告的功能頁面中，公告內容的輸入為豐富文字插入，類似於 Word 的格式。引入豐富文字的元件，需要在 data.ts 檔案的 insertFormSchema 中增加豐富文字組件，程式如下：

```
// 第18章 /library-admin-web/src/views/tool/notice/data.ts
  {
    field: 'noticeContent',
    component: 'Input',
    label: '內容',
    defaultValue: 'defaultValue',
    rules: [{ required: true }],
    render: ({ model, field }) => {
      return h(Tinymce, {
        showImageUpload: false,
        value: model[field],
        onChange: (value: string) => {
          model[field] = value;
        },
      });
    },
  },
```

(3) 在公告列表的操作列中，取消定時和編輯的展示需要根據公告的狀態進行展示。使用 isShow 屬性進行判斷。舉例來說，如果公告為定時狀態，則在操作列中就會有取消定時操作展示；如果公告為審核不通過或發佈失敗狀態，則在操作列中會有編輯的操作展示，如圖 18-6 所示。

▲ 圖 18-6 公告管理列表

判斷狀態展示功能的實現，程式如下：

```
// 第18章 /library-admin-web/src/views/tool/notice/data.ts
        {
          label: '取消定時',
          popConfirm: {
            title: '是否確認取消定時',
            confirm: handleRemoveTime.bind(null, record),
```

```
        },
        ifShow: (_action) => {
          return record.noticeStatus == 3;
        },
    },
    {
          label: '編輯',
          onClick: handleUpdate.bind(null, record),
          ifShow: (_action) => {
            // 根據業務控制是否顯示
            return record.noticeStatus == 2 || record.noticeStatus == 6;
        },
    },
```

18.2 審核管理功能實現

在審核管理中包括通知公告審核和圖書歸還審核，分兩個列表分別展示各自的審核資料。

1. 增加公告與借閱審核選單許可權

首先實現審核功能，需要在 /src/views 目錄下新建一個 examine 審核功能的資料夾，並在該資料夾中建立一個名為 notice-audit 和 book-audit 的資料夾，用來區分公告和圖書歸還審核功能，然後在各自資料夾中增加一個 index.vue 檔案，並增加初始化該檔案的程式。

進入管理系統，在系統選單中增加審核管理的父選單、通知審核與圖書歸還審核的子功能表，並設置選單相關的參數，以及各功能的增、刪、改、查相關介面選單等，如圖 18-7 所示。

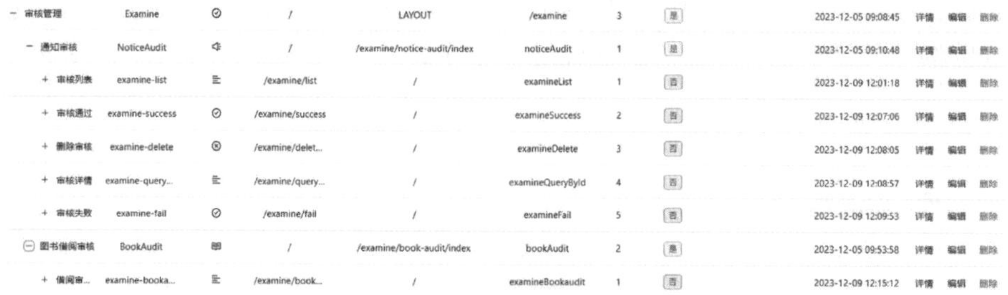

－ 审核管理	Examine	/	LAYOUT	/examine	3	是	2023-12-05 09:08:45	详情 编辑 删除
－ 通知审核	NoticeAudit	/	/examine/notice-audit/index	noticeAudit	1	是	2023-12-05 09:10:48	详情 编辑 删除
＋ 审核列表	examine-list	/examine/list	/	examineList	1	否	2023-12-09 12:01:18	详情 编辑 删除
＋ 审核通过	examine-success	/examine/success	/	examineSuccess	2	否	2023-12-09 12:07:06	详情 编辑 删除
＋ 删除审核	examine-delete	/examine/delet...	/	examineDelete	3	否	2023-12-09 12:08:05	详情 编辑 删除
＋ 审核详情	examine-query...	/examine/query...	/	examineQueryById	4	否	2023-12-09 12:08:57	详情 编辑 删除
＋ 审核失败	examine-fail	/examine/fail	/	examineFail	5	否	2023-12-09 12:09:53	详情 编辑 删除
⊖ 图书借阅审核	BookAudit	/	/examine/book-audit/index	bookAudit	2	是	2023-12-05 09:53:58	详情 编辑 删除
＋ 借阅审...	examine-booka...	/examine/book...	/	examineBookaudit	1	否	2023-12-09 12:15:12	详情 编辑 删除

▲圖 18-7　公告審核選單管理

最後在系統角色中，給超級管理員賦予該選單的許可權，然後刷新瀏覽器，在左側的功能表列中可以正常顯示審核管理的選單，其中介面操作的選單不會在左側功能表列中顯示，如圖 18-8 所示。

▲圖 18-8 審核左側導覽功能表列

2. 審核功能實現

（1）在審核列表中，共分為審核透過、審核不通過及查看詳情功能。在 /src/api/tool 目錄下，新建一個 examine.ts 檔案，增加審核的相關呼叫介面，程式如下：

```
// 第 18 章 /library-admin-web/src/api/tool/examine.ts
enum Api {
    // 審核列表
    GetNoticeExamineList = '/examine/list',
    // 獲取審核的詳情資訊
    GetExamineInfoById = '/examine/queryById',
    // 審核成功
    SetExaminePass = '/examine/success',
    // 審核失敗
    SetExamineFail = '/examine/fail',
    // 圖書借閱審核列表
    GetReturnBookExamineList = '/examine/bookaudit/list',
}
```

（2）在 notice-audit 和 book-audit 資料夾中，分別建立 audit-fail-modal.vue 和 detail-modal.vue 兩個元件檔案，用來實現審核失敗和審核詳情功能，其中使用 convertToPlainText 函數來轉換公告的內容資訊，程式如下：

```
// 第 18 章 /library-admin-web/src/views/examine/notice-audit/detail-modal.vue
const [registerModal, { closeModal }] = useModalInner(async (data) => {
    record.value = await getExamineInfoApi(data.record.id);
```

```
        record.value.content = convertToPlainText(record.value.content);
    });
    function convertToPlainText(htmlContent) {
        const parser = new DOMParser();
        const parsedDocument = parser.parseFromString(htmlContent, 'text/html');
        return parsedDocument.body.textContent;
    }
```

(3) 在 index.vue 清單展示中，對審核的狀態碼進行判斷，以透過或不通過操作的方式進行展示，這裡與公告中的操作列表實現一致，程式如下：

```
// 第18章 /library-admin-web/src/views/examine/notice-audit/index.vue
        {
            label: '透過',
            popConfirm: {
              title: '是否確認透過',
              confirm: handleExaminePass.bind(null, record),
            },
              ifShow: () => {
                return record.examineStatus !== 1 && record.noticeStatus !== 2;
              },
        },
        {
            label: '不通過',
            onClick: handleExamineFail.bind(null, record),
            ifShow: () => {
              return record.examineStatus !== 1 && record.noticeStatus !== 2;
            },
        },
```

3. 測試

通知公告和圖書歸還的審核功能已經實現，由於圖書的功能還未對接完成，先測試公告的相關功能。首先進入系統中，在通知公告中增加一筆公告資訊，如圖 18-9 所示。

▲圖 18-9 增加公告

此時，如果開啟通知審核頁面，就會有一筆待審核的公告，在操作列中選擇透過或不通過進行相關審核，如圖 18-10 所示。

▲ 圖 18-10 公告審核

在選擇審核透過後，再次查看公告列表，就會看到公告的狀態已經變為了發佈成功，此時公告和審核的相關功能已實現。

18.3 檔案管理功能實現

檔案管理功能相對比較簡單，只需完成刪除、查詢和下載功能。首先在 /src/api/tool 目錄下新建一個 fileInfo.ts 檔案，用來實現對接後端的相關介面，程式如下：

```
// 第 18 章 /library-admin-web/src/api/tool/fileInfo.ts
export const getFileListInfoApi = (queryForm: any) => {
  return defHttp.get({
    url: Api.GetFileList,
    params: queryForm,
  });
};
export const deleteFileApi = (id: number) => {
  return defHttp.delete<void>({
    url: `${Api.DeleteFileById}/${id}`,
  });
};
```

在 /src/views/tool 目錄下新建一個 file 資料夾，並在資料夾中建立 index.vue 主頁面，在頁面中實現刪除、下載圖片等功能，其中下載功能使用的是框架已經封裝好的元件，只須獲取圖片的位址便可以完成下載，需要注意的是這裡並沒有用到後端下載檔案的介面，程式如下：

```
// 第 18 章 /library-admin-web/src/views/tool/index.vue
  function handleDownload(record: Recordable) {
    let str = record.url.slice(record.url.lastIndexOf('.'));
```

```
    let urlEnd = ['.jpg', '.png', '.JPG', '.PNG'];
    // 下載圖片
    if (urlEnd.includes(str)) {
        downloadByOnlineUrl(record.url, record.originalFilename);
    } else {
        // 下載檔案
        downloadByUrl({
            url: record.url,
            target: '_self',
            fileName: record.originalFilename,
        });
    }
}
```

頁面實現完成後進入系統，在系統選單中增加系統工具父選單及檔案管理子功能表，並賦予相應的角色許可權，如圖 18-11 所示。

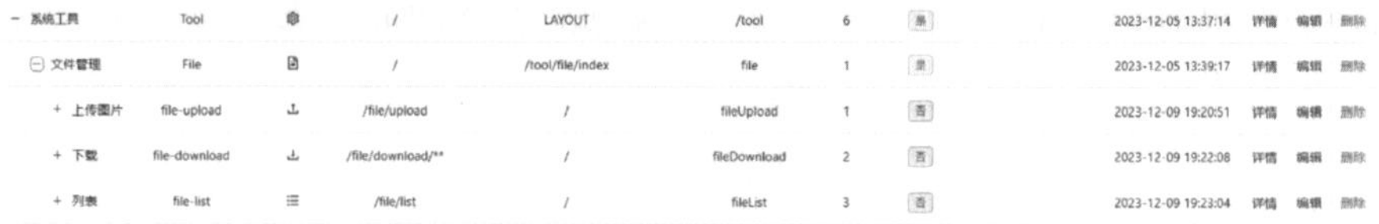

▲ 圖 18-11 增加檔案管理子功能表

18.4 郵件與監控管理功能實現

（1）郵件與監控功能都實現了基礎功能，其中監控功能包括操作日誌和登入日誌，只用於查詢。在 src/api/tool 目錄下新建一個 emailConfig.ts 檔案，用來對接後端介面的位址，程式如下：

```
// 第 18 章 /library-admin-web/src/views/tool/emailConfig.ts
export const getEmailConfigList = () => {
  return defHttp.get({ url: Api.GetEmailConfigList });
};
export const deleteEmailConfigApi = (id: number) => {
  return defHttp.delete<void>({
    url: '${Api.DeleteEmailConfigById}/${id}',
  });
};
export const updateEmailConfigApi = (updateForm: EmailConfigInsertOrUpdateForm) => {
```

```
  return defHttp.put<void>({
    url: Api.UpdateEmailConfig,
    params: updateForm,
  });
};
export const createEmailConfigApi = (insertForm: EmailConfigInsertOrUpdateForm) => {
  return defHttp.post<void>({
    url: Api.CreateEmailConfig,
    params: insertForm,
  });
};
```

(2) 在 src/api/sys 目錄下新建一個 log.ts 檔案,實現日誌介面的位址,程式如下:

```
// 第18章 /library-admin-web/src/api/sys/log.ts
export const listSysLogApi = (queryForm: any) => {
  return defHttp.get<SysLogApiResult[]>({
    url: Api.DO_LOG,
    params: queryForm,
  });
};
export const listSysLoginLogApi = (queryForm: any) => {
  return defHttp.get<SysLogApiResult[]>({
    url: Api.LOGIN_LOG,
    params: queryForm,
  });
};
```

(3) 在 views 目錄中建立監控 monitor 資料夾和郵件 email 資料夾,並實現相關的業務程式,具體的目錄如圖 18-12 所示。

▲ 圖 18-12 郵件與監控實現目錄

(4) 進入背景管理中，首先將郵件功能與監控相關介面選單增加到系統管理中，然後賦予相應的角色許可權，如圖 18-13 所示。

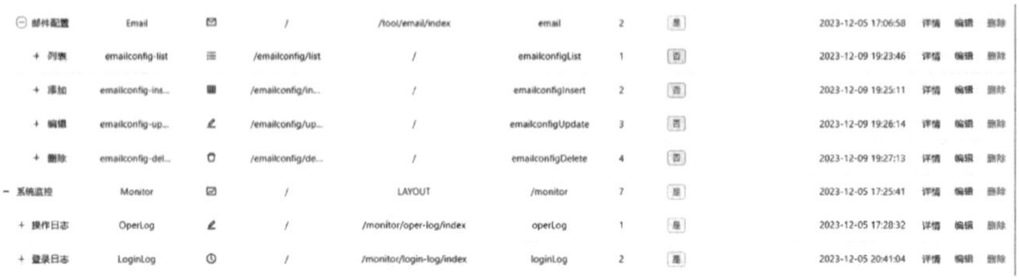

⊖ 邮件配置	Email	/	/tool/email/index	email	2	是	2023-12-05 17:06:58	详情 编辑 删除
+ 列表	emailconfig-list	/emailconfig/list	/	emailconfigList	1	否	2023-12-09 19:23:46	详情 编辑 删除
+ 添加	emailconfig-ins...	/emailconfig/in...	/	emailconfigInsert	2	否	2023-12-09 19:25:11	详情 编辑 删除
+ 编辑	emailconfig-up...	/emailconfig/up...	/	emailconfigUpdate	3	否	2023-12-09 19:26:14	详情 编辑 删除
+ 删除	emailconfig-del...	/emailconfig/de...	/	emailconfigDelete	4	否	2023-12-09 19:27:13	详情 编辑 删除
− 系统监控	Monitor	/	LAYOUT	/monitor	7	是	2023-12-05 17:25:41	详情 编辑 删除
+ 操作日志	OperLog	/	/monitor/oper-log/index	operLog	1	是	2023-12-05 17:28:32	详情 编辑 删除
+ 登录日志	LoginLog	/	/monitor/login-log/index	loginLog	2	是	2023-12-05 20:41:04	详情 编辑 删除

▲圖 18-13 系統監控與系統工具選單

(5) 在後端的程式實現中，操作日誌在很多介面中都沒有增加，在這裡對後端所有的介面都使用註解 @LogSys 增加日誌，舉例來說，登出介面日誌的增加，其餘的日誌增加程式，可在本書書附的資源中獲取相關程式，程式如下：

```
//第 18 章 /library/library-admin/LoginController.java
    @LogSys(value = "退出", logType = LogTypeEnum.LOGIN_OUT)
    @GetMapping("/logout")
    public Result<Object> logout() {
        return Result.success("退出成功");
    }
```

對應的前端頁面的展示，在真實的專案中，普通使用者是看不到操作日誌與登入日誌的，這裡專案為了演示，筆者對 IP 位址與 IP 來源進行了隱藏。在自己的測試中可以不隱藏 IP 等資訊，如圖 18-14 所示。

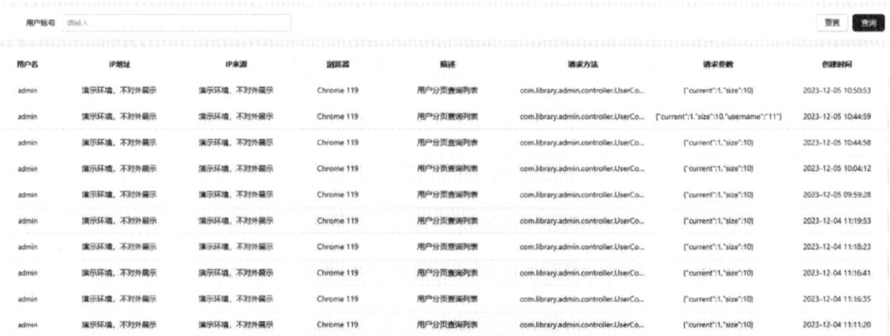

用户账号 请输入 重置 查询

用户名	IP地址	IP来源	浏览器	描述	请求方法	请求参数	创建时间
admin	演示环境，不对外展示	演示环境，不对外展示	Chrome 119	用户分页查询列表	com.library.admin.controller.UserCo...	{"current":1,"size":10}	2023-12-05 10:50:53
admin	演示环境，不对外展示	演示环境，不对外展示	Chrome 119	用户分页查询列表	com.library.admin.controller.UserCo...	{"current":1,"size":10,"username":"11"}	2023-12-05 10:44:59
admin	演示环境，不对外展示	演示环境，不对外展示	Chrome 119	用户分页查询列表	com.library.admin.controller.UserCo...	{"current":1,"size":10}	2023-12-05 10:44:58
admin	演示环境，不对外展示	演示环境，不对外展示	Chrome 119	用户分页查询列表	com.library.admin.controller.UserCo...	{"current":1,"size":10}	2023-12-05 10:04:12
admin	演示环境，不对外展示	演示环境，不对外展示	Chrome 119	用户分页查询列表	com.library.admin.controller.UserCo...	{"current":1,"size":10}	2023-12-05 09:59:28
admin	演示环境，不对外展示	演示环境，不对外展示	Chrome 119	用户分页查询列表	com.library.admin.controller.UserCo...	{"current":1,"size":10}	2023-12-04 11:19:53
admin	演示环境，不对外展示	演示环境，不对外展示	Chrome 119	用户分页查询列表	com.library.admin.controller.UserCo...	{"current":1,"size":10}	2023-12-04 11:18:23
admin	演示环境，不对外展示	演示环境，不对外展示	Chrome 119	用户分页查询列表	com.library.admin.controller.UserCo...	{"current":1,"size":10}	2023-12-04 11:16:41
admin	演示环境，不对外展示	演示环境，不对外展示	Chrome 119	用户分页查询列表	com.library.admin.controller.UserCo...	{"current":1,"size":10}	2023-12-04 11:16:35
admin	演示环境，不对外展示	演示环境，不对外展示	Chrome 119	用户分页查询列表	com.library.admin.controller.UserCo...	{"current":1,"size":10}	2023-12-04 11:11:20

▲圖 18-14 操作日誌清單

本章小結

　　本章實現了通知、審核、檔案配置、郵件配置及日誌監控等相關功能，這些都是專案的基礎功能部分。透過這些功能的實現，基本上了解到該前端框架開發的想法與流程，為以後專案的擴充奠定了基礎技術的知識與運用。

第 19 章

圖書管理功能實現

圖書管理是本專案開發中的核心業務，在前端專案中有圖書分類、圖書管理、圖書借閱等功能。透過前端程式的實現，提供給使用者一個直觀、便捷和個性化的圖書管理與借閱平臺。無論是介面設計還是搜索功能，這些前端功能的實現將為使用者帶來更加愉悅和豐富的閱讀體驗。

19.1 圖書分類功能實現

（1）圖書分類功能和系統選單的展示一致，均採用樹形結構進行展示。在 /src/api 目錄新建一個 library/bookType 資料夾，並在該檔案中建立一個 bookType.ts 檔案，用來實現對接後端介面位址，程式如下：

```typescript
// 第19章 /library-admin-web/src/api/library/bookType/bookType.ts
export const listAllBookTypeApi = () => {
  return defHttp.get<BookTypeApiResult[]>({ url: Api.GetBookTypeListTree });
};
export const deleteBookTypeApi = (id: number) => {
  return defHttp.delete<void>({
    url: '${Api.DeleteBookTypeById}/${id}',
  });
};
export const updateBookTypeApi = (updateForm: BookTypeInsertOrUpdateForm) => {
  return defHttp.put<void>({
    url: Api.UpdateBookType,
    params: updateForm,
  });
};
export const createBookTypeApi = (insertForm: BookTypeInsertOrUpdateForm) => {
  return defHttp.post<void>({
    url: Api.CreateBookType,
```

```
    params: insertForm,
  });
};
```

(2) 在 /src/views 目錄下建立 library/book-type 資料夾，用來實現圖書分類前端頁面，在 update-drawer.vue 檔案中實現增加與修改分類，並更新圖書分類樹的資料，程式如下：

```
// 第 19 章 /library-admin-web/src/views/library/book-type/update-drawer.vue
  const [registerDrawer, { setDrawerProps, closeDrawer }] = useDrawerInner(async (data) => {
        await resetFields();
        setDrawerProps({ confirmLoading: false });
        isUpdateView.value = !!data?.isUpdateView;
        if (unref(isUpdateView)) {
          await setFieldsValue({
            ...data.record,
          });
        }
      // 主鍵 ID
      recordId = data.record?.id || null;
      // 更新上級選單樹狀資料
      const parentIdTreeData = await listAllBookTypeApi();
      await updateSchema({
        field: 'parentId',
        componentProps: {
          treeData: parentIdTreeData,
          replaceFields: DEFAULT_TREE_SELECT_FIELD_NAMES,
        },
      });
    });
```

(3) 基礎程式實現完成後，進入背景管理系統中，在系統選單中增加圖書分類選單，圖書分類被劃分在圖書管理選單中，建立一個圖書管理的父選單和圖書分類的相關請求介面。增加完成後在系統角色中綁定相關角色，如圖 19-1 所示。

- 图书管理	Library		/	LAYOUT	/library	1	是	2023-12-06 09:31:16	详情	编辑	删除
⊖ 图书分类	BookType		/	/library/book-type/index	bookType	1	是	2023-12-06 09:33:33	详情	编辑	删除
+ 分类列表	BookType-list		/booktype/list	/	bookTypeList	1	否	2023-12-09 10:36:15	详情	编辑	删除
+ 添加分类	BookType-insert		/booktype/insert	/	bookTypeInsert	2	否	2023-12-09 11:19:34	详情	编辑	删除
+ 分类详情	BookType-quer...		/booktype/quer...	/	BookTypeQueryById	3	否	2023-12-09 11:44:31	详情	编辑	删除
+ 删除分类	BookType-delete		/booktype/dele...	/	BookTypeDelete	4	否	2023-12-09 11:45:25	详情	编辑	删除
+ 分类树	BookType-tree		/booktype/tree	/	BookTypeTree	5	否	2023-12-09 11:46:17	详情	编辑	删除
+ 编辑分类	BookType-upda...		/booktype/upd...	/	BookTypeUpdate	6	否	2023-12-09 11:47:16	详情	编辑	删除

▲圖 19-1　圖書分類選單

綁定完成後，刷新瀏覽器，在左側選單導覽中開啟圖書分類選單，查看頁面是否有資料展示，如果沒有，則新增加一筆圖書分類進行測試，如圖 19-2 所示。

▲圖 19-2 圖書分類列表

19.2 圖書功能實現

圖書管理涉及圖書封面的上傳與圖書分類等功能，需要將這些功能在增加、編輯圖書時進行整合，這也是本章的困難之一。

1. 圖書介面

首先，按照前端的開發流程，先來增加圖書管理的相關介面，在 /src/api/library 目錄下，新建 book 資料夾，並建立 book.ts 檔案與 model 資料夾，並在 model 目錄中增加 sysBookModel.ts 檔案，用來存放請求後端介面和傳回的相關參數。在 book.ts 檔案中，增加後端介面的呼叫函數，程式如下：

```
// 第19章 /library-admin-web/src/api/library/book/book.ts
export const listBookApi = (queryForm: any) => {
  return defHttp.get<BookApiResult[]>({
    url: Api.CotBookList,
    params: queryForm,
  });
};
export const deleteBookApi = (id: number) => {
  return defHttp.delete<void>({
    url: '${Api.DeleteBookById}/${id}',
  });
};
export const updateBookApi = (updateForm: BookInsertOrUpdateForm) => {
  return defHttp.put<void>({
    url: Api.UpdateBook,
    params: updateForm,
  });
```

```
  };
export const createBookApi = (insertForm: BookInsertOrUpdateForm) => {
  return defHttp.post<void>({
    url: Api.CreateBook,
    params: insertForm,
  });
};
export const getBookInfoApi = (id: number) => {
  return defHttp.post({
    url: '${Api.GetBookInfoById}/${id}',
  });
};
```

2. 增加與編輯圖書

(1) 在 book 資料夾中，建立一個 data.ts 檔案，並增加一個 insertOrUpdateFormSchema 新增或編輯的表單資料。在頁面選擇圖書分類時，使用的是 ApiTreeSelect 元件下拉清單格式，在 componentProps 元件設置中呼叫獲取圖書分類的樹結構資料，然後將圖書分類指定為必填項，使用者需要在提交表單時選擇一個圖書類別。最後使用 onChange 事件處理函數，當圖書類別選擇發生改變時會觸發，在這裡它會列印出觸發事件時的 e 和 v 參數，程式如下：

```
// 第 19 章 /library-admin-web/src/views/library/book/data.ts
  {
    field: 'bookType',
    component: 'ApiTreeSelect',
    required: true,
    label: '圖書類別',
    componentProps: {
      api: listAllBookTypeApi,
      resultField: 'parentId',
      labelField: 'title',
      valueField: 'id',
      onChange: (e, v) => {
        console.log('ApiTreeSelect====>:', e, v);
      },
    },
  },
```

(2) 在增加或編輯圖書時會有圖書封面圖片的增加或修改，在增加完成後，還可以預覽該圖片。首先使用 Upload 元件進行上傳操作，並呼叫框架附帶的

uploadApi 函數對圖片進行上傳，上傳的介面位址已經在 vite.config.ts 設定檔中配置過了，程式如下：

```
// 第 19 章 /library-admin-web/src/views/library/book/data.ts
   {
     field: 'coverImgUpload',
     label: ' 封面圖片 ',
     component: 'Upload',
     rules: [{ required: true, message: ' 請選擇上傳檔案 ' }],
     componentProps: {
       api: async (params, onUploadProgress) => {
         // 將檔案類別指定為書籍封面
         params.data.objectType = 1;
         return uploadApi(params, onUploadProgress);
       },
       // 最多上傳 1 張封面
       maxNumber: 1,
       // 檔案副檔名
       accept: ['JPG', 'PNG'],
       // 僅單選
       multiple: false,
     },
     ifShow: (val: RenderCallbackParams) => {
       // 新增時使用本元件，強制要求上傳封面圖片
       return !val.values.id;
     },
   },
```

(3) 預覽功能的實現，將呼叫上傳封面圖片介面成功後傳回的圖片位址進行展示，程式如下：

```
// 第 19 章 /library-admin-web/src/views/library/book/data.ts
   {
     field: 'bookImgUrl',
     label: ' 當前封面圖片預覽 ',
     component: 'Input',
     render: (val) => {
        return h(Image, { src: val.values.bookImgUrl, width: 150 });
     },
     ifShow: (val: RenderCallbackParams) => {
        // 僅當封面圖片有值時，才著色圖片元件
        return !!val.values.bookImgUrl;
     },
   },
```

(4) 在 /src/components/Upload/src/components 目錄下的 UploadModal.vue 檔案中，修改 handleOk 函數中獲取上傳圖片介面傳回的圖片位址，從 data 物件中獲取 url 的值，程式如下：

```
// 第 19 章 /library-admin-web/src/components/Upload/src/components UploadModal.vue
    for (const item of fileListRef.value) {
      const { status, response } = item;
      if (status === UploadResultStatus.SUCCESS && response) {
        fileList.push(response.data.url);
      }
    }
```

(5) 在 book 目錄中建立 update-drawer.vue 檔案，然後實現增加或編輯圖書的頁面，在提交表單資料時，對圖書封面的位址進行賦值操作，程式如下：

```
// 第 19 章 /library-admin-web/src/views/library/book/update-drawer.vue
      async function handleSubmit() {
        try {
          //values 的欄位定義，見 ./data.ts 的 insertOrUpdateFormSchema
          const values = await validate();
          // 如果上傳了封面圖片，則賦值封面圖片欄位
          if (values.coverImgUpload) {
            values.bookImgUrl = values.coverImgUpload[0];
            delete values.coverImgUpload;
          }
          setDrawerProps({ confirmLoading: true });
          if (recordId) {
            await updateBookApi(values);
          } else {
            await createBookApi(values);
          }
          closeDrawer();
          emit('success');
        } finally {
          setDrawerProps({ confirmLoading: false });
        }
      }
```

圖書的詳情、刪除和列表展示相對比較簡單，可以參照本書書附的專案檔案進行撰寫。

3. 測試

進入背景管理系統中，在系統選單的圖書管理父選單中增加圖書選單，然後

在系統角色中綁定相關角色，如圖 19-3 所示。

▲圖 19-3　增加圖書管理選單

開啟圖書管理頁面新增一筆圖書記錄，並上傳圖書封面進行測試，如圖 19-4 所示。

▲圖 19-4　增加圖書

19.3 圖書借閱管理功能實現

圖書借閱管理分為兩部分，一部分是借閱記錄，可供借閱者自行查詢借閱情況；另一部分是圖書借閱，可以查看圖書的相關資訊及借閱的狀態等。

19.3.1 圖書借閱

圖書借閱清單請求的是圖書清單的介面，只是在頁面上展示了部分資訊。在列表中增加了借閱功能，當讀者查詢到需要借閱的圖書時，只需點擊「借閱」按鈕，然後輸入借閱的數量，便可以完成借閱操作。這裡只是完成了簡單的流程，可以後續擴充續約、預約等功能。

（1）首先在 /src/api/library 目錄下新建一個 borrowing 資料夾，然後增加一個呼叫圖書借閱記錄介面的檔案 bookborrowing.ts，並在檔案中增加借閱的介面及相對應的請求參數，程式如下：

```
// 第19章 /library-admin-web/src/api/library/borrowing/bookborrowing.ts
export const createBookBorrowingApi = (insertForm: BookBorrowingInsertOrUpdateForm) => {
  return defHttp.post<void>({
    url: Api.CreateBookBorrowing,
    params: insertForm,
  });
};
```

（2）增加圖書借閱的分頁檔，在 views 目錄下新建一個 borrowing 資料夾，在該資料夾中再劃分圖書借閱 book-borrowing 和借閱記錄 borrowing-record 兩個資料夾。首先在 book-borrowing 資料夾中建立圖書借閱的功能組件 book-borrow-model.vue。在頁面中，借閱者只需增加借閱的數量，其中圖書名稱和圖書的書號只用於展示而不能修改，實現的方法是，使用 dynamicDisabled 動態禁用屬性的函數，透過判斷表單的 values 物件中是否存在 id 屬性，以此來決定是否禁用該輸入框。如果 values 物件中存在 id 屬性，則傳回值為 true；否則傳回值為 false。可以根據實際情況動態地控制輸入框的禁用狀態，程式如下：

```
// 第19章 /library-admin-web/src/views/borrowing/book-borrowing/data.ts
  {
    field: 'name',
```

```
      label: '圖書名',
      required: true,
      component: 'Input',
      dynamicDisabled: ({ values }) => {
        return !!values.id;
      },
    },
    {
      field: 'isbn',
      label: 'ISBN 書號',
      required: true,
      component: 'InputNumber',
      componentProps: {},
      dynamicDisabled: ({ values }) => {
        return !!values.id;
      },
    },
```

(3) 在圖書借閱介面中,由於前端傳遞的 ID 是圖書的 ID,而後端接收的是 bookId,所以需要在前端請求介面之前進行轉換,並檢查後端的借閱介面中的 BorrowingInsert 物件是否有 id 屬性,如果有,則刪除。在 book-borrow-model.vue 檔案中,前端借閱提交表單資料的實現,程式如下:

```
// 第 19 章 /library-admin-web/src/views/borrowing/book-borrow-model.vue
    async function handleSubmit() {
      try {
        const values = await validate();
        setModalProps({ confirmLoading: true });
        // 提交表單
        values.bookId = values.id;
        await createBookBorrowingApi(values);
        // 關閉彈窗
        closeModal();
        // 刷新列表
        emit('success');
      } finally {
        setModalProps({ confirmLoading: false });
      }
    }
```

(4) 借閱的元件已經完成,圖書清單和詳情功能實現不再展示,可以查看原始程式碼進行參照學習。進入背景管理系統中,在系統選單中增加借閱記錄和圖書借閱兩個選單,並綁定相應的角色,如圖 19-5 所示。

▲ 圖 19-5 增加借閱管理選單

刷新瀏覽器，在左側的導覽選單中選擇圖書借閱，此時會出現所有圖書的相關資訊，如圖 19-6 所示。

▲ 圖 19-6 圖書借閱列表

19.3.2 借閱記錄

圖書借閱記錄記錄著每個讀者的借書情況，其中有借閱詳情和還書操作，不同的讀者展示的資料不一致，只能展示自己借閱的資料，不可以查看其他讀者的借閱資訊。在該記錄中會展示圖書借閱是否逾期，逾期費用及借閱數量等資訊。

(1) 在介面檔案 bookborrowing.ts 中，增加借閱記錄的相關呼叫函數，程式如下：

```
// 第19章/library-admin-web/src/api/library/bookborrowing.ts
export const listBookBorrowingApi = (queryForm: any) => {
  return defHttp.get({
    url: Api.GetBookBorrowingList,
    params: queryForm,
  });
};
```

```
export const getBookBorrowingInfoApi = (id: number) => {
  return defHttp.post({
    url: '${Api.GetBookBorrowingInfoById}/${id}',
  });
};
export const returnBookApi = (id: number) => {
  return defHttp.post({
    url: '${Api.ReturnBookById}/${id}',
  });
};
```

(2) 增加實現借閱記錄頁面的檔案,其中在借閱記錄清單的操作列中,還書功能是按照借閱的狀態進行展示的,如果借閱記錄是已歸還或還書審核中的狀態,則不顯示還書功能,而其餘的狀態都會顯示,程式如下:

```
// 第 19 章 /library-admin-web/src/bookborrowing-record/index.vue
{
    label: '還書',
    popConfirm: {
        title: '是否確認還書',
        confirm: handleReturnBook.bind(null, record),
    },
    ifShow: () => {
        // 根據業務控制是否顯示
        return record.borrowStatus !== 1 && record.borrowStatus !== 3;
    },
},
```

(3) 開啟瀏覽器,進入背景管理系統中,在借閱管理選單下開啟借閱記錄就可以查看相關的借閱資訊,如果沒有資料,則可在圖書借閱中借閱一本書,然後查看就會出現借閱的記錄資訊,點擊操作中的「還書」按鈕,就會進入審核流程,在審核管理的圖書借閱審核中查看該提交的資訊,並審核透過。此時傳回借閱記錄中就可以看到該圖書已經歸還完成,圖書借閱的流程也已經完成,如圖 19-7 所示。

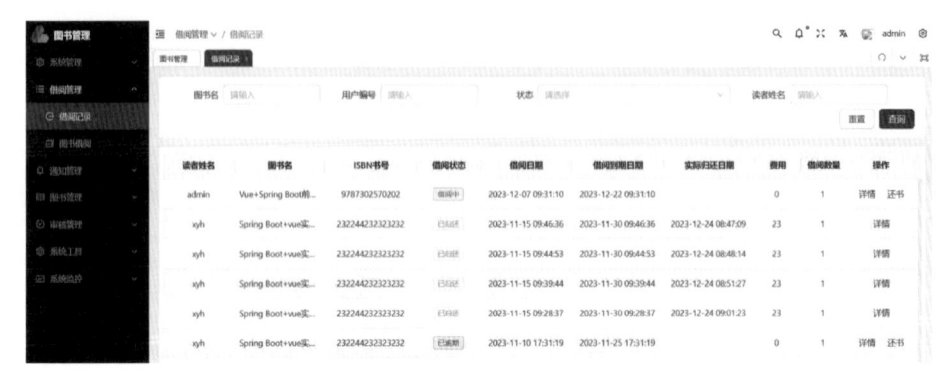

▲ 圖 19-7 借閱記錄清單

19.4 圖書專案功能完善

本專案的前端開發基本業務已經開發完成，接下來需要對前端專案功能進行完善，現在還需要增加個人中心選單，在個人中心中可以實現修改當前使用者的密碼和個人的相關資料，例如圖示、位址等資訊。

19.4.1 修改密碼

在 /src/api/sys 目錄下的 user.ts 檔案中增加一個修改當前使用者密碼介面的呼叫函數，並在 sysUserModel.ts 檔案中增加 SysUserUpdatePasswordForm 介面，設置修改密碼介面請求的相關參數，程式如下：

```
// 第19章 /library-admin-web/src/api/sys/user.ts
export const updateCurrentSysUserPasswordApi = (form: SysUserUpdatePasswordForm) => {
  return defHttp.post<void>({
    url: Api.ChangePassword,
    params: form,
  });
};
```

在 views 目錄下新建一個名為 personal 的資料夾，並增加 change-password 資料夾用來存放修改密碼的前端頁面。在修改密碼的頁面中，需要填寫當前密碼、新密碼和確認密碼，其中確認密碼需要和所填寫的新密碼進行比較，在兩個新密碼填寫一致的情況下才可以透過，在 data.ts 檔案中進行表單驗證，程式如下：

```
// 第19章/library-admin-web/src/views/personal/change-password/data.ts
{
    field: 'confirmNewPassword',
    label: '確認密碼',
    component: 'InputPassword',
    dynamicRules: ({ values }) => {
      return [
        {
          required: true,
          validator: (_, value) => {
            if (!value) {
              return Promise.reject('確認密碼不能為空');
            }
            if (value !== values.newPassword) {
              return Promise.reject('兩次輸入的密碼不一致!');
            }
            return Promise.resolve();
          },
        },
      ];
    },
},
```

在 index.vue 檔案中提交修改密碼後，將前端的快取中的 Token 設置為 null，並退出重新登入，程式如下：

```
// 第19章/library-admin-web/src/views/personal/change-password/index.vue
    async function handleSubmit() {
        const values = await validate();
        const { oldPassword, newPassword, confirmNewPassword } = values;
        await updateCurrentSysUserPasswordApi({
          oldPassword,
          newPassword,
          confirmNewPassword,
        });
        createMessage.success('修改成功，請重新登入');
        const userStore = useUserStoreWithOut();
        userStore.setToken(undefined);
        await userStore.logout(true);
    }
```

最後，進入背景管理系統中，增加修改密碼的選單資訊，並綁定相關角色，即可存取該功能頁面，如圖 19-8 所示。

▲ 圖 19-8 修改當前使用者密碼介面

19.4.2 個人資料

在後端專案中，當前使用者個人資料的修改的介面還沒有實現，先要增加後端介面的實現，在 UserController.java 檔案中，增加一個名為 updateBaseSetting 的方法，然後呼叫更新使用者的方法，程式如下：

```
// 第19章 /library/library-admin/UserController.java
    @PutMapping("/update/baseSetting")
    public Result<?> updateBaseSetting(@Valid @RequestBody UserUpdate param,
@CurrentUser CurrentLoginUser currentLoginUser) {
        param.setId(currentLoginUser.getUserId());
        param.setUsername(currentLoginUser.getUsername());
        userService.update(param);
        return Result.success();
    }
```

在 /src/api/sys 目錄下的 user.ts 檔案中增加修改當前使用者資訊介面的呼叫函數，並在 sysUserModel.ts 檔案中增加 UpdateBaseSettingForm 介面，配置修改當前使用者基礎資訊請求本體，程式如下：

```
// 第19章 /library-admin-web/src/api/sys/user.ts
export const updateBaseSettingApi = (form: UpdateBaseSettingForm) => {
  return defHttp.put({
    url: Api.UpdateBaseSetting,
    params: form,
  });
};
```

接下來增加修改個人資訊的前端頁面，在 personal 目錄中新建一個 personal-data 資料夾，先來完成使用者圖示的上傳功能。新建一個 baseSetting.vue 檔案，用來實現圖示的上傳功能的組件。

在 /src/components/Cropper/src 目錄下，修改 CropperModal.vue 檔案中上傳圖片介面成功後獲取的傳回資訊，將 result.url 修改為 result.data，程式如下：

```
// 第19章 /library-admin-web/src/components/Cropper/src/CropperModal.vue
async function handleOk() {
  const uploadApi = props.uploadApi;
  if (uploadApi && isFunction(uploadApi)) {
    const blob = dataURLtoBlob(previewSource.value);
    try {
      setModalProps({ confirmLoading: true });
      const result = await uploadApi({ name: 'file', file: blob, filename });
      emit('uploadSuccess', { source: previewSource.value, data: result.data });
      closeModal();
    } finally {
      setModalProps({ confirmLoading: false });
    }
  }
}
```

在圖示圖片修改後，先存入前用戶端快取中，當點擊「更新基本資訊」按鈕時，才會更新後端資料庫中的使用者資訊，完成使用者圖示和其他資訊的更新，程式如下：

```
// 第19章 /library-admin-web/src/views/personal/personal-data/baseSetting.vue
    function updateAvatar({ data }) {
      const userinfo = userStore.getUserInfo;
      userinfo.avatar = data.data.url;
      userStore.setUserInfo(userinfo);
      console.log('data', data);
    }
    async function handleSubmit() {
      try {
        let values = await validate();
        const userinfo = userStore.getUserInfo;
        values.avatar = userinfo.avatar;
        await updateBaseSettingApi(values);
        createMessage.success('更新成功！');
      } catch (error) {
        console.error(error);
        createMessage.error('更新失敗，請重試！');
      }
    }
```

增加完相應的程式後，進入背景管理系統中，增加個人資料選單，並綁定角色資訊，這樣就可以查看個人資料的頁面了，如圖 19-9 所示。

▲ 圖 19-9 個人資料介面

19.4.3 首頁配置

個人中心功能完成後，在系統選單中再增加主控台的歡迎頁和資料分析，由於後端沒有實現相關介面，所以先增加原專案框架附帶的頁面，完善專案的完整度。將主控台放在左側導覽列的最頂部，將排序設置為 0，如圖 19-10 所示。

▲ 圖 19-10 增加主控台選單

修改 src/enums 目錄下的 pageEnum.ts 檔案，將專案存取的根目錄 BASE_HOME 設置成 /dashboard/workbench，當使用者登入系統後會直接開啟該頁面，程式如下：

```
// 第19章 /library-admin-web/src/enums/pageEnum.ts
export enum PageEnum {
  //basic login path
  BASE_LOGIN = '/login',
  //basic home path
  BASE_HOME = '/dashboard/workbench',
  //error page path
  ERROR_PAGE = '/exception',
  //error log page path
  ERROR_LOG_PAGE = '/error-log/list',
}
```

本章小結

　　本章完成了圖書分類、圖書管理及圖書借閱等前端相關業務功能，尤其是圖書借閱連結的功能比較多，需要重點學習和掌握。專案完整的許可權和選單的資料存放在 dml.sql 檔案中，可直接執行 SQL 敘述進行增加。

uni-app 篇

第 20 章
uni-app 快速入門

從本章開始就進入小程式的功能開發，採用目前企業中流行的 uni-app 開發框架，它是一個使用 Vue.js 開發前端應用的框架。uni-app 是免費並且屬於 Apache 2.0 開放原始碼協定的產品。

DCloud 官方承諾無論是 HBuilderX 還是 uni-app，面向全球程式設計師永久免費。大家可以放心使用。使用 uni-app 開發，只需撰寫一套程式便可以發佈到 iOS、Android、Web(響應式) 及各種小程式 (微信 / 支付寶 / 百度 / 頭條 / 飛書 /QQ/ 快手 / 釘釘 / 淘寶 / 抖音)、快應用等多個平臺。

20.1 uni-app 簡介

uni-app 提供了一套完整的開發工具鏈，包括 IDE、偵錯器、元件庫等，可以幫助開發者快速地進行應用程式的開發，同時也支援原生外掛程式的開發和整合，可以輕鬆地擴充應用程式功能。uni-app 採用了真正的跨平臺技術，編譯成功器將 Vue.js 語法轉為原生程式，在不同的平臺上生成相應的執行程式，從而實現了一套程式多端執行的目標。對於開發技術人員而言，不需要學習那麼多的平臺開發技術和研究多個前端框架，只需學會基於 Vue.js 的 uni-app 就夠了。這不僅可以提高開發效率，還可以節省開發成本和維護成本。

20.1.1 為什麼選擇 uni-app

1. 平臺不受限

在跨端的同時，透過條件編譯＋平臺特有 API 呼叫，可以優雅地為某平臺寫個性化程式，呼叫專有能力而不影響其他平臺。uni-app 能夠將一套程式同時執行在多個平臺上，包括 iOS、Android、H5、微信小程式、支付寶小程式等，而且開發者只需撰寫一次程式，便可以發佈到多個平臺上。這大大節省了開發和維護成本。

2. 開發者數量多

uni-app 擁有數百萬的應用，據官方統計 uni 手機端統計月活使用者 12 億、數千款 uni-app 外掛程式、70+ 微信 /QQ 群等。

3. 社區資源豐富

uni-app 的社區資源非常豐富，外掛程式市場擁有數千款外掛程式。開發者可以在社區中獲取大量元件、外掛程式等資源，微信生態的各種 SDK 可直接用於跨平臺 App。可以大大地提高開發效率。

4. 體驗效果好

uni-app 繼承自 Vue.js，提供了完整的 Vue.js 開發體驗。採用了真正的跨平臺技術，載入新頁面速度更快、自動 diff 更新資料。App 端支援原生著色，可支撐更流暢的使用者體驗。在不同平臺上生成相應的執行程式，從而保證了應用程式在各個平臺上的體驗效果。

20.1.2 功能架構

uni-app 在跨平臺的過程中，保持平臺的自身特色，優雅地呼叫平臺的專有能力，融合多端平臺。同時 uni-app 將常用的元件和 API 進行了跨平臺封裝，可覆蓋大部分業務需求。uni-app 的功能架構如圖 20-1 所示。

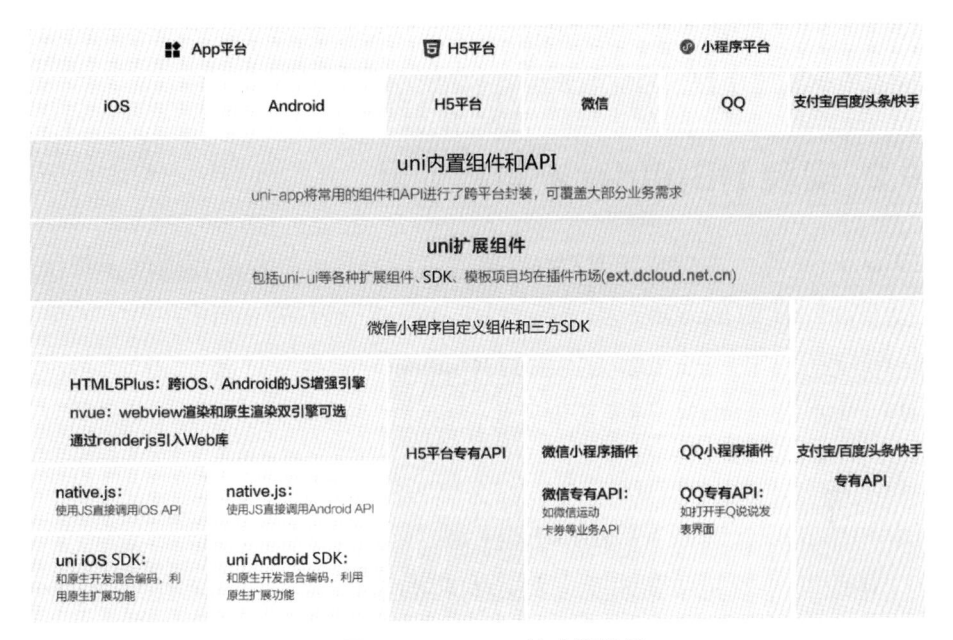

▲ 圖 20-1 uni-app 的功能架構

20.1.3 開發標準

uni-app 為了實現多端相容，綜合考慮編譯速度和執行性能等因素，制定了一些開發標準。這些標準主要包括以下內容。

(1) 分頁檔統一採用 Vue 單檔案元件 (SFC) 標準，以方便開發者對元件進行封裝和重複使用。

(2) 元件標籤靠近小程式標準，但需要遵循 uni-app 的元件標準，以確保在不同平臺上的顯示效果一致。

(3) 為了實現互連能力，uni-app 將 JS API 靠近微信小程式標準，並將 wx 替換為 uni，以確保在不同平臺上的介面呼叫正確。

(4) uni-app 建議開發者遵循 Vue.js 標準進行資料綁定和事件處理，同時補充了 App 和頁面的生命週期，以支援多端執行。

(5) 為了實現跨平臺相容，uni-app 建議使用 flex 版面配置進行開發，以確保在不同平臺上的顯示效果一致。

uni-app 的開發標準可以幫助開發者更進一步地適應不同平臺的開發環境，提高開發效率和應用程式的性能表現。

20.2 安裝 HBuilderX 開發工具

HBuilderX 是一款專業的 HTML5 開發工具，其啟動和回應速度非常快，同時支援 Windows 和 macOS。標準版的 HBuilderX 大小在 10MB 左右，如果要開發 uni-app 應用，則可使用官方提供的 HBuilderX 開發工具進行開發。可以讓開發者使用 Web 技術開發出性能接近原生應用的行動應用程式。

1. 工具特點

使用 HBuilderX 有以下特點和功能。

(1) 極速： 不管是啟動速度、大文件開啟速度、開發提示都極速回應，C++ 的架構性能遠超 Java 或 Electron 架構。

(2) 強大的語法提示： HBuilderX 是唯一一家擁有自主 IDE 語法分析引擎的公司，對前端語言提供準確的程式提示和轉到定義。

(3) 小程式支援： 國外開發工具沒有對小程式開發進行最佳化，HBuilderX 可新建 uni-app 小程式等專案，為國人提供更高效的工具。

(4) 清爽護眼： HBuilderX 的介面比其他工具更清爽簡潔，綠柔主題經過科學的腦疲勞測試，是適合人眼長期觀看的主題介面。

2. 工具下載

開啟瀏覽器，輸入官方提供的下載網址 https://www.dcloud.io/hbuilderx.html，跳躍到下載介面，然後將滑鼠的游標放在下載按鈕的下拉式功能表 more 上，選擇 Windows 的正式版進行下載，下載的檔案為 .zip 壓縮檔的格式。也可選擇歷史版本下載，本書對當前最新的版本進行下載，如圖 20-2 所示。

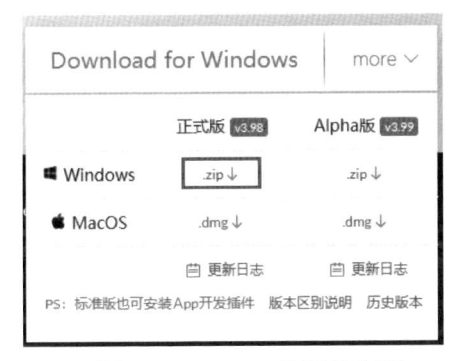

▲ 圖 20-2 uni-app 的下載介面

　　下載完成後，對壓縮檔進行解壓，然後在 HBuilderX 資料夾中找到 HBuilderX.exe 啟動工具的應用程式檔案，雙擊即可啟動。進入軟體工具中，介面如圖 20-3 所示。

▲ 圖 20-3 HBuilderX 介面

20.3　安裝微信開發工具

　　微信開發者工具是一款由微信官方推出的開發工具，主要用於微信小程式的開發、偵錯和發佈，並幫助開發者簡單和高效率地開發與偵錯微信小程式，它支援 Windows 和 macOS 兩種作業系統，並提供了很多實用功能，使小程式開發者能夠快速地開發和偵錯小程式。

在微信開發者工具中，可以使用類似於瀏覽器主控台的偵錯工具進行程式偵錯和頁面元素查看。同時，該工具還提供了即時預覽功能，可以在修改程式後立即看到效果，並支援模擬不同裝置的螢幕大小和解析度。

1. 下載

開啟瀏覽器，在瀏覽器中輸入官方提供的微信開發者工具下載網址 https://developers.weixin.qq.com/miniprogram/dev/devtools/download.html。目前微信開發者工具的 Windows 系統僅支援 Windows 7 及以上的版本，在下載之前先確認電腦系統版本是否滿足要求。

下載當前最新的穩定版 Stable Build(筆者在創作本書時的版本編號為 1.06.2310080)，然後選擇相應的電腦系統版本進行安裝，筆者這裡選擇的是 Windows 64 版本，如圖 20-4 所示。

▲圖 20-4　選擇微信開發者工具安裝版本

下載完成後，雙擊下載的 .exe 的安裝檔案，然後點擊「下一步」按鈕，並根據微信開發者工具的安裝精靈進行安裝，如圖 20-5 所示。

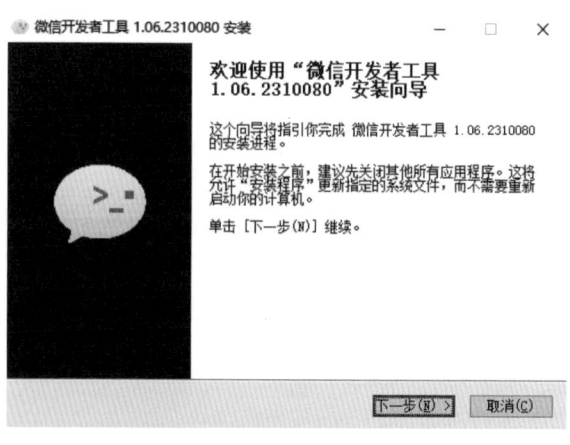

▲圖 20-5　微信開發者工具安裝精靈

選擇安裝的目的檔案夾，可以為中文的目錄，然後點擊「安裝」按鈕，等待安裝完成即可，如圖 20-6 所示。

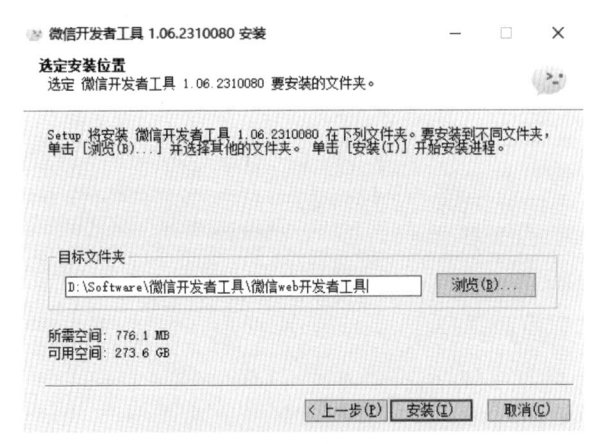

▲ 圖 20-6 選擇安裝的目的檔案

2. 執行

雙擊已安裝的微信開發者工具會進入登入頁，可以使用微信掃碼登入開發者工具，開發者工具會根據該微信帳號的資訊進行小程式的開發和偵錯，如圖 20-7 所示。

▲ 圖 20-7 登入頁

登入成功後，可以查看已存在的專案目錄清單和程式部分清單等，在專案列表中可以選擇或建立一個小程式專案，如圖 20-8 所示。

▲圖 20-8 小程式清單

20.4 uni-app 專案管理

HBuilderX 和微信開發者工具都已經安裝完成，接下來可透過 HBuilderX 來建立 uni-app 專案。

20.4.1 建立 uni-app 專案

開啟 HBuilderX 工具，在工具頂部的選單 File 中找到新建選項，然後選擇專案，如圖 20-9 所示。

20.4 uni-app 專案管理 | 20-9

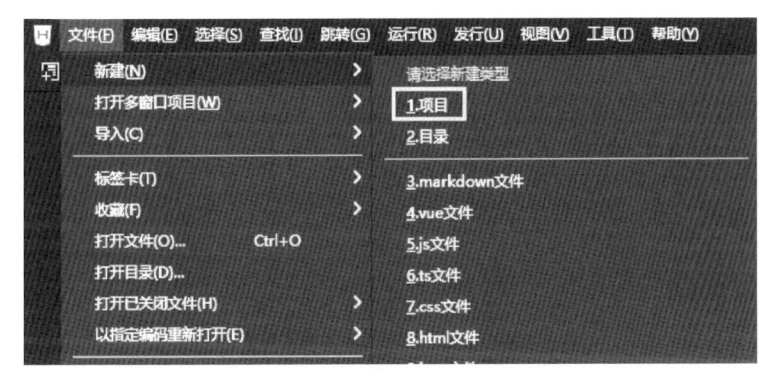

▲ 圖 20-9 選擇新建專案

　　選擇新建 uni-app 專案，將專案名稱設置為 library-app，並設置專案檔案儲存。在選擇範本中，提供的很多小程式範本都可以在 DCloud 外掛程式市場中找到，其中有一部分是收費的範本。本專案選擇預設的範本即可，在建立專案介面的右下角中選擇 Vue 2 版本，點擊「建立」按鈕，等待專案建立完成，如圖 20-10 所示。

▲ 圖 20-10 新建 uni-app 專案

建立完成後，首先找到頂部選單中的執行選單，然後選擇執行到瀏覽器，並選擇使用的瀏覽器，筆者這裡使用的是 Google 瀏覽器，點擊 Chrome 選項，然後可以在 HBuilderX 的主控台中查看啟動情況，如圖 20-11 所示。

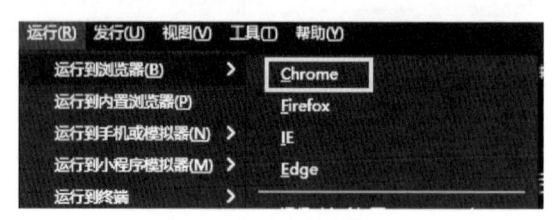

▲圖 20-11 執行專案

第 1 次啟動會比較慢，等待工具下載專案的相關外掛程式，下載完成後，再重新啟動專案，啟動完成後會自動開啟瀏覽器，展示小程式頁面。可以在瀏覽器的主控台中將瀏覽器的展示頁面切換成手機模式進行瀏覽，還可以選擇不同的手機型號進行展示，如圖 20-12 所示。

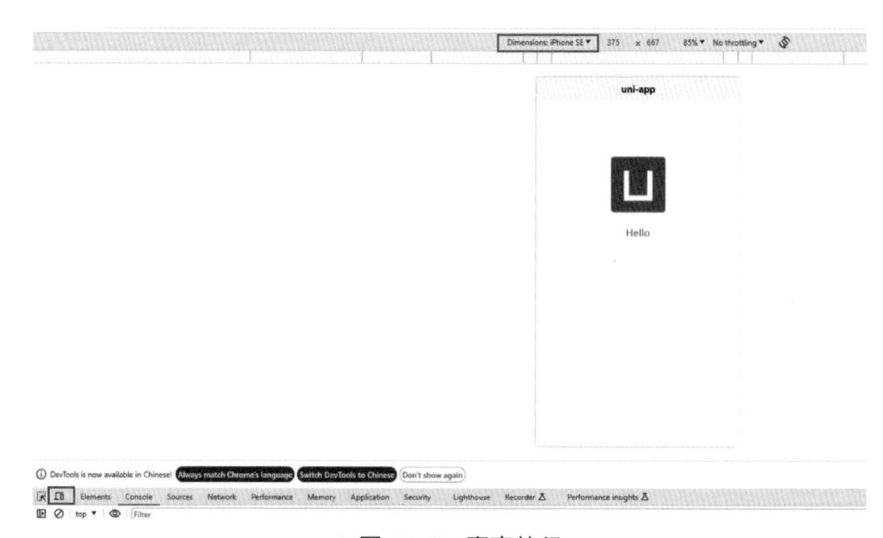

▲圖 20-12 專案執行

20.4.2 Git 管理 uni-app 專案

uni-app 專案的程式同時也需要程式倉庫對版本進行管理，並透過 HBuilderX 工具進行程式的提交和拉取等操作。

1. 新建倉庫

首先在 Gitee 中新建一個管理專案程式的倉庫，倉庫名稱為 Library App，然後再選擇分支模型時選擇生產 / 開發模型 (支援 master/develop 類型分支)，最後點擊「建立」按鈕，完成程式倉庫的建立，並將 develop 設置為預設分支，如圖 20-13 所示。

▲圖 20-13　建立專案程式倉庫

2. 安裝外掛程式

HBuilderX 需要引用外掛程式對程式進行管理，並使用 Git 管理工具連接 Gitee 遠端倉庫。需要在 HBuilderX 中安裝 easy-git 外掛程式，easy-git 支援連接 GitHub 和 Gitee 帳號、搜索 GitHub、命令面板、複製、提交 / 更新 / 拉取、分支 /tag 管理、日誌、檔案對比和儲藏等操作。在官方外掛程式市場中的下載網址為 https://ext.dcloud.net.cn/plugin?name=easy-git，或可以在本書的書附資源中獲取外掛程式檔案。

下載的外掛程式為 zip 壓縮檔的格式，對檔案進行解壓，然後開啟 HBuilderX 安裝目錄下的 plugins 資料夾，將解壓的外掛程式檔案移動到該資料夾下，重新啟動 HBuilderX 工具即可完成外掛程式的安裝。

3. 程式倉庫管理

(1) 開啟 HBuilderX 開發工具，在左側導覽列中選中 library-app 專案，然後按右鍵專案，在彈出的選項中選擇 git init 初始化倉庫，如果選單中沒有該選項，則可先查看專案檔案中是否有 .git 檔案，如果有，則刪除該檔案，之後再嘗試操作，查看是否有初始化倉庫的選項，如圖 20-14 所示。

▲圖 20-14 初始化倉庫

(2) 點擊之後會有一個彈窗展示出來，需要配置 Git 倉庫資訊，選擇手動輸入倉庫位址，然後填寫倉庫位址，以及提交程式的名稱和電子郵件等資訊，最後點擊「確定」按鈕，倉庫初始化完成，如圖 20-15 所示。

▲圖 20-15 Git 倉庫設置

(3) 初始化完成後，在主控台中會有資訊提示：本地專案【library-app】，增加遠端倉庫位址成功。說明本地程式已經和遠端倉庫建立了連接。接著在本地建立分支，使本地建立的分支和倉庫中的分支保持一致。按右鍵專案，找到 easy-git 中的分支 / 標籤管理，如圖 20-16 所示。

▲圖 20-16 分支 / 標籤管理

(4) 在左側選單中選擇「從…建立分支」建立新分支，在 ref 中填寫遠端分支的名稱和本地分支的名稱，這裡本地的名稱最好和對應的遠端分支保持一致，如圖 20-17 所示。

▲圖 20-17 建立本地 develop 分支

以同樣的方法，建立與遠端倉庫一樣的 master 分支，最終效果如圖 20-18 所示。

▲圖 20-18 本地分支清單

(5) 先將本地分支切換到 develop 上，然後按右鍵專案，找到 easy-git 原始程式碼管理選項並執行。接著在工具的左側就會出現待提交的程式，填寫提交程式的說明。如果此時在專案中點擊「對」的符號，則會有彈窗提示是否提交，點擊「是」按鈕即可，此時會將暫存區裡的改動提交到本地的版本庫，如圖 20-19。

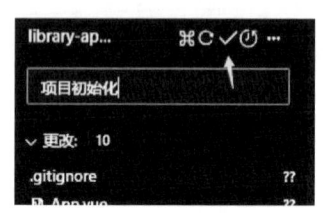

▲圖 20-19 程式提交

(6) 在專案的更多中找到推送的選項，點擊該選項即可將程式推送到遠端倉庫中，如圖 20-20 所示。

▲圖 20-20 程式推送

本章小結

本章對 uni-app 技術有了初步的認識，並安裝了開發 uni-app 專案的相關工具及微信開發者工具。使用 HBuilderX 工具進行 uni-app 專案的建立和執行，並配置 HBuilderX 工具對專案程式的管理，連接到程式遠端倉庫進行版本的管理。

第 21 章

小程式初印象

微信小程式是一種無須下載即可使用的應用創新，經過近幾年的迅速發展，已經建構了全新的微信小程式開發環境和開發者生態系統。成為 IT 行業近年來最顯著的創新之一，微信小程式吸引了超過 200 萬開發者加入其開發隊伍，並與騰訊公司緊密合作，共同推動微信小程式的不斷進步。微信小程式可以算是近年來網際網路行業的一大熱點，據官方資料顯示，2023 年微信小程式日活躍使用者數已突破 10 億大關，顯示出強大的使用者黏性和市場潛力。這一數字的背後，既得益於微信小程式的便捷性和功能性，也反映出使用者對於數位化服務的需求不斷增長。

21.1 小程式簡介

微信小程式實際上是一款基於 Web 技術的應用程式，與平時所接觸到的前端網頁是大同小異的，使用的開發語言、程式結構及程式執行的機制基本相同。網站執行在瀏覽器中，而微信小程式顧名思義執行在微信中，與微信緊密相連，使在一些功能的開發上更方便，舉例來說，獲取使用者資訊、手機號碼、位置等資訊。

1. 特點

微信小程式具有多個特點，使其在行動應用程式領域獨具優勢。

(1) 無須下載並安裝：使用者可以直接透過微信掃一掃或搜索進入小程式，無須透過應用商店下載和安裝，節省了使用者的儲存空間和下載時間。

(2) 輕量化快速啟動：小程式相對於傳統應用更輕量，啟動速度更快，能夠迅速回應使用者需求，提供更流暢的使用體驗。

（3）與微信生態融合：小程式與微信生態系統無縫整合，使用者可以透過微信分享、登入、支付等功能，方便快捷地使用小程式。

（4）跨平臺相容：微信小程式可以在不同平臺上執行，包括 iOS、Android 等主流作業系統，確保了更廣泛的使用者覆蓋面。

（5）開發成本低：小程式採用前端開發技術，開發成本相對較低，開發週期也相對較短，開發者可以使用 HTML、CSS、JavaScript 等常見的網頁開發技術進行開發，減少了學習成本。對於企業轉型發展來講很有幫助，更符合企業低預算開發。

（6）多樣的應用場景：微信小程式涵蓋了多行業和領域，包括零售、餐飲、教育、醫療等，提供給使用者了豐富多樣的應用選擇。

（7）便捷的更新機制：開發者可以即時更新小程式，使用者無須手動更新，可以始終使用最新版本，確保了應用的安全性和功能更新。

2. 微信小程式與訂閱帳號、服務帳號的區別

這 3 個同屬於微信生態系統，但還是在很多方面存在區別，如功能定位、使用者體驗、使用場景、費用等問題。

（1）功能定位：微信小程式主要身為工具來提供特定的功能，如查詢、預定、購買等。訂閱帳號主要用於發佈資訊，如新聞、廣告、通知等，同時也可以提供一些基本的互動功能，而服務帳號則更注重於提供服務，如客服、售後、會員管理等，通常需要使用者進行更深入的互動和操作。

（2）使用者體驗：微信小程式提供了獨立的使用體驗，不需要開啟其他應用就能直接使用。訂閱帳號則需要在微信中開啟訂閱號列表，瀏覽並選擇想要查看的訂閱號。服務帳號則通常會與微信聊天介面結合，使用者可以在聊天介面中直接與服務號進行互動。

（3）使用場景：微信小程式通常用於特定的任務或場景，例如查詢公共汽車資訊、預訂酒店等。訂閱帳號則更適合定期獲取資訊或資訊，如新聞網站、雜誌等。服務帳號則更適合提供客戶服務，如電子商務網站的客服、銀行的客服等。

(4)費用問題： 微信小程式通常需要支付一定的開發費用，但也有一些免費的小程式可供選擇。訂閱帳號通常不需要支付任何費用，可以免費建立和發佈內容。服務帳號則需要支付一定的認證費用，但提供了更多的功能和服務。

21.2 申請微信小程式帳號

開發小程式的第 1 步，需要擁有一個小程式帳號，透過這個帳號就可以管理小程式了，也可以當作為小程式的背景管理。註冊小程式帳號有兩種方式，第 1 種是透過已有的公眾號快速連結註冊；第 2 種是透過線上常規流程完成註冊。因為公眾號連結註冊需要是企業認證後的公眾號，所以作為個人開發，不太適合。筆者這裡選擇線上的常規流程註冊，可以實現個人帳號的註冊。

1. 小程式註冊

開啟瀏覽器，輸入微信公眾平臺官網網址 https://mp.weixin.qq.com/，進入官網首頁後點擊右上角的「立即註冊」按鈕，如圖 21-1 所示。

▲圖 21-1 微信公眾平臺官網首頁

在註冊的帳號類型中選擇「小程式」，可以在介面的最下方點擊「查看類型區別」，可查看不和類型帳號的差別和優勢，如圖 21-2 所示。

▲圖 21-2 帳號類型

　　首先跳躍到微信公眾平臺的小程式中，然後在介面中點擊「前往註冊」按鈕。接著填寫未註冊過公眾平臺、開放平臺、企業帳號、未綁定個人帳號的電子郵件，填寫完資訊後勾選服務協定，最後點擊「註冊」按鈕，進行下一步操作，如圖 21-3 所示。

▲圖 21-3 填寫帳號資訊

進入電子郵件啟動的步驟，點擊「登入電子郵件」按鈕，在電子郵件中查收啟動郵件，點擊郵件中的連結啟動帳號。帳號啟動成功後，繼續下一步的註冊流程，選擇主體類型，因為是個人開發測試使用，所以選擇個人類型，如圖 21-4 所示。

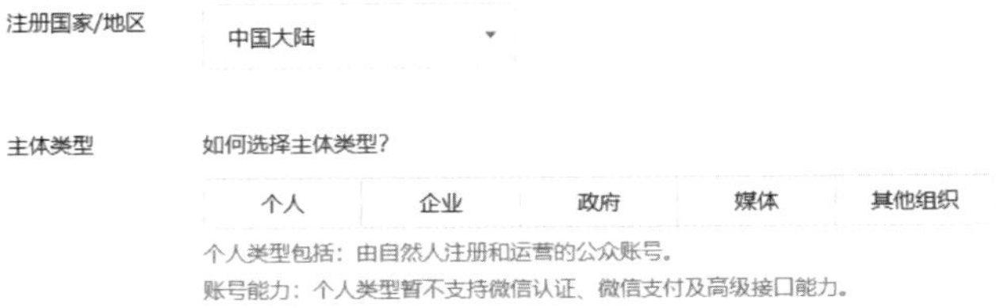

▲ 圖 21-4 選擇主體類型

選擇完成後，需要完善主體資訊和管理員資訊等，並使用微信掃描完成管理員身份驗證，如圖 21-5 所示。

▲ 圖 21-5 主體資訊登記

資訊填寫完成後，小程式的帳號已經申請完成，此時會自動跳躍到小程式管理的首頁介面中，可以填寫小程式發佈的流程，設置小程式的基本資訊、圖示、描述等資訊，這個先不填寫，如圖 21-6 所示。

▲ 圖 21-6 小程式首頁介面

2. 獲取 AppID

在小程式管理平臺左側的開發選單中，開啟開發管理，並找到開發設置，獲取 AppID(小程式 ID) 和 AppSecret(小程式金鑰)，其中金鑰需要點擊右側的「生成」，管理員微信掃碼驗證身份後才可以獲取，需要妥善儲存好，如圖 21-7 所示。

▲ 圖 21-7 獲取開發者 ID

3. 建立小程式

開啟微信開發者工具，在小程式選單中，建立一個小程式專案，設置一個專案名稱和專案儲存路徑，然後在 AppID 中填寫從小程式管理平臺獲取的 AppID；開發模式選擇小程式；後端服務選擇不使用雲端服務；範本選擇 JS- 基礎範本即可，最後點擊「確定」按鈕，等待專案初始化完成，如圖 21-8 所示。

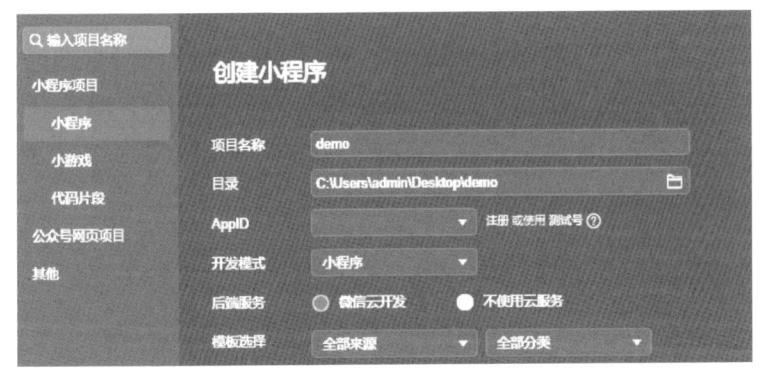

▲圖 21-8 建立小程式

（1）進入小程式專案中，可以看到左側會有一個小程式模擬器的展示，這個會根據程式的撰寫即時展示頁面，非常人性化，如圖 21-9 所示。

▲圖 21-9 小程式模擬器

（2）介面的中間區域是小程式專案的資原始目錄，可以新建小程式頁面和相關檔案。右側為撰寫程式區域，提供了一個視覺化的編輯器，可以用來撰寫小程式的業務程式，支援語法反白、程式提示及程式格式化等相關功能，如圖 21-10 所示。

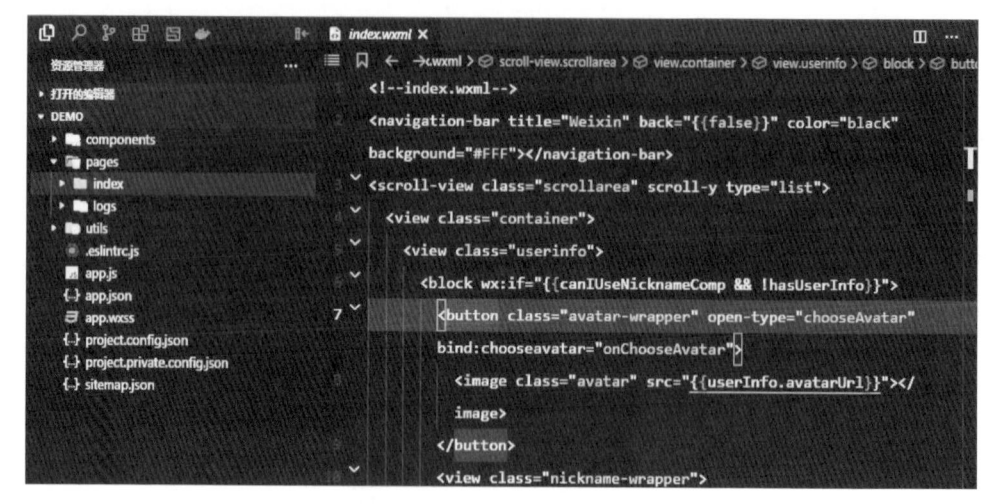

▲ 圖 21-10　小程式資源管理器

（3）微信開發者工具不僅提供了模擬器的展示功能，還提供了小程式預覽器，可以在手機上查看小程式的執行效果，支援行動端和桌面模式，而且支援即時預覽。點擊預覽上方的小眼睛圖示即可出現預覽的二維碼，使用微信掃描即可，如圖 21-11 所示。

▲ 圖 21-11　小程式預覽

21.3　執行小程式

在 21.2 節中，使用微信開發者工具建立了一個供測試的小程式專案，接下來將 HBuilderX 建立的 uni-app 專案在微信開發者工具中執行。在這裡不可以使用微信開發者工具直接開啟 uni-app 專案執行，這樣會顯示缺失檔案的錯誤資訊。

1. 開啟伺服器通訊埠

在 HBuilderX 中可以直接呼叫微信開發者工具開啟專案並執行此專案，需要設置伺服器通訊埠。開啟微信開發者工具，首先在頂部選單的設置中找到安全設置，然後開啟伺服器通訊埠，這樣 HBuilderX 就可以直接呼叫以開啟該工具，如圖 21-12 所示。

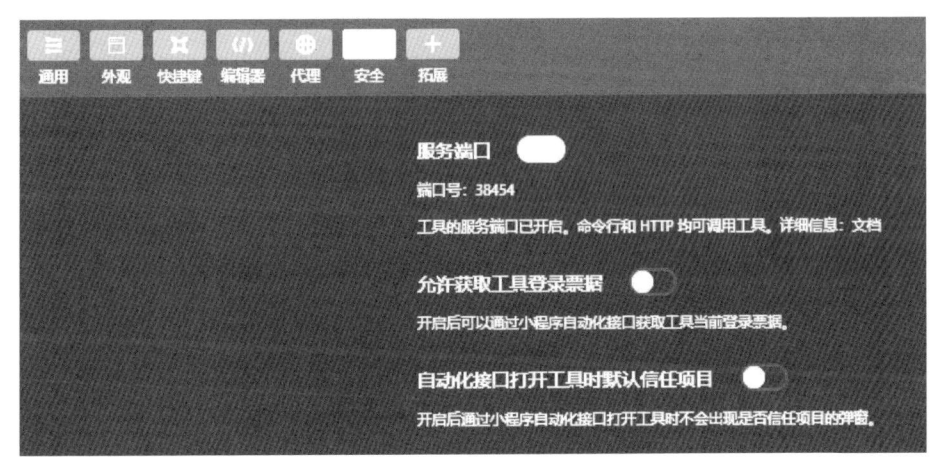

▲圖 21-12 開啟伺服器通訊埠

2. 執行小程式

使用 HBuilderX 工具開啟 library-app 專案，在頂部的功能表列中找到執行，然後在執行到小程式模擬器選項中選擇「微信開發者工具 (W)」，接著設置微信開發者工具的安裝路徑，點擊「確定」按鈕，完成配置，如圖 21-13 所示。

▲圖 21-13 設置微信開發者工具路徑

此時會自動編譯器，並啟動微信開發者工具以載入小程式，這樣就可以在小程式的模擬器中查看 uni-app 的相關頁面展示了。如果出現微信開發者工具啟動後當機的問題，則應檢查是否啟動了多個微信開發者工具，如果是，則關閉所有開啟的微信開發者工具，然後重新執行，如圖 21-14 所示。

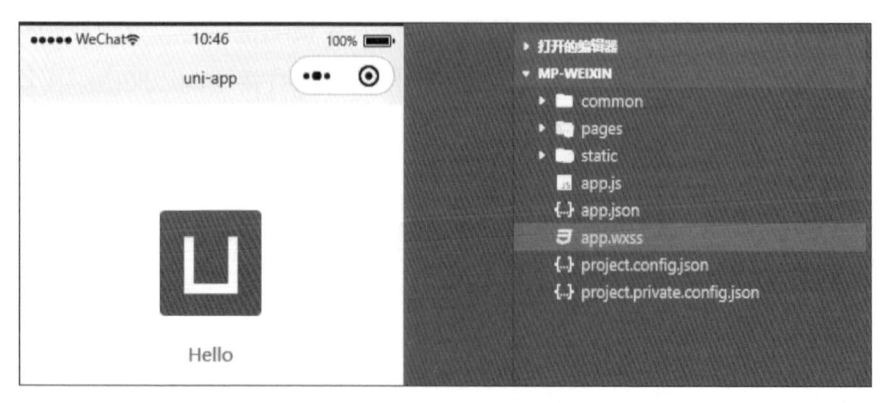

▲ 圖 21-14 執行 library-app

本章小結

本章主要首先對微信小程式的相關特點進行了介紹，然後在微信公眾平臺上申請了個人開發使用的小程式帳號，並在手機上體驗了微信開發者工具建立的小程式。最後將 uni-app 建立的圖書小程式在微信開發者工具中執行，並將 HBuilderX 工具與之連結，即時查看專案開發執行的情況。

第 22 章
圖書小程式功能實現

本章將實現圖書小程式的相關功能，由於小程式與使用者直接進行互動，所以小程式最重要的是頁面設計要美觀、合理，需要符合大部分使用者的日常使用習慣。從技術上來講，小程式的開發相對於後端開發比較簡單，但小程式主要偏重的是頁面的美觀等。在接下來的開發中，將使用 HBuilderX 工具進行程式的撰寫，然後採用微信開發者工具對頁面進行偵錯和預覽。

22.1 基礎配置

在日常使用小程式或手機 App 時會體驗到在軟體的最底部會有 3 或 4 個導覽選單，通常被固定在軟體的下方，當然有的 App 可以自訂下方導覽選單，這主要是為了方便使用者操作，快速回到某個功能的頁面中。

接下來，在圖書的小程式中自訂導覽選單，開啟 HBuilderX 開發工具，在專案的根目錄中找到並開啟 pages.json 檔案。在該檔案中可以對 uni-app 進行全域配置，並決定分頁檔的路徑、視窗樣式、原生的導覽列、底部的原生 tabbar 等。

在 uni-app 專案中的 pages.json 檔案，類似於使用微信開發者工具建立的微信小程式原生專案的 app.json 檔案。

22.1.1 底部導覽列

在本專案中，底部導覽列的劃分包括首頁、圖書、訊息及我的共 4 部分，後期可根據自己的需求進行修改。接下來，新建導覽列頁面，當點擊某個導覽列時，需要跳躍到對應的頁面中。在 HBuilderX 中按右鍵專案的 page 資料夾，選擇「新建頁面」，在新建 uni-app 頁面彈窗中填寫入檔案名稱，建立的檔案格式為 Vue 的檔案，然後勾選「建立名稱相同目錄」，接著選擇預設的範本，最後點擊「建立」按鈕即可增加成功，如圖 22-1 所示。

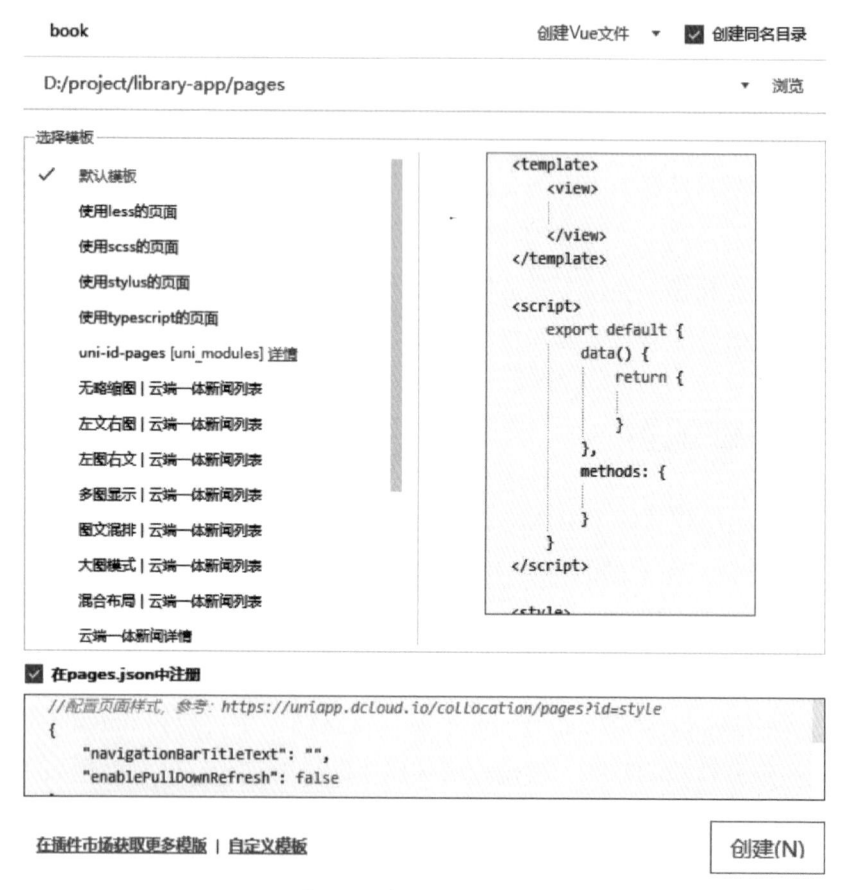

▲ 圖 22-1 新建 uni-app 頁面

按照相同的方法，依次建立 notice(訊息) 和 about(我的) 兩個導覽列目錄，首頁使用 index 的目錄即可。

開啟 pages.json 檔案，在 pages 節點中配置應用由哪些頁面組成，pages 節點接收一個陣列，陣列的每個項都是一個物件。在 pages 陣列的第 1 項為應用入口

頁 (首頁)，在應用中新增 / 減少頁面都需要對 pages 陣列進行修改，增加的檔案名稱不需要寫副檔名，框架會自動尋找路徑下的頁面資源。現將 4 個導覽列的頁面位址增加到 pages 中，style 用於設置每個頁面的狀態列、導覽條、標題、視窗背景顏色，程式如下：

```
// 第 22 章 /library-app/pages.json
"pages": [
    {
        "path": "pages/index/index",
        "style": {
            "navigationBarTitleText": "首頁"
        }
    },
    {
      "path" : "pages/book/book",
      "style": {
         "navigationBarTitleText" : "圖書",
         "enablePullDownRefresh": true
      }
   },
   {
     "path" : "pages/notice/notice",
     "style": {
        "navigationBarTitleText" : "訊息",
        "enablePullDownRefresh": true
     }
   },
   {
     "path": "pages/about/about",
     "style": {
        "navigationBarTitleText": "我的"
     }
   }
],
```

在圖書和訊息的 style 中都設置了 enablePullDownRefresh 配置項，用來配置是否開啟下拉刷新功能，預設值為 false。使用的效果是在手機存取該頁面資訊時，往下拉頁面會實現資料刷新的效果。

接著配置導覽列，在 uni-app 專案的 pages.json 檔案中提供了 tabBar 配置，這不僅是為了方便快速開發導覽，更重要的是在 App 和小程式端提升性能。在這兩個平臺，底層原生引擎在啟動時無須等待 JS 引擎初始化，即可直接讀取 pages.json 檔案中配置的 tabBar 資訊，著色原生 tab。tabBar 中的 list 是一個陣列，只能配置最少 2 個、最多 5 個 tab，tab 按陣列的順序排序，程式如下：

```json
// 第 22 章 /library-app/pages.json
        "tabBar": {
            "color": "#333",                //tab 上的文字的預設顏色
            "selectedColor": "#a4579d",     //tab 上的文字選中時的顏色
            "backgroundColor": "#fff",      //tab 的背景顏色
            "borderStyle": "white",         //tabBar 上邊框的顏色
            "list": [
                    {
                            "text": "首頁",
                            "pagePath": "pages/index/index",
                            "iconPath": "static/tabs/home.png",
                            "selectedIconPath": "static/tabs/home_s.png"
                    },
                    {
                            "text": "圖書",
                            "pagePath": "pages/book/book",
                            "iconPath": "static/tabs/book.png",
                            "selectedIconPath": "static/tabs/book_s.png"
                    },
                    {
                            "text": "訊息",
                            "pagePath": "pages/notice/notice",
                            "iconPath": "static/tabs/notice.png",
                            "selectedIconPath": "static/tabs/notice_s.png"
                    },
                    {
                            "text": "我的",
                            "pagePath": "pages/about/about",
                            "iconPath": "static/tabs/me.png",
                            "selectedIconPath": "static/tabs/me_s.png"
                    }
            ]
        },
```

在導覽列 list 的陣列中，每個項都是一個物件，在物件中增加了 4 個屬性，其各個屬性的含義如下。

(1) text 是 tab 上按鈕的文字，在 App 和 H5 平臺為非必填。例如中間可放一個沒有文字的 + 號圖示，在小程式中需要填寫文字資訊。

(2) pagePath 指的是頁面路徑，必須在 pages 中先定義。

(3) iconPath 是圖片路徑，icon 圖片的大小被限制為 40KB，官方文件中建議圖片的尺寸為 81px*81px，當 position 為 top 時，此參數無效，同時不支援網路圖片，也不支援字型圖示。

(4) selectedIconPath 是選中時的圖片路徑，icon 圖片的大小被限制為 40KB，建議尺寸為 81px*81px，當 position 為 top 時，此參數無效。

在 HBuilderX 工具中，首先將啟動專案執行到微信開發者工具中，然後就可以在模擬器底部看到這 4 個導覽選單了，預設的是選擇首頁導覽列，如圖 22-2 所示。

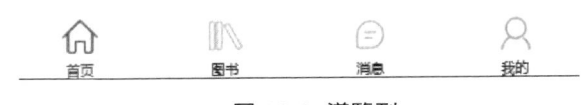

▲圖 22-2 導覽列

22.1.2 引入 uView UI 框架

uView UI(簡稱為 uView) 是 uni-app 生態專用的 UI 框架，但在 uni-app 官方文件中也提供了很多頁面元件供開發者使用，由於相比 uView 的頁面風格少了一些美觀，所以在本專案中借助 uView 框架來美化頁面功能效果。

1. 安裝 uView

安裝 uView 框架有兩種方式，一種是 HBuilderX 外掛程式安裝方式，可以在 DCloud 外掛程式市場中下載，然後下載外掛程式並匯入 HBuilderX 中；另一種是 npm 的方式安裝。

在本專案中選擇使用 npm 進行安裝，在 HBuilderX 工具的左下角中開啟終端主控台，如果提示沒有安裝終端，則先安裝終端外掛程式，然後查看專案根目錄中有沒有 package.json 檔案，在沒有的情況下，應先執行的命令如下：

```
npm init -y
```

使用 npm 安裝 uView 框架，安裝的版本為 2.0.36(筆者創作本書時的最新版本)，命令如下：

```
npm install uview-ui@2.0.36
// 更新版本
npm update uview-ui
```

2. 安裝 scss 外掛程式

安裝完成後，因為 uView 使用的是 scss，所以必須安裝此外掛程式才可以使用，否則無法正常執行。如果是使用 HBuilderX 建立的專案，則應該是已經安裝過 scss 外掛程式了，如果沒有，則可在 HBuilderX 選單的工具中開啟外掛程式安裝，然後找到「scss/sass 編譯」外掛程式進行安裝，如果沒有生效，則重新啟動 HBuilderX 即可，如圖 22-3 所示。

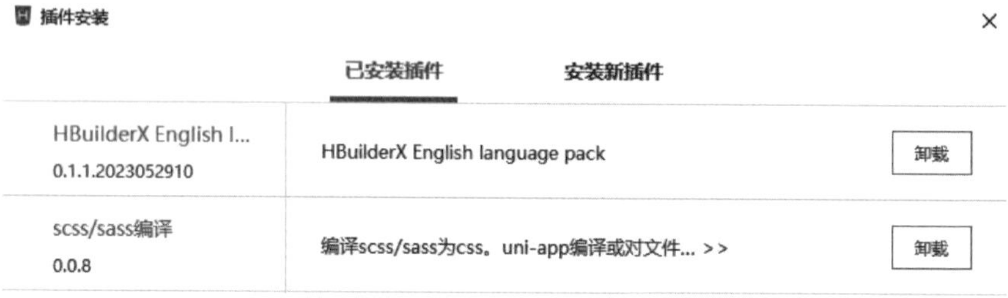

▲ 圖 22-3 安裝 scss/sass 外掛程式

3. 配置 uView

（1）在專案根目錄的 main.js 檔案中，引入並使用 uView 的 JS 函數庫，這裡需要注意將引入的 uView 檔案放在引入的 Vue 後，程式如下：

```
import uView from 'uview-ui'
Vue.use(uView)
```

（2）在專案根目錄的 uni.scss 檔案中引入 uView 的全域 SCSS 主題檔案，程式如下：

```
/* uview-ui */
@import 'uview-ui/theme.scss';
```

（3）接著在專案根目錄 App.vue 檔案的 style 標籤中，引入 uView 基礎樣式，並向 style 標籤加入 lang="scss" 屬性，程式如下：

```
<style lang="scss">
```

```
  /* 每個頁面公共 css */
  @import "uview-ui/index.scss";
</style>
```

(4) 開啟專案根目錄的 pages.json 檔案，配置 easycom 元件模式，在增加完成後，不會即時生效，需要重新啟動 HBuilderX 或重新編譯專案才能正常使用 uView 的功能，程式如下：

```
"easycom": {
  //npm 安裝方式
  "^u-(.*)": "uview-ui/components/u-$1/u-$1.vue"
}
```

22.1.3 封裝後端介面請求

使用小程式如何對接獲取後端介面的資料，這是小程式開發中需要特別注意的問題，本專案引用了開放原始碼的專案 RuoYi App 行動端對接後端介面的實現，將對接後端介面進行了封裝，與後端管理平臺中寫 API 請求介面的方式類似。

(1) 首先在專案的根目錄中增加一個 config.js 設定檔，增加一些專案的全域配置，舉例來說，後端介面位址、應用名稱、版本及 logo 等資訊，程式如下：

```
// 第 22 章 /library-app/config.js
module.exports = {
  baseUrl: 'http://localhost:8081/api/library',
  // 應用資訊
  appInfo: {
    // 應用名稱
    name: " 碼上悅 ",
    // 應用版本
    version: "1.1.0",
    // 應用 logo
    logo: "/static/logo.png"
  }
}
```

(2) 在專案中建立一個與 pages 目錄同級的 utils 資料夾，在該目錄中增加一些公共方法的封裝和處理，其中最重要的是 request.js 檔案，它是基於 uniapp 的封裝，統一處理了 POST、GET 和 DELETE 等請求參數、請求標頭及錯誤訊息資訊等。還封裝了全域的 request 攔截器、response 攔截器、統一的錯誤處理、統一做了逾時處理和 baseURL 設置等。如果有自訂錯誤碼，則可以在 errorCode.js 檔案中設置對應的 key 和 value 值，程式如下：

```js
// 第22章 /library-app/utils/request.js
  return new Promise((resolve, reject) => {
    uni.request({
        method: config.method || 'get',
        timeout: config.timeout ||timeout,
        url: config.baseUrl || baseUrl + config.url,
        data: config.data,
        header: config.header,
        dataType: 'json'
    }).then(response => {
        let res = response
              let error = res.msg
        if (error) {
        toast('後端介面連接異常')
        reject('後端介面連接異常')
        return
      }

        const code = res.data.code || 200
        const msg = errorCode[code] || res.data.msg || errorCode['default']
        if (code === 401) {
           showConfirm('登入狀態已過期，您可以繼續留在該頁面，或重新登入？').then(res => {
             if (res.confirm) {
               store.dispatch('LogOut').then(res => {
                  uni.reLaunch({ url: '/pages/login' })
               })
             }
           })
           reject('無效的階段，或階段已過期，請重新登入。')
        } else if (code === 500) {
        toast(msg)
        reject('500')
        } else if (code !== 200) {
        toast(msg)
        reject(code)
      }
        resolve(res.data)
    })
    .catch(error => {
      let { message } = error
```

```
      if (message === 'Network Error') {
        message = '後端介面連接異常'
      } else if (message.includes('timeout')) {
        message = '系統介面請求逾時'
      } else if (message.includes('Request failed with status code')) {
        message = '系統介面' + message.substr(message.length - 3) + '異常'
      }
      toast(message)
      reject(error)
    })
  })
```

(3) 在 utils 目錄的同級目錄中建立一個 store 目錄，用來對全域的 store 進行管理，在該目錄中引入了 Vuex，用來實現應用程式開發的狀態管理模式，例如登入後使用者的資訊，需要持久化的資料。具體的 Vuex 的用法可以查看官方文件。

使用者的登入和資訊的獲取主要在 /store/modules 目錄下的 user.js 檔案中實現，會對登入的請求成功所傳回的 Token 進行儲存，並請求當前使用者資訊的介面，獲取的使用者資訊也儲存到快取中，程式如下：

```
// 第 22 章 /library-app/store/modules/user.js
Login({ commit }, userInfo) {
    const username = userInfo.username.trim()
    const password = userInfo.password
    const verifyCode = userInfo.verifyCode
    return new Promise((resolve, reject) => {
      login(username, password, verifyCode).then(res => {
        console.log(res.data.token)
        setToken(res.data.token)
        commit('SET_TOKEN', res.data.token)
        resolve()
      }).catch(error => {
        reject(error)
      })
    })
  },
  // 獲取使用者資訊
  GetInfo({ commit, state }) {
    return new Promise((resolve, reject) => {
      getInfo().then(res => {
        const user = res.data
        const avatar = (user == null || user.avatar == "" || user.avatar == null) ?
```

```
          require("@/static/logo.png") : user.avatar
              const username = (user == null || user.username == "" || user.username ==
null) ? "" : user.username
              commit('SET_NAME', username)
              commit('SET_AVATAR', avatar)
              resolve(res)
          }).catch(error => {
              reject(error)
          })
        })
      },
```

增加 store 檔案後需要在 main.js 檔案中配置初始化，程式如下：

```
import store from './store'
Vue.prototype.$store = store
```

在 App.vue 檔案中也需要引入 store，程式如下：

```
import store from '@/store'
```

(4) 在專案中建立一個 api 資料夾，用來存放封裝請求後端介面位址的方法，建立一個 login.js 檔案，並引入 utils 中的 request 檔案，然後增加登入、驗證碼、註冊、獲取使用者詳情資訊及退出的相關介面，程式如下：

```
// 第 22 章 /library-app/api/login.js
import request from '@/utils/request'
// 登入方法
export function login(username, password, verifyCode) {
  const data = {
    username,
    password,
    verifyCode,
  }
  return request({
    'url': '/web/login',
    headers: {
        isToken: false
    },
    'method': 'post',
    'data': data
  })
}

// 註冊
export function register(data) {
```

```
  return request({
    url: '/user/register',
    headers: {
        isToken: false
    },
    method: 'post',
    data: data
  })
}

// 獲取使用者詳細資訊
export function getInfo() {
  return request({
    'url': '/user/info',
    'method': 'get',
  })
}
// 獲取驗證碼
export function getCodeImg() {
  return request({
    'url': '/web/captcha',
    headers: {
        isToken: false
    },
    method: 'get',
    timeout: 20000
  })
}
```

22.1.4 登入功能實現

使用者登入、獲取使用者及資料快取都已配置完成，下面對登入頁面進行開發。由於在後端登入時需要使用者名稱、密碼和驗證碼，所以需要在前端頁面中增加 3 個資訊的輸入框，用來接收登入資訊。在 pages 資料夾中建立一個 login.vue 登入分頁檔，然後在 pages.json 檔案中增加登入頁面，放在 pages 陣列第 1 項的位置上，程式如下：

```
// 第 22 章 /library-app/pages.json
{
    "path": "pages/login",
    "style": {
      "navigationBarTitleText": " 登入 "
```

```
        }
    },
```

　　在 template 標籤中增加登入功能頁面，並對輸入框的資料進行前端驗證，如果請求的密碼或使用者名為空，則提示錯誤資訊，程式如下：

```
// 第 22 章 /library-app/pages/login.vue
    async handleLogin() {
        if (this.loginForm.username === "") {
                this.$u.toast(' 請輸入您的帳號 ');
        } else if (this.loginForm.password === "") {
                this.$u.toast(' 請輸入您的密碼 ');
        } else if (this.loginForm.verifyCode === "") {
                this.$u.toast(' 請輸入驗證碼 ');
        } else {
                this.$u.toast(' 登入中，請耐心等待 ...');
            this.pwdLogin()
        }
    },
```

　　在登入資訊都填寫完整後，請求登入介面，後端流程驗證通過後進行登入，獲取當前使用者資訊的處理並跳躍到小程式的主頁面，完成登入，程式如下：

```
// 第 22 章 /library-app/pages/login.vue
    async pwdLogin() {
      this.$store.dispatch('Login', this.loginForm).then(() => {
        this.loginSuccess()
      }).catch(() => {
        if (this.captchaEnabled) {
          this.getCode()
        }
      })
    },
    // 登入成功後，處理函數
    loginSuccess(result) {
      // 設置使用者資訊
      this.$store.dispatch('GetInfo').then(res => {
                uni.reLaunch({
                    url: '/pages/index/index'
                });
      })
    }
```

在登入頁面使用者名稱和密碼輸入框中一般預設值為空，為了方便測試，可以先將使用者名稱和密碼的輸入框設置為預設的帳號和密碼，這樣在每次登入時無須填寫帳號和密碼操作，可在 return 傳回物件的 loginForm 中設置預設值，程式如下：

```
// 第 22 章 /library-app/pages/login.vue
    return {
      codeUrl: "",
      globalConfig: getApp().globalData.config,
      loginForm: {
        username: "admin",
        password: "admin123!",
        verifyCode: ""
      }
    }
```

具體的詳情程式可參考本書提供的專案原始程式，登入頁面功能實現完成後，在後端專案啟動的情況下，將小程式執行到微信開發者工具中，然後會直接開啟登入頁面，這樣就可以看到驗證碼已經從後端介面中獲取成功並展示到頁面中了，並且使用者名稱和密碼也使用了預設的初始值展示，填寫驗證碼，點擊「登入」按鈕，透過驗證後即可跳躍到首頁，說明登入功能已實現，如圖 22-4 所示。

▲ 圖 22-4　登入介面

22.2 首頁功能實現

在本專案中首頁功能只實現了頁面的設計，並沒有對接後端介面，因為小程式首頁需要放置輪播圖、導覽選單、熱門圖書和猜你喜歡等功能，需要在後端程式中規劃相應的功能和模組，所以這裡暫時寫入頁面，可以在專案的後續版本中完善專案的開發。

1. 輪播圖

開啟小程式專案的 pages 目錄中的 index 資料夾，然後開始設計首頁功能頁面，在頁面的最頂部實現輪播圖效果，可以放置一些廣告和圖書活動宣傳等圖片，增加頁面的互動效果。如果要實現該功能，則可使用 uView 中的 Swiper 元件進行開發，該元件一般用於導覽輪播、廣告展示等場景，可開箱即用，主要有以下特點。

(1) 可以自訂輪播圖指示器模式，還可以配置指示器的樣式。

(2) 可實現 3D 輪播圖效果，滿足不同的開發需求。

(3) 可配置顯示標題，涵蓋不同的應用場景。

(4) 載入視訊的展示功能。

根據官方文件的程式範例，結合專案的頁面規劃，在首頁的頂部實現輪播圖功能，並在 script 的 return 中定義一個 list 陣列，增加 3 張圖片的位址，這裡最好選擇線上的位址，因為小程式發佈對小程式專案的大小有限制，所以在小程式中圖片的展示推薦使用線上位址存取。

在 template 標籤中增加 u-swiper 標籤即可實現輪播功能，然後根據不同的屬性設置輪播圖的效果，其中透過 indicator 屬性來增加指示器，使用 circular 屬性實現是否銜接滑動，即到最後一張時是否可以直接轉到第 1 張，程式如下：

```
// 第22章 /library-app/pages/index/index.vue
    <u-swiper
        :list="list"
        indicator
        indicatorMode="line"
        circular
          height="330rpx"
    ></u-swiper>
```

這裡需要注意一個開發的小技巧，在開發小程式的某個頁面時，可以在 page.json 檔案中將該頁面調整到 pages 陣列的第 1 個，這樣在使用微信開發者工具開啟時就會預設開啟該頁面，方便開發測試。先來查看輪播圖頁面在小程式中的效果，如圖 22-5 所示。

▲ 圖 22-5 首頁輪播圖

還可以在微信開發者工具的上方選單中，點擊「實機偵錯」，此時會在下方出現二維碼實機偵錯，使用微信掃描二維碼進行查看，可即時查看主控台的資料資訊。

2. 捲動通知

在很多小程式或手機 App 中會遇到在頁面上會有一行捲動的通知功能，其實這個功能很簡單，使用 uView 中的 NoticeBar 元件即可實現，只需一行程式，然後在 script 中定義名為 noticeText 模擬的資料就可以在頁面上展示出捲動的效果，程式如下：

```
<u-notice-bar .text="noticeText"></u-notice-bar>
```

實現的效果，如圖 22-6 所示。

▲ 圖 22-6 捲動通知

3. 功能選單導覽

由於在一個小程式中有很多功能，僅依靠底部的選單是不夠的，所以可以在首頁放置一些使用者常用的選單功能，方便使用者快速地進入某個功能，一般的頁面設計實現的是圖示加文字的效果。這裡使用 uView 中的 Grid 宮格元件進行頁面配置，該元件外層由 u-grid 元件包裹，透過 col 設置內部宮格的列數，然後在宮格的內部透過 u-grid-item 元件的 slot 設置宮格的內容，如果不需要宮格的邊框，則可以將 border 設置為 false，本專案中宮格的配置為每行放置 4 列，宮格的 name 屬性為圖示或圖片的位址，其中圖片可以在阿里巴巴向量圖示庫中下載，頁面配置的程式如下：

```
// 第 22 章 /library-app/pages/index/index.vue
<view class="show-list">
    <u-grid :border="false" col="4">
        <u-grid-item v-for="(listItem,listIndex) in list1" :key="listIndex">
            <u-icon :customStyle="{paddingTop:30+'rpx'}"
                :name="listItem.name" :size="40"></u-icon>
            <text class="grid-text">{{listItem.title}}</text>
        </u-grid-item>
    </u-grid>
    <u-toast ref="uToast" />
</view>
```

開啟微信開發者工具查看實現的頁面顯示效果，如圖 22-7 所示。

▲圖 22-7　選單導覽

4. 熱門圖書

熱門圖書和猜你喜歡的頁面實現基本上一致，只是展示的資料不一致，需要使用演算法實現圖書的推薦和分享人物誌實現猜你喜歡的功能，這裡只完成頁面設計的部分，同樣採用的是宮格版面配置的元件，設置每行有 3 列，展示圖書的封面和書名，並設置如果圖書的名稱過長，則多餘的字數採用省略符號的方式展示，這樣不會影響頁面的版面配置效果，程式如下：

```
// 第 22 章 /library-app/pages/index/index.vue
<view class="hot_book_index">
    <view style="display: flex; justify-content: space-between;">
        <view class="title_index">熱門圖書</view>
        <view class="title_index_any">查看更多</view>
    </view>
```

```
    <view class="hot_book_cont">
      <view class="show-list">
        <u-grid :border="false" col="3">
          <u-grid-item v-for="(listItem,listIndex) in list2" :key="listIndex">
            <u-icon :customStyle="{paddingTop:20+'rpx'}"
              :name="listItem.name" :size="130"></u-icon>
            <text class="hot_book_cont-text">{{listItem.title}}</text>
          </u-grid-item>
        </u-grid>
        <u-toast ref="uToast" />
      </view>
    </view>
</view>
```

上面實現了熱門圖書功能的主頁面操作，並沒有實現具體的詳情頁等功能，猜你喜歡實現的功能頁面也基本一致，這裡不再展示。現在開啟微信開發者工具查看頁面實現的效果，如圖 22-8 所示。

▲圖 22-8　熱門圖書

22.3　圖書列表功能實現

圖書清單功能在小程式底部選單導覽頁面中實現，在圖書列表中有兩個重要的功能實現，一個是下拉刷新功能；另一個是上拉載入資料功能。下拉載入資料功能在小程式中類似於背景管理的分頁請求，只是不需要使用者自己點擊下一頁或上一頁的操作，直接下拉頁面，請求下一頁圖書資料即可。

1. 介面對接

在專案的 api 目錄中新建一個 book 資料夾，然後建立一個 book.js 檔案，用來管理請求後端圖書介面的方法。先來增加一個分頁查詢圖書的介面，程式如下：

```
// 第 22 章 /library-app/api/book/book.js
export function getBookList(data) {
  return request({
    url: '/book/list',
    method: 'get',
      params: data
  })
}
```

開啟 /pages/book 目錄下的 book.vue 檔案，然後在 return 中定義一個接收圖書清單的陣列 dataList，並增加一個 book 物件，設置當前頁碼和每頁顯示的數量兩個請求屬性，程式如下：

```
// 第 22 章 /library-app/pages/book/book.vue
return {
    dataList: [],      // 資料列表
    book: {
        current: 1,    // 當前頁碼
        size: 10,      // 每頁顯示的數量
    },
    total: 0,          // 資料總筆數
};
```

在 methods 中定義一個獲取圖書列表的 getBookData 方法，請求 API 中呼叫後端介面的方法，如果呼叫介面成功，則接著根據後端傳回的請求頁數進行判斷。如果不是第 1 頁的資料，則對現在請求的資料和之前的 dataList 資料進行拼接展示；否則直接將資料賦值給 dataList 陣列，最後獲取資料的總筆數，程式如下：

```
// 第 22 章 /library-app/pages/book/book.vue
getBookData() {
    uni.showLoading({title:' 載入中 ...'});
    // 載入效果
    this.loading = true
    getBookList(this.book).then(res => {
        console.log(res)
        if (res.code === 200) {
            let data = res.data.records || []
            if (res.data.current !== 1) {
                this.dataList = this.dataList.concat(data)
            } else {
```

```
            this.dataList = data
        }
        // 將獲取的總筆數賦值
        this.total = res.data.total
        }
        this.loading = false
        uni.hideLoading();
    })
}
```

在 template 中設計圖書清單展示頁面，使用的 view + css 基礎的版面配置方式，展示了圖書的封面、書名、作者及出版社資訊，程式如下：

```
// 第 22 章 /library-app/pages/book/book.vue
<view class="book-list">
    <div v-if="loading" style='display: flex;justify-content:
    center;margin-top: 50rpx;'>
        <u-loading-icon></u-loading-icon>
    </div>
    <view class="book-item" v-for="(book, index) in dataList" :key="index">
        <image class="book-image" :src="book.bookImgUrl"
         mode="aspectFill"></image>
        <view class="book-info">
        <view class="book-row">
            <text class="book-title">{{ book.name }}</text>
        </view>
        <view class="book-row">
            <text class="book-author">{{ book.author }}</text>
        </view>
        <view class="book-row">
            <text class="book-publisher">{{ book.publisher }}</text>
        </view>
        </view>
    </view>
</view>
```

增加完成後，開啟微信開發者功能在圖書底部導覽列中查看是否有圖書展示資訊，如圖 22-9 所示。

▲ 圖 22-9 圖書列表

2. 下拉刷新

下拉刷新會實現查詢圖書列表第 1 頁的資料，其目的是獲取最新的圖書列表資料，定義一個 onPullDownRefresh 方法實現，程式如下：

```
// 第 22 章 /library-app/pages/book/book.vue
onPullDownRefresh() {
    console.log(' 刷新 ')
    // 初始查詢頁數 , 從第 1 頁開始
    this.book.current = 1
    // 清空資料
    this.dataList = []
    this.total = 0
    // 重新載入圖書列表資料
    this.getBookData()
    setTimeout(function() {
        // 結束頁面載入
        uni.stopPullDownRefresh();
    }, 1000);
},
```

增加完成後，還需要在 pages.json 檔案中對該頁面配置 enablePullDownRefresh，用來配置是否開啟下拉刷新功能。開啟微信開發者工具，首先進入圖書列表中，然後在背景管理的圖書管理中再增加一筆圖書資訊，接著在小程式中下拉頁面，查看是否有最新的圖書資訊展示出來，如果有，則說明下拉刷新功能已經完成。

3. 上拉載入

在執行上拉載入資料時，需要判斷當前是否還有資料需要載入，可根據 dataList 陣列的長度和 total 總筆數進行對比，如果陣列的長度大於總筆數，則在頁面中提示「已載入全部資料」； 否則請求的頁數加 1，繼續獲取下一頁資料，

程式如下：

```
// 第 22 章 /library-app/pages/book/book.vue
onReachBottom() {
    // 判斷是否還有資料需要載入
    if (this.dataList.length >= this.total) {
        uni.showToast({
            title: '已載入全部資料',
            icon: "none"
        });
        return;
    }
    // 頁數加 1，繼續獲取下一頁的資料
    this.book.current++;
    this.getBookData()
},
```

22.4 通知功能實現

通知功能的頁面實現和圖書清單的實現基本一致，只是請求的介面需要換成通知功能的查詢介面，在 api 目錄中新建一個 notice 資料夾，然後建立一個 notice.js 檔案，並增加查詢公告列表和獲取功能詳情的介面，程式如下：

```
// 第 22 章 /library-app/api/notice/notice.js
export function getNoticeList(data) {
  return request({
    url: '/notice/list',
    method: 'get',
      params: data
  })
}
export function getNoticeQueryById(params) {
  return request({
    url: '/notice/queryById/'+ params,
    method: 'post',
  })
}
```

相比圖書功能中，通知公告中增加了一個公告詳情功能，當在公告清單頁面中點擊某個公告後，會跳躍到該公告的詳情頁面中，下面實現公告詳情操作。

(1) 首先在 /pages/notice 目錄中建立一個 detail 資料夾，並增加一個 detail.vue

檔案，然後在 pages.json 檔案中增加該頁面的路徑，程式如下：

```
// 第 22 章 /library-app/pages.json
{
    "path": "pages/notice/detail/detail",
    "style": {
        "navigationBarTitleText": "訊息詳情"
    }
},
```

(2) 在 notice.vue 檔案中，遍歷公告資料時增加一個點擊事件，並將公告的 id 作為參數傳遞給點擊事件的 goToDetail 方法，然後在 methods 中實現該點擊事件的方法，當點擊該公告後，將跳躍到詳情頁面並將 id 傳遞過去，程式如下：

```
// 第 22 章 /library-app/pages/notice/notice.vue
goToDetail: function(item) {
    console.log(item)
    const noticeId = item.id;
    uni.navigateTo({
        url: '/pages/notice/detail/detail?id=' + noticeId
    });
}
```

(3) 在公告的詳情頁中，使用 onLoad 方法來接收傳遞的參數，然後呼叫獲取通知功能詳情的介面獲取單一公告資訊，程式如下：

```
// 第 22 章 /library-app/pages/notice/detail/detail.vue
onLoad: function (option) {
    console.log(option.id)
    getNoticeQueryById(option.id).then(res => {
        this.noticeDetailList = res.data
        console.log(this.noticeDetailList)
    })
},
```

(4) 開啟微信開發者工具，進入公告的底部功能表列中，如果沒有資料，則可在背景管理平臺中增加模擬的公告資訊，如圖 22-10 所示。

接著點擊第 2 筆功能資料，查看圖書逾期提醒公告的詳情資訊，這樣就可以跳躍到詳情頁面，查看功能的具體內容，如圖 22-11 所示。

▲圖 22-10 通知公告列表

▲圖 22-11 通知公告詳情

22.5 個人中心功能實現

　　個人中心功能主要是對使用者個人資訊進行管理，舉例來說，使用者資料的修改和完善、退出功能、關於系統的介紹及應用系統的設置等功能，在本專案中，筆者只實現了個人中心簡單的頁面設計，並沒有實現個人中心的全部功能。具體實現程式可查看本書的書附資源，個人中心介面的顯示效果如圖 22-12 所示。

▲ 圖 22-12 個人中心介面

22.6 小程式發佈

經過本章的開發，小程式已經有了基礎的頁面，後面只需繼續開發和維護小程式的其他功能。現在的小程式只能在本地執行瀏覽和在開發者手機上進行預覽，別人無法看到小程式，這時需要對小程式進行發佈，就像圖書的背景管理平臺一樣，只有發佈到伺服器中，別人才可以遠端存取系統，小程式也是一樣的，但小程式的發佈平臺不一樣，不是發佈到伺服器中，而是透過小程式平臺進行發佈操作。

(1) 在小程式發佈之前，需要修改後端介面的位址，後端介面的位址必須換成域名的格式，並且是 HTTPS 協定才可以。在配置完後端介面位址後，進入小程式背景，在開發→開發設置→伺服器域名中進行配置，如圖 22-13 所示。

服務器配置	域名	可配置數量
request合法域名	https://library.xyhwh-nav.cn:8085	200個
socket合法域名	-	200個
uploadFile合法域名	-	200個
downloadFile合法域名	-	200個

▲ 圖 22-13 小程式伺服器域名配置

(2) 首先在 HBuilderX 開發工具中撰寫程式，然後執行到微信開發者工具中，再透過微信開發者工具將程式上傳到小程式服務中。現在開啟微信開發者工具，在工具的選單中點擊「上傳」按鈕，將程式提交為體驗版本，並填寫提交程式的版本編號和專案備註，如圖 22-14 所示。

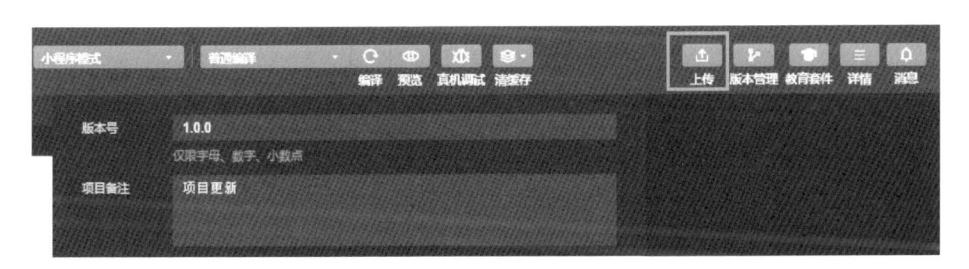

▲ 圖 22-14 上傳程式

(3) 進入微信小程式的背景管理中，在版本管理中可以看到提交的開發版本資訊，在開發版本中可以掃碼二維碼體驗小程式，然後對該版本進行提交審核，審核由小程式官方進行審核，如圖 22-15 所示。

▲ 圖 22-15 開發版本

(4) 在審核版本中會查看提交的審核資訊，在審核透過後，可以執行提交發佈操作，但在發佈之前需要先填寫小程式的相關資訊和工信部的備案操作，在小程式背景的首頁中可以看到小程式發佈流程，需要完成小程式資訊、小程式類別目及小程式備案操作，微信認證可以不填寫。小程式的備案流程如圖 22-16 所示。

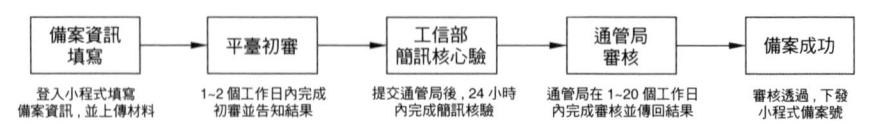

▲圖 22-16 小程式的備案流程

當備案提交完成後，只需等待通管局審核完成，如圖 22-17 所示。

▲圖 22-17 開發版本

配置完成後，等待小程式備案完成，然後在小程式版本管理的審核版本中提交發佈即可正式發佈小程式，這樣其他使用者就可以正常地使用小程式了，到此小程式上線的流程已經結束。

本章小結

本章實現了圖書小程式整體功能的開發，包括小程式的導覽列、對接後端介面、登入、頁面設計及上線發佈等功能。

Note

Note

Note

Note

Note

Note